普通高等教育土木工程学科"十四五  适用）

建筑结构试验与检测
TEST AND INSPECTION OF BUILDING STRUCTURE

徐 杰 刘 杰 编著

天津大学出版社
TIANJIN UNIVERSITY PRESS

内 容 提 要

本书根据高等学校土木工程学科专业指导委员会《高等学校土木工程本科指导性专业规范》的要求编写,结合教学改革、最新国家规范和标准,以结构试验的基本理论和基础知识为重点,注重理论与实际相结合。全书分为3篇,共13章。内容包括:建筑结构试验概述、结构试验设计、结构试验加载方法和加载设备、结构试验测量技术和仪器、试验数据处理、结构静力试验、结构动力试验、结构疲劳试验、结构抗震试验、建筑结构现场检测与加固技术、工程结构模型试验、桥梁现场荷载试验和地下工程试验——桩基现场试验等。

本书可作为高等学校土木工程专业和相近专业的教材使用,也可供结构工程、防灾减灾工程、桥梁工程及岩土工程专业的研究生,从事工程结构试验和检测工作的工程技术人员参考。

图书在版编目(CIP)数据

建筑结构试验与检测 / 徐杰,刘杰编著. -- 天津:
天津大学出版社, 2022.10
普通高等教育土木工程学科"十四五"规划教材:
学科基础课适用
ISBN 978-7-5618-7198-0

Ⅰ.①建… Ⅱ.①徐… ②刘… Ⅲ.①建筑结构－结
构试验－高等学校－教材②建筑结构－检测－高等学校－
教材 Ⅳ.①TU3

中国版本图书馆CIP数据核字(2022)第089041号

JIANZHU JIEGOU SHIYAN YU JIANCE

出版发行	天津大学出版社	
地　　址	天津市卫津路92号天津大学内(邮编:300072)	
电　　话	发行部:022-27403647	
网　　址	www.tjupress.com.cn	
印　　刷	天津泰宇印务有限公司	
经　　销	全国各地新华书店	
开　　本	787 mm×1092 mm　1/16	
印　　张	21.75	
字　　数	529千	
版　　次	2022年10月第1版	
印　　次	2022年10月第1次	
定　　价	135.00元	

普通高等教育土木工程学科"十四五"规划教材

编审委员会

普通高等教育土木工程学科"十四五"规划教材

编写委员会

主 任：韩庆华

委 员：（按姓氏音序排列）

<table>
<tr><td>巴振宁</td><td>毕继红</td><td>陈志华</td><td>程雪松</td><td>丁 阳</td><td>丁红岩</td></tr>
<tr><td>高喜峰</td><td>谷 岩</td><td>韩 旭</td><td>姜 南</td><td>蒋明镜</td><td>雷华阳</td></tr>
<tr><td>李 宁</td><td>李砚波</td><td>李志国</td><td>李志鹏</td><td>李忠献</td><td>梁建文</td></tr>
<tr><td>刘 畅</td><td>刘红波</td><td>刘铭劼</td><td>芦 燕</td><td>陆培毅</td><td>师燕超</td></tr>
<tr><td>田 力</td><td>王 晖</td><td>王方博</td><td>王力晨</td><td>王秀芬</td><td>谢 剑</td></tr>
<tr><td>熊春宝</td><td>徐 杰</td><td>徐 颖</td><td>阎春霞</td><td>尹 越</td><td>远 方</td></tr>
<tr><td>张彩虹</td><td>张晋元</td><td>赵海龙</td><td>郑 刚</td><td>朱 涵</td><td>朱海涛</td></tr>
<tr><td>朱劲松</td><td></td><td></td><td></td><td></td><td></td></tr>
</table>

总序

　　随着我国高等教育的发展,全国土木工程教育有了很大的发展和变化,办学规模不断扩大,对培养适应社会的多样化人才的教学方式的需求越来越紧迫。因此,在新形势下,必须在教育思想、教学观念、教学内容、教学计划、教学方法及教学手段等方面进行一系列的改革,按照改革的要求编写新的教材。

　　高等学校土木工程学科专业指导委员会编制了《高等学校土木工程本科指导性专业规范》(以下简称《规范》)。《规范》对土木工程专业教材的规范性、多样性、深度与广度等提出了明确的要求。本丛书编写委员会根据当前土木工程教育的形势和《规范》的要求,结合天津大学土木工程学科的特色和已有的办学经验,对土木工程本科生教材建设进行了研讨,并组织编写了这套"普通高等教育土木工程学科'十四五'规划教材"。为保证教材的编写质量,本丛书编写委员会组织成立了教材编审委员会,聘请了一批学术造诣很高的专家做教材主审,组织了系列教材编写团队,由长期给本科生授课、具有丰富教学经验和工程实践经验的教师完成教材的编写工作。在此基础上,统一编写思路,力求做到内容连续、完整、新颖,避免内容交叉和缺失。

　　我们相信,本套教材的出版将对我国土木工程学科本科生教育的发展和教学质量的提高以及对土木工程人才的培养产生积极的作用,为我国的教育事业和经济建设做出贡献。

丛书编写委员会

土木工程学科本科生教育课程体系

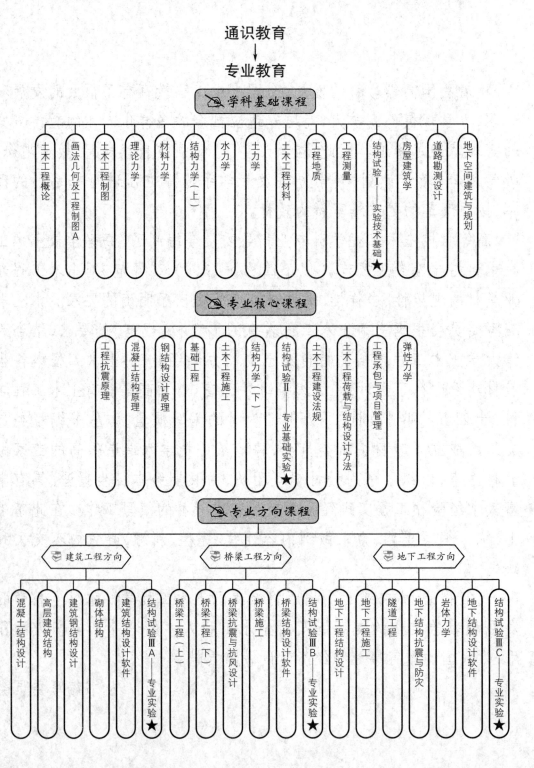

通识教育

↓

专业教育

✎ 学科基础课程

土木工程概论 | 画法几何及工程制图A | 土木工程制图 | 理论力学 | 材料力学 | 结构力学（上） | 水力学 | 土力学 | 土木工程材料 | 工程地质 | 工程测量 | 结构试验I——实验技术基础★ | 房屋建筑学 | 道路勘测设计 | 地下空间建筑与规划

✎ 专业核心课程

工程抗震原理 | 混凝土结构原理 | 钢结构设计原理 | 基础工程 | 土木工程施工 | 结构力学（下） | 结构试验II——专业基础实验★ | 土木工程建设法规 | 土木工程荷载与结构设计方法 | 工程承包与项目管理 | 弹性力学

✎ 专业方向课程

🛡 建筑工程方向

混凝土结构设计 | 高层建筑结构 | 建筑钢结构设计 | 砌体结构 | 建筑结构设计软件 | 结构试验IIIA——专业实验★

🛡 桥梁工程方向

桥梁工程（上） | 桥梁工程（下） | 桥梁抗震与抗风设计 | 桥梁施工 | 桥梁结构设计软件 | 结构试验IIIB——专业实验★

🛡 地下工程方向

地下工程结构设计 | 地下工程施工 | 隧道工程 | 地下结构抗震与防灾 | 岩体力学 | 地下结构设计软件 | 结构试验IIIC——专业实验★

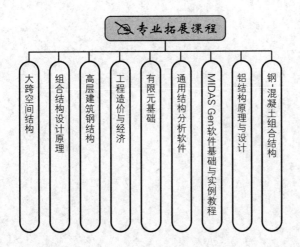

专业拓展课程

- 大跨空间结构
- 组合结构设计原理
- 高层建筑钢结构
- 工程造价与经济
- 有限元基础
- 通用结构分析软件
- MIDAS Gen软件基础与实例教程
- 铝结构原理与设计
- 钢-混凝土组合结构

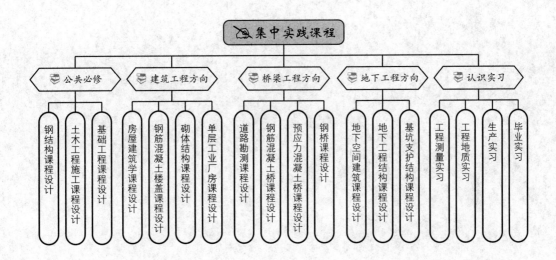

集中实践课程

公共必修
- 钢结构课程设计
- 土木工程施工课程设计
- 基础工程课程设计

建筑工程方向
- 房屋建筑学课程设计
- 钢筋混凝土楼盖课程设计
- 砌体结构课程设计
- 单层工业厂房课程设计

桥梁工程方向
- 道路勘测课程设计
- 钢筋混凝土桥课程设计
- 预应力混凝土桥课程设计
- 钢桥课程设计

地下工程方向
- 地下空间建筑课程设计
- 地下工程结构课程设计
- 基坑支护结构课程设计

认识实习
- 工程测量实习
- 工程地质实习
- 生产实习
- 毕业实习

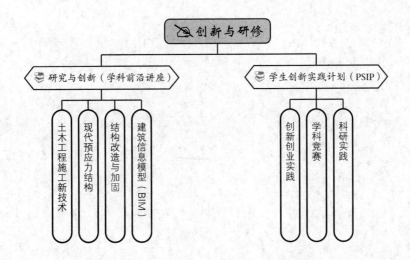

创新与研修

研究与创新（学科前沿讲座）
- 土木工程施工新技术
- 现代预应力结构
- 结构改造与加固
- 建筑信息模型（BIM）

学生创新实践计划（PSIP）
- 创新创业实践
- 学科竞赛
- 科研实践

前言

　　建筑结构试验是土木工程专业的一门具有较强实践性的专业技术基础课程。建筑结构试验以科学试验为手段,研究建筑结构的新材料、新体系、新工艺,检验和修正建筑结构的计算方法和设计理论,不断探索建筑结构的新理论、新技术,对建筑结构科学的发展起着重要作用,具有很强的实践性。本书是根据高等院校土木工程专业"建筑结构试验"课程教学大纲的要求编写而成的。"建筑结构试验"课程的任务是通过理论和实践教学环节,使学生获得结构试验技术的基础知识和基本技能,掌握试验组织的一般程序。

　　为了提高理论课程与试验课程结合的实效性,2015年天津大学对"建筑结构试验"课程进行了改革,打破原课程所有试验内容一次性讲授的课程设计方式,将其有针对性地"微化"为Ⅰ、Ⅱ、Ⅲ三个阶段,即试验基础知识、专业基础试验和专业方向试验,分别在大二下学期、大三上学期和大三下学期进行授课。这样学生在大二下学期学完相关基础知识后便可进行基础性试验学习,大三学完混凝土课程后立刻进行混凝土相关的专业基础试验,避免了原来理论课程与试验课程脱节的问题;同时也增强了专业试验的针对性,Ⅲ阶段不再是原来的大类试验,而是针对结构、桥梁和岩土工程三个不同专业方向的学生开设对应专业试验,增强专业试验课程的实用性。

　　本书结合实际教学特点,按照试验基础知识、专业基础试验和专业方向试验分为3篇,可以很好地和课程设置相匹配。第1篇包含5章,包括建筑结构试验概述、结构试验设计、结构试验加载方法和加载设备、结构试验测量技术和仪器、试验数据处理。第2篇包含5章,包括结构静力试验、结构动力试验、结构疲劳试验、结构抗震试验、建筑结构现场检测与加固技术。第3篇包含3章,包括工程结构模型试验、桥梁现场荷载试验和地下工程试验——桩基现场试验。为了便于学生自学、复习及思考,本书各章均有学习要点和思考题。

　　天津大学研究生曹浩、黄行知、常曜铄、赵正阳、郑镕桓为本书的编写做了大量辅助工作。全书由徐杰、刘杰编著,由徐杰统稿。

　　编者在编写过程中参考了多本已出版的优秀教材,具体书目见参考文献,在此对这些书的作者表示感谢。

　　由于编者理论水平和实践经验有限,书中疏漏和错误之处在所难免,敬请同行专家和读者不吝赐教。

编　者

2022 年 3 月

目　　录

第1篇　试验基础知识

第1章　建筑结构试验概述 ……………………………………………………（2）

1.1　概述 ……………………………………………………………………（2）

1.2　结构试验的任务与作用 ………………………………………………（4）

1.3　建筑结构试验的分类 …………………………………………………（5）

1.4　结构试验的发展 ………………………………………………………（9）

第2章　结构试验设计 ……………………………………………………（14）

2.1　概述 ……………………………………………………………………（14）

2.2　结构试件设计 …………………………………………………………（20）

2.3　结构试验荷载设计 ……………………………………………………（25）

2.4　结构试验观测设计 ……………………………………………………（28）

2.5　材料力学性能 …………………………………………………………（31）

2.6　安全防护措施设计 ……………………………………………………（33）

2.7　试验大纲和试验报告 …………………………………………………（34）

第3章　结构试验加载方法和加载设备 …………………………………（37）

3.1　概述 ……………………………………………………………………（37）

3.2　重力加载法 ……………………………………………………………（38）

3.3　液压加载法 ……………………………………………………………（40）

3.4　机械力加载法 …………………………………………………………（45）

3.5　气压加载法 ……………………………………………………………（46）

3.6　激振加载法 ……………………………………………………………（47）

3.7　荷载支承设备和试验台座 ……………………………………………（50）

第4章　结构试验测量技术和仪器 ………………………………………（58）

4.1　概述 ……………………………………………………………………（58）

4.2　测量仪表的工作原理及分类 …………………………………………（58）

4.3　应变测量 ………………………………………………………………（61）

4.4　力的测量 ………………………………………………………………（75）

4.5　位移与变形的测量 ……………………………………………………（78）

4.6　振动的测量 ……………………………………………………………（81）

4.7　数据采集系统 …………………………………………………………（89）

第5章　试验数据处理 ……………………………………………………（92）

5.1　概述 ……………………………………………………………………（92）

5.2 数据的整理和换算 ………………………………………………（92）

5.3 测量误差 ……………………………………………………………（94）

5.4 试验数据整理依据 …………………………………………………（95）

5.5 试验误差的计算 ……………………………………………………（99）

5.6 试验资料整理及数据表达 ………………………………………（106）

第2篇 专业基础试验

第6章 结构静力试验 …………………………………………………（110）

6.1 概述 …………………………………………………………………（110）

6.2 试验前的准备 ………………………………………………………（111）

6.3 常见结构构件静载试验 …………………………………………（111）

6.4 测量数据整理 ………………………………………………………（131）

6.5 结构性能评定 ………………………………………………………（138）

第7章 结构动力试验 …………………………………………………（143）

7.1 概述 …………………………………………………………………（143）

7.2 动荷载特性的测定 …………………………………………………（144）

7.3 结构动力特性的测定 ………………………………………………（146）

7.4 结构动力反应的测定 ………………………………………………（151）

7.5 试验资料处理 ………………………………………………………（154）

第8章 结构疲劳试验 …………………………………………………（164）

8.1 概述 …………………………………………………………………（164）

8.2 疲劳试验分类 ………………………………………………………（164）

8.3 疲劳试验 ……………………………………………………………（165）

8.4 常见的疲劳试验 ……………………………………………………（170）

第9章 结构抗震试验 …………………………………………………（182）

9.1 概述 …………………………………………………………………（182）

9.2 拟静力试验 …………………………………………………………（186）

9.3 拟动力试验 …………………………………………………………（194）

9.4 地震模拟振动台试验 ………………………………………………（199）

9.5 人工地震模拟试验 …………………………………………………（215）

第10章 建筑结构现场检测与加固技术 ……………………………（223）

10.1 概述 …………………………………………………………………（223）

10.2 混凝土结构现场检测技术 ………………………………………（225）

10.3 砌体结构现场检测技术 …………………………………………（242）

10.4 钢结构现场检测技术 ……………………………………………（252）

10.5 结构构件的维修与补强加固 ……………………………………（258）

第3篇 专业方向试验

第11章 工程结构模型试验 ……………………………………………………（268）

11.1 概述 ……………………………………………………………………（268）

11.2 模型试验理论基础 ……………………………………………………（269）

11.3 相似条件的确定方法 …………………………………………………（273）

11.4 模型设计 ………………………………………………………………（280）

11.5 模型材料的选择 ………………………………………………………（283）

第12章 桥梁现场荷载试验 ……………………………………………………（287）

12.1 概述 ……………………………………………………………………（287）

12.2 桥梁试验的基本工作 …………………………………………………（289）

12.3 桥梁现场试验方法 ……………………………………………………（297）

12.4 试验数据整理、分析与评定 …………………………………………（300）

第13章 地下工程试验——桩基现场试验 ……………………………………（307）

13.1 概述 ……………………………………………………………………（307）

13.2 地基承载力检测 ………………………………………………………（308）

13.3 桩基静载试验 …………………………………………………………（312）

13.4 单桩垂直静载试验 ……………………………………………………（314）

13.5 高应变动力检测方法 …………………………………………………（318）

13.6 低应变动力检测方法 …………………………………………………（324）

参考文献 ……………………………………………………………………………（332）

第 1 篇　试验基础知识

第1章　建筑结构试验概述

【本章提要】

本章系统介绍建筑结构试验的意义、作用、目的、分类和发展过程,其中重点是建筑结构试验的目的和分类。

1.1　概述

1.1.1　建筑结构试验

建筑结构试验是一项科学性、实践性很强的活动,是研究和发展工程结构新材料、新体系、新工艺以及探索结构设计新理论的重要手段,在工程结构科学研究和技术革新等方面起着重要的作用。

科学研究理论往往需要在实践中证实。对工程结构而言,确定材料的力学性能,建立复杂的结构计算理论,验证梁、板、柱等单个构件的计算方法,都离不开具体的试验研究。因此,工程结构试验与检测是研究和发展结构计算理论不可缺少的重要环节。

今天,由于电子计算机的普遍应用,建筑结构的设计方法和设计理论发生了根本性的变化,以前用手工计算方法难以精确分析的复杂结构问题,凭借计算机可简而化之。但试验在结构科研、设计和施工中的地位并没有因此而改变。由于测试技术的进步,迅速提供精确可靠的试验数据比过去更加受到重视。试验仍是解决建筑结构工程领域科研和设计新问题的必不可少的手段。

建筑结构试验是土木工程专业的一门技术基础课程。它研究的主要内容包括:工程结构静力试验和动力试验的加载模拟技术,工程结构变形参数的测量技术,试验数据的采集、信号分析及处理技术,对试验对象做出科学的技术评价或理论分析。

学习本课程的目的是通过理论和试验的教学环节,使学生掌握结构试验方面的基本知识和基本技能,并能根据设计、施工和科学研究任务的需要,完成一般建筑结构的试验设计与试验规划,为今后从事建筑结构的科研、设计或施工等工作打下坚实基础。

1.1.2　实验与试验的关系

实验是前人已经试验过的,基本已成为真理。我们再做的时候,是重复过程,从实验中更形象地学习到知识。

试验是在以前没有得到结论,或是结论没有得到大多数人的认可,我们再通过试验对某个结论进行进一步研究。

对于试验教学,要求学生不能仅仅做"实验",更要做"试验",后者就要求学生有自己的想法,然后试着去验证自己的想法,再反复调整试验方案,最后做出属于学生自己的东西。

1.1.3　理论、试验与电算的关系

1. 工程结构理论与试验的关系

现代科学研究包括理论研究和试验研究,理论的发展需要试验来验证。受弯梁断面应力分布的研究,经历了假设—简单试验—理论分析—试验检验的阶段,前后共 200 多年的时间,这说明了试验在理论发展中的作用和地位。

科学的发展都是以技术的突破为转机的。试验验证理论,而理论的发展又将试验推向更高的阶段,即理论指导试验。结构试验与结构理论的发展紧密地联系在一起,相互促进,共同发展。

虽然理论分析的方法给出了结构应力分析的基本方程式,但在解决实际问题时,采用解析方法常常会遇到计算方面的困难,只能对有限的一些简单问题得出精确解。对于几何形状、边界条件、承受荷载复杂的结构,往往需要进行一些假设,而假设与实际影响的大小,要通过试验验证。因此,所得结果为近似结果,还要用试验证实能否用于实际工程。对于一些三维问题、应力集中和非匀质材料结构,仅靠理论解析方法求解十分困难,有时得不出结果,需要用试验的方法得出计算公式。

2. 工程结构试验与电算的关系

随着电子计算机技术的发展,有限元等数值计算方法使结构应力分析工作取得很大的进展,几乎所有的计算问题均能求解。但是,运用数值计算方法的前提是建立正确的数学模型,否则无法得到精确的结果。在土木工程中,对于非匀质材料和某些特种结构的计算,用数值计算方法求解时,必须用试验方法加以验证或提供必要的参数。

在结构分析中,一方面可以用传统和现代的设计理论、现代的计算技术和方法;另一方面也可用结构试验、试验应力分析的方法。计算机技术的发展,为理论与试验提供了一条通过计算建立联系的新途径,使结构工程学科由理论与试验的两极结构变为理论、试验和计算三足鼎立的新学科结构。

计算机技术的发展为结构试验的发展提供了无限的空间。计算机控制结构试验,使荷载施加、信号采集和数据处理等实现自动化成为可能,使结构试验真正成为一门科学。因此,计算机技术为结构计算理论和结构试验技术提供了有利条件,也成为发展结构理论和解决工程实践问题的一个重要手段。

理论分析、结构试验与数值电算已成为现在科学研究工作中重要的"三驾马车",好的论文或者研究成果必然离不开理论分析、结构试验与数值电算。

1.2　结构试验的任务与作用

1.2.1　结构试验的任务

　　建筑结构试验是土木工程专业的一门专业课程,也是唯一独立的试验课程。它的任务是,在工程结构的试验对象(局部或整体、实物或模型)上,使用仪器设备和工具,以各种试验技术为手段,在荷载(重力荷载、机械扰动荷载、地震荷载、风荷载等)或其他因素(温度、变形)作用下,通过测量与结构工作性能有关的各种参数(变形、挠度、应变、振幅、频率等),从强度(稳定性)、刚度、抗裂性以及结构实际破坏形态等方面判明工程结构的实际工作性能,估计工程结构的承载能力,确定工程结构与使用要求的符合程度,并用于检验和发展工程结构的计算理论。举例如下。

　　(1)钢筋混凝土简支梁在静力集中荷载作用下,可以通过测得梁在不同受力阶段的挠度、角变位、截面上纤维应变和裂缝宽度等参数来分析梁的整个受力过程及结构的承载力、刚度和抗裂性能。

　　(2)当一个框架承受水平动力荷载作用时,同样可以通过测得结构的自振频率、阻尼系数、振幅和动应变等研究结构的动力特性和结构承受动力荷载作用时的动力反应。

　　(3)在结构抗震研究中,经常通过低周反复荷载作用下,由试验所得的应力与变形关系的滞回曲线来分析抗震结构的承载力、刚度、延性、刚度退化和变形能力等。

　　因此,结构试验的任务是,以试验方式测定有关数据,由此反映结构或构件的工作性能、承载能力和相应的安全度,为结构的安全使用和设计理论的建立提供重要依据。

1.2.2　结构试验的作用

　　(1)建筑结构试验是人们认识自然的重要手段。认识的局限性使人们对诸如结构的材料性能(简称材性)等还缺乏真正透彻的了解。例如,在进行结构动力反应分析时要用到的阻尼比至今不能用分析的方法求得。正是试验手段的应用,拓宽了人们的认识。

　　(2)建筑结构试验是发现结构设计问题的重要环节。20世纪80年代,为满足人们对建筑空间的使用需要,出现了异型截面柱,如T形、L形和十字形截面柱。在做试验研究之前,设计者认为,矩形截面柱和异型截面柱在受力特性方面没有区别,其区别就在于截面形状不同,因而误认为柱的受力特性与截面形状无关。通过试验发现,柱的受力特性与柱截面的形状有很大关系:矩形截面柱的破坏属拉压型破坏,异型截面柱的破坏属剪切型破坏。

　　(3)建筑结构试验是验证结构理论的有效方法。从最简单的结构受弯杆件截面应力分布的平截面假定理论、弹性力学平面应力问题中应力集中的计算理论到比较复杂的、不能对研究问题建立完善数学模型的结构平面分析理论和结构空间分析理论以及隔震结构、耗能结构的理论,都离不开试验这种有效的方法。

　　(4)建筑结构试验是鉴定建筑结构质量的直接方式。对于已建的结构工程,无论是灾害后的建筑工程还是事故后的建筑工程,无论是某一具体的结构构件还是结构整体,任何目的的质量鉴定,所采用的直接方式仍是结构试验。

（5）建筑结构试验是制定各类技术规范和技术标准的基础。我国现行的各种结构设计规范总结已有的大量科学试验的成果和经验,为设计理论和设计方法的发展,进行了大量实物和缩尺模型(如钢筋混凝土结构、砖石结构和钢结构的梁、柱、框架、节点、墙板、砌体等)的试验,以及实体建筑物的试验研究,为我国编制各种结构设计规范提供了基本的资料和试验数据。

（6）建筑结构试验可以促进自身发展。自动控制系统和电液伺服加载系统在结构试验中的广泛应用,从根本上改变了试验加载的技术,由过去的重力加载逐步改进为液压加载,进而过渡到低周反复加载、拟动力加载及地震模拟随机振动台加载等。在试验数据的采集和处理方面,实现了测量数据的快速采集、自动化记录和数据自动处理分析等。这些都是建筑结构试验自身发展的产物。

1.3　建筑结构试验的分类

实际工作中,根据试验目的,建筑结构试验可分为生产鉴定性试验(简称鉴定性试验)和科学研究性试验(简称科研性试验)两大类。建筑结构试验除了按试验目的分类外,还经常按试验对象、试验荷载性质、试验场地、试验时间等因素进行分类。

1.3.1　按试验目的分类

1. 生产鉴定性试验

这类试验经常具有直接的生产目的。它以实际建筑物或结构构件为试验鉴定对象,通过试验对具体结构构件做出正确的技术结论,常用来解决以下有关问题。

（1）综合鉴定重要工程和建筑的设计与施工质量。对于一些比较重要的结构与工程,除在设计阶段进行大量必要的试验研究外,在实际结构建成后,还要求通过试验综合鉴定其质量的可靠程度。

（2）对已建结构进行可靠性检验,以推断和估计结构的剩余寿命。已建结构随着使用时间的增长,逐渐出现不同程度的老化现象,有的已到了老龄期、退化期或更换期,有的则到了危险期。为了保证已建建筑物的安全使用,尽可能地延长其使用寿命和防止建筑物破坏、倒塌等重大事故的发生,国内外对建筑物的使用寿命,尤其对使用寿命中的剩余期限,即剩余寿命特别关注。通过对已建建筑物的观察、检测和分析,按可靠性鉴定规程评定结构所属的安全等级,由此来判断其可靠性和评估其剩余寿命。可靠性鉴定大多采用非破损检测的试验方法。

（3）工程改建和加固时,通过试验判断具体结构的实际承载能力。旧有建筑的扩建加层、加固或由于需要提高建筑抗震设防烈度而进行的加固等,当单凭理论计算得不到分析结论时,经常通过试验确定这些结构的潜在能力,这在缺乏旧有结构的设计计算与图纸资料,而要求改变结构工作条件的情况下更有必要。

（4）处理受灾结构和工程质量事故时,通过试验鉴定提供技术依据。对因地震、火灾、爆炸等而受损的结构,或在建造和使用过程中发现有严重缺陷(例如发生施工质量事故、结构过度变形和严重开裂等)的危险建筑,必须进行必要的详细检测。

(5)鉴定预制构件的产品质量。构件厂或现场生产的钢筋混凝土预制构件,在构件出厂或现场安装之前,必须根据科学抽样试验的原则,按照预制构件质量检验评定标准和试验规程,通过一定数量的试件试验,推断成批产品的质量。

2. 科学研究性试验

科学研究性试验的目的是验证结构设计计算的各种假定,通过制定各种设计规范,发展新的设计理论,改进设计计算方法,为发展和推广新结构、新材料及新工艺提供理论依据与实践经验。

(1)验证结构计算理论的假定。在结构设计中,为了计算方便,人们经常要对结构构件的计算图式及本构关系做某些简化的假定,例如,在较大跨度的钢筋混凝土结构厂房中采用30~36 m 跨度的竖腹杆式预应力钢筋混凝土空腹桁架。设计中,这类桁架的计算图式可假定为多次超静定空腹桁架,也可按两铰拱计算,将所有的竖杆看作不受力的吊杆,这一般可以通过试验研究来加以验证。构件的静力和动力分析中,本构关系的模型化完全是通过试验加以确定的。

(2)为发展和推广新结构、新材料与新工艺提供实践经验。随着建筑科学和基本建设的发展,新结构、新材料与新工艺不断涌现,例如,钢筋混凝土结构中各种新钢筋的应用,薄壁弯曲轻型结构钢的设计推广,升板、滑模施工工艺的发展,以及大跨度结构、高层建筑与特种结构的设计施工等。一种新材料的应用、一个新结构的设计和一种新工艺的施工,往往需要经过多次工程实践与科学试验,即由实践到认识、由认识到实践的多次反复,从而积累资料、丰富认识,使设计计算理论不断改进和完善。

(3)为制定设计规范提供依据。为了制定设计标准、施工验收标准、试验方法标准和结构可靠性鉴定标准,需要对钢筋混凝土结构、钢结构、砌体结构以及木结构等,从基本构件的力学性能到结构体系的分析优化,进行系统的科学研究性试验,提出符合实际情况的设计理论、计算公式、试验方法标准和可靠性鉴定分级标准,完善规范体系。科学研究性试验必须事先周密考虑,按计划进行。试验对象是专为试验而设计制造的模型,以突出研究的主要问题,忽略对结构有较小影响的次要因素,使试验工作合理,观测数据易于分析总结。

1.3.2　按试验对象分类

1. 原型试验

原型试验的对象是实际结构或者是按实物结构足尺复制的结构或构件。

原型试验一般用于生产性试验,例如桥梁的成桥试验就是一种非破坏性的现场试验。工业厂房结构的刚度试验、楼盖承载力试验等都是在实际结构上加载测量的。另外,在高层建筑上直接进行风振测试和通过环境随机振动测定结构动力特性等均属此类试验。在原型试验中,另一类是对实际结构构件的试验,试验对象是一根梁、一块板或一榀屋架之类的实物构件,试验可以在试验室内进行,也可以在现场进行。为了保证测试的精度,防止环境因素对试验的干扰,目前国外已将这类足尺模型试验从现场转移到结构试验室内进行,如日本的 E-Defense 已在室内完成了 7 层框架结构房屋足尺模型的抗震静力试验。近年来,国内大型结构试验室的建设也已经考虑到这类试验的要求。

2. 模型试验

模型是仿照原型并按照一定的比例关系复制而成的试验代表物。它具有实际结构的全部或部分特征,但大部分结构模型是尺寸比原模型小得多的缩尺结构。试验研究需要时也可以制作 1∶1 的足尺模型作为试验对象。由于投资大、周期长且受测量精度、环境因素等的影响,进行原型试验在物质或技术上会存在某些困难。人们在结构设计的方案阶段进行初步探索比较或对设计理论和计算方法进行探索研究时,较多地采用比原型结构小的模型进行试验。

模型试验的具体操作是,根据相似理论,用适当的比例和相似的材料制成与原型几何相似的试验对象,再在模型上施加相似力系使模型受力后重演原型结构的实际工

扫一扫:延伸阅读 相似设计

作状态,最后按照相似理论由模型试验结果推算出实际结构的工作性能。为此,要求这类模型满足比较严格的模拟条件,即做到几何相似、力学相似和材料相似。

3. 小模型试验

小模型试验是结构试验常用的形式之一,也称为小构件试验。它有别于模型试验,虽然也采用小构件进行试验,但不需依靠相似理论,也无须考虑相似比例对试验结果的影响,即试验不要求满足严格的相似条件。它只是将原型结构按几何比例缩小制成模型,将其作为代表物进行试验,然后将试验结果与理论计算结果进行对比校核,用以研究结构的性能,验证设计假定与计算方法的正确性。一般认为这些结果所证实的一般规律与计算理论可以推广到实际结构中。正如在教学试验中通过钢筋混凝土结构受弯构件的小梁试验,可以说明钢筋混凝土结构正截面的设计计算理论一样。

1.3.3 按试验荷载性质分类

1. 结构静力试验

结构静力试验是结构试验中最多、最常见的基本试验,因为绝大部分建筑结构在工作中承受的是静力荷载。在荷载作用下研究结构的承载力、刚度、抗裂性和破坏机理,一般可以通过重力或各种类型的加载设备来模拟和实现试验加载的要求。

静力试验的加载过程是使荷载从零开始逐步递增,一直加到某一预定目标值或结构破坏为止,也就是在一个不长的时间段内完成试验加载的全过程。人们称这种试验为结构静力单调加载试验。

扫一扫:视频 梁柱节点静力试验

近年来,为了探索结构的抗震性能,结构抗震试验成为一种重要的手段。结构抗震试验是以静力的方式模拟地震作用,它是

扫一扫:视频 拟静力

一种控制荷载或控制变形作用于结构的周期性的反复静力荷载。为与一般单调加载试验相区别,将结构抗震试验称为低周反复静力加载试验,也称伪静力试验。目前国内外结构抗震试验较多集中在这一方面。

静力试验最大的优点是加载设备相对来说比较简单,荷载可以逐步施加,人们可以停下来仔细观察结构变形和裂缝的发展,对破坏的概念有明确和清晰的认识。在实际工作中,即使是承受动力荷载的结构,在试验过程中为了了解其在静力荷载作用下的工作特性,在动力试验之前往往先进行静力试验,如结构构件的疲劳试验就是静力试验。静力试验的缺点是不能反映应变速率对结构的影响,特别是在结构抗震试验中,静力试验的结果与任意一次确定性的非线性地震反应相差很远。目前,虽然已发展出一种计算机与加载器联机试验系统,可以弥补这一缺点,但该系统设备耗资较大,且加载周期远远大于实际结构的基本周期。

扫一扫:视频　疲劳试验

扫一扫:视频　振动台试验

2. 结构动力试验

结构动力试验是研究结构在不同性质动力作用下结构动力特性和动力反应的试验,如研究厂房结构承受吊车及动力设备作用时的动力特性,吊车梁的疲劳强度与疲劳寿命,多层厂房由于机器设备上楼后所产生的振动影响,高层建筑和高耸构筑物在风荷载作用下的动力问题,结构抗爆炸、抗冲击问题等。在结构抗震性能的研究中,除了用上述静力加载模拟以外,更为理想的是直接施加动力荷载进行试验,如疲劳试验和抗震试验。目前,抗震试验一般用电液伺服加载设备或地震模拟振动台等设备来进行。对于现场或野外的动力试验,利用环境随机振动试验测定结构动力特性模态参数的做法也日益增多。另外,还可以利用人工爆炸产生人工地震的方法甚至直接利用天然地震对结构进行试验。由于荷载特性的不同,动力试验的加载设备和测试手段与静力试验有很大的差别,并且要比静力试验复杂得多。

1.3.4 按试验时间分类

1. 短期荷载试验

短期荷载试验是指进行结构试验时,限于试验条件、试验时间或其他各种因素和基于及时解决问题的需要,对于实际承受长期荷载作用的结构构件,荷载从零开始到最后结构破坏或某个阶段进行卸荷的时间总共只有几十分钟、几小时或者几天。当结构受地震、爆炸等特殊荷载作用时,整个试验加载过程只有几秒甚至是微秒或毫秒级的时间。这种试验实际上是一种瞬态的冲击试验,属于动力试验的范畴。结构动力试验,如结构疲劳试验,整个加载过程仅在几天内完成,与实际工作条件有很大差别。严格讲,这种短期荷载试验不能代表长年累月进行的长期荷载试验,对其中由于具体的客观因素或技术限制所产生的影响,必须在试验结果的分析和应用时加以考虑。

2. 长期荷载试验

长期荷载试验是指在长期荷载作用下研究结构变形随时间变化规律的试验,如混凝土的徐变、预应力结构钢筋的松弛等都需要进行静力荷载作用下的长期试验。这种长期荷载试验也可称为"持久试验",它将连续进行几个星期或几年。为保证试验的精度,对试验环境要有严格的控制,如保持恒温、恒湿,防止振动影响等。所以,长期荷载试验一般是在试验室内进行的。如果能在现场对实际工作中的结构构件进行系统、长期的观测,这样积累和获得的数据资料对于研究结构的实际工作性能,进一步完善和发展结构理论将具有更为重要的意义。

1.3.5　按试验场地分类

1. 试验室结构试验

试验室结构试验由于具备良好的工作条件,可以应用精密和灵敏的仪器设备,具有较高的准确度,甚至可以人为地创造一个适宜的工作环境,以减小或消除各种不利因素对试验的影响,所以多用于研究性试验。其试验对象可以是原型或模型,结构可以一直试验到破坏。近年来大型结构试验室的建设,特别是应用电子计算机控制试验,为发展足尺结构的整体试验和实现结构试验自动化提供了更为有利的工作条件。

2. 现场结构试验

现场结构试验是指在生产或施工现场进行的实际结构的试验,较多用于生产性试验。试验对象主要是正在生产使用的已建结构或将要投入使用的新结构。由于受客观条件的干扰和影响,高精度、高灵敏度的仪表设备的应用经常会受到限制,因此试验精度和准确度较差。特别是现场没有试验室所用的固定加载设备和试验装置,给试验加载带来较大的困难。但是,目前应用非破坏检测技术手段进行现场试验,仍然可以获得接近实际工作状态的数据资料。

1.4　结构试验的发展

1.4.1　路标试验

17 世纪初,伽利略(1564—1642)首先研究了材料的强度问题,提出许多正确的理论。但他在 1638 年出版的著作中曾错误地认为受弯梁的断面应力是均匀分布的且为

扫一扫:延伸阅读　土木工程试验与检测技术发展

拉力。46 年后,法国物理学家马里奥特和德国数学家兼哲学家莱布尼茨对这个假定提出了修正,认为该断面应力不是均匀分布的,而是呈三角形分布。后来胡克和伯努利建立了平面假定学说。

1713 年,法国人巴朗进一步提出中和层的理论,认为受弯梁断面上的应力分布以中和层为界,一边受拉,另一边受压。由于无法验证,该理论只是一个假设,受弯梁断面上存在压

应力的理论并未被人们接受。

1767 年,法国科学家容格密里用简单的试验方法证明了断面上压应力的存在。他在一根简支梁的跨中,沿上缘受压区开槽,方向与梁轴线垂直,槽内嵌入硬木垫块(图 1-1)。试验证明,这种梁的承载能力丝毫不低于整体并未开槽的木梁。试验表明,只有梁的上缘受压力时,才可能有这样的结果。当时,科学家们对容格密里的这个试验给予了极高的评价,这个试验被誉为"路标试验"。

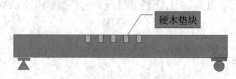

图 1-1   容格密里木梁试验

1821 年,法国科学院院士拿维叶从理论上推导出材料力学中受弯构件断面应力分布的计算公式。20 年后由法国科学院另一位院士阿莫列恩用试验的方法验证了这个公式。人类对这个问题进行了 200 多年的探索至此告一段落。由此可以看到,试验技术对验证理论和选择正确的研究方法都起了重要作用。

1.4.2   结构试验在中国的发展

我国结构试验发展的初期,主要是为了适应国民经济恢复时期的需要,对一些改建或扩建工程进行现场静力试验。

例如,鞍山钢铁公司旧厂房改建工程、黄河铁桥加固工程等,通过现场静力试验,为改建及加固处理提供了科学依据,并为结构试验的发展积累了宝贵经验。

1953 年,长春市对 25.3 m 高的输电铁塔进行了原型结构的检验性试验,这是我国第一次规模较大的结构试验。当时由于试验手段落后,用吊盘装铁块作为竖向荷载,水平荷载则用人工绞车施加,铁塔主要杆件的应变只能用机械杠杆引伸仪测量,铁塔的水平变位则用经纬仪观测。

1957 年,我国对武汉长江大桥全面地进行了静载和动载试验,这是我国建桥史上第一次以工程验收为目的的结构试验。

1959 年,北京车站建造时,对中央大厅的 35 m × 35 m 双曲薄壳(double curvature shallow shell)进行了静力试验。

20 世纪 70 年代,结构试验日益成为人们研究结构新体系不可缺少的手段。从确定结构材料的物理力学性能,到验证各种结构构件的受力特点和破坏特征,直至建立一个结构体系的计算理论,都建立在试验研究的基础上。例如,1973 年,对上海体育馆和南京五台山体育馆进行了网架模型试验(lattice grid model test),为建立网架结构的计算理论和模型试验理论等提供了大量实测资料。在此之后,在北京、昆明、南宁、兰州等地先后进行了十余次规模较大的足尺结构试验。

我国结构动力试验的工作起步较晚,早期主要是由科学研究机构研制一些小型振动台和起振设备,用它们对建筑物、高炉及水坝等结构模型进行动力试验。后来研制出了脉动测量仪(pulsating measurement apparatus),开始对新安江水库、小丰满水库和恒山水库等大型水坝工程进行实地脉动观察和测量。1960 年后又研制出了我国第一批工程强震加速度计,这为以后研究实际地震作用下的结构性能开辟了新领域。

地震是土木工程结构的一个重要灾害源,我国曾进行过各种结构的抗震试验和减震试验,如钢筋混凝土框架、剪力墙等结构的抗震性能试验,砖砌体和砌块结构以及底层框架砖混结构的抗震性能试验。在野外进行的规模较大的足尺房屋抗震性能破坏试验就有十多次。

1973 年北京进行了装配整体式框架结构(两层、一开间)抗震试验。

1978 年兰州进行了粉煤灰密实砌块结构(五层、三开间)抗震试验。

1979 年上海进行了中型砌块结构的抗震试验。

1982 年中国建筑科学院对 12 层轻板框架结构模型进行了抗震试验。

1991 年西安建筑科技大学对砖混结构(空心砖)模型(六层、二开间)进行了抗震试验。

现在,全国各地进行的各种类型的结构试验日益增多,试验项目不胜枚举。其结果为研究发展抗震计算分析理论和指导工程应用提供了十分丰富的试验资料。

近年来,大型结构试验机、模拟地震台、大型起振机、高精度传感器、电液伺服控制加载系统、信号自动采集系统等各种仪器设备和测试技术的问世,以及大型试验台座的建立,从根本上改变了试验加载的技术,实现了测量数据的快速采集、自动化记录和数据自动处理分析等;尤其计算机控制的多维地震模拟振动台可以实现地震波的人工再现,模拟地面运动对结构作用的全过程,可以准确、及时、完整地收集并表达荷载与结构行为的各种信息。

1.4.3　结构试验的发展趋势

目前,结构试验技术正在向智能化、模拟化方向深入发展,人们不断引入现代科学技术发展的新成果来解决应力、位移、裂缝、内部缺陷及振动的测量问题,与此同时,正在广泛地开展结构模型试验理论与方法的研究、计算机模拟试验及结构非破损试验技术的研究等。智能仪器的出现,计算机和终端设备的广泛应用,各种试验设备自动化水平的提高,将为结构试验开辟新的广阔前景,主要体现在以下几方面。

1. 先进的大型和超大型试验装备

在现代制造技术的支持下,大型结构试验设备不断投入使用,使加载设备模拟结构实际受力条件的能力越来越强。例如,电液伺服压力试验机的最大加载能力达到 50 000 kN,可以完成实际结构尺寸的高强度混凝土柱或钢柱的破坏性试验。同济大学已经建成的地震模拟振动台阵列,由多个独立振动台组成,当振动台排成一列时,可用来模拟桥梁结构遭遇地震作用;若排列成一个方阵,可用来模拟建筑结构遭遇地震作用。复杂多向加载系统可以使结构同时受到轴向压力、两个方向的水平推力和不同方向的扭矩,而且这类系统可以在动力条件下对试验结构反复加载。以再现极端灾害条件为目的,大型风洞、大型离心机、大型火灾模拟结构试验系统等试验装备相继投入运行,使研究人员和工程师能够通过结构试验更准确地掌握结构性能,改善结构的防灾抗灾能力,发展结构设计理论。

2. 基于网络的远程协同结构试验技术

互联网的飞速发展为我们展现了一个崭新的世界。当外科手术专家通过互联网进行远程外科手术时,基于网络的远程结构试验体系也正在形成。20世纪末,美国国家科学基金会投入巨资建设"远程地震模拟网络",希望通过远程网络将各个结构试验室联系起来,利用网络传输试验数据和试验控制信息,网络上各站点(结构试验室)在统一协调下进行联机结构试验,共享设备资源和信息资源,实现所谓的"无墙试验室"。我国也在积极开展这一领域的研究工作,并开始进行网络联机结构抗震试验。基于网络的远程协同结构试验集结构工程、地震工程、计算机科学、信息技术和网络技术于一体,充分体现了现代科学技术渗透、交叉、融合的特点。

3. 现代测试技术

现代测试技术的发展以新型高性能传感器和数据采集技术为主要方向。传感器是信号检测的工具,理想的传感器具有精度高、灵敏度高、抗干扰能力强、测量范围大、体积小、性能可靠等特点。新材料,特别是新型半导体材料的研究与开发,促进了很多对力、应变、位移、速度、加速度、温度等物理量敏感的器件的发展。微电子技术使传感器具有一定的信号处理能力,形成所谓的"智能传感器"。新型光纤传感器可以在上千米范围内以毫米级的精度确定混凝土结构裂缝的位置。大量程、高精度位移传感器可以在 1 000 mm 测量范围内,达到 ± 0.01 mm 的精度,即 0.001% 的精度。基于无线通信的智能传感器网络已开始应用于大型工程结构的健康监控。另一方面,测试仪器的性能也得到极大的改进,特别是与计算机技术相结合,数据采集技术发展迅速。高速数据采集器的采样速度达到 500 m/s,可以清楚地记录结构经受爆炸或高速冲击时响应信号前沿的瞬态特征。利用计算机存储技术,长时间大容量数据采集已不存在困难。

4. 计算机与结构试验

毫无疑问,计算机已渗透到我们的日常生活中,成为我们生活的一部分。计算机同样是结构试验必不可少的一部分。安装在传感器中的微处理器,数字信号处理器(DSP),数据存储和输出,数字信号分析和处理,试验数据的转换和表达等,都与计算机密切相关。离开计算机,现代结构试验技术将不复存在。特别值得一提的是,大型试验设备的计算机控制技术和用于结构性能分析的计算机仿真技术发展迅猛。多功能高精度的大型试验设备(以电液伺服系统为代表)的控制系统于 20 世纪末告别了传统的模拟控制技术,普遍采用计算机控制技术,使试验设备能够快速完成复杂的试验任务。以大型有限元分析软件为标志的结构分析技术也极大地促进了结构试验的发展,在结构试验前,通过计算分析预测结构性能,制订试验方案。完成结构试验后,通过计算机仿真,结合试验数据,对结构性能做出完整的描述。在结构抗震、抗风、抗火等研究方向和工程领域,计算机仿真技术和结构试验的结合越来越紧密。

【本章小结】

本章系统介绍了建筑结构试验的意义、作用、目的、分类和发展过程。学习本章后学生应提高对建筑结构试验课程重要性的认识,了解建筑结构试验在工程结构科学研究、计算理论的发展和技术创新等方面所起的作用。

【思考题】

1-1 建筑结构试验的任务和作用是什么?

1-2 建筑结构试验分为哪几类? 各类试验的目的是什么?

1-3 生产鉴定性试验通常解决哪些问题?

1-4 科学研究性试验通常解决哪些问题?

1-5 你对建筑结构测试技术的发展有多少了解?

第2章 结构试验设计

【本章提要】

土木工程结构试验设计是试验规划阶段的工作,涉及工程结构试验中的试件设计、试验荷载设计、试验观测设计及试验大纲编写。土木工程结构试验是一项细致而复杂的工作,任何疏忽大意都会影响试验结果和试验的正常进行,甚至导致试验的失败。因此在试验前应对整个工作做出规划,对试件、试验荷载和试验观测进行合理的设计,从而定出试验大纲,为整个试验工作的顺利进行打下良好的基础。

2.1 概述

土木工程结构试验包括试验设计、试验准备、试验实施和试验分析等主要阶段,每个阶段的工作内容和它们之间的关系如图 2-1 所示。

2.1.1 试验设计

结构试验设计是整个结构试验中极为重要并且具有全局性的一项工作。它的主要内容是对所要进行的结构试验工作进行全面的设计与规划,从而使设计的计划与试验大纲能对整个试验起统管全局和具体指导的作用。

在进行结构试验的总体设计时,首先应该反复研究试验目的,充分了解本项试验研究或生产鉴定的任务要求,进行调查研究,收集有关资料,包括在这方面已有哪些理论假定,做过哪些试验及其试验方法、试验结果和存在的问题等等。在以上工作的基础上确定试验的性质与规模。对试件的设计制作、加载测量方法的确定等各个环节不可孤立考虑,必须联系各种因素、综合考虑才能使试验结果在执行与实施中达到预期的目的。

对于科学研究性试验,首先应根据研究课题,了解其在国内外的发展状况和前景,并通过收集和查阅有关的文献资料,确定试验研究的目的和任务;确定试验的规模和性质,在此基础上确定试件设计的主要组合参数,并根据试验设备的能力确定试件的外形和尺寸;进行试件设计及制作;确定加载方法和设计加载系统;选定测量项目及测量方法;进行设备和仪表的率定;做好材料性能试验或其他辅助试件的试验;制定试验安全防护措施;提出试验进度计划和试验技术人员分工,工程材料需用计划,经费开支及预算,试验设备、仪表及附件的清单等等。

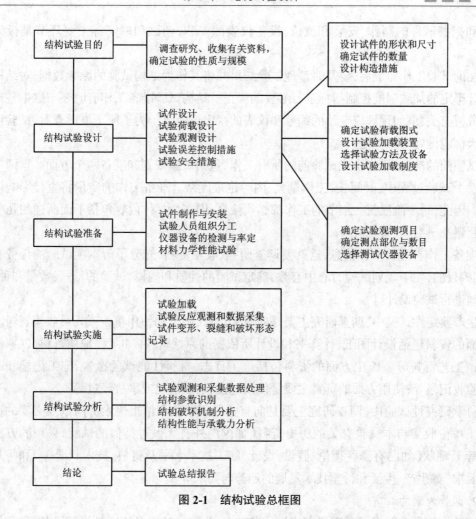

图 2-1　结构试验总框图

　　生产鉴定性试验的设计,往往是针对某一已建成的具体结构进行的,一般不存在试件设计和制作问题,主要是向有关设计、施工和使用单位或人员调查有关试验项目的设计图纸、计算书,以及设计依据、施工记录、材料性能试验报告、隐蔽工程验收记录、使用历史(年限、过程、荷载情况等)、事故过程等,并应对构件进行实地考察,检查结构的设计和施工质量状况,最后根据试验目的和要求制订试验计划。对于受灾损伤的结构,还必须了解受灾起因、过程与结构的现状。对实际调查的结果(书面记录、草图、照片等)要加以整理,作为拟定试验方案、进行试验设计的依据。

2.1.2　试验准备

　　结构试验准备阶段的任务是将结构试验设计阶段确定的试件按要求制作、安装与就位,将加载设备和测试仪表率定、安装就位,完成辅助试验工作,准备设计记录表格,算出各加载阶段试验结构各特征部位的内力及变形值。结构试验准备工作十分烦琐,不仅涉及面很广,而且工作量很大,据估计准备工作占全部试验工作量的 1/2~2/3。试验准备阶段的工作质量直接影响到试验结果的准确程度,有时还关系到试验能否顺利进行到底。在试验准备阶段,控制和把握试件的制作、安装和就位,设备仪表的安装、调试和率定等主要环节是极为重要的。

辅助试验工作完成后,要及时整理试验结果并将其作为结构试验的原始数据,对结构试验设计确定的加载制度控制指标进行必要的修正。结构试验准备工作有时还与数据整理和资料分析有关,例如预埋应变片的编号和仪表的率定记录等。为了便于事后查对,试验组织者每天都应做好工作日记。

试验前的准备,泛指正式试验前的所有工作,包括试验规划和准备两个方面。这两项工作在整个试验过程中,时间长,工作量大,内容也最庞杂。准备工作的质量将直接影响试验成果。因此,每一阶段每一细节的工作都必须认真、周密。具体内容包括下面所述的几项。

1. 调查研究、收集资料

准备工作首先要掌握信息,这就要调查研究、收集资料,充分了解本项试验的任务和要求,明确目的,便于规划试验时心中有数,确定试验的性质和规模,试验的形式、数量和种类,正确地进行试验设计。

生产鉴定性试验中,调查研究主要是向有关设计、施工和使用单位或人员收集资料。设计方面的资料包括设计图纸、计算书和设计所依据的原始资料(如工程地质资料、气象资料和生产工艺资料等);施工方面的资料包括施工日志、材料性能试验报告、施工记录和隐蔽工程验收记录等;使用方面的资料主要是使用过程、超载情况或事故经过等。

科学研究性试验中,调查研究主要是向有关科研单位和情报检索部门以及必要的设计和施工单位收集与本试验有关的历史资料(如国内外有无做过类似的试验,采用的方法及结果等)、现状(如已有哪些理论、假设,设计、施工技术水平及材料、技术状况等)和将来发展的要求(如生产、生活和科学技术发展的趋势与要求等)。

2. 试验大纲的制定

试验大纲是在取得了调查研究成果的基础上,为使试验有条不紊地进行,以取得预期效果而制定的纲领性文件。试验大纲的具体内容见 2.7.1 节。

3. 试件准备

试件准备包括试件的设计、制作、质量验收、表面处理及有关测点的布置与处理等。

试验的对象,除鉴定性试验外,并不一定就是研究任务中的具体结构或构件。根据试验的目的和要求,它可能经过这样或那样的简化,可能是模型,也可能是某个局部(例如节点或杆件),但无论如何均应根据试验目的与有关理论,按大纲规定进行设计与制作。

在设计制作时应考虑到试件安装、固定及加载测量的需要,在试件上做必要的构造处理,如钢筋混凝土试件支承点预埋钢垫板,局部截面加设分布筋,平面结构侧向稳定支撑点的配件安装,倾斜面上加载面增设凸肩以及吊环等,这些都不要疏漏。

试件制作工艺必须严格按照相应的施工规范进行,并做详细记录,按要求留足材料力学性能试验试件并及时编号。

在试验之前,应对照设计图纸仔细检查试件各部分的实际尺寸、构造情况、施工质量、存在缺陷(如混凝土的蜂窝、麻面、裂纹,木材的疵病,钢结构的焊缝缺陷、锈蚀等)、结构变形和安装质量。钢筋混凝土还应检查钢筋位置、保护层的厚度和钢筋的锈蚀情况等。这些情况都将对试验结果有重要影响,应做详细记录存档。已建房屋的鉴定性试验中,还必须对试验对象的环境和地基基础等进行一些必要的调查与考察。

检查、考察之后,对试件尚应进行表面处理,例如去除或修补一些有碍试验观测的缺陷,钢筋混凝土表面的刷白、分区画格等。刷白是为了便于观测裂缝;分区画格则是为了荷载与测点准确定位、记录裂缝的发生和发展过程以及描述试件的破坏形态。观测裂缝的区格尺寸一般取 10~30 cm,必要时也可缩小。

此外,为方便操作,有些测点布置和处理工作,如手持应变计、杠杆应变计、百分表应变计角标的固定,钢测点的去锈以及应变计的粘贴、接线和材性非破损检测等,也应在这个阶段进行。

4. 材料物理力学性能测定

在正式试验之前,对结构材料的实际物理力学性能进行测定,对于在结构试验前或试验过程中正确估计结构的承载力和实际工作状况,在试验后整理试验数据,分析、处理试验结果等工作都有非常重要的意义。

测定项目通常有强度、变形性能、弹性模量、泊松比、应力 - 应变关系等。

测定的方法有直接测定法和间接测定法两种。直接测定法就是在制作结构或构件时留下材料并按规定制成标准试件,然后在试验机上用规定的标准试验方法进行测定。这里仅就混凝土应力 - 应变曲线的测定方法做简单介绍。

混凝土是一种弹塑性材料,应力 - 应变关系比较复杂。标准棱柱体抗压的应力 - 应变全过程曲线如图2-2 所示,对混凝土结构某些方面的研究,如长期强度、延性和疲劳强度试验等都具有十分重要的意义。

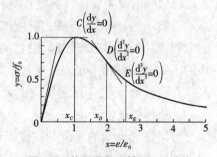

图 2-2　普通混凝土轴压 σ-ε 曲线

测定全过程曲线的必要条件:试验机应有足够的刚度,使试验机加载后所释放的弹性应变与试件的峰点 C 的应变之和不大于试件破坏时的总应变值;否则,试验机释放的弹性应变能产生的动力效应,会把试件击碎,曲线只能测至 C 点,在普通试验机上测定就是这样。

目前,最有效的方法是采用出力足够大的电液伺服试验机,以等应变控制方法加载,系统原理见图 2-3。若在普通液压试验机上试验,则应增设刚性装置,以吸收试验机所释放的动力效应能。刚性元件要求:刚度常数大,一般大于 100~200 kN/mm;容许变形大,能适应混凝土曲线下降段的巨大应变 $[(6~30) \times 10^3]$。增设刚性装置后,试验后期荷载仍不应超过试验机的最大加载能力。刚性装置可用弹簧或同步液压加载器等(图 2-4)。

另外,混凝土在大厚度和大体积结构中,或浇筑在其他物体内,实际上是处在复合应力状态下工作。当它三面受压工作时,主应力比、强度、极限变形等也将大大改变。为了正确认识这些性能,还需要测定其三向应力下的工作性质。三向应力试验通常在三轴应力试验机上进行。试验机有两个油压系统,一个施加水平二轴方向的压力,一个施加垂直轴向压力。试验机技术要求与其他压力试验机基本相同。

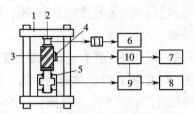
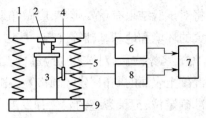

图 2-3　电液伺服试验机测定混凝土全过程
曲线装置原理

1—机架；2—荷重传感器；3—试件；4—应变传感器；
5—加载器；6—X-Y 记录仪；7—信号发生器；8—油泵；
9—伺服阀；10—伺服控制器；11—变换器

图 2-4　普通试验机测定混凝土全过程
曲线装置原理

1—试验机上压板；2—荷重传感器；3—试件；
4—应变传感器；5—弹性元件；6—力变换器；
7—X-Y 记录仪；8—应变变换器；9—试验机下压板

间接测定法也称为非破损试验法或半破损试验法。非破损试验法是采用某种专用设备或仪器直接在结构上测量与材料性能有关的一些物理量，如硬度、回弹值、声波传播速度等，通过理论关系或经验公式间接测得材料的力学性能，而不破坏结构、构件。半破损试验法是在结构或构件上采用局部微破损或直接取样的方法，推算出材料的强度，由试验所得的力学性能直接鉴定结构或构件的承载力。详细内容将在后面有关章节讨论。

5. 试验设备与试验场地的准备

试验计划应用的加载设备和测量仪表，试验之前应进行检查、修整和必要的率定，以保证达到试验的使用要求。率定必须有报告，以供整理资料或使用过程中修正。

试验场地，在试件进场之前应加以清理和安排，包括做好水、电、交通保障，清除不必要的杂物，集中安排好试验使用的物品。必要时，应做场地平面设计，架设或准备好试验中使用的防风、防雨和防晒设施，避免对荷载和测量造成影响。现场试验的支承点地基承载力应经局部验算和处理，下沉量不宜太大，保证结构作用力的正确传递和试验工作的顺利进行。

6. 试件安装就位

按照试验大纲的规定和试件设计要求，在各项准备工作就绪后即可将试件安装就位。保证试件在试验全过程中都能按计划模拟条件工作，避免因安装错误而产生附加应力或出现安全事故，是安装就位的中心工作。

简支结构的两支点应在同一水平面上，高差不宜超过 1/50 试件跨度。试件、支座、支墩和台座之间应密合稳固，为此常采用砂浆坐缝处理。

超静定结构，包括四边支承和四角支承板的各支座应保持均匀接触，最好采用可调支座。若带测定支座反力的测力计，则调节该支座反力至该支座应承受的试件重量为止，也可采用砂浆坐浆或湿砂调节。

扭转试件安装应注意扭转中心与支座转动中心一致，可用钢垫板等调节。

嵌固支承应上紧夹具，不得有任何松动或滑移的可能。

卧位试验，试件应平放在水平滚轴或平车上，以减轻试验时试件水平位移的摩阻力，同时也防止试件侧向下挠（图 2-5）。

试件吊装时，平面结构应防止平面外弯曲、扭曲等变形发生；细长杆件的吊点应适当加密，避免弯曲过大；钢筋混凝土结构在吊装就位过程中，应保证不出现裂缝，尤其是抗裂试验结构,必要时应附加夹具,提高试件刚度。

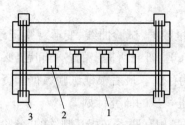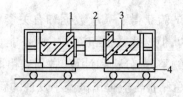

图 2-5　吊车梁成对卧位试验

1—试件;2—千斤顶;3—箍架;4—滚动平车

7. 加载设备和测量仪表安装

加载设备的安装,应根据加载设备的特点按照大纲设计要求进行,有的与试件就位同时进行,如支承机构,有的则在加载阶段安装。大多数是在试件就位后安装,要求安装固定牢靠,保证荷载模拟正确和试验安全。

仪表安装位置按观测设计确定。安装后应及时把仪表号、测点号、位置和连接仪器上的通道号一并记入记录表中。调试过程中如有变更,记录亦应及时改动,以防混淆。接触式仪表还应有保护措施,例如加带悬挂,以防振动掉落损坏。

8. 试验控制特征值的计算

根据材性试验数据和设计计算图式,计算出各个荷载阶段的荷载值和各特征部位的内力、变形值等,作为试验时控制与比较的依据。这是避免试验盲目性的一项重要工作,对试验与分析都具有重要意义。

9. 试验破坏准则的确定

试验破坏准则即试验进行到什么阶段停止,并不是所有的试验都要做到试验对象破坏为止。比如钢筋混凝土梁正截面受弯试验破坏准则是受拉区钢筋的屈服,受压区混凝土的压碎或者钢筋混凝土梁跨中挠度超过跨度的 1/50,试验达到三个条件之一即可以停止。

总之,整个试验的准备必须充分,规划必须细致、全面。每项工作及每个步骤必须十分明确。防止盲目追求试验次数多,仪表数量多,观测内容多和不切实际地提高测量精度等,以免给试验带来混乱和造成浪费,甚至使试验失效或发生安全事故。

2.1.3　试验实施

结构试验实施是指按试验设计与试验准备阶段确定的加载制度进行正式加载试验。对试验对象施加外荷载是整个试验工作的中心环节,应按规定的加载顺序和测量顺序进行。重要的测量数据应在试验过程中随时整理分析,与事先计算的数值比较,发现有反常情况时应查明原因或故障,把问题弄清楚后再继续加载。

试验过程中除认真读数记录外,必须仔细观察结构的变形,例如砌体结构和混凝土结构的开裂和裂缝的出现、裂缝的走向及宽度、破坏的特征等。试件破坏后要绘制破坏特征图,有条件的可拍照或录像,作为原始资料保存,以便今后研究分析时使用。

2.1.4　试验分析

通过试验获得了大量数据和有关资料(如测量数据、试验曲线、变形观察记录、破坏特征描述等),但这些数据和资料一般不能直接回答试验研究所提出的各类问题,必须对数据进行科学的整理、分析和计算,做到去粗取精,去伪存真。最后根据试验数据和资料编写总结报告。总结报告应提出试验中发现的新问题及进一步的研究计划。

以上各个阶段的工作性质虽有差别,但它们都是相互联系又相互制约的,各阶段的工作没有明显的界限,制订计划时不能只孤立地考虑某一阶段的工作,必须兼顾各个阶段的特点和要求,做出综合性的决策。

2.2　结构试件设计

结构试验中试件的形状和大小与结构试验的目的有关,它可以是真实结构,也可以是其中的某一部分。当不能采用足尺原型结构进行试验时,也可用缩尺模型。据调查,全国各大型结构试验室所做结构试验的试件,绝大部分为缩尺部件,少量为整体模型试件。

采用模型试验可以大大节省材料,减少试验的工作量和缩短试验时间,用缩尺模型做结构试验时,应考虑试验模型与试验结构之间力学性能的相关关系。若想通过模型试验的结果来正确推断实际结构的工作,模型设计要做到完全相似往往有困难,此时应根据试验目的设法使主要的试验内容能满足相似条件。有关结构模型设计的内容在第 11 章中介绍。当然,能用原型结构进行试验是较为理想的,但由于原型结构试验规模大,试验设备的容量大、费用高,所以大多数情况下还是采用缩尺模型进行试验。基本构件的基本性能试验大多用缩尺的构件,但它不一定存在缩尺比例的模拟问题。由这类试验所得的数据,经常直接作为分析的依据。

试件设计应包括选择试件形状、确定试件尺寸与数量以及结构构造措施等,同时必须满足结构与受力的边界条件、试件的破坏特征、试验加载条件的要求,以最少的试件数量获得最多的试验数据,反映研究的规律,以满足研究的需要。

2.2.1　试件形状

试件设计的基本要求是,构造一个与实际受力相一致的应力状态,当从整体结构中取出部分构件单独进行试验时,特别是比较复杂的超静定体系中的构件,必须注意其边界条件的模拟,使其能反映该构件的实际工作状态。

如图 2-6(a)所示,进行水平荷载作用的结构应力分析时,若对 $A—A$ 部位的柱脚、柱头部分进行试验,试件设计如图 2-6(b)所示;若对 $B—B$ 部分进行试验,试件设计如图 2-6(c)所示;梁的设计如图 2-6(f)、(g)所示,则应力状态可与设计目的相一致。

做钢筋混凝土柱的试验研究时,若要探讨其挠曲破坏性能,图 2-6(h)所示设计可行,但若做剪切性能的探讨,则反弯点附近的应力状态与实际应力情况有所不同。为此,有必要采用图 2-6(i)中的反对称加载方式。

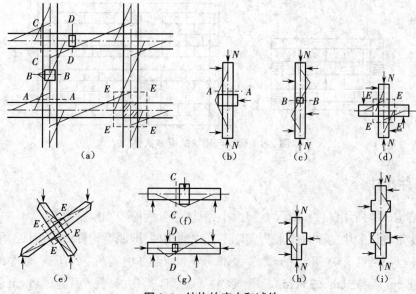

图 2-6　结构的应力和试件

　　试件设计时,在满足基本要求的情况下,应力求使试验做起来简单,又能得到好的结果。对于梁端、柱头、柱脚的探讨,没有必要将试件设计成十字形或 X 形等形状。做柱头部分的节间性能研究时,必须对柱、梁试件做足够的加固,如图 2-6(d)和(e)所示,以避免试验中柱、梁破坏,但试验结果可能与实际存在差异。对含有柱、梁部件的整体框架做强度和刚度研究时,可采用图 2-6(d)和(e)的方法。如需由定向轴力来施加 M、V,用图 2-6(a)中的十字形试件;而对设计内力 N、M、V 作用下的反应状况进行探讨时,可用图 2-6(e)中的 X 形试件。

　　在进行升板结构的节点试验时,试件应取图 2-7 所示的形状,板两个方向的长度同样可按板带跨中反弯点($M=0$)的位置来确定。在框架结构试验中,多数情况可设计成支座固接的单层单跨框架,如图 2-8 所示。进行砖石与砌块结构的墙体试验时,试件可以采用带翼缘的单层单片墙、双层单片墙或开洞墙体的砌块试件,如图 2-9 所示。

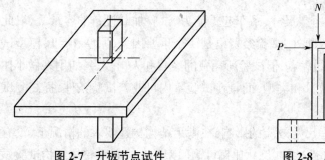

图 2-7　升板节点试件

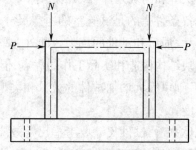

图 2-8　单层单跨钢筋混凝土框架

　　除进行试件的正确设计外,还应注意边界条件的实现尚与试件安装、加载装置与约束条件等有密切关系,必须在试验总体设计时进行周密考虑,才能实现试验目的。

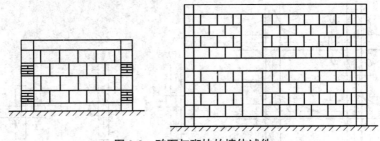

图 2-9　砖石与砌块的墙体试件

2.2.2　试件尺寸

工程结构试验所用试件按其尺寸和大小,总体上分为原型和模型两类。

生产鉴定性试验中的试件一般为实际工程中的构件,即原型构件,如屋面板、吊车梁等。

基本构件性能研究所用的试件大部分为缩尺的小构件,如压弯构件的截面为 $(16\,cm \times 16\,cm)~(35\,cm \times 35\,cm)$,矩形柱(偏压剪)的截面为 $(15\,cm \times 15\,cm)~(50\,cm \times 50\,cm)$,双向受力构件的截面为 $(10\,cm \times 10\,cm)~(30\,cm \times 30\,cm)$。

框架试件截面尺寸为原型的 1/4~1/2,框架节点一般为原型的 1/2~1。做足尺模型试验一般要求反映有关节点的配筋与构造特性。

剪力墙单层墙体试件的外形尺寸为 $(80\,cm \times 100\,cm)~(178\,cm \times 274\,cm)$,多层的剪力墙试件为原型的 1/10~1/3。国内曾先后进行过装配式混凝土和空心混凝土大板结构的足尺房屋试验。

砖石及砌块的砌体试件尺寸一般为原型的 1/4~1/2,国内曾进行过多幢砖石和砌块多层房屋结构的足尺试验。

实践证明,试件尺寸受尺寸效应、结构构造要求、试验设备和经费条件等因素的制约。

尺寸效应反映结构构件和材料强度随试件尺寸改变而变化的性质。试件尺寸越小,表现出相对强度提高越大和强度离散性越大的特征。同时小尺寸试件难以满足试件结构构造上的要求,如钢筋混凝土构件的钢筋搭接长度、节点部位箍筋密集影响混凝土的浇捣,砌体结构的灰缝和砌筑条件难以相似等。

设备条件指的是试验室的净空尺寸、吊车起重能力、试验加载设备的容量等,以此控制试件尺寸、质量和试件的抗力。此外,试验经费也是一个重要因素,原型和足尺模型试验虽然有反映结构构造和实际工作的优点,但试验所耗费的经费和人力较多,如用来做小比例尺寸试件,则可大大增加试件的数量和类型,而且在试验室内可改善试验条件,提高测试数据的可信度。

总体来看,试件尺寸要考虑尺寸效应的影响,在满足结构构造要求的情况下,没有必要做太大的试件。因此,对于局部性试件,尺寸比例可为原型的 1/4~1,而整体结构试验试件可取原型的 1/10~1/2。

对于动力试验,试件尺寸经常受到试验激振加载条件等因素的限制,一般可在现场的原型结构上进行试验,测量结构的动力特性。对于在试验室内进行的动力试验,可以对足尺构件进行疲劳试验。当在模拟振动台上试验时,由于受振动台台面尺寸和激振力大小等限制,一般仅做缩尺模型试验。目前国内能完成试件比例为 1/50~1/4 的结构模型试验。

2.2.3　试件数量

在进行试件设计时,试件数量(即试验量)是人们非常关注的一个重要问题,因为试验量的大小直接关系到能否完成试验的目的任务以及整个试验的工作量,同时也受试验研究、经费预算和时间期限的限制。

对于生产鉴定性试验,一般按照试验任务的要求有明确的试验对象。试件数量应按相应结构构件质量检验评定标准中的结构性能检验规定确定。

对于科学研究性试验,其试验对象是按照研究要求而专门设计的,这类结构的试验往往属于某一研究专题工作的一部分,特别是对结构构件基本性能的研究,由于影响构件性能的参数较多,所以要根据各参数构成的因子数和水平数来确定试件数量,参数多则试件数量自然也会增加。

因子是对试验研究内容有影响的发生着变化的因素,因子数为可变化因子的个数,水平即为因子可改变的试验档次,水平数则为档次数。一般来说,试件数量主要取决于变动参数的数量,变动参数多则试件数量大。表 2-1 为主要因子和水平数对试件数量的影响。从表 2-1 可见:主要因子和水平数稍有增加,试件数量就极大地增加。例如,在进行钢筋混凝土柱抗剪承载力的基本性能试验研究中,我们取不同混凝土强度、配筋率、配箍率,在不同轴向应力和剪跨比情况下进行试验,要求考虑的主要因子有受拉钢筋配筋率、配箍率、轴向应力、剪跨比和混凝土强度等级等,如果每个因子各自有 3 个水平数,就需要试件 243 个。如果每个因子有 5 个水平数,则试件的数量将猛增为 3 125 个。显然,实际上是很难做到的。

表 2-1　主要因子与水平数对试件数量的影响

因子	水平数			
	2	3	4	5
1	2	3	4	5
2	4	9	16	25
3	8	27	64	125
4	16	81	256	625
5	32	243	1 024	3 125

为此,试验工作者在试验设计中经常采用一种解决多因素问题的试验设计方法——正交试验设计法。该方法主要是使用正交表这一工具来进行整体设计、综合比较,既能避免各因子和水平数相互结合和参与可能产生的影响,也能妥善地解决试验所需的试件数量与实际可行的试验试件数量之间的矛盾,即实际所做少量试验与要求全面掌握内在规律之间的矛盾。

扫一扫:延伸阅读　正交设计

现以钢筋混凝土柱抗剪承载力基本性能研究问题为例,用正交试验法进行试件数量设计。同前面所述,主要影响因子数为5,而混凝土只有一种强度等级C20,这样实际因子数只有4,每个因子各有3个档次,即水平数为3。详见表2-2。

表2-2　钢筋混凝土柱抗剪承载力试验分析因子与水平数

因子		水平数		
		1	2	3
A	受拉钢筋配筋率 ρ	0.4	0.8	1.2
B	配箍率 ρ_s	0.2	0.3	0.5
C	轴向应力 σ_c(N/mm²)	20	60	100
D	剪跨比 λ	2	3	4
E	混凝土强度等级 C20	13.5 N/mm²		

钢筋混凝土柱抗剪承载力试验分析因子与水平数正交表为 $L_9(3^4)$,试件主要因子组合如表2-3所示,这一问题通过正交试验设计法进行设计,原来需要81个试件可以综合为9个试件。试件数量正好等于水平数的平方。

表2-3　试件主要因子组合

试件数量	A 配筋率	B 配箍率	C 轴向应力	D 剪跨比	E 混凝土强度
1	0.4	0.20	20	2	C20
2	0.4	0.30	60	3	C20
3	0.4	0.50	100	4	C20
4	0.8	0.20	60	4	C20
5	0.8	0.30	100	2	C20
6	0.8	0.50	20	3	C20
7	1.2	0.20	100	3	C20
8	1.2	0.30	20	4	C20
9	1.2	0.50	60	2	C20

正交表除了 $L_9(3^4)$ 以外,还有 $L_9(2^3)$、$L_{16}(4^2 \times 2^9)$ 等等。

$L_{16}(4^2 \times 2^9)$ 的含义是,某试验对象有11个影响因素,其中水平数为4的因素有2个,水平数为2的因素有9个,其试验数为16,即试验数等于最大水平数的平方。

试件数量设计是一个多因素问题,在实践中应该使整个试验的试件少而精,以质量取胜,切忌盲目追求数量;要使所设计的试件尽可能做到一件多用,即以最少的试件、人力、经费得到最多的数据;要使通过设计所确定的试件数量和经试验得到的结果能反映试验研究的规律,满足研究目的和要求。

2.3　结构试验荷载设计

结构试验的荷载设计主要取决于试验目的、试验对象的结构形式、试件所承受荷载的形式和性质以及试验室或现场所具有的加载条件等因素。正确合理的荷载设计是整个试验工作的重要环节之一。

2.3.1　试件的就位形式

扫一扫:延伸阅读　试件的就位形式

1. 正位试验

一般的结构试验均采用正位试验,对于梁、板和屋架等简支的静定构件,正位试验时结构构件的受压区在上,受拉区在下,结构自重和它所承受的外荷载作用在同一垂直平面内,符合实际受力状态。因此,在结构试验中应优先采用正位试验。

2. 卧位试验

对于自重较大的梁、柱,跨度、矢高大的屋架及桁架等重型构件,当不便于吊装、运输或测量时,可在现场就地采用卧位试验,这样可大幅度降低试验装置的高度,便于布置测量仪表和测量数据。现场卧位试验较多采用成对构件试验的方法,即利用局部加强后的另一同类试件作为平衡机构。采用卧位试验时,为减小构件变形及支承面间的摩擦阻力和自重弯矩,应将试件平卧在滚轴上或平台车上,使其保持水平状态(图 2-5)。

3. 反位试验

混凝土构件进行抗裂或裂缝宽度试验时,为了便于观察裂缝和读取裂缝宽度值,可将试件倒过来安装,使其受拉区向上,这种形式称为反位试验。反位试验可以简化和减少加载装置,但外荷载首先要抵消构件自重。对于自重较大的混凝土构件,在反位试验安装时要特别注意自重反位作用可能引起受压区开裂。

4. 原位试验

对已建结构进行现场试验时,均采用原位试验。试验的构件处于实际工作位置,它的支承情况、边界条件与实际工作状态完全一致。这种构件与单个构件的结构试验不完全一样,如支承不是理想的支座,邻近构件对试件部分产生卸荷作用等,在试验设计时应特别引起注意。

2.3.2　试验荷载图式

扫一扫:延伸阅读　试验荷载图式

试验荷载在试件上的布置形式称为荷载图式。一般要求荷载图式与理论计算简图相一致。但是,由于条件限制无法实现或者为了加载方便而采用不同于计算规定的荷载图式时,可根据试验的目的和要求,采用与计算简图等效的荷载图式。

等效荷载是指加在试件上,使试件产生的内力图形与计算简图相近,控制截面的内力值相等的荷载。如图 2-10(a)所示的简支梁,要测定内力 M_{max} 与 V_{max},因受加载条件限制,无法施加均布荷载至破坏,必须采用集中荷载。若按图 2-10(b)二分点一集中荷载加载形式,

则虽 V_{max} 相同,但 M_{max} 不相等;采用图 2-10(d)的八分点四集中荷载加载方法,结果则更趋近理论值。集中荷载点越多,结果越接近理论计算简图。可见,至少是四分点二集中荷载以上的偶数集中荷载,才是本例的等效荷载。

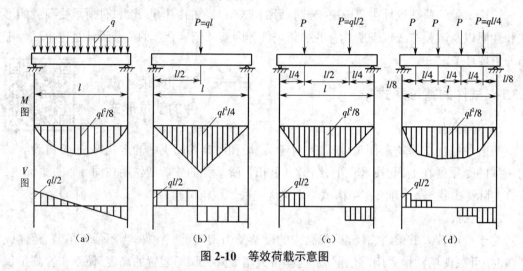

图 2-10　等效荷载示意图

采用等效荷载时必须注意,除控制截面的某个效应与理论计算相同外,该截面的其他效应和非控制截面的效应可能有差别,所以必须全面验算荷载图式改变对试验结构构件的各种影响;必须特别注意结构构件是否会因最大内力区域的某些变化而影响承载性能,对杆件不等强的结构,尤其要细加分析和验算,采用有效的等效荷载形式,如可通过增加集中荷载的个数来消除或减小这些影响。对关系明确的影响,对试验结果可以加以修正,否则不宜采用等效荷载形式。

当采用一种荷载图式不能反映试验要求的几种极限状态时,应采用几种不同的荷载图式分别在几个截面上进行试验。例如,梁不仅要做正截面抗弯承载力极限状态试验,还要进行斜截面抗剪承载力极限状态试验。若只采用一种荷载图式,往往因一种极限状态首先破坏而另一种极限状态不能得到反映。一般情况下,一个试件上只允许用一种荷载图式。只有对第一种荷载图式试验后的构件采取补强措施,并确保对第二种荷载图式的试验结果不带来任何影响时,才可在同一试件上先后进行两种不同荷载图式的试验。

2.3.3　试验荷载值和加载制度设计

扫一扫:延伸阅读　试验荷载值和加载制度设计

1. 试验荷载值设计

《建筑结构可靠性设计统一标准》(GB 50068—2018)和各种结构设计规范均将结构极限状态分为两大类,即承载能力极限

状态和正常使用极限状态。《建筑结构荷载规范》(GB 50009—2012)规定结构构件按承载能力极限状态和正常使用极限状态分别进行荷载(效应)组合,并取各自的最不利效应组合。

对于承载能力极限状态,应按荷载效应的基本组合或偶然组合进行荷载(效应)组合。对于基本组合,若仅有一种可变荷载,按下式确定:

$$S=\gamma_G S_{Gk}+\gamma_Q S_{Qk} \tag{2-1}$$

式中　　S——荷载效应组合设计值;

　　　　γ_G——永久荷载的分项系数;

　　　　γ_Q——可变荷载的分项系数;

　　　　S_{Gk}——按永久荷载标准值 G_k 计算的荷载效应值;

　　　　S_{Qk}——按可变荷载标准值 Q_k 计算的荷载效应值。

对于正常使用极限状态,采用荷载的标准组合、频遇组合或准永久组合。对于标准组合,若仅有一种可变荷载,按下式确定:

$$S=S_{Gk}+S_{Qk} \tag{2-2}$$

对于频遇组合,按下式确定:

$$S=S_{Gk}+\psi_f S_{Gk} \tag{2-3}$$

式中　　ψ_f——可变荷载 Q 的频遇值系数。

在进行结构静力试验时,应首先按不同试验要求确定对应于各种工作状态的试验荷载值。对于生产鉴定性试验,可直接根据荷载的标准值来确定荷载效应组合的设计值,再按试验荷载图式换算为试验荷载值。对于科学研究性试验,由于不是针对某一具体工程的荷载情况来设计试验结构试件,且不知试件材料的实测强度和构件截面尺寸实测值等参数,故可以由材性和截面的实际参数计算试件控制截面上的内力值,以此来确定试验荷载值。进行结构动力试验时,应考虑荷载的动力系数。

2. 加载制度设计

试验加载制度是指在结构进行试验期间控制荷载与加载时间的关系,包括加载速度的快慢,加载间歇时间的长短,分级荷载的大小,加载、卸载循环的次数等。结构构件的承载能力和变形性质与其所受荷载作用的时间特征有关。不同性质的试验必须根据试验要求制定不同的加载制度。结构静力试验常采用包括预加载、标准荷载和破坏荷载三个阶段的一次单调静力加载(图 2-11);结构抗震静力试验常采用控制

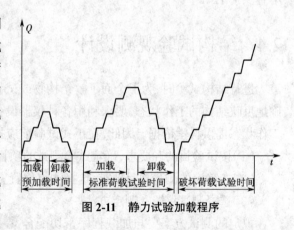

图 2-11　静力试验加载程序

荷载或变形的低周反复加载;结构拟动力试验则由计算机控制,按结构受地震地面运动加速度作用后的位移反应时程曲线进行加载;结构动力试验采用正弦激振加载;结构抗震动力试验则采用模拟地震地面运动加速度地震波的随机激振加载。

1)预加载

在试验前对试件进行预加载,目的是使试件各部分接触良好,进入正常工作状态。经过若干次预加载,使荷载与变形关系趋于稳定;检查全部试验装置是否可靠;检查全部测试仪器仪表是否正常工作;检查全体试验人员的工作情况,使他们熟悉自己的任务和职责以保证试验工作顺利进行。预加载一般分三级进行,每级取标准荷载的 20%,然后分 2~3 级卸载。

对于混凝土试件,预加载值不宜超过开裂荷载值的70%。

2）荷载分级

荷载分级的目的,一方面是控制加载速度,另一方面是便于观察结构变形,为读取各类试验数据提供必要的时间。

对于一般的结构试验,荷载分级为:标准荷载前,每级加载值不应大于标准荷载(含自重)的20%,分五级加至标准荷载;标准荷载后,每级加载值不宜大于标准荷载的10%;当荷载加至计算破坏荷载的90%后,每级应取不大于标准荷载的5%,直至试件破坏。

对于混凝土试件,加载至计算开裂荷载的90%后,每级取不大于标准荷载的5%,直至试件开裂,然后按上述方式加载。柱子试验,一般按计算破坏荷载的1/15~1/10分级,接近开裂和破坏荷载时,应减至原来的1/3~1/2。砌体抗压试验,对不需要测变形的试件,按预期破坏荷载的10%分级,加至预期破坏荷载的80%后,不分级直接加载至破坏。

3）荷载持续时间

为了使试件在荷载作用下的变形得到充分发挥和达到基本稳定,同时观察试件在荷载作用下的各种变形,每级荷载加完后应有一定的持续时间。一般结构试验的荷载持续时间为:钢结构不少于10 min;钢筋混凝土结构应不少于15 min;标准荷载时不应少于30 min。对检验性试验,在抗裂检验荷载下宜持续10~15 min;对使用阶段不允许出现裂缝的结构构件的抗裂研究性试验,在开裂试验荷载计算值作用下的持续时间应为30 min;对新混凝土构件,跨度较大的屋架、桁架及薄腹梁等的试验,在使用状态短期试验荷载作用下的持续时间不宜少于12 h。

2.4　结构试验观测设计

进行结构试验时,为了全面了解结构物或试件在荷载作用下的实际工作情况,真实而正确地反映结构的工作状态,要求利用各种仪器设备测量出结构反应的各种参数,为分析结构工作状态提供科学依据。因此,在正式试验前应拟定测试方案。测试方案包括以下内容。

（1）按试验目的和要求,确定试验测试的项目。

（2）按确定的测量项目要求,选择测点位置。

（3）选择测试仪器和测定方法。

拟定的测试方案要与加载程序密切配合,在拟定测试方案时应该把结构在加载过程中可能出现的变形等数据计算出来,以便在试验时随时与实际观测读数比较,及时发现问题;同时,为确定仪器的型号、选择仪器的量程和精度等提供参考。

2.4.1　观测项目的确定

扫一扫:延伸阅读　观测项目的确定

结构在荷载作用下的各种变形分成两类:一类是反映结构整体工作状况的变形,如梁的挠度、转角、支座偏移等,称为整体变形;另一类是反映结构局部工作状况的变形,如应变、裂缝、钢筋滑移等,称为局部变形。在确定试验观测项目时首先应该考虑整体变形。整体变形能概括结构工作的全貌,基本可以反映结构的工作状况。在所有测试项目中,各种整体变形是最基本的。对于梁而言,通过挠度的测定不仅能了解结构的刚度,而且可以明确结构的弹性和非弹性工作性质,挠度的不正常发展还能反映出结构中某些特殊的局部现象。因此,在缺乏测量仪器的情况下,试验通常仅测定挠度一项。转角的测定往往用来分析超静定连续结构。

对于某些构件,局部变形也很重要。例如,钢筋混凝土结构裂缝的出现能反映其抗裂性能;用非破坏性试验进行应力分析时,控制截面上的最大应变往往是推断结构极限强度的重要指标。因此,在条件许可时,根据试验目的也经常进行局部变形项目的测定。总之,破坏性试验本身能充分说明问题,观测项目和测点可以少些;而非破坏性试验的观测项目和测点布置,必须满足分析和推断结构工作状况的最低需要。

2.4.2　测点的选择和布置原则

扫一扫:延伸阅读　测点的选择和布置原则

用试验仪器对结构物或试件进行变形和应变测量时,一个仪表往往只能测量一种试验数据,因此在测量结构物的强度、刚度和抗裂性等力学性能时,往往需要较多的测量仪表。一般而言,测点越多越有利于了解结构物的应力和变形情况,但是在满足试验要求的前提下,测点宜少不宜多,这样不仅可以减少仪器设备,避免人力浪费,而且可以使试验工作重点突出,提高效率和保证质量。任何测点的布置都是有目的的,应服从结构分析的需要,不应盲目追求数量,不切实际地设置测点。在测量之前,应该利用力学和结构理论对结构进行分析,合理布置测量点位,力求减少试验工作量而获取必要的数据资料。测点的数量和布置必须是足够且充分合理的。新型结构或科研课题,由于缺乏认识可以采用逐步逼近、由粗到细的办法,先测定较少点位的数据,经过初步分析后再补充适量的测点,再分析再补充,直到能充分了解结构物的性能为止。一般可以做些简单的试验,定性后再确定测量点位。

测点的位置必须有代表性,以便于分析和计算。结构物的最大挠度和最大应力是设计和试验的重要数据,利用其可以较直接地了解结构的工作性能和强度储备。因此在最大值出现的部位必须布置测量点位。例如,挠度的测点位置可以由弹性曲线(或曲面)确定,常布置在跨度中点结构最大挠度处;应变的测点应该布置在最不利截面的最大受力纤维处;最大应力的位置常出现在最大弯矩截面,最大剪力截面或弯矩、剪力都不是最大而是两者同时出现较大数值的截面上,或产生应力集中的孔洞边缘以及截面剧烈改变的区域。如果目的不是要说明局部缺陷的影响,就不应该在有显著缺陷的截面上布置测点,以便于计算分析。

在测量工作中,为了保证测量数据的可靠性,还应该布置一定数量的校核测点。在试验测量过程中,部分测量仪器可能会出现工作不正常、发生故障或由于偶然因素影响测量数据的可靠性等现象,因此既要在需要测定应力和变形的位置上布置测点,也要在已知应力和变形的位置上布点,前者得到的数据称为测量数据,后者得到的数据称为控制数据或校核数据。如果在测量过程中控制数据是正常的,表明测量数据可靠;反之,表明测量数据不可靠。控制数据的校核测点可以布置在结构物的边缘凸角上,其应变为零;结构物上没有凸角时,校核测点可设置在理论计算可靠的区域;也可以利用结构本身或荷载作用的对称性,在与控制测点对称的位置上布置校核测点,正常情况下相互对应的测点数据应该相等。校核测点能验证观测结果的可靠程度,必要时也可以将对称测点的数据作为正式试验数据,供分析使用。测点的布置应有利于试验操作和测读,不便于观测的测点往往不能提供可靠的结果。为了测读方便,减少观测人数,测点宜适当集中布置,以便于一人管理多台仪器,不便于测读和安装仪器的部位,最好不设或少设测点,否则应妥善考虑安全措施或选用自动记录仪器。

2.4.3　仪器选择与测读

1. 仪器选择

试验测量仪器的选择,应遵循下列原则。

(1)选择仪器时应考虑试验实际需要,所用仪器应符合测量所需的精度与量程要求,并应防止盲目选用高准确度和高灵敏度的精密仪器。一般试验要求测定结果的相对误差不超过 5%,仪表的最小刻度值不应大于最大被测值的 5%。必须注意,使用精密测量仪器需要比较良好的环境和条件,如果条件不够理想,容易损伤仪器或造成观测结果不可靠。

(2)仪器的量程应满足测量值的需要,尽量避免在试验中途调换仪器,否则会增大测量误差。测量值宜在仪器量程的 1/5~2/3 范围内,最大被测值不宜大于仪表最大量程的 80%。

(3)测点数量多或位置不便于测量时,应选用多点测量或远距测量仪器;预埋于结构内部的测点应采用电测仪表;附着于结构上的机械式仪表应自重轻、体积小,不影响结构工作。

(4)选择仪表时必须考虑测读方便省时,必要时需采用自动记录装置。

(5)为了简化工作,避免差错,测量仪器的型号规格应尽可能一致,种类越少越好。但有时为了控制观测结果的正确性,常在校核测点上采用其他类型的仪器,以便于比较。

(6)动测试验使用的仪表,其线性范围、频响特性和相位特性应满足试验测量的需求。

2. 测读

试验过程中,仪器仪表的测读应按一定的程序进行,测定方法与试验方案、加载程序密切相关。在拟定加载方案时,要充分考虑观测工作的方便;反之,确定测点位置和考虑测读程序时,也要根据试验方案所提供的客观条件,密切结合加载程序确定。进行测读时,原则上必须同时测读全部仪器的读数,至少做到基本上同时。结构的变形与时间有关,只有同时得到的数据才能说明结构当时的实际状况。因此,如果仪器数量较多,应分区同时由数人测读,每个观测员测读的仪器数量不能太多。最好采用多点自动记录仪器进行自动测读,对于进入弹塑性阶段的试件也可跟踪记录。

试验的观测时间应选在加载过程的间歇时间内,在每次加载完毕后的某一时间(如 5 min)开始按程序测读一次;在下一级荷载加载前再观测一次读数。根据试验需要,也可以在加载后立即记取个别重要测点仪器的数据。荷载分级很细时,对于某些读数变化很小或次要的测点,可以每隔二级或更多级的荷载测读一次。在每级荷载作用下,结构徐变不大或为了缩短试验时间,可在每一级荷载下测读一次数据。当荷载维持较长时间不变(如在标准荷载下持载 12 h 或更多)时,应该按规定时间,如加载后的 5 min、10 min、30 min、1 h,以后每隔 3~6 h 记录读数一次;结构卸载完毕空载时,也应按规定时间记录变形的恢复情况。每次记录仪器读数时,应同时记录周围环境的温度和湿度。重要的数据应边记录、边整理,同时计算每级荷载的读数差,与理论值进行比较,及时判断测量数据的正确性,确定下一级荷载的加载情况。

2.5　材料力学性能

一个结构或构件的受力和变形特点,除受荷载等外界因素影响外,还取决于组成这个结构或构件的材料内部抵抗外力的性能。充分了解材料的力学性能,对于在结构试验前或试验过程中正确估计结构的承载能力和实际工作状况,以及在试验后整理试验数据、处理试验结果等都具有非常重要的意义。

2.5.1　材料力学性能测定

在结构试验中,按照结构或构件材料的性质不同,必须测定相应的一些基本数据,如混凝土的抗压强度、钢材的屈服强度和抗拉极限强度、砖石砌体的抗压强度等。在科学研究性试验中,为了了解材料的荷载变形及应力 - 应变关系,需要测定材料的弹性模量。有时根据试验研究的要求,尚需测定混凝土材料的抗拉强度以及各种材料的应力 - 应变曲线等有关数据。试验前,应按实测的材料参数计算各级临界试验荷载值及测量指标的预估值,作为试验分级加载和现象观测的依据;试验时应按现行国家标准的试验方法进行试验。

(1)试块力学性能试验应符合《砌体基本力学性能试验方法标准》(GB/T 50129—2011)的规定。

(2)混凝土试块力学性能试验应符合《混凝土物理力学性能试验方法标准》(GB/T 50081—2019)的规定。

(3)试件所用钢筋、钢丝与金属板材应在同批次材料中取样,其力学性能的评定方法应符合《金属材料 拉伸试验 第 1 部分:室温试验方法》(GB/T 228.1—2010)及相关标准的规定。

2.5.2　材料力学性能指标

材料的力学性能指标是由钢材、钢筋和混凝土等各种材料分别制成的标准试样或试块进行结构试验所得结果的平均值。但是,由于材料的不均匀性等原因,测定的结果必然会产生较大的波动。尤其当试验方法不妥时,波动将会更大。

长期以来,人们通过生产实践和科学试验发现,试验方法对材料强度指标有着一定的影响,特别是试件的形状、尺寸和试验加载速度(应变速率)对试验结果的影响尤为显著。对于同一种材料,仅仅由于试验方法与试验条件不同,就会得出不同的强度指标。对于混凝土这类非均匀材料,它的强度尚与材料本身的组成(骨料的级配、水灰比等)、制作工艺(搅拌、振捣、成型、养护等)以及周围环境、材料龄期等多种因素有关,在进行材料的力学性能试验时,更需加以注意。下面就混凝土材料的力学性能试验做进一步的说明。

1.试件尺寸与形状的影响

国际上,各国测定混凝土材料强度用的试件经常有立方体和圆柱体两种。按照《混凝土物理力学性能试验方法标准》的规定,采用 150 mm × 150 mm × 150 mm 的立方体试件测定的抗压强度为标准值,$h/a = 2$(h 为试件的高度,a 为试件的边长)的 150 mm × 150 mm × 300 mm 的棱柱体试件,为测定混凝土轴心抗压强度和弹性模量的标准试件。国外采用的圆柱体试件,试件尺寸为 $h/d = 2$(h 为圆柱体高度,d 为圆柱体直径),即为 100 mm × 200 mm 或 150 mm × 300 mm 的圆柱体。

随着材料试件尺寸的缩小,在试验中出现了混凝土强度系统地稍微提高的现象。一般情况下,截面较小而高度较低的试件得出的抗压强度偏高,其原因可归结为试验方法和材料本身两个方面的因素。试验方法的原因可解释为试验机压板对试件承压面的摩擦力起箍紧作用,由于受压面积与周长的比值不同而影响程度不一,对小试件的作用比对大试件要大。材料自身的原因是由于内部存在缺陷(裂缝),表面和内部硬化程度的差异在大小不同的试件中影响不同,随试件尺寸的增大而增加。

采用立方体或棱柱体的优点是制作方便,试件受压面是试件的模板面,平整度易于保证。但浇筑时试件的棱角处多由砂浆来填充,因而混凝土拌合物的颗粒分布不及圆柱体试件均匀。由于圆柱体试件无棱角,边界条件的均一性好,所以圆柱体截面应力分布均匀。此外,圆柱体试件外形与用钻芯法从结构上钻取的试样一致。但圆柱体试件是立式成型,所以试件的一个端面(即试验加载的受压面)比较粗糙,造成试件抗压强度的离散性较大。

2. 试验加载速度(应变速率)的影响

在进行材料力学性能试验时,加载速度愈快,材料的应变速率愈高,试件的强度和弹性模量也就相应提高。钢筋的强度随加载速度(或应变速率)的提高而加大。图 2-12(a)是国外所做的软钢试验,图中的 $\dot{\varepsilon}$ 表示应变速率;图 2-12(b)中的 t_s 表示达到屈服的时间,反映了加载速度。混凝土尽管是非金属材料,但也和钢筋一样,随着加载速度的增加,其强度和弹性模量提高。特别是在应变速率很高的情况下,由于混凝土内部细微裂缝来不及发展,初始弹性模量随应变速率提高而提高。图 2-13 表示了变形速度对混凝土应力 - 应变曲线的影响。一般认为试件在不超过破坏强度值的 50% 内加载时,可以用任意速度进行,而不会影响最后的强度指标。

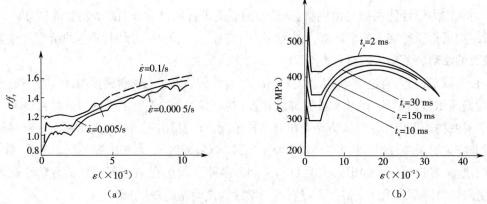

图 2-12　钢筋在不同应变速率下的应力 - 应变关系

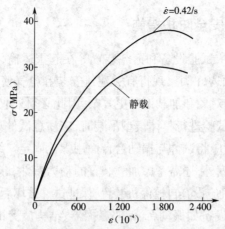

图 2-13　混凝土在不同应变速率下的应力 - 应变曲线

2.6　安全防护措施设计

在建筑结构试验设计和实施过程中,特别需要关注安全问题。人员、试件以及试验仪器的保障措施是试验成功的关键,不仅关系到试验工作能否顺利进行,还关系到试验人员的生命安全和国家财产安全。大型结构试验和结构抗震破坏性试验的安全问题尤为重要。因此,在试验设计时必须制定安全防护措施,贯彻"安全第一、预防为主"的方针。

2.6.1　结构静力试验的安全防护措施

结构试件、试验设备和荷载装置等在起重运输、安装就位过程中以及电气设备在线路架设与连接过程中,必须注意操作安全,遵守国家现行有关建筑安装和电气使用的安全技术规程。试件的起吊安装要注意起吊点位置的选择,应防止和避免混凝土试件在自重作用下开裂。屋架、桁架等大型构件试验时,因试件自身平面外刚度较弱,为防止其受载后发生侧向失稳,试件安装后必须设置侧向支撑或安全架,利用试验台座加以固定。

试验人员必须熟悉加载设备的性能和操作规程,大型结构试验机、电液伺服加载系统等,必须有专人负责,并严格遵守设备的操作程序。采用重力或杠杆加载的试验,为防止试件破坏时所加重物或杠杆随试件一起倒塌,必须在试件、杠杆、荷载吊篮下设置安全托架或支墩垫块;采用液压加载时,安装在试件上的液压加载器、分配梁等加载设备必须安装稳妥,并采取保护措施,防止试件破坏时倒塌。试件下也应设置安全托架或支墩垫块。

安装在试件上的附着式机械仪表,如百分表、千分表、水准仪、倾角仪等,必须设有保护装置,防止试件进入破坏阶段时由于变形过大或测点处材料酥松,导致仪表脱落摔坏。加载到极限荷载的 85% 左右时可将大部分仪表拆除,保留下来继续测量的控制仪表应注意加强保护。有可能发生突然脆性破坏的试件(如高强度混凝土构件和后张无黏结预应力构件等)应采取防护措施,防止混凝土碎块或钢筋飞出危及人身安全、损坏仪表设备,造成严重后果。

2.6.2　结构动力试验的安全防护措施

动力试验中,结构试件、试验设备和荷载装置等在起重运输、安装就位以及用电安全等方面与静力试验一样,必须遵守国家现行有关建筑安装和电气使用的安全技术规程。由于动力试验的荷载性质、试验对象和加载设备更复杂,因此必须采取专门的安全防护措施。

地震模拟振动台抗震试验进行整体模型吊装时,应注意试件重心和吊点的位置,防止试件开裂或倾覆;试件就位后应将试件与振动台台面用螺栓固定。结构疲劳试验的荷载装置,除应具有足够的强度和刚度外,还需考虑加载装置的动力特性和疲劳强度,防止产生共振或疲劳破坏。结构疲劳试验机应设有自控停机装置,保证试件破坏后自动停机,以免发生事故。

结构动力试验的加载设备如振动台、偏心激振器、结构疲劳试验机等,都应有专人操作并严格遵守设备的操作规程。地震模拟振动台试验时,由于整个试验过程始终处于运动状态,并且大部分试验要进行到构件破坏阶段,因此对可能产生脆性破坏的砖石和砌体结构应重点防护。在即将进入破坏阶段时,全体人员均应远离危险区;要采取措施防止倒塌试件砸坏台面、激振器或油路系统;应保证振动台设备及试验人员的安全。动力试验的测试仪表在试验过程中随试件一起运动,必须妥善固定在试件上,防止脱落摔坏。测试用的导线也必须加以固定,防止剧烈晃动带来测量误差。

现场结构动力试验更应注意安全。采用初位移法测量结构动力特性时,拉线与结构物和测力计的连接要可靠,防止拉线断裂反弹伤人;施力用的绞车也应采取安全防护措施。共振法激振用的偏心激振器在进行试机检查后方可吊装就位,激振器与结构连接的螺栓要埋设牢固。采用反冲激振器或人工爆炸激振时,要严格遵守相关规定,防止发生安全事故。

2.7　试验大纲和试验报告

2.7.1　试验大纲

扫一扫:延伸阅读　试验大纲和试验报告

结构试验设计的最终结果要求拟定一个试验大纲,并汇总所有设计的有关资料和文件。试验大纲是整个试验工作的指导性文件,其内容的详细程度视不同性质的试验而定,一般应包括以下各方面的内容。

(1)试验目的(即通过试验最后应得出的数据,如破坏荷载、设计荷载下的内力分布和挠度曲线,荷载-变形曲线等)。

(2)试验设计与制作要求(试件设计的依据及理论分析,试件数量及施工图,对试件原材料、制作工艺和精度等的要求)。

(3)辅助试验内容(辅助试验的目的,试件种类、数量和尺寸,试件制作要求,试验方法等)。

(4)试件的安装与就位(试件的支座装置、保证侧向稳定的装置等)。

(5)加载方法(荷载数量及种类、加载设备、加载装置、荷载图式和加载程序等)。

（6）测量方法（测点布置、仪器型号、仪表标定方法、测点布置与编号、仪表安装方法和测量程序）。

（7）试验过程的观察（试验过程中除仪表读取外在其他方面应做的记录）。

（8）安全措施（安全装置、脚手架、技术安装规定等）。

（9）试验进度计划。

（10）附件（经费、器材及仪器设备清单等）。

2.7.2　试验文件

除试验大纲外,每一项结构试验从开始到最终完成尚应包括以下几个文件。

（1）试件施工图及制作要求说明书。

（2）试件制作过程及原始数据记录,包括各部分的实际尺寸及疵病情况。

（3）自制试验设备加工图纸及设计资料。

（4）加载装置及仪器仪表编号布置图。

（5）仪表读数记录表,即原始记录表格。

（6）测量过程记录,包括照片及测绘图等。

（7）试件材料及原材料性能的测定数值的记录。

（8）试验数据的整理分析及试验结果总结,包括整理分析所依据的计算公式,整理后的数据图表等。

（9）试验工作日志。

（10）试验报告。

以上文件中（1）~（9）是原始资料,在试验工作结束后均应整理、装订成册,归档保存。

2.7.3　试验报告

试验报告是全部试验工作的集中反映,它概括了其他试验文件的主要内容。编写试验报告,应力求精简扼要。试验报告有时可不单独编写,而作为整个研究报告的一部分。试验报告的内容一般包括:①试验目的;②试验对象的简介和考察;③试验方法及依据;④试验过程及问题;⑤试验结果处理与分析;⑥技术结论;⑦附录。

应该注意,由于试验目的不同,试验技术结论的内容和表达形式也不完全一样。生产鉴定性试验的技术结论,可根据《建筑结构可靠性设计统一标准》中的有关规定进行编写。例如,该标准对结构设计规定了两种极限状态,即承载能力极限状态和正常使用极限状态。因而在结构性能检验的报告书中必须阐明试验结构在承载能力极限状态和正常使用极限状态两种情况下,是否满足设计计算所要求的功能,包括构件的承载力、变形、稳定、疲劳及裂缝开展等。如果检验结果同时满足两个极限状态所要求的功能,则该构件的结构性能可评为"合格",否则为"不合格"。

检验性（或鉴定性）试验的技术报告,主要包括如下内容。

（1）检验或鉴定的原因和目的。

（2）试验前或试验后存在的主要问题,结构所处的工作状态。

（3）采用的检验方案或鉴定整体结构的调查方案。

（4）试验数据的整理和分析结果。

（5）技术结论或建议。

（6）试验计划，原始记录，有关的设计、施工和使用情况调查报告等附件。

结构试验必须在一定的理论基础上才能有效进行。试验的成果为理论计算提供了宝贵的资料和依据，绝不能凭借一些观察到的表面现象妄下断语，一定要经过周详的考察和理论分析，才可能对结构做出正确的符合实际的结论。感觉只能解决现象问题，理论才能解决本质问题。因此，不应该认为结构试验纯系经验式的试验分析，相反，它是根据丰富试验资料对结构工作的内在规律进行的更深入一步的理论研究。

试验大纲和试验文件都是原始资料，在试验工作结束后均应整理并装订成册，归档保存。

【本章小结】

本章系统地介绍了建筑结构试验前期各项准备工作的技术要求，包括试件设计、试验荷载设计、试验观测设计、建筑结构试验的安全防护措施设计以及结构试验大纲和试验基本文件的编制等基本内容。学习本章后，学生应重点掌握试件的形状、尺寸与试件数量设计基本要求；重点掌握结构试验荷载的荷载图示、加载方案的设计原理和方法；能够正确确定观测项目，合理选择观测仪器；对试验安全措施以及结构试验大纲的编制有一定的了解。

【思考题】

2-1 简述试件数量设计的原则和方法。

2-2 在结构试验的测试方案设计中，主要应考虑哪些内容？

2-3 伪静力试验、单调加载静力试验和结构疲劳试验有何异同？

2-4 简述结构试验大纲所包含的内容。

2-5 某试验拟用 3 个集中荷载代替简支梁设计承受的均布荷载，试确定集中荷载的大小及作用点，画出等效内力图（$P=qL/3$，两侧加载点距支座 $L/8$）。

第3章 结构试验加载方法和加载设备

【本章提要】

本章系统地介绍了建筑结构试验中的加载方法和加载设备,包括重力加载法、机械力加载法、气压加载法、液压加载法、激振加载法、荷载支承设备和试验台座等内容。其中,液压加载法是本章的重点内容。学习本章时,应着重了解各种加载方法的作用方式、工作特点和要求,以及各种加载方法的适用范围等,并应对各种加载设备的基本结构有一定的了解。

3.1 概述

大多数建筑结构试验都需要根据试验目的和要求对试验对象施加荷载,以便模拟结构的实际工况,并采集结构产生的各种反应作为结构分析的重要信息,因此结构加载试验是最基本的结构试验。除少部分试验,如长期观测、环境激励下的结构试验外,结构试验都需采用专门的加载设备。

在结构试验方案设计中,正确设计加载方案和选择加载设备是试验成功的关键。结构试验室的加载设备、加载能力或试验现场的加载条件是决定试验设计中试件形状和尺寸的关键因素。加载方案设计不当,加载设备选择不合理,会影响试验工作的顺利进行,甚至导致试验失败,发生安全事故。试验人员应当熟悉各种加载方法和设备,掌握各种加载设备的性能特点,根据不同试验目的和试验对象正确选择加载方法和设备。

结构试验中加载方法和设备种类很多,加载设备按荷载性质可分为静力试验设备和动力试验设备;加载方法分为重力加载法、机械力加载法、液压加载法、电液伺服加载法、人工爆炸加载法、环境激振加载法、惯性力加载法、电磁加载法、压缩空气或真空作用加载法以及地震模拟振动台加载法等。各种加载方法使用其相应的设备,具有各自的特点。试验加载设备应满足下列基本要求。

(1)荷载值准确、稳定且符合实际荷载作用模式及传递模式,产生的内力或在要分析部位产生的内力与设计计算内力等效。

(2)荷载易于控制,能够按照设计要求的精度逐级加载和卸载。

(3)加载设备本身应具有足够的承载力、刚度,确保加载和卸载安全可靠。

(4)加载设备不应参与试验结构或构件的工作,不应影响结构自由变形,不应影响试验结构受力。

(5)试验加载方法力求采用先进技术,减小人为误差,提高工作效率。

3.2　重力加载法

重力加载法属静力加载,具有加载方便、能就地取材、试验荷载稳定等特点,适用于建筑结构现场试验。重力加载法是将物体的重力直接作用在试验对象上,通过控制重物数量改变加载值的大小。在试验室和现场试验中,凡是便于搬运、质量稳定且便于测定的物体均可用于重力加载,常用的加载重物有标准铸铁砝码、水、砂、石、砖、钢锭、混凝土块、载有重物的汽车等。重力加载法分为重力直接加载法和重力间接加载法。

3.2.1　重力直接加载法

重物可直接有规则地堆放于结构或构件表面形成均布荷载(图 3-1),或通过悬吊装置

扫一扫:视频 重物加载——集中荷载

挂于结构构件的某一点形成集中荷载(图 3-2)。前者多用于板等受力面积较大的结构,后者多用于现场做屋架、屋面梁的承载力试验。

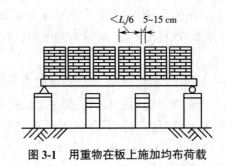

图 3-1　用重物在板上施加均布荷载

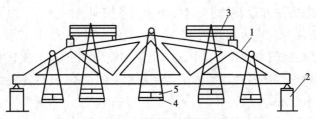

图 3-2　用重物做集中荷载试验
1—试件;2—支座;3—分配梁;4—吊盘;5—重物

使用砂、石等松散材料作为均布荷载材料时应注意重物的堆放方式,不要将材料连续堆放,以免因荷载材料本身的起拱作用造成结构卸载。此外,小颗粒及粉状材料的摩擦角(安息角)也可引起卸载,某些材料(如砂)的重量会因环境湿度的不同而发生变化。为此,可将材料置于容器中,再将容器叠加于结构之上。对于形体比较规整的块状材料,如砖、钢锭等,则应整齐叠放,每堆重物的宽度小于 $L/5$ (L 为试验结构的跨度),堆与堆之间应有一定间隙(30~50 mm)。为了方便加载和分级的需要,并尽可能减小加载时的冲击力,重物的块(件)

重不宜太大,一般不大于 20~25 kg,且不超过加载面积上荷载标准值的 1/10,以保证分级精确及均匀分布。当通过悬吊装置加载时,应将每一悬吊装置分开或通过静定的分配梁体系作用于试验对象上,使结构受力明确。

将水作为重力加载用的荷载材料简单、方便而又经济。加载可以利用进水管,卸载则可利用虹吸管原理,这样可以大量减少加载劳动。水直接用作均布荷载材料时,可用水的高度计算、控制荷载值(图 3-3),但当结构产生较大变形时,应注意水荷载的不均匀性对结构受力所产生的影响。水作为均布荷载材料的缺点是全部承载面被掩盖,不利于布置测量仪表及观测裂缝。此外,水也可以盛在水桶中通过悬挂作用在结构上,作为集中荷载。

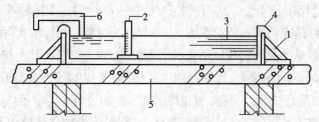

图 3-3　水作为均布荷载材料的装置
1—侧向支撑;2—标尺;3—水;4—防水胶布或塑料布;5—试件;6—水管

3.2.2　重力间接加载法

利用重物加载往往会受到荷载量的限制,此时可利用杠杆原理将荷载放大作用于结构上。杠杆加载法操作方便,只需有杠杆、支点、荷载盘即可。它的特点是当结构发生变形时荷载值可以保持恒定,对于做持久荷载试验尤为合适。杠杆加载的装置根据试验室或现场试验条件的不同,可以有图 3-4 所示的几种方案。根据试验需要,当荷载不大时,可以用单梁式或组合式杠杆;当荷载较大时,则可采用桁架式杠杆。

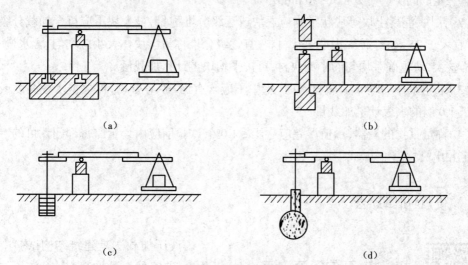

(a)　　　　　　　　　　　　　　(b)

(c)　　　　　　　　　　　　　　(d)

图 3-4　杠杆加载装置
(a)利用试验台座　(b)利用墙身　(c)利用平衡重　(d)利用桩

利用杠杆加载,杠杆必须具有足够的刚度、平直度。加载点、支点及重物悬挂点必须明确、不含糊,尽量保证是点;根据三点之间的距离确定荷载的放大比例或比率,三点尽量在同一条直线上,以免因结构变形杠杆倾斜,改变杠杆原有的放大率。

3.2.3　重力加载的特点和要求

1. 重力加载的特点

重力加载是一种传统的加载方式,有如下特点。

(1)重力加载可以就地取材,重复使用,根据情况可采用符合要求的石、砖或水等重物。

(2)加载值稳定,波动小。采用杠杆间接加载时,作用在试件上的荷载大小不随试件的变形而变化,特别适用于长期性的结构试验,如混凝土结构的徐变试验等。

(3)加载能较好地模拟均布线荷载或均布面荷载,更接近结构的实际受力状态。

(4)采用汽车载重加载可实现对结构的动力加载,如桥梁结构动力加载等。

(5)重力加载的劳动量很大,加卸载速度缓慢,耗费时间长。大荷载值试验时,需要动用大量的人力、物力进行试验的准备、加卸载以及重物的分装和运输等。

(6)重物占据空间大、安全性差、组织难度大;有时重力加载试验由于重物体积过大无法堆放而难以实现;进行破坏性结构试验时,加载重物随结构破坏塌落,易造成安全事故。

2. 重力加载的要求

重力加载采用的材料有如下要求:加载重物的重量在试验期间应稳定,砂、石、砖等吸湿性材料加载时其含水量的变化会导致荷载减小或增大,试验过程中应采取措施防止含水量变化,试验结束后应立即抽样复查加载量的准确性。采用水等液体加载时,防水膜必须有效,水的渗漏会使荷载减小。

(1)加载重物堆放时应防止因重物起拱而产生卸荷作用;砂、石等颗粒状材料应采用容器分装、逐级称量并规则地堆放在结构上;砖、砝码、钢锭等块状重物应分堆放置,堆与堆之间要有一定的间隙(一般为30~50 mm)。

(2)铁块、混凝土块等块状重物应逐块或逐级分堆称量,最大块重应符合加载分级的需要,不宜大于25 kg;红砖等小型块状材料,宜逐级分堆称量。块体大小应均匀,含水量一致,经抽样核实,块重确系均匀的小型块材,可按平均块重计算加载量。

(3)采用水作为均布荷载材料时,水中不应含有泥、砂等杂物,可根据水柱高度或精度不低于1.0级的水表计量加载量。

(4)称量重物的衡器,示值误差应小于±1.0%,试验前应由计量监督部门认可的专门机构标定并出具检定证书。

3.3　液压加载法

扫一扫:延伸阅读　液
压加载法

液压加载法是建筑结构试验中最理想、最普遍的一种加载方法。液压加载能力大,新型试验机加载能力可达50 000 kN,可直接进行原型试验;液压加载装置体积小,便于搬运和安装;由液压加载系统、电液伺服阀和计算机可构成先进的闭环控制加载系统,适用于振动台动力加载系统或多通道加载系统。

液压加载系统由油箱、油泵、阀门、液压加载器等用油管连接起来,配以测力计和支承机构组成。液压加载器(俗称千斤顶)是液压加载设备中的一个重要部件,其主要工作原理是高压油泵将具有一定压力的液压油压入液压加载器的工作缸,使之推动活塞,对结构施加荷载。荷载值由油压表指示值和加载器活塞受压底面积求得,也可由液压加载器与荷载承力架之间所置的测力计直接测得,或用传感器将信号输给电子秤显示,或由记录器直接记录。

使用液压加载系统在试验台座上或现场进行试验时还需配置各种支承系统,来承受液压加载器对结构加载时产生的平衡力系。

3.3.1 手动液压加载

手动液压加载器主要包括手动油泵和液压加载器两部分,其构造原理见图3-5。当手柄6上提带动油泵活塞5向上运动时,油液从储油箱3经单向阀11被抽到油泵油缸4中,当手柄6下压带动油泵活塞5向下运动时,油泵油缸4中的油经单向阀11被压出到工作油缸2内。手柄不断地上下运动,油被不断地压入工作油缸,从而使工作活塞不断上升。如果工作活塞运动受阻,则油压作用力将反作用于底座10。试验时千斤顶底座放在加载点上,从而使结构受载。卸载时只需打开泄油阀9,使油从工作油缸2流回储油箱3即可。

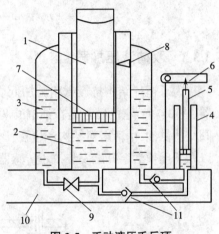

图 3-5 手动液压千斤顶

1—工作活塞;2—工作油缸;3—储油箱;
4—油泵油缸;5—油泵活塞;6—手柄;
7—油封装置;8—安全阀;9—泄油阀;
10—底座;11—单向阀

手动油泵一般能产生 40 N/mm² 或更大的液体压力,为了确定实际的荷载值,可在千斤顶之前安装一个荷重传感器。或在工作油缸中引出紫铜管,安装油压表,根据油压表测得的液体压力和活塞面积即可算出荷载值。千斤顶活塞行程在 200 mm 左右,通常可满足结构试验的要求。其缺点是:一台千斤顶需一人操作,多点加载时难以同步;油压压力大,操作时附近禁止人员逗留以防高压油喷出伤人。

3.3.2 同步液压加载

若在油泵出口接上分油器,可以组成一个油源供多个加载器同步工作的系统,适应多点同步加载的要求。分油器出口再接上减压阀,则可组成同步异荷加载系统,满足多点同步异荷加载的需要。图3-6为其组成原理图。

同步液压加载系统采用的单向加载千斤顶与普通手动千斤顶的主要区别是:储油缸、油泵和阀门等不附在千斤顶上,千斤顶部分只由活塞和工作油缸构成,其活塞行程大,顶端装有球铰,能灵活转动15°。同步液压加载系统可以做各种土木结构(如屋架、柱、桥梁及板等)的静载试验,尤其适用于大跨度、大吨位、大挠度的结构试验,它不受加荷点的数量和距离的限制,并能适应对称和非对称加荷的需要。

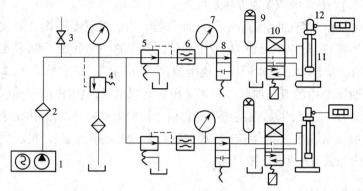

图 3-6　同步液压加载系统

1—高压油泵;2—滤油器;3—截止阀;4—溢流阀;5—减压阀;6—节流阀;
7—压力表;8、10—电磁阀;9—蓄能器;11—加载器;12—测力器

3.3.3　双向液压加载

为了适应结构抗震试验施加低周期反复荷载的需要,可采用一种双向作用的液压加载器(图 3-7)。它的特点是在油缸的两端各有一个进油孔,设置油管接头,可通过油泵与换向阀交替供油,由活塞对结构产生拉、压双向作用,施加反复荷载。为了测定拉力或压力值,可以在千斤顶活塞杆端安装拉压传感器直接用电子秤或应变仪测量,或将信号送入记录仪。

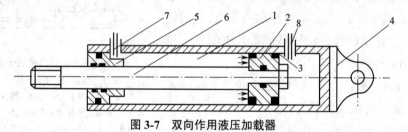

图 3-7　双向作用液压加载器

1—工作油缸;2—活塞;3—油封装置;4—固定环;5—端盖;6—活塞杆;7、8—进油孔

3.3.4　大型结构试验机加载

大型结构试验机本身就是一个比较完善的液压加载系统,是结构试验室内进行大型结构试验的专门设备,比较典型的有结构长柱试验机、万能材料试验机和结构疲劳试验机等。

1. 结构长柱试验机

结构长柱试验机用于进行柱、墙板、砌体、节点与梁的受压、受弯试验。这种设备由液压操纵台、大吨位的液压加载器和试验机架三部分组成(图 3-8),其构造和原理与一般材料试验机相同。由于进行大型构件试验的需要,它的液压加载器的吨位要比一般材料试验机大,至少在 2 000 kN 以上,机架高度在 3 m 左右或更大,试验机的精度不应低于 2 级。

这类大型结构试验机还可以通过中间接口与计算机相连,由程序控制自动操作。此外,它还配有专门的数据处理设备,使试验机的操纵和数据处理能同时进行,极大地提高了试验效率。

2. 结构疲劳试验机

结构疲劳试验机主要由脉动发生系统、控制系统和千斤顶工作系统三部分组成,它可做正弦波形荷载的疲劳试验,也可做静载试验和长期荷载试验等。工作时,从高压油泵打出的高压油经脉动器与千斤顶和装于控制系统中的油压表连通,使脉动器、千斤顶、油压表都充满压力油。当飞轮带动曲柄运动时,脉动器活塞上下移动而产生脉动油压。脉动频率通过电磁无极调速电机控制飞轮转速进行调整。国产的 PME50 A 疲劳试验机,试验频率为 100~500 次 /min。疲劳次数由计数器自动记录,计数至预定次数、时间或破坏时,即自动停机。应注意的是,在进行疲劳试验时,由于千斤顶运动部件的惯性力和试件质量的影响,会产生一个附加作用力作用在构件上,该值在测力仪表中测不出,故实际荷载值需按机器说明加以修正。该部分的具体介绍请参考第 8 章。

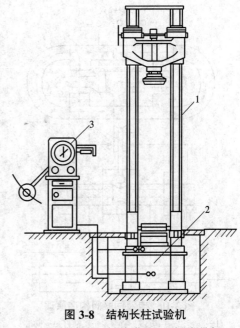

图 3-8　结构长柱试验机
1—试验机架;2—液压加载器;3—液压操纵台

3.3.5　电液伺服液压加载

电液伺服液压加载系统由液压源、控制系统和执行机构等组成,它是一种先进、完善的液压加载系统,见图 3-9。它可将荷载、应变、位移等物理量直接作为控制参数,实行自动控制,能够模拟并产生各种振动荷载,如地震、海浪等荷载。

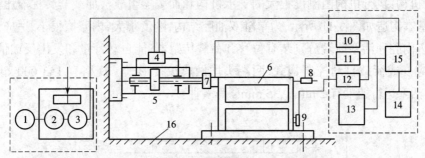

图 3-9　电液伺服液压加载系统工作原理
1—冷却器;2—电动机;3—高压油泵;4—电液伺服阀;5—液压加载器;6—试验结构;
7—荷重传感器;8—位移传感器;9—应变传感器;10—荷载调节器;11—位移调节器;
12—应变调节器;13—记录及显示装置;14—指令发生器;15—伺服控制器;16—试验台座

液压源:又称泵站,是加载的动力源,由油泵输出高压油,通过电液伺服阀控制进出加载器的两个油腔产生推拉荷载。系统中带有蓄能器,以保证油压的稳定性。

控制系统:电液伺服程序控制系统(简称电液伺服系统)由电液伺服阀和计算机联机组成。电液伺服阀是电液伺服系统的核心部件,电液信号转换和控制主要靠它实现,按放大级数可分为单级、二级和三级,多数大、中型振动台使用三级阀。其构造原理见图3-10。电液伺服阀由电动机、喷嘴、挡板、反馈杆、滑阀等组成。当电信号输入伺服线圈时,衔铁偏转,带动一挡板偏移,使两边喷油嘴的流量失去平衡,两个喷腔产生压力差,推动滑阀滑移,高压油进入加载器的油腔使活塞工作。滑阀的移动又带动反馈杆偏转,使另一挡板开始上述动作。如此反复运动,使加载器产生动或静荷载。由于高压油的流量与方向随输入电信号而改变,再加上闭环回路的控制,便形成了电液伺服工作系统。三级阀就是在二级阀的滑阀与加载器间再经一次滑阀功率放大。

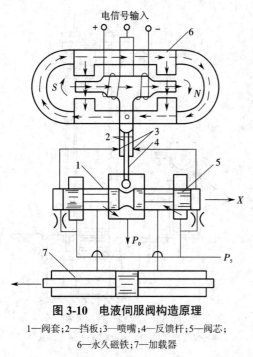

图3-10 电液伺服阀构造原理

1—阀套;2—挡板;3—喷嘴;4—反馈杆;5—阀芯;
6—永久磁铁;7—加载器

电液伺服工作系统的工作原理是将一个工作指令(电信号)加给比较器,通过比较器后进行伺服放大,输出电流信号推动伺服阀工作,从而使液压执行机械的作动器(双向作用千斤顶)的活塞杆动作,作用在试件上,连在作动器上的荷载传感器或连在试件上的位移传感器都有信号输出,经放大器放大后,由反馈选择器选择其中一种,通过比较器与原指令输入信号进行比较,若有差值信号,则进行伺服放大,使执行机构作动器继续工作,直到差值信号为零时,伺服放大的输出信号也为零,从而使伺服阀停止工作,即位移或荷载达到了给定值,实现了位移或荷载控制的目的。指令信号由函数发生器提供或外部接入,能完成信号提供的正弦波、方波、梯形波、三角波荷载。

执行机构:执行机构由刚度很大的支承机构和加载器组成。加载器又称液压激振器或作动器,基本构造如图3-11所示,为单缸双油腔结构,刚度很大,内摩擦很小,适应快速反应要求,尾座内腔和活塞前端分别装有位移和荷载传感器,能自动计量和发出反馈信号,分别按位移、应变或荷载自动控制加载,两端头均做成铰接形式。规格有1~3 000 kN,行程为5~35 cm,活塞运行速度有2 mm/s、35 mm/s等多种。

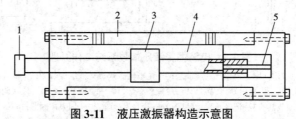

图3-11 液压激振器构造示意图

1—荷载传感器;2—缸体;3—活塞;4—油腔;5—位移传感器

目前电液伺服液压试验系统大多数与计算机联机使用,这样整个系统可以进行程序控制,具有输出各种波形、进行数据采集和数据处理、控制试验的各种参数、进行试验情况的快速判断等功能。它能够进行数值计算与荷载试验相组合的试验,实现多个系统大闭环同步控制,进行多点加载,完成模拟控制系统所不能实现的随机波荷载试验,是目前对真型或近似足尺结构模型进行非线性地震反应试验(又称拟动力试验)的一种有效手段。电液伺服加载系统具有响应快、灵敏度高、测量与控制精度好、出力大、波形大、波形多、频带宽、自动化程度高等优点,可以做静态、动态、低周疲劳和地震模拟振动台试验等,在结构试验中应用愈来愈广泛。但目前由于其投资大,维护费用高,使用受到一定限制。

3.3.6　地震模拟振动台

为了深入研究结构在地震和各种振动作用下的动力性能,特别是在强地震作用下结构进入超弹性阶段的性能, 20 世纪 70 年代以来,国内外先后建成了一批大型的地震模拟振动台,在试验室内进行结构物的地震模拟试验,研究地震反应对结构的影响。

地震模拟振动台是再现各种地震波对结构进行动力试验的一种先进试验设备,其特点是具有自动控制和数据采集及处理系统,采用了计算机和闭环伺服液压控制技术,并配有先进的振动测量仪器,使结构动力试验水平提到了一个新的高度。该部分的具体介绍请参考第 9 章。

3.4　机械力加载法

机械力加载法是利用各种机械施加作用力的一种方法。常用加载机械有吊链、卷扬机、倒链葫芦、绞车、花篮螺丝、螺旋千斤顶及弹簧等。

3.4.1　机械力加载法的作用方式

吊链、卷扬机、绞车、花篮螺丝等配合钢丝、绳索可对结构施加拉力,还可以与滑轮组联合使用改变力的作用方向和大小。拉力的大小通常由拉力测力计测定,根据测力计的量程它有两种安装方式。当测力计量程大于最大加载值时,用图 3-12(a)所示串联方式,直接测量绳索拉力。当测力计量程小于最大加载值时,需要用图 3-12(b)的安装方式,此时作用在结构上的实际拉力应为

$$P=\varphi nKp \qquad\qquad (3-1)$$

式中　p——测力计拉力读数;

φ——滑轮摩擦系数(涂润滑剂时可取 0.96~0.98);

n——滑轮组的滑轮数;

K——滑轮组的机械效率。

螺旋千斤顶利用齿轮及螺杆式蜗杆机构传动的原理,当摇动千斤顶手柄时,蜗杆就带动螺旋杆顶升,对结构施加顶推压力,加载值的大小可用测力计测定。

弹簧加载法常用于结构的持久荷载试验。图 3-13 为用弹簧施加荷载进行梁持久试验的加载示意图。加力时可直接旋紧螺帽,当荷载较大时,先用千斤顶压缩弹簧后再旋紧螺帽。弹簧变形与压力值的关系预先测定,试验时测量弹簧变形便可知道作用力。结构变形会自动卸载,卸载超出允许范围时应及时补充。

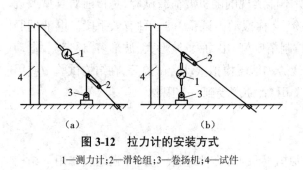

图 3-12　拉力计的安装方式

1—测力计；2—滑轮组；3—卷扬机；4—试件

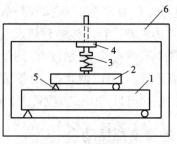

图 3-13　弹簧加载

1—试件；2—分配梁；3—弹簧；4—螺帽；
5—支座；6—加载框

3.4.2　机械力加载法的特点和要求

　　机械力加载法适用于对结构施加水平集中荷载。机械力加载法的优点是：加载设备简单，容易实现加载；采用钢丝绳等索具时，便于改变荷载作用方向。缺点是：机械加载能力有限，荷载值不宜太大；采用卷扬机等机械设备加载时，对钢丝绳和滑轮组的质量要求很高，且要求其具有足够的安全储备；人工操作量大；荷载作用点发生变形时，荷载值将随之发生改变。采用卷扬机、倒链葫芦等机具加载时，力值测量仪表应串联在绳索中，直接测定加载值；当绳索通过导向轮或滑轮组对结构加载时，力值测量仪表宜串联在靠近试验结构端的绳索中。

3.5　气压加载法

　　利用气体压力对结构加载的方法称为气压加载法。气压加载有两种：利用压缩空气加载和利用抽真空产生负压对结构加载。气压加载法的特点是产生均布荷载，对于平板、壳体、球体试验尤为适合。

3.5.1　气压加载法的作用方式

　　1. 气压正压加载

　　气压正压加载是利用空气压缩机对气包充气，给试件施加均匀荷载，如图 3-14 所示。为提高气包耐压能力，四周可加边框。这样最大压力可达 180 kN/m²。压力用不低于 1.5 级的压力表测量。

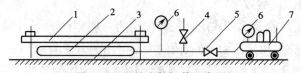

图 3-14　压缩空气加载示意图

1—试件；2—气包；3—台座；4—泄气针阀；5—进气针阀；6—压力表；7—空气压缩机

　　此法适用于板、壳试验，但当试件发生脆性破坏时，气包可能发生爆炸，要加强安全防范。有效办法有两种:一是监视位移计,当其示值不停地急剧增加时,立即打开泄气阀卸载;二是通过其他手段加强安全防范。

压缩空气加载的优点是加载、卸载方便,压力稳定;缺点是结构的受载截面被压住无法布设仪表观测。

2. 真空负压加载

真空负压加载是用真空泵抽出试件与台座围成的封闭空间的空气,形成大气压差对试件施加均匀荷载,如图 3-15 所示。最大压力可达 80~100 kN/m²。压力值用真空表(计)测量。保持恒载由封闭空间与外界相连通的短管与调节阀控制。试件与围壁间缝隙可用薄钢板、橡胶带粘贴密封。必要时试件表面可刷薄层石蜡,这样既可堵住试体微孔,防止漏气;又能突出裂缝出现

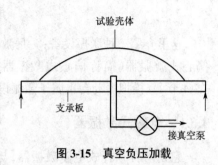

图 3-15　真空负压加载

后的光线反差,用照相机可明显地拍下照片。此法安全可靠,试件表面又无加载设备,便于观测,特别适合不能从板顶面加载的板或斜面、曲面的板壳等加垂直均匀荷载时。这种方法在模型试验中应用较多。

3.5.2　气压加载法的特点和要求

1. 气压加载法的特点

(1)能真实地模拟面积大、外形复杂结构的均布受力状态。

(2)加卸载方便、可靠。

(3)荷载值稳定、易控。

(4)需要采用气囊或将试件制成密封结构,试件制作工作量大。

(5)施加荷载值不能太大。

(6)构件内表面无法直接观测。

(7)气温变化易引起荷载波动。

2. 气压加载法的要求

(1)气囊或真空内腔需密封,接缝及构件与基础间应采用薄膜、凡士林等密封。

(2)为控制荷载大小,有时需在真空室或气囊壁上开设调节孔。

(3)充气气囊不宜伸出试验结构的外边缘,基础及反力架要有足够的强度。

(4)为防止气压变化引起荷载波动,应增加恒压控制装置,使气压保持在允许的范围内。

(5)应根据气囊与结构表面接触的实际面积和气囊中的气压值计算确定加载量。

3.6　激振加载法

动力试验是需要振源的。动力试验的振源有两大类:一类是自然振源,如地面脉动、气流所致的振动,地面爆破以及动力设备、运输设备和起重设备等在运行中产生的振动等等;

另一类则是人工振源,它可按照试验目的的需要进行有针对性的激振,它的特点是易于人为控制。本节介绍人工激振的激振设备。激振系统的构成见图 3-16。

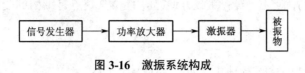

图 3-16 　激振系统构成

这里介绍三种激振设备:一是激振力不大的小型电磁式激振器;二是激振力较大的机械偏心式激振器(简称偏心式激振器),又被称为机械式起振机;三是结构疲劳试验机(见 3.3.4 节)。模拟振动台也属于激振设备,将在第 9 章中详细介绍。

3.6.1 　电磁式激振器

它是一种顶杆式电磁激振器,与图 3-16 中的信号发生器(通常为低频信号发生器)和功率放大器配合使用。电磁式激振器体积小,使用方便,也较经济,是要求激振力不大的小型结构或小型模型的动力试验较为理想的激振设备,在工程结构动力试验中应用较多。例如 JZQ-7 型永磁式激振器,它的最大激振力为 20 kg,最大振幅为 ± 10 mm,频率范围为 0~200 Hz。

电磁式激振器由顶杆、外壳、磁钢、动圈、环形间隙、输入插座、支撑弹簧等组成(图 3-17)。其工作原理是:磁钢与外壳组成磁路,在环形间隙处形成强磁场,动圈与顶杆连成一体,在上下支撑弹簧的支撑下,悬挂于环形间隙内,使其能沿轴向自由运动。当动圈内通入交变电流时,载流动圈在固定磁场作用下产生电磁力 F:

$$F = I_{m}BL\sin\omega t \qquad\qquad (3-2)$$

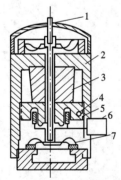

图 3-17 　电磁式激振器
　　　　　结构示意图

1—顶杆;2—外壳;3—磁钢;
4—动圈;5—环形间隙;
6—输入插座;7—支撑弹簧

式中 　B——磁场强度;

　　　L——动圈绕线有效长度;

　　　I_{m}——通过动圈的电流幅值。

电磁力 F 通过顶杆传递到试验物体上,使施加在被振物体上的激振力与交变电流的频率一样做简谐变化,其作用频率由信号发生器调节。

在使用时,将激振器与被振物体放置在相对静止的地方。将顶杆与被振物体所要激振部位有效地固定连接(各式安装示意图如图 3-18 所示),使顶杆与被振物体形成一整体,并要求顶杆与被振物体之间有一定的预压力,使顶杆在振动开始前处于振动的平衡位置上。另外,应考虑可能出现的最大振幅,以免激振器的顶杆与被振物体脱离或发生碰撞。

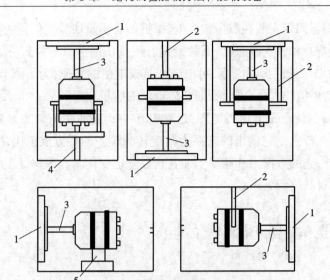

图 3-18　电磁式激振器各式安装示意图

1—试件;2—橡皮绳;3—连接杆;4—可升降装置(如螺旋千斤顶);5—支架

3.6.2　偏心式激振器

偏心式激振器是一种能提供稳态简谐振动的具有较大激振力的激振设备。其机械部分主要由一个在上、另一个在下的两个载有偏心质量块、可随旋转轮转动的扇形圆盘构成。其工作原理是:

当一个偏心质量块随旋转轮转动时,产生的离心力为

$$F = m\omega^2 r \tag{3-3}$$

式中　m——偏心质量块的质量;

　　　ω——偏心质量块的旋转圆频率;

　　　r——偏心质量块的旋转半径。

而当上、下两个偏心质量块左右对称放置,然后做等速反向旋转时,两个偏心质量块惯性力在水平方向上的合力为零,而在垂直方向做简谐变化。因此,垂直方向的合成惯性力(即激振力)的大小为

$$F_{合V} = 2F \sin \omega t = 2m\omega^2 \sin \omega t \tag{3-4}$$

则一周内垂直惯性力数值变化的图形如图 3-19 所示。

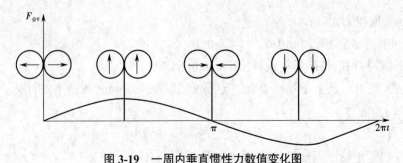

图 3-19　一周内垂直惯性力数值变化图

　　将偏心式激振器固定安装在被振物体上,根据偏心质量块放置位置的不同,可以垂直激振,也可以水平激振(水平激振即上、下两个偏心质量块前后对称放置,然后做等速反向旋转)。为了调节简谐激振的振动频率,可以改变直流电机的转速;为了调节激振的简谐振动荷载的大小或振动幅值的大小,可改变偏心质量块的质量。

　　偏心式激振器的优点是激振力范围大(由几十牛到几兆牛);缺点是频率范围较小,一般在100 Hz以内。特别是它输出的激振力与旋转圆频率的平方成正比,因此,它在低频时激振力不大。另外,它的激振力和频率不能各自独立地变化。在数据处理时,为了使其激振力为一常力,必须对其进行处理。

3.7　荷载支承设备和试验台座

3.7.1　支座与支墩

 扫一扫:延伸阅读　荷载支承设备和试验台座

1. 支座与支墩的形式

　　支座和支墩是根据试验的结构构件在实际状态中所处的边界条件和应力状态而模拟设置的。它是支承结构、正确传递作用力和模拟实际荷载图式的设备。

　　支墩:支墩在试验室可用型钢、钢板焊接或用钢筋与混凝土浇筑成专用设备,在现场多用砖块临时砌成。支墩上部应有足够大的平整的支承面,最好在砌筑时铺以钢板。支墩本身的强度必须进行验算,支承底面积要按地基承载力复核,保证试验时不致发生沉陷或大的变形。

　　支座:按作用的形式不同,支座可分为滚动铰支座、固定铰支座、球铰支座和刀口支座等。支座一般都用钢材制作,常见的构造形式如图3-20所示。

　　对铰支座的基本要求如下。

　　(1)必须保证结构在支座处能自由转动。

　　(2)必须保证结构在支座处力的传递。为此,如果结构在支承处没有预埋支承钢垫板,则在试验时必须另加垫板。其宽度一般不得小于试件支承处的宽度,支承垫板的长度 l(mm)可按下式计算:

$$l = \frac{R}{bf} \tag{3-5}$$

式中　R——支座反力(N);

　　　　b——构件支座宽度(mm);

　　　　f——试件材料的抗压强度设计值(N/mm^2)。

　　(3)构件支座处铰的上下垫板要有一定刚度,其厚度 d(mm)可按下式计算:

$$d = \sqrt{\frac{2f_c a^2}{f}} \tag{3-6}$$

式中　f_c——混凝土抗压强度设计值(N/mm^2);

　　f——垫板钢材的强度设计值（N/mm²）；

　　a——滚轴中心至垫板边缘的距离（mm）。

（4）滚轴的长度，一般等于试件支承处截面宽度 b。

（5）滚轴的直径，可参照表 3-1 选用，并按下式进行强度验算：

$$\sigma = 0.418\sqrt{\frac{RE}{rb}} \tag{3-7}$$

式中　E——滚轴材料的弹性模量（N/mm²）；

　　　　r——滚轴半径（mm）。

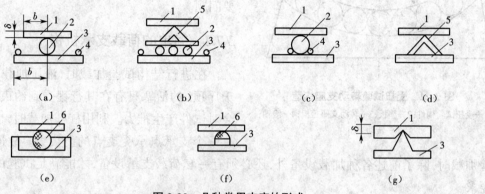

图 3-20　几种常用支座的形式

（a）、（b）滚动铰支座　（c）、（d）固定铰支座　（e）、（f）球铰支座　（g）刀口支座

1—上垫板；2—滚轴；3—下垫板；4—限位圆条；5—角钢；6—钢球

表 3-1　滚轴直径选用表

滚轴受力（kN/mm）	<2	2~4	4~6
滚轴直径 d（mm）	40~60	60~80	80~100

2. 常见构件的支座

（1）简支构件及连续梁：这类构件一般一端为固定铰支座，其他为滚动铰支座。安装时各支座轴线应水平、彼此平行并垂直于试验构件的纵轴线。

（2）板壳结构：按其实际支承情况由各种铰支座组合而成。对于四角支承板，在每一边上应有固定滚珠；对于四边支承板，滚珠间距不能太大，宜取板在支承处厚度的 3~5 倍。当四边支承板无边梁时，加载后四角会翘起，因此角部应安置能受拉的支座。为了保证板、壳的全部支承在一个平面内，防止支承处脱空，影响试验结果，应将各支承点设计成上下可微调的支座，以便调整高度保证与试件接触受力。

（3）受扭构件两端的支座：对于梁式受扭构件的试验，为保证试件在受扭平面内自由转动，支座形式可如图 3-21 所示。试件两端架设在两个能自由转动的支座上，支座转动中心应与试件转动中心重合，两支座的转动平面应相互平衡，并应与试件的扭轴相垂直。

（4）受压构件两端的支座：进行柱与压杆试验时，构件两端应分别采用球铰支座或双层正交刀口支座。球铰中心应与加载点重合，双层刀口的交点应落在加载点上。当柱在进行

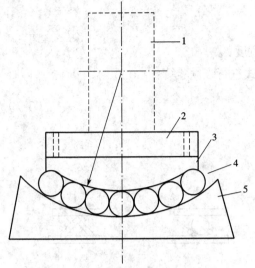

图 3-21　受扭试验转动支座构造
1—受扭试验构件；2—垫板；3—转动支座盖板；4—滚轴；
5—转动支座

偏心受压试验时，可以通过调节螺丝来调整刀口与试件几何中线的距离，满足不同偏心矩的要求。

结构试验用的支座是结构试验装置中模拟结构受力和边界条件的重要组成部分，对于不同的结构形式和不同的试验要求，要求有不同形式与构造的支座与之相适应，这也是在结构试验设计中需要着重考虑和研究的一个重要问题。

3.7.2　简单的荷载支承机构

在进行结构试验加载时，液压加载器（即千斤顶）的活塞只有在其行程受到约束时，才会对试件产生推力。利用杠杆加载时，也必须有一个支承点承受支点的上拔力。故进行试验加载时，除了前述各种加载设备外，还必须有一套荷载支承设备，才能满足试验的加载要求。

荷载支承设备在试验室内一般由型钢制成的横梁、立柱构成的反力架和试验台座组成，也可利用适用于中小型构件试验的抗弯大梁或空间桁架式台座。在现场试验则通过反力支架用平衡重块、锚固桩头或专门为试验浇筑的钢筋混凝土地梁来平衡对试件所加的荷载，也可用箍架将成对构件做卧位或正反位加载试验。

为了使支承机构满足试验需要在试验台座上移位，可安装一套电力驱动机构使支架能前后运行，横梁可上下升降。将液压加载器连接在横梁上，这样整个加载架就相当于一台移动式的结构试验机，机架由电动机驱动，以试验台的槽轨为导轨前后运行。当试件在台座上安装就位后，按试件位置调整加载架，即可进行试验加载。

3.7.3　结构试验台座及支撑装置

1. 抗弯大梁台座和空间桁架台座

在预制品构件厂和小型的结构试验室中，由于缺少大型的试验台座，可以采用抗弯大梁或空间桁架台座来满足中小型构件的试验要求或混凝土制品的检验要求。

抗弯大梁台座本身是一根刚度极大的钢梁或钢筋混凝土大梁，试验结构的支座反力由台座大梁承受，使之保持平衡。台座的荷载支承及传力机构可用上述型钢或圆钢制成的加载架。

由于受大梁本身抗弯强度与刚度的限制，抗弯大梁台座一般只能用于尺寸较小的板和梁试验。

空间桁架台座一般用于中等跨度的桁架及屋面大梁试验。它通过液压加载器及分配梁可对试件若干点施加集中荷载，其液压加载器的反作用力由空间桁架自身进行平衡。

2. 大型试验台座

试验台座是永久性的固定设备，一般与结构试验室同时建成，其作用是平衡施加在试结构物上的荷载所产生的反力。

　　试验台座的台面一般与试验室地坪标高一致,这样可以充分利用试验室的地坪面积,使室内水平运输、搬运物件比较方便,但对试验活动可能造成影响。台面也可以高出地面,成为独立体系,这样试验区划分比较明确,不受周边活动及水平交通运行的影响。

　　试验台座的长度从十几米到几十米不等,宽度也可达到十余米;台座的承载能力一般在200~1 000 kN/m²;台座的刚度极大,所以受力后变形极小,这样就允许在台面上同时进行几个结构试验,而不考虑相互的影响,不同的试验可沿台座的纵向或横向布设。

　　试验台座除用于平衡对结构加载时产生的反力外,同时也能用于固定横向支架,以保证构件侧向稳定,还可以通过水平反力架对试件施加水平荷载,由于它本身的刚度很大,还能消除试件试验时的支座沉降变形。

　　台座设计时在其纵向和横向均应按各种试验组合可能产生的最不利受力情况进行验算与配筋,以保证它有足够的强度和整体刚度。用于动力试验的台座还应有足够的质量和耐疲劳强度,防止引起共振和疲劳破坏,尤其要注意局部预埋件和焊缝的疲劳破坏。如果试验室内同时有静力和动力台座,则动力台座必须有隔振措施,以免试验时产生相互干扰现象。

　　目前国内外常见的大型试验台座,按结构构造的不同可分为:槽式试验台座、地脚螺栓式试验台座、箱式试验台座、抗侧力试验台座等。

　　1)槽式试验台座

　　这是目前国内用得较多的一种比较典型的静力试验台座,其构造特点是沿台座纵向全长布置若干条槽轨,这些槽轨是用型钢制成的纵向框架式结构,埋置在台座的混凝土内,见图 3-22。槽轨的作用在于锚固加载架,平衡结构物上的荷载所产生的反力。如果加载架立柱用圆钢制成,可直接用两个螺帽将其固定于槽内;如加载架立柱由型钢制成,则在其底部设计类似钢结构柱脚的构造,用地脚螺栓将其固定在槽内。在试验加载时立柱受向上的拉力,故要求槽轨的构造和台座的混凝土部分有很好的联系,不致变形或拔出。这种台座的特点是加载点位置可沿台座的纵向任意变动,不受限制,以适应试验结构不同加载位置的需要。

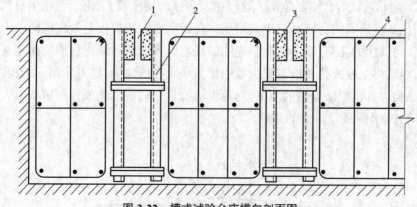

图 3-22　槽式试验台座横向剖面图
1—槽轨;2—型钢骨架;3—高强度等级混凝土;4—混凝土

　　2)地脚螺栓式试验台座

　　这种试验台座的特点是在台面上每隔一定间距设置一个地脚螺栓,螺栓下端锚固在台座内,其顶端伸出台座表面特制的圆形孔穴(但略低于台座表面标高),使用时通过用套筒螺母与加载架的立柱连接,平时可用圆形盖板将孔穴盖住,保护螺栓端部及防止杂物落入孔穴。其缺点是螺栓受损后修理困难,此外由于螺栓和孔穴位置已经固定,所以试件安装位置受到限制,不像槽式台座那样可以移动,灵活方便。这类台座通常设计成预应力钢筋混凝土结构,造价低。

图 3-23 所示为地脚螺栓式试验台座的示意图。这类试验台座既可以用于静力试验,同时可以安装结构疲劳试验机进行结构构件的动力疲劳试验。

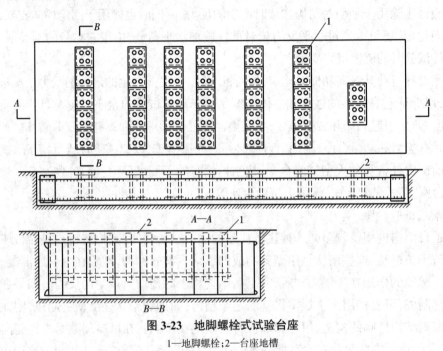

图 3-23　地脚螺栓式试验台座

1—地脚螺栓;2—台座地槽

3)箱式试验台座(孔式试验台座)

图 3-24 为箱式试验台座示意图。这种试验台座的规模较大,由于台座本身构成箱形结构,所以它比其他形式的台座具有更大刚度。在箱形结构的顶板上沿纵横两个方向按一定间距留有竖向贯穿的孔洞,便于沿孔洞连线的任意位置加载。即先将槽轨固定在相邻的两孔洞之间,然后将立柱或拉杆按需要加载的位置固定在槽轨中,也可在箱形结构内部进行,所以台座结构本身也即试验室的地下室,可供进行长期荷载试验或特种试验。大型箱式试验台座可同时兼作试验室房屋的基础。

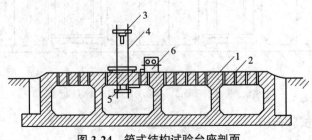

图 3-24　箱式结构试验台座剖面

1—箱形台座;2—顶板上的孔洞;3—试件;4—加载架;5—液压加载器;6—液压操纵台

4)抗侧力试验台座

为了适应结构抗震试验研究的要求,需要进行结构抗震的静力和动力试验,即使用电液伺服加载系统对结构或模型施加模拟地震荷载的低周期反复水平荷载。近年来,国内外大型结构试验室都建造了抗侧力试验台座,见图 3-25。它除了利用前面几种形式的试验台座对试件施加竖向荷载外,在台座的端部建有高大的刚度极大的抗侧力结构,用于承受和抵抗水平荷载所产生的反作用力。为了满足试验时变形很小的要求,抗侧力结构往往是钢筋混凝土或预应力钢筋混凝土的实体墙(即反力墙或剪力墙),或者是为了增大结构刚度而建的大型箱形结构物,在墙体的纵横方向按一定距离间隔布置锚孔,以便按试验需要在不同的位置上固定水平加载用的液压加载器。这时抗侧力墙体结构一般是固定的并与水平台座连成整体,以提高墙体抵抗弯矩和基底剪力的能力。其平面形式有一字形、L 形等。

简单的抗侧力结构可采用钢推力架的方案,利用地脚螺栓与水平台座连接锚固,其特点是钢推力架可以随时拆卸,按需要移动位置、改变高度,但用钢量较大而且承载能力受到限制。此外,钢推力架与台座的连接锚固较为复杂、费时,同时在任意位置安装水平加载器亦有一定困难。

大型结构试验室也有在试验台座左右两侧设置两座反力墙的,这时整个抗侧力台座的竖向剖面不是 L 形而成为 U 形,其特点是可以在试件的两侧对称施加荷载;也有的在试验台座的端部和侧面建造在平面上成直角的抗侧力墙体,这样可以在 x 和 y 两个方向同时对试件加载,模拟 x 和 y 两个方向的地震荷载。

有的试验室为了提高反力墙的承载能力,将试验台座建在低于地面一定深度的深坑内,将坑壁作为抗侧力墙体,这样在坑壁四周任意面上的任意部位均可对结构施加水平推力。

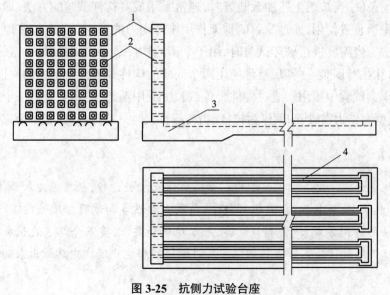

图 3-25　抗侧力试验台座

1—反力墙;2—加载设备固定孔;3—水平台座;4—滑槽

5)现场试验的荷载装置

现场试验的主要矛盾是液压加载器加载所产生的反力如何平衡的问题,也就是要设计一个能在现场安装并代替静力试验台座的荷载平衡装置。在工地现场广泛采用的是平衡重式加载装置,其工作原理与前述固定试验设备中抗弯大梁或试验台座一样,即利用平衡重来承受与平衡由液压加载器加载产生的反力,如图 3-26 所示。此外,在加载架安装时必须有预设的地脚螺栓与之连接,为此在试验现场必须开挖地槽,在预制的地脚螺栓下埋设横梁和板,也可采用钢轨或型钢,然后在上面堆放块石、钢锭或铸铁,其重量必须经过计算。地脚螺栓露出地面以便于与加载架连接,连接方式可用螺栓帽或正反扣的花篮螺丝,甚至用简单的直接焊接。

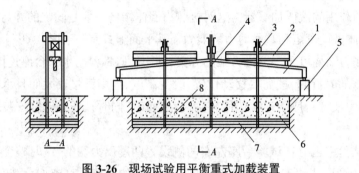

图 3-26　现场试验用平衡重式加载装置

1—试件;2—分配梁;3—液压加载器;4—加载架;5—支座;6—铺板;7—纵梁;8—平衡重物

平衡重式加载装置的缺点是耗费较多的劳动量。目前有些单位采用打桩或爆扩桩的方法进行锚固,也有的利用厂房基础下原有桩头进行锚固,在两个或几个基础间沿柱的轴线浇捣一钢筋混凝土大梁,用于抗弯平衡,在试验结束后大梁则可代替原设计的地梁使用。

根据现场条件,当缺乏上述加载装置时,通常采用成对构件试验的方法,即将一根构件作为台座或平衡装置使用,通过简单的箍架作用维持内力的平衡。此时较多地采用结构卧位试验的方法。当需要进行破坏试验时,用于平衡的构件最好比试验对象的强度和刚度都大一些,但这往往有困难。所以,经常使用两个同样的构件并列作为平衡的构件,这种方法常在重型吊车梁试验中使用。成对构件卧位试验中所用箍架,实际上就是一个封闭的加载架,一般常用型钢作为横梁,圆钢作为拉杆,当荷载较大时,拉杆以型钢制作为宜。

【本章小结】

本章系统地介绍了建筑结构试验中的加载方法及相关设备,包括重力加载法、液压加载法、机械力加载法、气压加载法、激振加载法、荷载支承设备和试验台座等内容,详细阐述了各种加载方法的作用方式、所需加载设备、基本原理和要求,重点介绍了液压加载法。这些加载方法是建筑结构试验工作者长期以来从科学研究和生产实践中总结出来的行之有效的方法。

【思考题】

3-1 结构试验加载设备应满足哪些基本要求?

3-2 结构试验中荷载的模拟方法、加载设备有哪几种? 哪些属于静力试验? 哪些属于动力试验?

3-3 液压加载法有哪些优点? 常见的液压加载设备有哪几种?

3-4 电液伺服液压加载系统由哪几部分组成? 试述其工作原理。

3-5 常见的支座形式有哪几种? 对铰支座的基本要求是什么?

3-6 试介绍几种结构试验台座及支承装置。

3-7 请简单介绍现场试验的荷载装置。

第4章　结构试验测量技术和仪器

【本章提要】

本章阐述了结构试验测量技术和相关仪器。结构试验主要测量结构静态参数和动态参数。结构静态参数可分为局部纤维应变和整体变形两大类;结构动态参数主要是结构的动力特性和结构振动随时间变化的动态反应。由于静态和动态参数的特征不同,采用的测量仪表和测量方法也有所区别。本章系统阐述了应变、位移、力值、裂缝、振动参数的测量原理与方法,并对测量仪器和数据采集系统工作原理进行了简要介绍。

4.1　概述

建筑结构试验技术的形成与发展,与建筑结构实践经验的积累和试验仪器设备、测量技术的发展是分不开的。由于结构试验的应用日益广泛,目前几乎每一个重要工程的新结构都要经过规模或大或小的检验后才投入使用,建筑设计规范的制定和建筑结构理论的发展亦与试验研究紧密相连。我国伟大的社会主义建设实践为结构试验积累了丰富经验,另外,近代仪器设备和测量技术的发展,特别是非电量电测、自动控制和电子计算机等先进技术和设备应用到结构试验领域,为试验工作提供了有效的工具和先进的手段,使试验的加载控制、数据采集、数据处理以及曲线图表绘制等实现了自动化。国内科研机构、高等院校以及生产单位等新建的结构试验室和科技工作者对结构试验技术的研究,也为建筑结构试验学科的发展在理论和物质上提供了有利的条件。

结构试验测量技术是指通过一定的测量仪器或手段,直接或间接地取得结构性能变化的定量数据。只有取得了可靠的数据,才能对结构性能得出正确的结论,达到试验目的。由于测量数据的获得是结构试验的最终结果,因此,测量技术与设备对试验的成败具有"一锤定音"的效果,值得试验人员反复推敲。

4.2　测量仪表的工作原理及分类

4.2.1　测量仪表的工作原理

测量仪表种类繁多,按其功能分为传感器、放大器、显示器、记录器、分析仪器、数据采集仪或数据采集系统等。其中,传感器能感受各种物理量(力、位移、应变等)并把它们转换成电信号或其他容易处理的信号;放大器用于将传感器采集的信号放大,使之可被显示和记录;显示器具有把信号用可见的形式显示出来的功能;记录器用于记录测量到的数据并长期保存;分析仪器能对采集到的数据进行分析处理;数据采集仪具有自动扫描和采集功能,可作为数据采集系统的执行机构;数据采集系统是集成式仪器,包括传感器、数据采集仪和计算机或其他记录器、显示器等,具有自动扫描、采集和数据处理功能。

1. 传感器

传感器的功能是感受各种物理量(如力、位移、应变等数据信号),按一定规律将其转换成可以直接测读的形式,然后直接显

扫一扫:延伸阅读 传感器

示或以电量的形式传输给后续仪器。按工作原理传感器可以分为机械式传感器、电测式传感器、光学传感器、复合式传感器和伺服式传感器等。结构试验中较多采用的是将被测非电参量转换成电参量的电测式传感器。

(1)机械式传感器。机械式传感器利用机械原理工作,通常不能进行数据传输,需具备显示装置。它主要由以下四部分组成。

①感受机构:直接感受被测量的物理量的变化的机构。

②转换机械:将感受到的被测量的变化转换成长度、角度或转向等便于显示的物理量。

③显示装置:将被测量或转换后的物理量放大或缩小后显示,常由指针和度盘等组成。

④附属装置:如外壳、防护罩、耳环等,它使仪器成为一个整体,便于安装使用。

(2)电测式传感器。电测式传感器利用某种特殊材料的电学性能或某种装置的电学原理,把所需测量的非电物理量变化转换成电量变化,如把非电量的力、应变、位移、速度、加速度等转换成与之对应的电流、电阻、电压、电感、电容等。电测式传感器根据输出电量的形式可进一步分为电阻应变式、磁电式、电容式、电感式、压电式传感器。电测式传感器主要由以下四部分组成。

①感受部分:直接感受被测量的物理量变化的部件,如弹性钢筒、悬臂梁或滑杆等。

②转换部分:将感受到的物理量变化转换成电量变化。如把应变转换成电阻变化的电阻应变计,把速度转换成电压变化的磁场线圈组件,把力转换成电荷变化的压电晶体等。

③传输部分:将变化的电信号传输到放大器、记录器或显示器的导线或接插件等。

④附属装置:即传感器的外壳、支架等。

(3)其他传感器。其他类型的传感器还有红外线传感器、激光传感器、光纤传感器、超声波传感器、利用两种或两种以上工作原理工作的复合式传感器及能对信号进行处理和判断的智能传感器。

2. 放大器

通常,传感器输出的电信号很微弱,在多数情况下需根据传感器的种类配置不同类型的放大器,对信号进行放大,再将其输送到记录器和显示器。放大器必须与传感器、记录器和显示器的阻抗相匹配。

3. 记录器

数据采集时,为了把数据(各种电信号)保存、记录下来以备分析处理,必须使用记录器。记录器把数据按一定的方式记录在某种介质上,需要时再把这些数据读出或输送给其他分析仪器处理。数据的记录方式有两种:模拟式和数字式。模拟量是连续的,数字量是间

断的。自然界的物理量多为模拟量。模拟式记录仪把模拟量直接记录在介质上,数字式记录仪则是把模拟量转换成数字量再记录在介质上。常用记录介质有普通记录纸、光敏纸、磁带和磁盘等。常用的记录器有 *x-y* 函数记录仪、磁带记录仪和磁盘记录器等。

4.2.2　测量仪表的分类

测量仪表除按工作原理、完成功能和使用情况分类外,还有以下分类方法。

按照仪器用途可分为以下几种。

(1)应变传感器:用于测量应变。

(2)位移传感器:用于测量线位移。

(3)测力传感器:用于测量荷载、压力。

(4)倾角传感器:用于测量倾角或转角。

(5)频率计:用于测量振动的频率。

(6)测振传感器:用于测量振动参数,如速度、加速度等。

按仪器与结构的关系可分为以下几种。

(1)附着式与非附着式仪器。附着式仪器工作时附着在试件上;非附着式仪器工作时不附着在试件上。非附着式仪器包括用手握着进行测量的手持式仪器以及固定在地面或其他物体上对试件进行测量的仪器。

(2)接触式和非接触式仪器。接触式仪器工作时与试件接触;非接触式仪器工作时不与试件接触。

按仪器显示和记录方式可以分为以下两类。

(1)直读式和自动记录式仪器。直读式仪器工作时直接读数;自动记录式仪器工作时可以自动记录。

(2)模拟式和数字式仪器。模拟式仪器输出模拟量,需通过转换显示为数值;数字式仪器输出的是数字量。

4.2.3　测量仪表的技术指标及选用原则

1. 测量仪表的技术指标

无论测量仪表的种类有多少,其基本性能指标主要包括以下几个方面。

(1)刻度值 A(最小分度值):仪器指示装置的每一刻度所代表的被测量值,通常也表示该设备所能显示的最小测量值(最小分度值)。例如千分表的最小分度值为 0.001 mm,百分表则为 0.01 mm。在整个测量范围内 A 可能为常数,也可能不是常数。

(2)量程 S:仪器的最大测量范围即量程,在动态测试(如房屋或桥梁的自振周期)中又称作动态范围。如千分表的量程是 1.0 mm,某静态电阻应变仪的最大测量范围是 50 000 με 等。

(3)灵敏度 K:被测物理量单位值的变化引起仪器读数值的改变量叫作灵敏度,也可用仪器的输出与输入量的比值来表示,数值上它与精度互为倒数。例如电测位移计的灵敏度=输出电压/输入位移。

（4）测量精度：表示测量结果与真值符合程度的量称为精度或准确度，它能够反映仪器所具有的可读数能力或最小分辨率。从误差观点来看，精度反映了测量结果中的各类误差，包括系统误差与偶然误差，因此，可以用绝对误差和相对误差来表示测量精度，在结构试验中，更多用相对于满量程（F.S.）的百分数来表示测量精度。很多仪器的测量精度与最小分度值用相同的数值来表示。例如千分表的测量精度与最小分度值均为 0.001 mm。

（5）滞后量 H：当输入量由小增大和由大减小时，对于同一个输入量将得到大小不同的输出量。在量程范围内，这种差别的最大值称为滞后量 H（图 4-1），滞后量越小越好。

（6）信噪比：仪器测得的信号中信号与噪声的比值，称作信噪比，以杜比（dB）值来表示。这个比值越大，测量效果越好，信噪比对结构的动力特性测试影响很大。

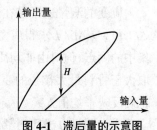

图 4-1　滞后量的示意图

（7）稳定性：指仪器受环境条件干扰影响后其指示值的稳定程度。

（8）零位温漂和满量程热漂移：零位温漂是指当仪表的工作环境温度不为 20 ℃时，零位输出随温度的变化率；满量程热漂移是指当仪表的工作环境温度不为 20 ℃时，满量程输出随温度的变化率。它们都是温度变化的函数，一般由仪表的高低温试验得出其温漂曲线，在试验中获得的测量值应利用温漂曲线加以修正。

2. 测量仪表的选用原则

在选用测量仪表时，应考虑下列要求。

（1）选用的测量仪表应符合测量所需的量程及精度要求。选用仪表前，应先估算被测值范围。一般应使最大被测值在仪表的 2/3 量程范围附近，以防仪表超量程而损坏。同时为保证测量精度，应使仪表的最小刻度值不大于最大被测值的 5%。

（2）动态试验选用的测量仪表，其线性范围、频响特性以及相移特性都应满足试验要求。

（3）对于安装在结构上的仪表或传感器，要求自重轻、体积小，不影响结构的工作。特别要注意夹具设计是否正确、合理，不正确地安装夹具将给试验结果带有很大的误差。

（4）同一试验中选用的仪器种类应尽可能少，以便统一数据精度、简化测量数据整理工作和避免差错。

（5）选用仪表时应考虑试验的环境条件，如在野外试验时仪表常受到风吹日晒，周围的温、湿度变化较大，宜选用温度性能稳定的机械式仪表。此外，应从试验实际需要出发选择仪表的精度，切忌盲目选用高精度、高灵敏度的仪表。一般来说，测定结果的最大相对误差不大于 5% 即满足要求。

4.3　应变测量

应力测量是结构试验中重要的测量内容。在外力作用下结构内部产生应力，了解结构的应力分布情况，尤其是结构危险截面处的应力分布及最大应力值，是评定结构工作状态的重要指标,也是建立强度计算理论或验证设计是否合理、计算方法是否正确等的重要依据。由于直接测定构件截面的应力目前还没有较好的方法,因此,结构或构件的内力(钢筋的拉压力)、支座反力等参数实际上都是先测量应变,然后再通过 $\sigma = E\varepsilon$ 或 $F = EA\varepsilon$ 转化成应力或力,或由已知的 $\sigma\text{-}\varepsilon$ 关系曲线查得应力。由此可见,应变测量在结构试验测量内容中占据极其重要的地位,它往往是其他物理量测量的基础。

应变的测量通常是在预定的标准长度范围 L(称标距)内,测量长度变化增量的平均值 ΔL,由 $\varepsilon = \Delta L / L$ 求得应变。原则上 L 的选择应尽量小,特别是应力梯度较大的结构和应力集中的测点,但对由非均质材料组成的结构, L 应有适当的取值范围。对于混凝土结构,应取大于骨料最大粒径的 3 倍;砖石结构取大于 4 皮砖;木结构取不小于 20 cm 等,如此才能正确反映平均值 ΔL 。

应变测量方法和测量仪表种类很多,主要分为电测与机测两类。电测法具有精度高、灵敏度高、可远距离测量和多点测量、采集数据速度快、自动化程度高等优点,而且便于将测量数据信号和计算机或微处理机连接,为采用计算机控制和用计算机分析处理试验数据创造有利条件。电测法以电阻应变仪测量为主,即在试件测点粘贴感受元件——电阻应变计(也称电阻应变片),与试件同步变形,测量输出电信号。机测是指用机械式仪表(例如双杠杆应变仪、手持应变仪)测量。机械式仪表适用于测量各种建筑结构在长时间过程中的变形,无论是构件制作过程中变形的测量,还是结构在试验过程中变形的观察,均可采用。它特别适用于野外和现场作业条件下结构变形的测量。

机测法简单易行,适用于现场作业或精度要求不高的场合;电测法手续较多,但精度更高、适用范围更广。因此,目前大多数结构试验,特别是在试验室内进行的试验,均采用电测法进行应变测量。

4.3.1　电阻应变计

1.电阻应变计的工作原理

电阻应变计,简称应变片,利用电阻应变片测量应变是基于电阻丝长度的变化会引起阻值的变化这一原理。

如图 4-2 所示,对于单根电阻丝,由物理学知道

$$R = \rho \frac{L}{A} \tag{4-1}$$

式中　R——电阻丝的电阻值(Ω);

　　　ρ——电阻丝的电阻率($\Omega\cdot\text{mm}^2/\text{m}$);

　　　L——电阻丝的长度(m);

　　　A——电阻丝的截面面积(mm^2), $A = \dfrac{\pi D^2}{4}$, D 为电阻丝直径(mm)。

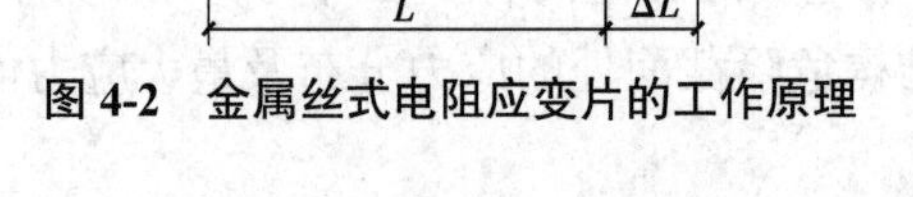

图 4-2　金属丝式电阻应变片的工作原理

当电阻丝拉伸(压缩)时,其长度、横截面面积改变,电阻率因金属晶格变化也发生改变,这些量的改变引起了电阻丝阻值的改变,这种阻值随应变而改变的现象称为应变电阻效应。

对式(4-1)两边取对数并微分得

$$\frac{\mathrm{d}R}{R} = \frac{\mathrm{d}\rho}{\rho} + \frac{\mathrm{d}L}{L} - \frac{\mathrm{d}A}{A} \tag{4-2}$$

由 $A = \frac{\pi D^2}{4}$ 得

$$\frac{\mathrm{d}A}{A} = 2\frac{\mathrm{d}D}{D} \tag{4-3}$$

由材料泊松比 υ 得

$$\frac{\mathrm{d}D}{D} = -\upsilon\frac{\mathrm{d}L}{L} = -\upsilon\varepsilon \tag{4-4}$$

将式(4-4)代入式(4-2)得

$$\frac{\mathrm{d}R}{R} = \frac{\mathrm{d}\rho}{\rho}\varepsilon + (1+2\upsilon)\varepsilon = \left[\frac{\mathrm{d}\rho/\rho}{\varepsilon} + (1+2\upsilon)\right]\varepsilon \tag{4-5}$$

令 $K_0 = \left[\frac{\mathrm{d}\rho/\rho}{\varepsilon} + (1+2\upsilon)\right]$,则

$$\frac{\mathrm{d}R}{R} = K_0\varepsilon \tag{4-6}$$

对大多数金属丝而言,$\frac{\mathrm{d}\rho/\rho}{\varepsilon}$ 和 υ 在一定应变范围内是一个常数,故 K_0 是一个常数。K_0 的物理意义是单位应变所引起电阻丝阻值的改变量,它能够反映出电阻丝阻值对应变的敏感程度,故称作金属单丝灵敏系数。由式(4-5)和式(4-6)可知,K_0 由两部分组成,其中(1 + 2υ)反映了电阻丝材料的几何特性对灵敏度的影响,对于常见的金属丝而言,该值约为1.6;($\mathrm{d}\rho/\rho$)/ε 则表示电阻率随应变的改变量,对于大多数材料来讲,其值约为 0.4。故电阻丝的单丝灵敏系数 K_0 为常数。

这里需指出的是,金属单丝灵敏系数 K_0 与相同材料做成的应变片的灵敏系数 K 稍有不同。K 由实验求得,实验表明 $K<K_0$。其原因主要有两个:一是由于敏感栅几何形状的改变和黏胶、基底等的影响;二是由于金属丝绕成栅状后存在横向效应。一般来说,电阻应变片的灵敏系数 K 的取值范围为 1.9~2.3,通常取 $K = 2.0$。因此,式(4-6)也可以用电阻应变片的灵敏系数 K 来表示:

$$\frac{\mathrm{d}R}{R} = K\varepsilon \tag{4-7}$$

式(4-7)是一个很重要的关系式,它的意义不仅在于揭示了电阻变化率与机械应变之间确定的线性关系,更重要的是它建立了机械量与电量之间的相互转换关系。

2. 电阻应变片的基本构造及分类

不同用途的电阻应变片,其构造有所不同,但都包括敏感栅、基底、覆盖层和引出线四部分。其结构如图 4-3 所示。

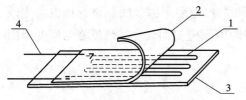

图 4-3　电阻应变片的基本构造

1—敏感栅；2—覆盖层；3—基底；4—引出线

（1）敏感栅：电阻丝应变片是用直径为 0.025 mm 左右、具有高电阻率的电阻丝制成的，为了获得高的电阻值，将金属（康铜、镍铬或镍铬合金）或半导体材料制成的电阻丝排列成栅状，称为敏感栅，并用胶黏剂固定在绝缘的基底上。

（2）基底与覆盖层：基底与覆盖层起定位与保护敏感栅的作用，并使电阻丝与被测试件之间绝缘，通常分为纸质和塑料胶基两种。另外，对于一些有特殊要求的应变片，也可以用石棉、云母、无碱玻璃和氧化镁等做成基底。

（3）引出线：引出线的作用是将电阻应变片通过它焊接于应变测量电桥。引出线通常采用镀银、镀锡或镀合金的软铜线制成，并与应变片的电阻丝焊在一起。为了减小横向效应可采用直角线栅或箔式应变片。

应变片根据所使用的材料不同，可分为金属应变片和半导体式（压阻式）应变片两大类（图 4-4）。金属应变片又可以再分为丝式应变片、箔式应变片和膜式应变片。金属丝式应变片有 U 形（圆头形，图 4-4（b））和 H 形（直角形或短接式，图 4-4（c））两种。其中，金属丝式应变片是土木工程结构试验中最常用的应变片。

金属箔式应变片是利用照相制版或光刻技术，将厚 0.001~0.01 mm 的金属箔片制成敏感栅。箔式应变片的优点如下。

（1）可制成多种复杂形状、尺寸准确的敏感栅，其栅长最小可做到 0.2 mm，以适应不同的测量要求。例如：图 4-4（e）的圆形应变片就可用于测量平面应力。

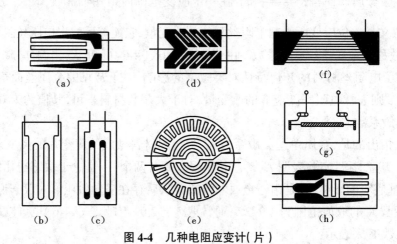

图 4-4　几种电阻应变计（片）

（a）、（d）、（e）、（f）、（h）箔式应变片　（b）、（c）丝式应变片　（g）半导体式应变片

（2）横向效应小。

（3）散热条件好，允许电流大，提高了输出灵敏度。

（4）蠕变量和机械滞后小，疲劳寿命长。

（5）生产效率高，便于实现自动化生产。

基于上述特点，箔式应变片的使用范围正日益扩大，将会逐渐取代丝式应变片。半导体应变片可分为体型半导体应变片、扩散型半导体应变片、薄膜型半导体应变片等。半导体应变片具有灵敏系数大、机械滞后小、阻值范围大、横向效应小等特点,主要用于测量应力分布,以及作为各种传感器的力 - 电转换元件,广泛用于机械、电子、航空、船舶、铁路和桥梁等工程结构的静态和动态测量,进行比较复杂的应力分析。

3. 电阻应变片的技术指标

应变片的品种和规格甚多,选用时必须根据试验目的、测点位置、环境条件等全面考虑。下面针对应变片的主要指标进行说明。

（1）标距:指敏感栅在纵轴方向上的有效长度 L,可分为小标距(2~7 mm)、中标距(10~30 mm)、大标距(>30 mm)。由于应变片的变形感应是指应变片标距范围内的平均应变,故当被测试件的应变场变化较大时,应采用小标距应变片。对非均质材料,如混凝土宜选用大标距应变片,以便测出较长范围内的平均应变,根据试验分析,应变片的标距应大于被测材料中最大骨料(如混凝土中的石子)粒径的 4 倍;对于钢筋,则可根据直径选用小标距或中标距的应变片。

（2）规格:以使用面积 $L \times B$ 表示。

（3）电阻值:由于目前国内用于测量应变片电阻值变化的电阻应变仪多按 120 Ω 设计,故大多数应变片的电阻值均在 120 Ω 左右,否则应通过电阻应变仪对测量结果予以修正。

（4）精度等级:国家标准《金属粘贴式电阻应变计》(GB/T 13992—2010)把电阻应变计的单项工作特性的精度划分为 A、B、C 三级,各精度等级的工作特性指标如表 4-1 所示。《混凝土结构试验方法标准》(GB/T 50152—2012)规定混凝土结构试验中允许使用 C 级和 C 级以上的电阻应变计。

表 4-1　用于应力分析的应变计单项技术指标

序号	工作特性	说明			级别		
					A	B	C
1	应变计电阻	对平均值的允差	单栅	± %	0.3	0.5	0.8
			双栅		0.7	1.0	1.5
			多栅		0.8	1.0	1.5
		对标称值的偏差		± %	1.0	1.5	2.0
2	灵敏系数	对平均值的分散		± %	1	2	3
3	机械滞后	室温下的机械滞后		μm/m	3	5	8
		极限工作温度下的机械滞后		μm/m	10	20	30
4	蠕变	室温下的蠕变		μm/m	3	5	10
		极限工作温度下的蠕变		μm/m	20	30	50
5	横向效应系数	室温下的横向效应系数		± %	0.6	1	2
6	灵敏系数的温度系数	工作温度范围内的平均变化		± %/100 ℃	1	2	3
		每一温度下灵敏系数对平均值的分散		± %	3	4	6
7	热输出	平均热输出系数		(μm/m)/℃	1.5	2	4
		对平均热输出的分散		± μm/m	60	100	200

序号	工作特性	说明		级别		
				A	B	C
8	漂移	室温下的漂移	μm/m	1	3	5
		极限工作温度下的漂移	μm/m	10	25	50
9	热滞后	每一工作温度下	μm/m	15	30	50
10	绝缘电阻	室温下的绝缘电阻	MΩ	10^4	2×10^3	10^3
		极限工作温度下的绝缘电阻	MΩ	10	5	2
11	应变极限	室温下的应变极限	μm/m	2×10^4	10^4	8×10^3
		极限工作温度下的应变极限	μm/m	8×10^3	5×10^3	3×10^3
12	疲劳寿命	室温下的疲劳寿命	循环次数	10^7	10^6	10^5
		极限工作温度下的疲劳寿命				
13	瞬时热输出	根据用户需要,测试并给出应变计平均瞬时热输数据或曲线				

（5）灵敏系数:应变计的灵敏系数由抽样结果的平均值确定,这个平均值就作为被抽样的该批应变片的灵敏系数。对于 C 级应变计,若灵敏系数为 2.0,则有 95% 的把握说,这批应变片中每一个应变片的实际灵敏系数在 1.94~2.06 范围内。在静态测量时,当采用 $K \neq 2.0$ 的应变片时,只要把应变仪灵敏系数刻度对准所选用的灵敏系数即可,读数不需修正。

（6）温度适用范围:主要取决于胶黏剂的性质,可溶性胶黏剂的工作温度为 -20~60 ℃;经化学作用而固化的胶黏剂,其工作温度为 -60~200 ℃。

除了以上这些基本技术指标以外,还有一些因素也会使电阻应变片的测量结果产生误差,这些因素包括应变片的横向效应、蠕变、机械滞后等。

为使应变片达到一定的电阻值,制作敏感栅的金属丝必须有足够的长度。但是,为测量试件上一点的应变值,又要求应变片尽量短些。于是常将金属电阻丝绕成栅状。因此,当应变片纵向伸长（缩短）时,横向便会缩短（伸长）,这将会使敏感栅总电阻的变化值 ΔR 减小,从而降低了应变计的灵敏度,这种现象称为横向效应。

应变计的机械滞后是指已粘贴好的应变片,在恒定温度下增大和减小应变的过程中,对同一应变的读出值之差。实践证明,机械滞后在第一次加卸载循环中最明显。它随着加载次数的增多而减小,并逐步趋向稳定。

应变片的蠕变是指已贴好的应变片,在应变恒定、温度恒定时指示应变值随时间的变化。应变计的这一特性,常常给试验过程中荷载持续期间测量构件应变的发展规律带来很大困难,使用精度等级较高的应变计将有助于解决这一问题。

4.3.2 电阻应变仪

电阻应变片可以把试件的应变信号转换成电阻的变化,但由于土木工程中的试件应变往往较小,因此,电阻的变化值也非常微小。例如,建筑结构中使用的 HRB335 钢筋的屈服强度 $f_y = 310 \text{ N/mm}^2$,弹性模量 $E = 2.0 \times 10^5 \text{ N/mm}^2$,因此,钢筋屈服时的应变为 0.001 55,即为 1 550 με,如果所使用的应变计的电阻值为 120 Ω、灵敏系数为 2.0,则根据式(4-7)可知,电阻值的变化量 $\Delta R = 0.372\ \Omega$。这样微弱的电信号,利用普通的电路检测是很困难的,而且应变值还有拉、压和静、动之分,必须有专门的仪器才能对信号进行测量和鉴别,这种专门的仪器称为电阻应变仪。

按测量对象的不同,应变仪分成静态电阻应变仪和动态电阻应变仪,也有将静、动态电阻应变仪做在一起的。静态应变仪的信号与时间无关,而动态则有关。无论何种应变仪其基本构成都是相同的,即均由振荡器、测量电路、放大器、相敏检波器和电源等部分组成。

振荡器的作用是产生一个频率和振幅稳定的交变电压,作为测量电路的参考电压;测量电路的主要作用是将机械变形所引起的应变计电阻值的变化转换成电流或电压信号;然后再经放大器进行放大,以便得到足够的功率去进行显示或记录;相敏检波器则用来区分应变的极性,即是拉伸还是压缩。

国家标准《金属粘贴式电阻应变计》(GB/T 13992—2010)把电阻应变仪划分为 A、B、C 三个级别,相应地规定了上述各类误差的允许值,如表 4-2 所示。《混凝土结构试验方法标准》(GB/T 50152—2012)规定,混凝土结构试验中允许使用不低于 B 级的静态和动态电阻应变仪来测量应变。

表 4-2　各等级电阻应变仪允许误差

序号	误差类别		静态电阻应变仪			动态电阻应变仪		
			A	B	C	A	B	C
1	基本误差		± 0.2%	± 1.0%	± 3.0%	—	—	—
			± 1 με	± 2 με	± 5 με			
2	灵敏系数刻度误差(%)		± 0.2	± 1.0	± 3.0	± 0.5	± 1.0	± 5.0
3	线性误差(%)		—	—	—	± 0.5	± 1.0	± 5.0
4	标定误差(%)		—	—	—	± 0.5	± 1.0	± 5.0
5	衰减误差(%)		—	—	—	± 1	± 2	± 5
6	频率响应误差(dB)		—	—	—	± 0.5	± 0.7	± 1.0
7	稳定性	零点漂移	± 1 με	± 3 με	± 5 με	± 2%	± 5%	± 7%
		灵敏度变化(%)	—	—	—	± 1	± 2	± 5
		读数变化(%)	± 0.2	± 1.0	± 3.0	—	—	—
8	电压变化影响(+5%~10%) 读值变化		应满足 1 项要求			± 0.5%	± 1.0%	± 5.0%
9	50 Hz 外磁场(⁵⁰Co)影响读数变化(%)		± 1	± 3	± 5	± 1	± 2	± 3
10	信噪比(dB)		—	—	—	40	30	26
11	温度变化(-10~+40 ℃)1 ℃引起影响		1、2、7 项的 1/10			2、3、4、6、7 项的 1/10		

1. 测量电路

1)偏位法

通过以上的分析可知:电阻值的变化量往往非常小。那么,如何通过测量电路将这样小的电阻变化值放大,就成为测量电路设计的关键问题。事实上,应变仪的测量电路一般采用惠斯通电桥来解决这个矛盾。

图 4-5 是惠斯通电桥的基本电路,由电工学知识知道,电桥输出电压 U_{BD} 为

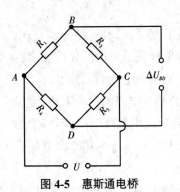

$$U_{BD} = \frac{R_1 R_3 - R_2 R_4}{(R_1 + R_2)(R_3 + R_4)} E \qquad (4-8)$$

若

$$R_1 R_3 = R_2 R_4 \qquad (4-9)$$

则电桥输出电压 U_{BD} =0,此时称电桥处于平衡状态,式(4-9)为电桥平衡条件。

在平衡条件下,当桥臂四个电阻 R_1、R_2、R_3、R_4 分别产生电阻变化 ΔR_1、ΔR_2、ΔR_3、ΔR_4 时,利用平衡条件并略去非线性高阶小量,则输出电压 U_{BD} 为

图 4-5　惠斯通电桥

$$U_{BD} = \frac{E}{4} \left[\frac{\Delta R_1}{R_1} - \frac{\Delta R_2}{R_2} + \frac{\Delta R_3}{R_3} - \frac{\Delta R_4}{R_4} \right] \qquad (4-10)$$

以上讨论的是电压桥及其电桥输出端为开路的情况。为了使电桥有较大的输出功率,选择适当的放大器输入阻抗与电桥输出端连接,这种电桥称为功率桥。功率桥输出端可视为串上一个负载电阻。分析表明,功率桥输出电压 U_{BD} 为电压桥的一半,但电桥各桥臂阻值变化对电桥输出电压影响的规律完全相同。

将式(4-7)代入式(4-10)得

$$U_{BD} = \frac{KE}{4}(\varepsilon_1 - \varepsilon_2 + \varepsilon_3 - \varepsilon_4) \qquad (4-11)$$

令应变仪的应变读数为

$$\varepsilon_r = \frac{4U_{BD}}{KE} \qquad (4-12)$$

则式(4-11)改写为

$$\varepsilon_r = \varepsilon_1 - \varepsilon_2 + \varepsilon_3 - \varepsilon_4 \qquad (4-13)$$

即

$$\varepsilon_r = \varepsilon_{AB} - \varepsilon_{BC} + \varepsilon_{CD} - \varepsilon_{DA}$$

式(4-13)表明:应变仪读数等于臂 AB、CD 上的应变减去臂 BC、DA 上的应变,也可以理解为,相对桥臂应变量相加,相邻桥臂应变量相减。这个结论很重要,它是各种电桥接法的基础。

同理,对半桥测量,可写成

$$U_{BD} = \frac{U}{4} \left(\frac{\Delta R_1}{R_1} - \frac{\Delta R_2}{R_2} \right) = \frac{1}{4} UK(\varepsilon_1 - \varepsilon_2) \qquad (4-14)$$

从式(4-13)和式(4-14)可见,电桥的邻臂电阻变化的符号相反,呈相减输出;对臂符号相同,呈相加输出。这种利用桥路的不平衡输出进行测量的方法称为直读法或偏位法。偏位法一般用于动态应变(即应变仪测量信号与时间有关)的测量。

另外,如果各电阻应变片的阻值 R 相同,且电阻的变化值 ΔR 也相同,那么,式(4-11)、式(4-14)可统一写成

$$U_{BD} = \frac{1}{4} AUK\varepsilon \tag{4-15}$$

式中, A 称作桥臂系数,表示电桥对输入电压 U 的提高倍数。 A 越大,则说明该种桥路的灵敏度越大。因此,外荷载作用下的实际应变 ε' ,应该是实测应变 ε^0 与桥臂系数 A 之比,即 $\varepsilon'=\varepsilon^0/A$ 。

2)零位法

偏位法的输出电压易受电源电压不稳定的干扰。零位法正是为了克服这个问题而提出的。如图 4-6 所示,若在电桥的两臂之间接入一个可变电阻,当试件受力电桥失去平衡后,调节可变电阻,使 R_3 增加 Δr , R_4 减少 Δr ,电桥将重新平衡,根据平衡条件:

$$\left(R_1 + \Delta R_1\right)\left(R_4 - \Delta r\right) = R_2\left(R_3 + \Delta r\right) \tag{4-16}$$

若 $R_1=R_2=R'$, $R_3=R_4=R''$,并忽略 Δr^2 的高阶小量,则上式可转化为

$$\varepsilon = \frac{1}{K}\frac{\Delta R_1}{R_1} = 2\frac{\Delta r}{KR''} \tag{4-17}$$

上式说明电桥重新平衡时的可变电阻值 Δr 与试件的应变 ε 呈线性关系,此时电流 计仅起指示电桥平衡与否的作用,故可以避免偏位法测量电压不稳的缺点。此法称为零位法,零位法一般用于静态应变(即应变仪测量信号与时间无关)的测量。

2. 电阻应变片的温度补偿

在一般情况下,试验环境的温度总是变化的,即温度变化总是伴随着荷载一起作用到应变片和试件上去。例如某种型号的应变片, $R = 145\ \Omega$, $K = 2.375$,粘贴在铝质材料的试件上,当温度变化 1 ℃时,由温度产生的虚假应变(视应变) ε' 可达 48 $\mu\varepsilon$,即相当于试件受到 33.6 N/mm^2 的应力。这是不能忽略的,必须加以消除,主要是利用惠斯通电桥桥路的特性进行,称为温度补偿。

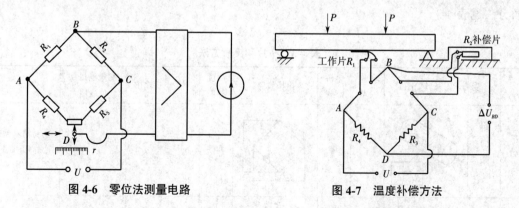

图 4-6　零位法测量电路　　　　　图 4-7　温度补偿方法

如图 4-7 所示,在电桥 BC 臂上接一个与工作片 R_1 阻值相同的应变片 $R_2 = R_1 = R$ (温度补偿片),并将 R_2 贴在一个与试件材料相同、置于试件附近的位置。虽然 R_1 、 R_2 具有同样的温度变化条件,但是 R_2 不受外力作用,因此 $\Delta R_2 = \Delta R_{\varepsilon t}$ (由温度产生的阻值变化),而 ΔR_1 既受外力作用又受温度影响,故有

$$U_{BD} = \frac{U}{4}\left(\frac{\Delta R_{\mathrm{s}} + \Delta R_{\varepsilon t}}{R} - \frac{\Delta R_{\varepsilon t}}{R}\right) = \frac{U}{4}\frac{\Delta R_{\mathrm{s}}}{R} = \frac{UK}{4}\varepsilon \qquad (4\text{-}18)$$

可见,温度产生的视应变将通过惠斯通电桥自动得以消除。由此进一步可知:如果试件上的两个工作片阻值相同($R_2 = R_1 = R$),并且应变的符号相反,例如,受弯的矩形截面梁的上下表面即存在大小相同、方向相反的拉压应变,则上式可写成

$$U_{BD} = \frac{U}{4}\left(\frac{\Delta R_{\mathrm{s}} + \Delta R_{\varepsilon t}}{R} - \frac{-\Delta R_{\mathrm{s}} + \Delta R_{\varepsilon t}}{R}\right) = \frac{U}{2}\frac{\Delta R_{\mathrm{s}}}{R} = \frac{UK}{2}\varepsilon \qquad (4\text{-}19)$$

即 $R_2 = R_1$ 互为温度补偿片。但这种方法一般不适用于混凝土等非匀质材料或不具有对称截面的匀质材料试件的测量。

以上的这种温度补偿称为桥路补偿,该方法的优点是方法简单、经济易行,在常温下效果较好,缺点是在温度变化大的条件下,补偿效果差;另外,很难做到补偿片与工作片所处的温度完全一致,因而影响补偿效果。

目前除桥路补偿外,还有的用温度自补偿应变片的方法来消除温度的影响,但主要用于机械类试验中,土木工程结构试验中很少采用。

3. 实用桥路

通过以上的分析,我们已经知道,根据工作应变片在惠斯通电桥中所占桥路的个数,可以将接桥方法分为 1/4 桥、半桥和全桥。其中最常用的是半桥与全桥。1/4 桥是指桥路中只有 1 个工作片 R_1,这时补偿必须用另一个补偿片 R_2 来完成,这种接线方法对输出电压没有放大作用;半桥的特点是将两个工作片接入电桥相邻的桥臂上,其输出电压可比 1/4 桥提高 1 倍,且两个工作片可相互进行温度补偿;全桥则是电桥的四个桥臂上均为工作片,其输出电压可比半桥进一步提高。

根据具体的试验条件,并结合材料力学的有关知识,我们可以通过合理地选择接桥方法获得更大、更灵敏的电桥输出值。接桥方法的原则是:在满足特殊要求的条件下,选择测量电桥输出电压较高、桥臂系数大,能实现温度互补且便于分析的接桥方法。几种常见的接桥方法见表 4-3。

表 4-3 布片和接桥方法

序号	受力状态及其简图		工作片数	电桥型式	电桥线路	温度补偿	测量电桥输出	测量项目及应变值	特点
1	轴向拉(压)		1	半桥		另设补偿片	$U_{BD} = \frac{1}{4}UK\varepsilon$	拉(压)应变 $\varepsilon_R = \varepsilon$	不易消除偏心作用引起的弯曲影响
2	轴向拉(压)		2	全桥		另设补偿片	$U_{BD} = \frac{1}{2}UK\varepsilon$	拉(压)应变 $\varepsilon_R = 2\varepsilon$	输出电压提高 1 倍,可消除弯曲影响

续表

序号	受力状态及其简图	工作片数	电桥型式	电桥线路	温度补偿	测量电桥输出	测量项目及应变值	特点
3	轴向拉（压）	2	半桥		互为补偿	$U_{BD}=\dfrac{1}{4}UK\varepsilon(1+v)$	拉（压）应变 $\varepsilon_R=(1+v)\varepsilon$	输出电压提高到 $(1+v)$ 倍，不能消除弯曲影响
4	轴向拉（压）	4	半桥		互为补偿	$U_{BD}=\dfrac{1}{4}UK\varepsilon(1+v)$	拉（压）应变 $\varepsilon_R=(1+v)\varepsilon$	输出电压提高到 $(1+v)$ 倍，能消除弯曲影响且可提高供桥电压
5	轴向拉（压）	4	全桥		互为补偿	$U_{BD}=\dfrac{1}{2}UK\varepsilon(1+v)$	拉（压）应变 $\varepsilon_R=2(1+v)\varepsilon$	输出电压提高到 $2(1+v)$ 倍且能消除弯曲影响
6	拉伸	4	全桥		互为补偿	$U_{BD}=UK\varepsilon$	拉应变 $\varepsilon_R=4\varepsilon$	输出电压提高到 4 倍
7	弯曲	2	半桥		互为补偿	$U_{BD}=\dfrac{1}{2}UK\varepsilon$	弯曲应变 $\varepsilon_R=2\varepsilon$	输出电压提高 1 倍且能消除轴向拉（压）影响
8	弯曲	2	半桥		互为补偿	$U_{BD}=\dfrac{1}{2}UK\varepsilon$	两处弯曲应变之差 $\varepsilon_R=\varepsilon_1-\varepsilon_2$	可测出横向剪力 V 值 $V=\dfrac{EW}{a_1-a_2}\varepsilon_R$
9	扭转	1	半桥		另设补偿片	$U_{BD}=\dfrac{1}{4}UK\varepsilon$	扭转应变 $\varepsilon_R=\varepsilon$	可测出扭矩 M_t 值 $M_t=W_t\dfrac{E}{1+v}\varepsilon_R$
10	扭转	2	半桥		互为补偿	$U_{BD}=\dfrac{1}{2}UK\varepsilon$	扭转应变 $\varepsilon_R=2\varepsilon$	输出电压提高 1 倍，可测剪应变 $\gamma=\varepsilon_R$

下面通过 2 个例子来说明应变片在构件上的布置和桥路接入方法。

【例 4.1】 以矩形截面简支梁跨中受拉边缘的应变测量为例,说明 1/4 桥、半桥和全桥的桥路特点。

解:(1)1/4 桥(图 4-8(a)):工作片 R_1 的应变包括由弯矩 M 和温度 T 引起的两部分应变,即 $\varepsilon_1 = \varepsilon_M + \varepsilon_T$。为消除温度影响,应在简支梁附近放置一个与梁同材料的试块,并粘贴温度补偿片 R_2(应与 R_1 规格相同)。由于 R_2 不受力,只是由温度 T 产生应变,故电桥输出电压为

$$U_{BD} = \frac{U}{4}K(\varepsilon_M + \varepsilon_T - \varepsilon_T) = \frac{U}{4}K\varepsilon_M$$

可见,1/4 桥路的桥臂放大系数为 1,输出电压没有放大。实测应变与受拉边缘的拉应变相同。

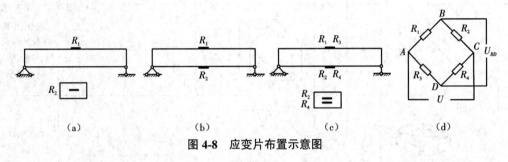

图 4-8　应变片布置示意图

(2)半桥(图 4-8(b)):将工作片 R_1 布置在受拉区边缘,将工作片 R_2 布置在受压区边缘,接桥方法同 1/4 桥路,则 R_1、R_2 可相互进行温度补偿;且由于矩形截面有水平对称轴,两个应变大小相等、符号相反,故输出电压为 $U_{BD} = \frac{1}{4}AUK\varepsilon$。桥臂放大系数为 2,即将受拉区边缘的拉应变放大了 2 倍。

(3)全桥(图 4-8(c)):将工作片 R_2、R_4 布置在受拉区边缘,将工作片 R_1、R_3 布置在受压区边缘,则有 $\varepsilon_1 = \varepsilon_4 = -\varepsilon_2 = -\varepsilon_3$,利用式(4-14),有

$$U_{BD} = \frac{UK}{4}(\varepsilon_1 - \varepsilon_2 + \varepsilon_3 - \varepsilon_4) = \frac{UK}{4}4\varepsilon_M$$

即桥臂放大系数为 4,所以这时从应变仪上得到的应变读数为单贴一片时的 4 倍,说明测量灵敏度提高了 4 倍,这便是全桥电路的优点。

【例 4.2】 利用全桥电路测量悬臂梁的剪力。

解:按图 4-9 进行测点布置,由材料力学知剪力

扫一扫:延伸阅读　利用全桥电路测量悬臂梁的剪力

$$V = \frac{\mathrm{d}M}{\mathrm{d}x} = \frac{M_2 - M_1}{a_2 - a_1}$$

又因为

$$M = \sigma W = EW\varepsilon$$

故

$$V = EW\frac{\varepsilon_2 - \varepsilon_1}{a_2 - a_1} = EW\frac{2U_{BD}}{UK} \times \frac{1}{a_2 - a_1}$$

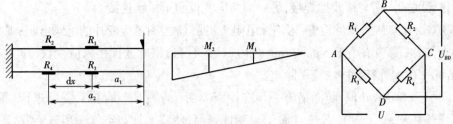

图 4-9　应变片布置示意图

4.3.3　电阻应变计(应变片)的粘贴技术

电阻应变计的质量及粘贴技术对测量结果的准确性有重要影响。为保证质量,要求测点基底平整、清洁、干燥;胶黏剂的电绝缘性、化学稳定性及工艺性能良好,蠕变小,粘贴强度高(剪切强度不低于 3~4 MPa),温湿度影响小,同一组应变计规格、型号应相同;应变计的粘贴应牢固,方位准确,不含气泡;粘贴前后阻值不改变;粘贴干燥后,敏感栅对地绝缘电阻不低于 500 MΩ;应变线性好,滞后、零点漂移、蠕变等小,保证应变能正确传递。粘贴的具体步骤方法如下。

(1)挑选、筛分应变片:应根据试件的材料性质和应力状态选择应变片的规格和形式。在匀质材料上贴片应选用普通型小标距应变计;在非匀质材料上贴片选用大标距应变计;处于平面应变状态时应选用应变花。分选应变计时应逐片进行外观检查,应变片丝栅应平直,片内无气泡、霉斑、锈点等缺陷,不合格的应变计应剔除;然后用电桥测定阻值并分组。同组应变计阻值偏差不得超过应变仪可调平的允许范围。

(2)选择黏结剂:黏结剂分为水剂和胶剂两类,选择黏结剂的类型应视应变计基底材料和试件材料的不同而异。一般要求黏结剂具有足够的抗拉强度和抗剪强度,蠕变小,电绝缘性能好。目前在匀质材料上粘贴应变计均采用氰基丙烯酸类水剂黏结剂,如 KH501、KH502 快速胶;在混凝土等非匀质材料上贴片常用环氧树脂胶。常用的黏结剂有环氧类、酚醛类等。

(3)测点表面清理:为使应变计牢固地贴在试件表面,应对测点表面进行加工。方法是:先用工具或化学试剂清除贴片处的漆层、油污、锈层等污垢,然后用锉刀锉平,再用 0 号砂布在试件表面打 45° 的斜纹,吹去浮尘并用丙酮、四氯化碳等溶剂擦洗。

(4)应变片的粘贴与干燥:选择好胶黏剂,在试件上画出测点的定向标记。用水剂贴片时,先在试件表面的定向标记处和应变计基底上分别均匀涂一层胶,待胶层发黏时迅速将应变计按正确位置粘贴,取聚乙烯薄膜盖在应变计上,用手指加压待其干燥。在混凝土或砌体等表面贴片时,应先用环氧树脂胶做找平层,待胶层完全固化后再用砂纸打磨、擦洗后方可贴片。

室温高于 15 ℃和相对湿度低于 60% 时可采用自然干燥,干燥时间一般为 24~48 h;室温低于 15 ℃和相对湿度高于 60% 时应采用人工干燥,但人工干燥前必须先经过 8 h 自然干燥,人工干燥的温度不得高于 60 ℃。

(5)焊接导线:先在离应变计 3~5 mm 处粘贴接线架,然后将引出线焊于接线架上,最后把测量导线的一端与接线架焊接,另一端与应变仪测量桥路连接。

（6）应变片的粘贴质量检查:用绝缘电阻表(兆欧表)测量应变片的绝缘电阻;观察应变片的零点漂移,漂移值小于 5 με(3 min 之内)认为合格;将应变计接入应变仪,检查工作稳定性,若漂移值大、稳定性差,应铲除重贴。

（7）防潮和防水处理:防潮措施必须在检查应变计贴片质量合格后立即进行。防潮的简便方法是用松香、石蜡或凡士林涂于应变计表面,使应变计与空气隔离,达到防潮目的。防水处理一般采用环氧树脂胶封闭。

应变电测法具有感受元件质量轻、体积小,测量系统信号传递迅速、灵敏度高,可遥测,便于与计算机联用及实现了自动化等优点,因而在试验应力分析、断裂力学及宇航工程中都有广泛的应用。其主要缺点是:连续长时间测量会出现漂移,原因在于黏结剂的不稳定性和对周围环境的敏感性;电阻应变计的粘贴技术比较复杂,工作量大;应变计不能重复使用,消耗量较大。

4.3.4　应变的其他测量方法与仪表

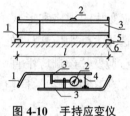

图 4-10　手持应变仪
1—插脚;2—千分表;
3—刚性骨架;4—薄钢片;
5—脚座;6—试件

1. 机测法

1）手持应变仪

图 4-10 是一个手持应变仪,主要由两片弹簧钢片连接两个刚性骨架组成,两个骨架可做无摩擦的相对运动。骨架两端带有锥形插脚,测量时将插脚插入结构表面上预置的脚座(带穴金属)中,结构表面上的两个预置脚座之间的距离为测量标距。试件的应变由装在骨架上的千分表读出。手持应变仪的特点是标距大(200 mm、250 mm 等);每次测量施力应保持一致,否则带来较大误差;由于脚座穴底距试件表面有一定高度,测量有弯曲变形的构件需要进行修正。

2）千分表测应变装置

图 4-11 是一个自制的应变测量装置,它有两个粘贴在试件上的脚座,一个用于固定千分表,另一个用于固定刚性杆。测量标距可通过调节刚性杆任意确定。构件伸长(缩短)量由千分表读出,除以标距即得应变。

它的特点是:装置构造简单、价廉,测量精度较高,可重复利用;由于脚座较长,不适合测量有弯曲变形的构件。

3）单杠杆、双杠杆应变仪

图 4-12 是一个单杠杆应变仪,构件变形后活动刀口绕 B 点转动,经杠杆放大后由千分表读出应变。其特点是:仪器构造简单、价廉;测量误差相对较大;标距越小放大倍数越小,适用于大标距测量。

为适应小标距测量,同时加大放大倍数,可采用双杠杆应变仪,如图 4-13 所示。

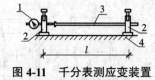

图 4-11　千分表测应变装置

1—千分表;2—表座;3—刚性杆;4—试件

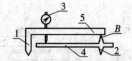

图 4-12　单杠杆应变仪

1—固定刀口;2—活动刀口;3—千分表;
4—杠杆;5—刚性杆

4)振弦式应变计

图 4-14 为振弦式应变计,其中活动脚座随试件位移,钢弦绷紧(松弛)造成钢弦频率改变,在一定范围内频率改变量与位移呈线性关系,由此求出位移进而求出应变。振弦式应变计工作稳定、可靠,测量不受长导线影响,测量有弯曲变形的构件需要进行修正。

除了上述常用的一些方法外,还可用光测等方法测量应变,也可利用各种放大原理自制一些简单实用的测量装置。

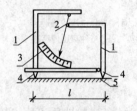

图 4-13　双杠杆应变仪

1—杠杆;2—指针杠杆;3—刻度盘;
4—插脚;5—试件

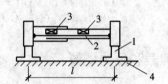

图 4-14　振弦式应变计

1—脚座;2—钢弦;
3—激振与电感;4—试件

2. 光测法

在土木工程结构试验中,还常采用光测法,包括云纹法、激光衍射法、光弹法等。光测法多应用于节点或构件的局部应力分析。

4.4　力的测量

结构静载试验需要测定荷载、支座反力、预应力施力过程中绳索的张力、风压、油压和土压力等。测量力的仪器分为机械式与电测式两种,基本原理都是利用弹性元件感受力或液压,在力的作用下产生与外力或液压相对应的变形,再用机械装置或电测装置放大和显示就构成了机械式传感器或电测式传感器。图 4-15 所示是几种测力计及传感器。电测传感器具有体积小、反应快、适应性强、便于自动显示及记录等优点,使用比较普遍。

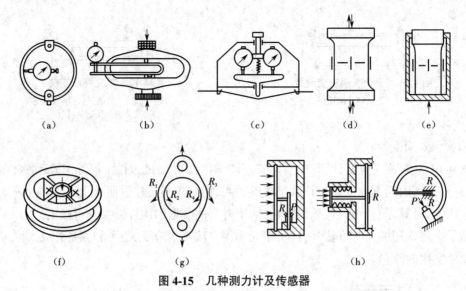

图 4-15　几种测力计及传感器

（a）钢环拉力计　（b）环箍式压力计　（c）钢丝张力测力计　（d）拉压传感器
（e）压力传感器　（f）轮辐式压力传感器　（g）拉力传感器　（h）三种测压传感器

4.4.1　荷载和反力测量

　　荷载传感器用于测量荷载、反力以及其他各种外力。根据荷载性质不同，荷载传感器可分为拉伸型、压缩型和通用型三种。各种荷载传感器的外形基本相同，承力结构是一个厚壁筒，筒壁横断面取决于筒的最高允许应力。筒壁上贴有电阻应变计将机械变形转换为电量；为避免在储存、运输或试验时损坏，应变计设有外罩加以保护；为便于与设备或试件连接，筒两端加工有螺纹；在筒壁的轴向和横向贴有应变计并按全桥形式连接，桥路放大系数 $A=2$（$1+v$）；荷载传感器的灵敏度是单位荷重下的应变，灵敏度与设计的最大应力成正比，与荷载传感器的最大负荷能力成反比。常用荷载传感器可达 1 000 kN 或更高。

4.4.2　拉力和压力测量

　　在结构试验中，测定拉力和压力的仪器是测力计。测力计利用钢制弹簧、环箍或簧片受力后产生弹性变形的原理，将变形经机械放大后用指针度盘或位移计表示力值。最简单的拉力计就是弹簧式拉力计，直接由螺旋形弹簧的变形求出拉力值；测量张拉钢丝或钢丝绳拉力的环箍式拉力计如图 4-16 右图所示，由两片弓形钢板组成环箍，在拉力作用下环箍产生变形，通过机械传动放大系统带动指针转动显示外力值。图 4-16 左图所示是环箍式拉压测力计，由粗大的钢环作为"弹簧"，钢环结构在拉、压力作用下变形，经杠杆放大后推动位移计工作，多用于测定压力。

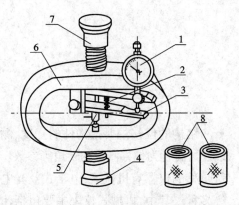

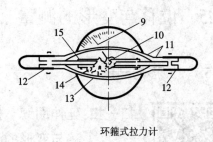

环箍式拉压测力计

环箍式拉力计

图 4-16　测力仪器

1—位移计；2—弹簧；3—杠杆；4—下压头；5—杠杆顶子；6—钢环；7—上压头；8—拉力夹头；
9—指针；10—中央齿轮；11—弓形弹簧；12—耳环；13—连杆；14—扇形齿轮；15—可动接板

4.4.3　结构内部应力测定

结构试验中，常采用埋入式测力装置测定结构内部混凝土或钢筋的应力。图 4-17 所示为埋入式差动电阻应变计。它主要用于测定各种大型混凝土水工结构的应变、裂缝或钢筋应力等。使用时直接将其埋入混凝土内，两端凸缘与混凝土或钢筋相连。试件受力后，两端的凸缘随之发生相对移动，使电阻 R_1 和 R_2 分别产生大小相等、方向相反的电量，将其接入应变电桥便可测得应变值。

图 4-18 所示为振弦式应变计，它依靠改变受拉钢弦的固有频率工作。钢弦密封在金属管内，钢弦中部用激励装置拨动钢弦并接收钢弦产生的振动信号，将接收信号传送至显示或记录仪表。当应变计上的圆形端板与混凝土浇为一体时，混凝土产生的应变将引起端板的相对移动，导致钢弦的原始张力或振动频率发生变化，由换算可求得结构内部的有效应变值。其稳定性好，分辨率达 0.1 με，室温下漂移量小，可忽略不计。

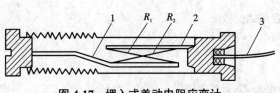

图 4-17　埋入式差动电阻应变计

1、2—刚性支架；3—引出线

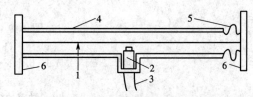

图 4-18　振弦式应变计

1—钢弦；2—激振线圈；3—引出线；4—管体；
5—波纹管；6—端板

4.5　位移与变形的测量

4.5.1　位移的测量

扫一扫：延伸阅读　位移与变形的测量

　　结构的位移主要指构件的挠度、侧移以及可转化为位移测量的转角等参数。测量位移的仪器有机械式、电子式及光电式等多种。其中，机械式仪表主要包括建筑结构试验中常用的接触式位移计，以及桥梁试验中常用的千分表、引伸仪和绕丝式挠度计。而电子式仪表则包括广泛采用的滑线电阻式位移传感器和差动变压器式位移传感器等。

　　1. 接触式位移计

　　接触式位移计主要包括千分表、百分表和挠度计。图 4-19 是百分表的外形及构造简图。其基本原理是：测杆上下运动时，测杆上的齿条带动齿轮转动，使长、短针同时按一定比例关系转动，从而表示出测杆相对于表壳的位移值。千分表比百分表增加了一对放大齿轮或放大杠杆，因此灵敏度提高了 10 倍。常用的接触式位移计性能指标见表 4-4。

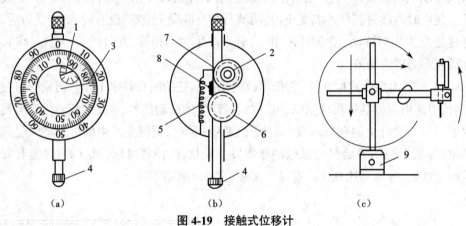

(a)　　　　　　　　　(b)　　　　　　　　　(c)

图 4-19　接触式位移计

(a)外形　(b)构造　(c)磁性表座

1—短针；2—齿轮弹簧；3—长针；4—测杆；5—测杆弹簧；6、7、8—齿轮；9—表座

表 4-4　常用的接触式位移计性能指标

仪表名称	刻度值（mm）	量程（mm）	允许误差（mm）
千分表	0.001	1	0.001
百分表	0.01	5；10；50	0.01
挠度计	0.05	≥ 50	0.1

　　2. 滑线电阻式位移传感器

　　如图 4-20 所示，滑线电阻式位移传感器的工作原理也是利用应变片的电桥进行测量。测杆通过触头可调节滑线电阻的阻值，如图 4-21 所示。当测杆向下移动位移 Δ 时，R_1 增大

$\varDelta_r$，R_2 减少 $\varDelta_r$，因此 $U_{BD} = \dfrac{U}{4} \dfrac{\varDelta_r - (-\varDelta_r)}{R} = \dfrac{U}{4} K\varepsilon$。采用这样的半桥接线，其输出电压与应变成正比，即与位移也成正比。这种滑线电阻式位移计的量程为 10~200 mm，精度一般高于百分表 2~3 倍。

图 4-20　滑线电阻式位移传感器

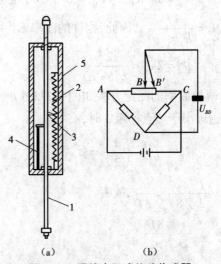

图 4-21　滑线电阻式位移传感器

（a）位移传感器　（b）滑线电阻测量线路

1—测杆；2—滑线电阻；3—触头；4—弹簧；5—外壳

4.5.2　转角的测定

利用两个百分表就可以测出构件的转角。如图 4-22 所示，结构变形后，测得 A、B 两点的位移为 $\varDelta_a$、$\varDelta_b$，则该截面的转角可用下式求解：

$$\tan\theta = \frac{\varDelta_b - \varDelta_a}{l} \tag{4-20}$$

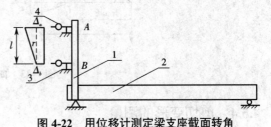

图 4-22　用位移计测定梁支座截面转角

1—刚性杆；2—试件；3—位移计支架；4—位移计

4.5.3　曲率的测定

受弯构件的弯矩 - 曲率（M-k）关系是反映构件变形性能的主要指标。当构件表面变形符合二次抛物线时，可以根据曲率的数学定义，利用构件表面两点的挠度差，近似计算测区内构件的曲率。

如图 4-23（a）所示，一根金属杆上有两个刀口，A 为固定刀口，B 为可移动刀口；百分表安装于 D 点，选定标距 AB 并使其距离不因构件的变形而改变。设构件的变形符合如下的二次抛物线方程：

$$y = c_1 x^2 + c_2 x + c_3 \tag{4-21}$$

则根据曲率公式，构件的曲率 k 为

$$|k| = \frac{1}{\rho} = \frac{|y''|}{(1 + y'^2)^{\frac{3}{2}}} \tag{4-22}$$

对于大多数小变形受弯构件,转角均很小,故有 $|y'| \ll 1$,因此

$$|k| \approx |y''| = 2|c_1|$$

将 A、B、D 点的边界条件代入式(4-21),有

$$c_3 = 0 \quad c_1 a^2 + c_2 a = 0 \quad c_1 b^2 + c_2 b = f$$

故有 $c_1 = \dfrac{f}{b(b-a)}$,因此,构件的曲率 k 为

$$|k| = 2|c_1| = \frac{2f}{b(b-a)} \tag{4-23}$$

薄板曲率的测定方法如图 4-23(b)所示。假定薄板变形曲线近似为球面,当薄板的挠度 f 远远小于测点标距 a 时,有

$$(\rho - f)^2 + \left(\frac{a}{2}\right)^2 = \rho^2 \tag{4-24}$$

即 $\rho = \dfrac{f}{2} + \dfrac{a^2}{8f} \approx \dfrac{a^2}{8f}$,故有

$$\frac{1}{\rho} = \frac{8f}{a^2} \tag{4-25}$$

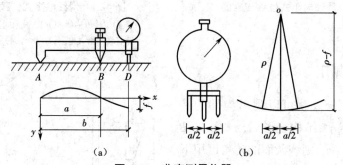

图 4-23　曲率测量仪器

4.5.4　剪切变形的测量

框架结构在水平荷载作用下,梁柱节点核心区将产生剪切变形。这种剪切变形可以用核心区角度的改变量来表示,并通过用百分表或千分表测量核心区对角线的改变量来间接求得,如图 4-24 所示。设节点剪切变形角为 γ,则

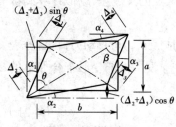

图 4-24　剪切变形

$$\gamma = 90° - \beta = \alpha_1 + \alpha_2$$
$$= \alpha_3 + \alpha_4 = \frac{1}{2}(\alpha_1 + \alpha_2 + \alpha_3 + \alpha_4) \tag{4-26}$$

根据几何关系可知:

$$\alpha_1 = \frac{(\Delta_2 + \Delta_3)\sin\theta}{a} = \frac{\Delta_2 + \Delta_3}{a} \times \frac{b}{\sqrt{a^2 + b^2}}$$

同理,可求解 α_2、α_3、α_4,代入式(4-26),得

$$\gamma = \frac{1}{2}(\Delta_1 + \Delta_2 + \Delta_3 + \Delta_4)\frac{\sqrt{a^2 + b^2}}{ab} \tag{4-27}$$

4.5.5　裂缝的检测

结构(尤其是混凝土结构)静力试验、检测中观察裂缝的发生和发展,对于确定开裂荷载、研究结构抗裂性能和破坏过程有着重要的作用。

裂缝观察方法主要有以下几种。

1)贴应变计

应变计贴在混凝土试件受拉区上可以观测到裂缝的出现和开裂应变的大小,当应变计应变突然急剧变化或失效时,说明出现了裂缝。为避免裂缝位置绕过应变计,可采用连续贴应变计方式。对于其他材料,有一种裂纹应变计专用于裂缝扩展观察,如图 4-25 所示,各栅条有一端互不相连,每个栅条两端分别接在仪器上,根据各栅条阻值变化判断裂缝扩展情况。

2)白石灰水涂层

试验前将试件涂白石灰水,干燥后试件表面呈白色,在其上画上坐标格,便于用放大镜观测裂缝的出现及其位置、走向和宽度。

3)导电漆膜

在混凝土试件受拉区表面涂上一种专用导电漆膜,干燥后两端接入电路。当混凝土裂缝宽度达到 0.001~0.005 mm 时导电漆膜会出现火花直至烧断,以此判断裂缝出现。

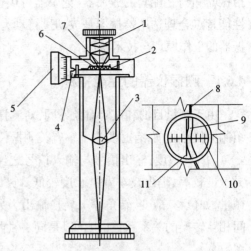

图 4-25　读数显微镜

1—目镜;2—划分板弹簧;3—物镜;4—微调螺丝;
5—微调鼓轮;6—可动下划分板;7—上划分板;
8—裂缝;9—放大后的裂缝;10—上下划分板刻度线;
11—下划分板刻度长线

裂缝宽度测量仪器主要有以下两种。

(1)读数显微镜。如图 4-25 所示,读数鼓轮上标有刻度,旋动读数鼓轮,使镜内长线分别处于裂缝两侧边缘并读出两次刻度值。两次读数差即为裂缝宽度。读数显微镜精度一般为 0.01 mm,量程可达 3~8 mm。

(2)裂缝读数卡。硬质纸片上印有许多宽度不同的线条,其宽度为标准宽度,将标准宽度线条与裂缝放在一起,用放大镜比照以测量裂缝宽度。此法精度较读数显微镜低。

4.6　振动的测量

扫一扫:延伸阅读　振
动的测量

在动力试验中,为研究振型、自振频率、位移、速度和加速度等动力反应,必须获得振幅、频率、相位及阻尼系数等振动参量。振动测量设备由感受、放大和显示记录三部分组成,感受部分常称为拾振器(或称测振传感器),其结构和静力试验中的传感器截然不同;振动测量中使用的放大器不仅需要将信号放大,有时还需要对信号进行积分、微分和滤波等处理,才能测量振动中的位移、速度及加速度。显示记录部分是振动测量系统中的重要部分,在研究动力问题时,不仅需要测量振动参数的大小量级,还需要测量振动参数随时间历程变化的全部数据资料。目前有多种规格的拾振器和与之配套的放大器、记录器可供选用。根据被测对象的具体情况及各种拾振器的性能特点合理选用拾振器是成功进行动力试验的关键。因此,必须深入了解和掌握有关拾振器的工作原理与技术特性。

4.6.1　测振仪器的性能指标

由于测量目的和试验对象不同,对测振仪器的性能指标也提出不同的要求。为此,在介绍测振仪器之前,有必要先了解有关测振仪器性能指标的概念。

（1）灵敏度:输出信号与输入信号之比。由此定义可知:在相同的输入下,输出较大者灵敏度较高,输出较小者灵敏度较低。灵敏度的另一层含义是描述输入某物理量（某种机械量,如位移、应变、转角等）,转换输出为另一种物理量（如光信号或某种电信号）时它们之间相互转换的关系系数（也可以是同一种物理量,两者间信号大小的转换,这时又称为放大系数）。

（2）频率范围:在灵敏度为一常量或不超过某一允许值时,所对应的仪器可使用的频率范围。若超出这一范围,输出信号将失真。此时,要用仪器的频率响应曲线加以修正。

（3）动态线性范围:输出信号与输入信号呈线性关系时,所对应的输入信号幅值的范围。由上可知,也就是当灵敏度为一常量时,所对应的输入信号幅值的范围。所以它是针对输入幅值而言的。

（4）相位差:输出信号与输入信号波形的相位差。测量时,要使输出与输入没有相位差,或其相位差为一定值,不随振动频率的变化而变化,或相位差随振动频率呈线性变化,否则输出波形将发生畸变而失真。

（5）抗干扰能力:仪器对外界环境的抗干扰能力,如对外界的磁场、温度、电压等环境干扰的敏感程度。

此外,还要求仪器体积要尽量小,质量尽量轻,这样更能反映出测点的振动。

4.6.2　惯性式测振传感器

惯性式测振传感器是实测中应用最多的一种传感器。

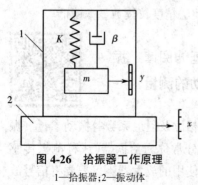

图 4-26　拾振器工作原理

1—拾振器;2—振动体

1. 拾振器力学原理

在结构动力测试中,测振传感器多为惯性式传感器（又称为拾振器）。它的力学模型是建立在单自由度体系强迫振动理论基础上的。众所周知,要测振动,则要找一个"不动点"。其构成方法是在仪器内部设置"质量 - 弹簧 - 阻尼"系统。这即所谓的惯性式测振传感器。其工作原理如图 4-26 所示。

图中弹簧的刚度为 K,材料内部有摩擦或人为设置阻尼,其阻尼系数为 β。将测振传感器放在振动体上,并牢牢地将两者固定成一体,使测振传感器的外壳与振动体一起振动。所测量的则是质量块相对于仪器外壳的振动,从而间接反映振动体的振动。

以下以振动体按正弦规律振动为例说明该力学模型的可行性。

图 4-26 中,若输入(即振动体位移)为 x,测振传感器的输出(即相对于仪器外壳的位移)为 y,则质量块 m 的总位移为 $x+y$。由于该振动体系的惯性力为 $m(x''+y'')$,阻尼力为 $\beta y'$,弹性力为 Ky,则该振动体系的运动平衡方程式为

$$m(x''+y'')+\beta y'+Ky=0 \tag{4-28}$$

若被测振动体的振动为正弦规律,则振动体的振动表达式为

$$x=X_0\sin\omega t \tag{4-29}$$

式中　X_0——被测振动体的最大振动幅值;

　　　ω——被测振动体的振动圆频率;

　　　t——时间。

将式(4-29)代入式(4-28)则有

$$my''+\beta y'+Ky=mX_0\omega^2\sin\omega t \tag{4-30}$$

这是一个二阶微分方程,其解由齐次方程的通解和非齐次方程的特解构成。它的通解是一个阻尼自由振动,其幅值随时间而衰减,阻尼越大其幅值衰减越快。当有足够大的阻尼时,这部分振动实际上存在的时间十分短促。这种刚出现即很快消失的阻尼自由振动被称为瞬态振动,可忽略不计。剩下的特解是一个稳态振动,即

$$y=Y_0\sin(\omega t-\varphi) \tag{4-31}$$

其中

$$Y_0=\frac{u^2X_0}{\sqrt{\left(1-u^2\right)^2+(2Du)^2}} \tag{4-32}$$

式中　u——频率比,$u=\dfrac{\omega_n}{\omega}$,其中 ω_n 为测振仪的固有频率,$\omega_n=\sqrt{\dfrac{K}{m}}$;

　　　D——阻尼比,$D=\dfrac{\beta_c}{\beta}$,其中 β_c 为测振仪的临界阻尼,$\beta_c=\sqrt{mK}$。

由式(4-31)可看出,输出信号 y 与输入信号 x 只相差一个相位差 φ,而此相位差为一定值,它不随振动频率而变化,故其输出的波形不失真。由此说明此力学模型是可行的。

此外,当选择拾振器测量位移时,要使拾振器的相对位移振幅 Y_0 与被测振动体的振幅 X_0 之比趋近于 1,即

$$\frac{Y_0}{X_0}=\frac{u^2}{\sqrt{(1-u^2)^2+(2Du)^2}}\to 1 \tag{4-33}$$

由式(4-33)可看出,要使 $Y_0/X_0\to 1$,则要使 $u\gg 1$(当 $u\gg 1$,$D<1$ 时,$Y_0/X_0\to 1$)。在实际使用中通常使 $u>5$,即可满足要求;若要求较高,可使 $u>10$。

当选择拾振器测加速度时,可使拾振器的相对振幅 Y_0 与被测振动体的加速度幅值 a_m 之比趋近于 1,即使

$$\frac{Y_0}{a_m}\omega_n^2=\frac{1}{\sqrt{(1-u^2)^2+(2Du)^2}}\to 1 \tag{4-34}$$

由式（4-34）可以看出，要使 $(Y_0/a_m)\omega_n^2 \to 1$，则要使 $u \ll 1$（当 $u \ll 1$，$D<1$ 时，$\dfrac{Y_0}{a_m}\omega_n^2 \to 1$）。在实际使用中通常使 $u<0.2$。另外，作为位移计时若不能满足 $u \gg 1$，可选择 $u \ll 1$，以满足作为加速度计的要求，然后对其进行两次积分来得到位移。

2. 磁电式拾振器的换能原理

磁电式拾振器以惯性式拾振器力学模型为基础，以导线在磁场中运动而切割磁力线产生感应电动势为换能原理。

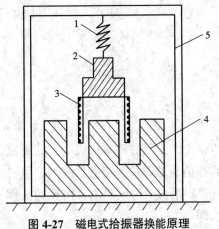

图 4-27　磁电式拾振器换能原理
1—弹簧；2—质量块；3—线圈；4—磁钢；
5—仪器外壳

如图 4-27 所示，由永久磁铁和导线组成磁路系统。在磁钢间隙中放一工作线圈，当线圈在磁场中运动时，切割磁力线，依照电磁感应定律，在线圈中就有感应电动势产生，大小为

$$E=nBLv \tag{4-35}$$

式中　n——线圈的匝数；

　　　B——磁钢与线圈间的磁场强度；

　　　L——每匝线圈的平均长度；

　　　v——线圈的运动速度。

由式（4-35）可知，当拾振器结构定型后，B、n、L 均为常数。故使用磁电式拾振器时，它的线圈运动所产生的感应电动势与振动体的振动速度成正比。所以磁电式拾振器又称为速度计。

3. 压电式加速度传感器

压电式加速度传感器以惯性式拾振器力学模型为基础，以压电晶体的压电效应为换能原理。所谓"压电效应"是指压电晶体在受到机械作用力时发生变形，其表面产生电荷。所受到的机械作用力越大，则产生的电荷越多，而当作用力去掉后，晶体又回到原来不带电的状态。

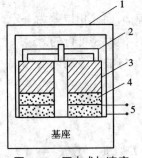

图 4-28　压电式加速度传感器的结构
1—仪器外壳；2—硬弹簧；
3—质量块；4—压电晶体；
5—输出线

压电式加速度传感器的结构如图 4-28 所示。敏感元件由两片或一片压电晶体片（如石英、锆钛酸铅）组成。在压电晶体片的两面镀银层，并在银层上引线。在压电片上放一质量块（密度较大的金属钨或高密度合金），用一硬弹簧压紧，使质量块预加荷载，整个组件安装在基座上，并用金属外壳加以密封。当压电式拾振器固定在试件上而承受振动时，质量块将产生一可变力 F，作用于压电晶体片上，使压电晶体感受到一惯性力 F，则有

$$F=ma=C_x q \tag{4-36}$$

式中　m——质量块的质量；

　　　a——振动体加速度；

　　　C_x——压电系数。

由于压电式加速度传感器结构定型后，式（4-36）中 m、C_x 为常量，故由作用在晶体片上

的惯性力 F 所产生的电荷 q 与振动体的加速度 a 成正比,则由 q 的大小可知被测振动体的加速度 a 的大小。所以压电式加速度传感器又称为压电式加速度计。

4.6.3　测振放大器

测振放大器是振动测量系统的一个重要仪器。传感器的信号往往难以直接显示或记录,需要放大(或衰减)。

1. 电压放大器

测振放大器除了有放大(或衰减)功能外,还有模拟运算的功能。磁电式拾振器的输出电动势与被测振动体的振动速度成正比,使用微分电路则可获得加速度信号;使用积分电路则可获得位移信号。而压电式加速度拾振器输出的电荷与被测振动体的加速度成正比,使用积分电路可获得速度信号,再使用一次积分电路则可获得位移信号。故使用微积分电路是很有实际意义的。

微积分电路是由串入电路中的电阻、电容、电感元件所构成的,如图 4-29 所示。其回路电流为 I,由基尔霍夫定律有

$$U=U_R+U_C+U_L$$

$$U = RI + \frac{1}{C}\int I\mathrm{d}t + L\frac{\mathrm{d}I}{\mathrm{d}t} \qquad (4\text{-}37)$$

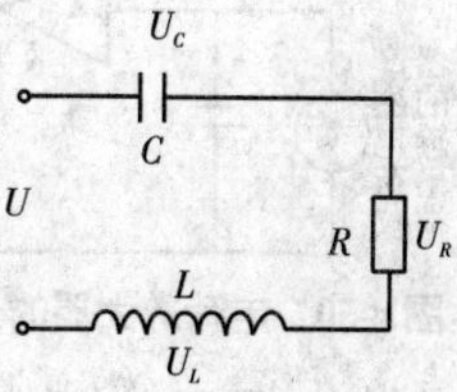

选择此电路中的 U_C 和 U_L 之一,且 R 阻抗足够大,则可分别使输出电压与输入电压呈积分和微分关系。

(1)积分电路原理。由选择开关将图 4-29 中的电感短接,取电容两端为电压输出端 $U_{C(出)}$:

$$U_{C(出)} = \frac{1}{C}\int I\mathrm{d}t \qquad (4\text{-}38)$$

由于

$$I = \frac{U_{(入)}}{\sqrt{R^2+\left(\frac{1}{\omega C}\right)^2}}$$

当 $R \gg \dfrac{1}{\omega C}$ 时,有

$$I = \frac{U_{(入)}}{R}$$

则

$$U_{C(出)} = \frac{1}{C}\int \frac{U_{(入)}}{R}\mathrm{d}t = \frac{1}{CR}\int \frac{U_{(入)}}{R}\mathrm{d}t \qquad (4\text{-}39)$$

故输出电压对输入电压进行了一次积分。

(2)微分电路原理。由选择开关将图 4-29 中的电容短接,取电感两端为电压输出端 $U_{L(出)}$,此时

$$U_{L(出)} = L\frac{\mathrm{d}I}{\mathrm{d}t} \qquad (4\text{-}40)$$

图 4-29　微积分电路原理

由于

$$I = \frac{U_{(\lambda)}}{\sqrt{R^2 + (\omega L)^2}}$$

当 $R \gg \omega L$ 时,有

$$I = \frac{U_{(\lambda)}}{R}$$

则有

$$U_{L(出)} = L\left(\frac{\mathrm{d}\left(\dfrac{U_\lambda}{R}\right)}{\mathrm{d}t}\right) = \frac{L}{R}\frac{\mathrm{d}U_{(\lambda)}}{\mathrm{d}t} \tag{4-41}$$

故输出电压对输入电压进行了一次微分。

以上的微积分电路实现了对输入信号的微积分。

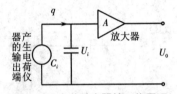

图4-30　电荷放大器的工作原理

2. 电荷放大器

电荷放大器只适用于输出为电荷的传感器。它的功能即将输出电压正比于能产生电荷的传感器输出的电荷,如图4-30所示。图中 A 为放大器的放大增益; C_i 是压电式拾振器的电容、输入电缆分布电容和放大器输入电容等合成的等效电容; q 是压电式拾振器产生的电荷; U_0 是电荷放大器输出电压,其表达式为

$$U_0 = AU_i = A\frac{q}{C_i} \tag{4-42}$$

式中　A、C_i——定值,则输出电压 U 正比于输入电荷 q,即

$$U_0 = Kq \tag{4-43}$$

式中　K——放大倍数。

由于电荷放大器的输出电压与连接它的电缆电容无关,故电缆的传输距离可达数百米,有利于远距离测试。

3. 动态电阻应变仪

动态电阻应变仪主要用来测量数值或方向随时间而变化的应变,即动应变。由于动态应变仪是用桥盒的形式引接应变式传感器的电阻应变片来组成惠斯顿电桥(其原理与静态电阻应变仪一样),所以,它的前一环节(即一次仪表)一定要为应变式的传感器。

动态电阻应变仪除了测动应变外,还可以以动应变的测量为"桥梁",即通过标定,获知某一物理量(如位移、荷载、转角等)与应变量的线性关系,从而可在现场通过动态应变仪的应变量得知此时此刻某一物理量的具体数值以及它的变化过程。

由于动应变是动态的,它随时间而改变,所以通常动应变是由记录仪以动态曲线来显示的。

在记录仪所记录的动应变曲线上,并没有动应变的刻度。要知任意时刻的动应变值则要有一把测量动应变值的"尺子"。通常人们关心的是它的最大动应变值,以下以求取最大动应变为例介绍其测量方法。

上面讲的这把"尺子",即是标定。通常动态应变仪都有一个应变的标定电路,当标定

旋钮旋至某一应变值（如 30×10^{-6} ）时，记录仪的记录笔会向上跳一高度。此高度即所对应的应变量（ 30×10^{-6} ）。那么其他任意高度也就由此正比关系知其应变量了。如图 4-31 所示，最大的正和负的动应变即为

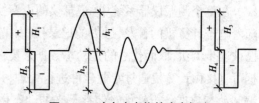

图 4-31　动态应变仪的应变标定

$$\left.\begin{array}{l} \varepsilon_{\max(+)} = \dfrac{\varepsilon_0}{\dfrac{H_1 + H_3}{2}} h_1 \\ \varepsilon_{\max(-)} = \dfrac{-\varepsilon_0}{\dfrac{H_2 + H_4}{2}} h_2 \end{array}\right\}\qquad(4\text{-}44)$$

式中　$\varepsilon_{\max(+),(-)}$——最大正（负）动应变；

　　　ε_0——仪器标定电路所产生的标定应变量；

　　　H_1、H_2、H_3、H_4—— ε_0 所对应的正（负）标定波高；

　　　h_1、h_2——实测的正（负）波高。

式（4-44）中除以 2 是表示将两次标定高度做算术平均。图中高度只要长度单位统一即可。

4.6.4　测振记录仪

在振动测试中，必须研究被测对象的振动过程及规律。记录仪的功用就在于把振动的时间历程记录下来，以便分析研究，它是振动测试不可缺少的仪器设备。

1. 光线示波器的基本原理

在 20 世纪 90 年代以前，常见的记录仪主要是光线示波器、磁带记录仪、x-y 函数记录仪等。光线示波器的使用最为多见。以下简要介绍光线示波器的基本原理。

光线示波器是一种经济、实用的记录仪。它是将放大器输入的电信号转换为光信号，在紫外线感光纸或胶片上感光而记录的一种记录仪。

光线示波器工作原理的核心即是振子的工作原理，如图 4-32 所示。拾振器的机械振动被转化成电信号（波动的电流），经放大器放大，将其波动的电流输给光线示波器的振子，使振子的

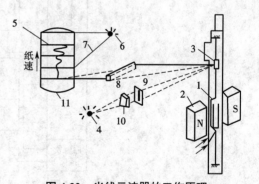

图 4-32　光线示波器的工作原理

1—线圈；2—固定磁场；3—小镜片；4—光源；
5—记录波；6—闪频灯；7—时标；8、10—圆柱透镜；
9—光线；11—记录纸

线圈成为载流导体，将振子放入固定磁场中，则振子的线圈这一载流导体在磁场力的作用下使线圈及连在它上面的小镜片随载流导体中电流的波动带来磁场力大小的波动而发生偏转。由水银灯照射在摆动的小镜片上而反射到感光记录纸上，记录纸以一定的速度出纸，并用闪频灯记录下时间标记，由于感光纸的曝光，则记录下了振动波形。

2. 动态数据采集仪

在整个测振仪器系统中,记录仪的更新换代是最为突出的。进入 20 世纪 90 年代以来,随着电子计算机的普及,过去的记录仪(如光线示波器、磁带记录仪、x-y 函数记录仪等)都已被逐步淘汰,取而代之的是动态数据采集仪,它的工作过程由计算机控制。采集的动态数据可直接由计算机通过专业软件进行处理,并在终端显示器显示测试波形。除此之外,还可编制动态数据分析软件对储存下来的动态数据进行各种动态分析、计算。可在时域或频域上任意转换,得出所需的有关参数。振动波形及数据可由打印机输出,大大提高了工作效率,有效地克服了光线示波器等记录仪的种种缺陷。

以下简单介绍动态数据采集仪的基本结构。

动态数据采集仪由接线模块、A/D 转换器、缓冲存贮器及其他辅助件构成,如图 4-33 所示。图中接线模块的作用是与各种电式传感器的输出端相接,并对电式传感器输给的电信号(如电压信号)进行扫描采集。图中 A/D 转换器则将扫描得到的模拟信号转换为数字信号。通常在数据采集仪中设置内触发功能,这样通过人为设置一个触发电位,即可捕捉任何瞬变信号,其触发电位由内触发控制器控制。图中的缓冲存贮器则用来存放指令和暂时存放采样数据,最后将采样得到的数字信号传给计算机。整个采集传输的过程由计算机设置的指令来控制。

目前,整个动态测试仪器系统通常有以下三种测振仪配套方式,如图 4-34 所示。

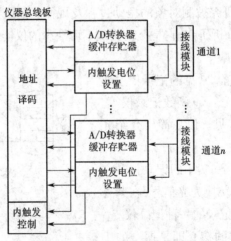

图 4-33　动态数据采集结构原理

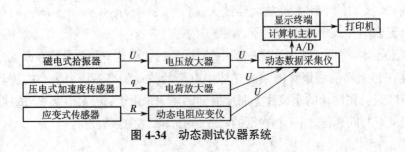

图 4-34　动态测试仪器系统

4.7　数据采集系统

扫一扫：延伸阅读　数据采集系统

　　数据采集系统（简称数采系统）可以进行数据采集、处理、分析、判断、报警、直读、绘图、储存、试验控制和人机对话等,它具有采样通道多、采样数据量大、采样自动化等特点。数据采集系统不仅适用于静力试验,而且适用于动力试验。随着软、硬件制造技术的发展,数采系统呈现出体积小、采样数据量大、测量精度高、使用简单、后处理功能强的特点。

　　1. 数据采集系统的组成

　　数据采集系统由三个部分组成:传感器、数据采集仪和计算机（控制与分析器）。其工作流程见图 4-35。

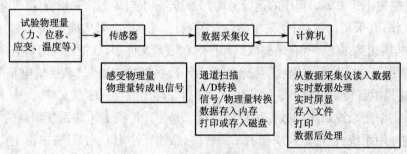

图 4-35　数据采集系统工作流程

　　（1）传感器部分。传感器包括各种电测传感器,其作用是感受各种物理变量,如力、线位移、角位移、应变和温度等,并将物理量转变为电信号直接输入数据采集仪。如果传感器的输出信号不能满足数据采集仪的输入要求,则还要加接放大器等。

　　（2）数据采集仪部分。数据采集仪包括:①与各种传感器相对应的接线模块和多路断路器,其作用是与传感器连接,并对各个传感器进行扫描采集;②数字转换器,对扫描得到的模拟量进行数字转换,转换成数字量;③主机,其作用是按照事先设置的指令或计算机发出的指令控制整个数据采集仪进行数据采集;④存储器,可以存放指令、数据等;⑤其他辅助部件。数据采集仪的作用是对所有的传感器通道进行扫描,把扫描得到的电信号进行数字转换,转换成数字量,再根据传感器特性对数据进行传感器系数换算（如把电压值换算成应变或温度等）,最后将这些数据传送给计算机,或者将这些数据打印输出、存入磁盘。

　　（3）计算机。计算机作为整个数据采集系统的控制器,控制整个数据采集过程。在采集过程中,计算机通过运行程序对数据采集仪进行控制,对数据进行计算处理,实时打印输出、图像显示及存储。试验结束后,计算机还能对数据进行后期分析处理。

　　国内外数据采集系统的种类很多,按系统组成的模式大致可分为以下几种:①大型专用系统:将采集、分析和处理功能融为一体,具有专门化、多功能和高档次的特点。②分散式系统:由智能化前端机、主控计算机或微机系统、数据通信及接口等组成。前端靠近测点,消除了长导线引起的误差,稳定性好、传输距离长、通道多。③小型专用系统:以单片机为核心,小型便携、用途单一、操作方便、价格低,适用于现场试验。④组合式系统:以数据采集仪和微型计算机为中心,根据试验要求配置组合而成的系统,适用面广、价格便宜,是一种比较容易普及的形式。

2. 数据采集的过程

数据采集系统采集的原始数据是反映试验结构或试件状态的物理量,如力、应变、线位移、角位移和温度等。这些物理量通过传感器被转换成为电信号,通过数据采集仪的扫描采集进入数据采集仪;再通过模数转换变换成数字量;通过系数换算变成代表原始物理量的数值;将数据打印输出、存入磁盘,或暂时存放在数据采集仪的内存;通过接口将存放在数据采集仪内存的数据导入计算机;计算机对数据进行计算处理,如把位移换算成挠度、把力换算成应力等;计算机将数据存入文件、打印输出或屏幕显示等。

数据采集过程由数据采集程序控制,程序由两部分组成:第一部分是数据采集的准备;第二部分是完成正式采集。程序的运行分为六个步骤:①启动数据采集程序;②进行数据采集的准备工作;③采集初读数;④采集待命;⑤执行采集(一次采集或连续采集);⑥终止程序运行。数据采集结束后,所有采集数据都存放在磁盘文件中,数据处理时可直接由文件中读取。数据采集包括以下步骤:①传感器感受各种物理量,并将其转换成电信号;②通过A/D 转换,将模拟量转变为数字量;③记录数据、打印输出或存入磁盘文件。

各种数据采集系统采用的数据采集程序可以是生产厂商为采集系统编制的专用程序,常用于大型专用系统;也可是模块化的采集程序,常用于小型专用系统;或由生产厂商提供的软件工具或用户自行编制的采集程序,这种程序主要用于组合式系统。

【本章小结】

土木工程试验中的测量系统基本上由以下测试单元组成:试件、感受装置、传感器、控制装置和指示记录系统。无论测量仪器的种类有多少,其基本性能指标均主要包括以下几个方面:刻度值、量程、灵敏度、精度、滞后量、信噪比、稳定性。

应变的测量方法主要包括电测和机测两种。其中,电测法是目前结构工程试验中的主要方法。它主要由电阻应变计、电阻应变仪及测量桥路共同组成。电阻应变计的工作原理就是电阻定律;电阻应变仪是对测量信号进行控制、放大、显示或记录的装置,又可分为静态电阻应变仪和动态电阻应变仪。

测量桥路是用来将微小的、由应变所产生的电信号进行放大的方法,可分为1/4 桥路、半桥和全桥 3 种常用的接桥方式,应熟练掌握各种桥路的特点、桥路的放大系数及其应用。

应对常见的位移、力、转角、曲率、裂缝等测量方法、测量装置有所了解。

【思考题】

4-1 测量仪表主要由哪几部分组成? 测量主要技术包括哪些内容?

4-2 测量仪表的主要技术性能指标有哪些?

4-3 简述测量仪表的选用原则。

4-4 结构或构件的内力如何测定? 测量应变时对标距有何要求?

4-5 简述电阻应变计的工作原理。电阻应变计的主要技术指标有哪些？

4-6 使用电阻应变计测量应变时,为何要进行温度补偿? 温度补偿的方法有哪几种?

4-7 桥路的连接方法有几种?

4-8 简述电阻应变计粘贴的基本要求。

4-9 线位移测量仪器有哪几种? 简述线位移测量时仪器安装的基本要求。

4-10 力的测定方法有哪些?

4-11 裂缝测量主要有哪几个项目? 裂缝宽度如何测量?

4-12 惯性式测振传感器(又称拾振器)的力学原理是什么? 怎样才能使测振传感器的工作达到理想状态?

4-13 磁电式测振传感器的主要技术指标有哪些?

4-14 数据采集方法主要有哪几种? 简述数据采集系统的数据采集过程。

第5章　试验数据处理

【本章提要】

本章阐述了试验数据统计分析中的有关概念与方法，介绍了对试验数据进行加工整理的理论依据、试验误差的计算方法以及一元线性回归分析方法。

5.1　概述

试验的最终结果和试验的最终结论都是以试验数据为依据的。而试验数据的获得是在一定的环境里，一定的条件下进行的。因此，它会受到各种各样的客观因素的影响。在试验过程中所量测的数据，从严格意义上说，只能是力求接近某个客观实际真值，而无法得到真正的真值。这是由于观测者的人为错误导致的量测偏差、仪器内部的某种缺陷导致的量测偏差以及量测时外部环境的影响（如温度、湿度、气流、电磁场的干扰等）所导致的量测偏差等因素带来的，而这些误差均难以避免。为此，必须对所测得的数据进行分析、加工处理。

此外，在试验测量中，对某物理量进行测量，其目的往往是为了了解该物理量与另一物理量之间的相互关系。为此，就要了解和掌握如何建立两者之间关系的表达式。本章即阐述以上的问题。通过试验得到的表达试验结果的一系列数据为原始数据。在大多数情况下，这些未经分析与处理的试验数据具有一定的离散性或可能错误，不能准确表达试验结果，应根据测试方法和试验对象的性质对原始数据进行整理换算、统计分析和归纳演绎，以获得代表结构性能的公式、图像、数学模型等，这就是数据处理。数据处理的内容和步骤：①数据的整理和换算；②数据的统计分析；③数据的误差分析；④数据的表达。

5.2　数据的整理和换算

把不可靠和不可信的数据舍弃，统一数据精度的过程称为试验数据的整理。利用整理后的试验数据通过理论分析来推导计算另一物理量的过程称为试验数据的换算。采集得到的数据有时杂乱无章，不同的测量仪器得到的数据位数多少不一，需要根据试验要求和测量精度，按照《数值修约规则与极限数值的表示和判定》（GB/T 8170—2008）进行修约，把精度不相等的量值修约成规定有效位数的数值，这样既可节省时间，又可减少错误。

1. 修约间隔

对于量值修约而言，修约间隔也是量值。被修约值只能是该值的整数倍。若修约间隔为 0.1 mm，则被修约的值只能是 0.1 mm 的整数倍，即当以 mm 作为单位时，数值保留到小数点后一位；当以 100 mg 作为修约间隔时，被修约值只能保留到以 mg 作为单位时的百位数。

2. 有效位数

有效数字是指由数字组成的数,除最后一位数字是不确切值或可疑外,其他数字皆为可靠值或确切值。组成该数的所有数字(包括末位数字)称为有效数字,有效数字外其余数字称为多余数字。数值修约既包括数值,也包括量值的修约,是指把数值中(对于最值来说,指在给定单位下的数值)被认为是多余(或无效)的部分舍弃。

对没有小数且以若干个零结尾的数值,从非零数字的最左一位向右数,得到的位数减去无效零(即仅为定位用的零)的个数即有效位数;对于其他十进制数,从非零数字最左一位向右数,得到的位数即为其有效位数。例如,37 000 若有两个无效零,则为三位有效位数,应写为 370×10^2;若有三个无效零,则为两位有效位数,应写为 37×10^3。3.6, 0.36, 0.036, 0.003 6 均为两位有效位数。在改变计量单位时,原有有效位数不得改变。例如, 1 800 N 可改成 1.800 kN,而非 1.8 kN;0.024 75 kN 可改成 24.75 N。

3. 数据修约规则

确定修约位数的表达方式分为:指定修约间隔和指定修约值为多少有效位。数据修约的规则如下。

(1)四舍六入五留双,即拟舍弃数字的最左一位数字小于 5 时舍去,大于 5 时进 1,等于 5 时,若所保留的末位数字为奇数(1,3,5,7,9)则进 1,为偶数(2,4,6,8,0)则舍去。例如,将 102.149 8 修约到一位小数,得 102.1;将 11.68 和 11.502 修约成两位有效位数,均得 12。

(2)负数修约时,先将它的绝对值按上述规则修约,然后在修约值前面加上负号。例如,将 -1.036 50 和 -1.035 52 修约到 0.001,均得 -1.036。

(3)拟修约数值应在确定修约位数后一次修约获得结果,不得多次按上述规则连续修约。例如,将 16.454 6 修约,正确的做法为 16.454 6 → 16,不正确的做法为 16.454 6 → 16.455 → 16.46 → 16.5 → 17。

量测或计量中的数据应取多少有效数字位数,可根据下述准则确定。

(1)对不需要标明误差的数据,其有效位数应取到最末一位数字为可疑数字。

(2)对需要标明误差的数据,其有效位数应取到与误差同一数量级。

一个数的有效数字占有的数位,即有效数字的个数,为该数的有效位数。例如,0.007 23, 0.072 5, 7.04, 7.05×10^2,这四个数的有效位数均为 3。再如,测量某一试件面积,得其面积 $A=0.054 550 2 \text{ m}^2$,测量的极限误差 $\Delta_{\lim} =0.000 005 \text{ m}^2$,则测量结果应当表示为 $A=(0.054 550+0.000 005) \text{m}^2$。误差的有效数字为 1 位,即 5;而面积的有效数字应为 5 个,即 54 550。因 2 小于误差的数量级,故为多余数字。

若给出的数值为 71 400,则为不确切的表示方法。它可能是 714×10^2,也可能是 7.140×10^4,还可能是 $7.140 0 \times 10^4$,即有效数字可能是 3 个、4 个或 5 个。若无其他说明,则很难判定其有效数字究竟是几个。采集得到的数据有时需要根据相应的理论进行换算,才能得到所要求的物理量。例如,把采集到的应变换算成应力,把位移换算成挠度、转角、应变等。

5.3　测量误差

试验中的测量误差是指在测量过程中,所测量的实测值 x 与被测量值的真值 μ 之间的差值 δ,$\delta = |\mu - x|$,它们之间的关系也可写作:$\mu = x \pm \delta$。

实际试验中真值是无法获得的,常用平均值代表真值。由于各种主观和客观的原因,任何测量数据不可避免都有一定程度的误差。只有了解试验误差的范围,才可能正确估计试验的结果。测量误差根据其性质的不同可分为系统误差、偶然误差和过失误差三种。

5.3.1　系统误差

系统误差又称为经常误差,它是由某些固定的原因造成的。其特点是在整个测量过程中总是有规律地存在着,其大小和符号都不变或按某一规律改变。由于系统误差的大小是固定(或按一定规律改变)的,所以它的误差是可以测定的,故又将系统误差称为可测误差。

系统误差有如下几个来源。

(1)方法误差:它是由于采用了不完善的测量方法或数学处理方法所导致的。例如,采用某种简化的测量方法或近似计算方法,或对某些经常作用的外界条件影响的忽略等,从而导致测量结果偏高或偏低。

(2)工具误差:由于测量仪器或工具在结构上不完善或零部件制造时的缺陷所导致的测量误差。例如,仪表刻度不均匀,百分表的无效行程等。

(3)条件误差:测量过程中,由于测量条件变化所造成的误差。例如,测量工作开始和结束时某些条件(如温度、湿度、气压等)发生变化所导致的误差。

(4)调整误差:由于测量人员没有调整好仪器所带来的误差。例如,测量前未将仪器放在正确位置,仪器未校准或使用零点调整不准的仪器。

(5)主观误差:由于测量人员本身的一些主观因素造成的误差。例如,用眼在刻度上估读时习惯性地偏向某一个方向等。

5.3.2　偶然误差

偶然误差也称为随机误差,它是由一些不确定的随机因素造成的。例如,测量时环境的温度、湿度和气压的变化,或测量人员手、眼在每次测量时的不确定性。偶然误差不像系统误差是固定的或有一定的规律。即使是一个很有经验的测量者也不可能使多次测量的结果都完全相同。偶然误差很难找出确定的原因,似乎没有规律,但经多次测量会发现其数据有一定的统计规律,这也是随机性的特征。

产生随机误差的原因有测量仪器、测量方法和环境条件等,如电源电压的波动,环境温度、湿度和气压的微小波动,磁场干扰,仪器性能的微小变化,人员操作上的微小差别等。测量中的随机误差是无法避免的,即使是很有经验的测量者,使用很精密的仪器,很仔细地操作,对同一对象进行多次测量,其结果也不会完全一致。随机误差有以下特点。

(1)误差的绝对值不会超过一定的界限。

（2）绝对值小的误差比绝对值大的误差出现的次数多,近于零的误差出现的次数最多。

（3）绝对值相等的正误差与负误差出现的次数几乎相等。

（4）误差的算术平均值随着测量次数的增加而趋向于零。

在实际试验中,往往很难区分随机误差和系统误差,因此许多误差是这两类误差的组合。随机误差的大小可以用精密度表示,精密度高表示测量的随机误差小。对随机误差进行统计分析,或增加测量次数,找出其统计特征值,就可以在数据处理时对测量结果进行修正。

5.3.3　过失误差

过失误差是由人为错误所造成的误差。例如,工作中的粗枝大叶,读错刻度,记录或计算差错,不按操作规程办事等所造成的误差。此类误差往往误差数值较大,极易发现,为此当发现此类误差时应分析原因、及时纠正或计算时予以剔除。

5.4　试验数据整理依据

扫一扫:延伸阅读　试验数据整理依据

以上介绍了三种常见的误差。其中系统误差是由某些固定因素造成的,所以它的误差值较为稳定或有一定规律,可用试验分析的方法查明其产生的原因并测定其数值的大小。对于偶然误差,可以改换另一种测量方法做对比测量来减小或消除这一误差。对于过失误差,由于它的误差往往会偏差很大,极易被发现,可从测量记录中及时识别、更正或剔除。

5.4.1　偶然误差的分布

偶然误差是随机因素造成的,不易克服,它存在随机性,服从统计规律,可用统计的方法来解决。若对同一量值(其中不包括系统误差或过失误差)进行反复的多次测量,就会发现特别大的数值是少数,特别小的数值也是少数。这表明它服从正态分布。所以,可以用正态分布曲线来描述偶然误差的分布。

对于正态分布曲线,偶然误差有如下的特点。

（1）单峰性:绝对值小的误差出现的概率比绝对值大的误差出现的概率大。

（2）对称性:绝对值相等的正误差与负误差出现的概率相等。

（3）有界性:在一定条件下,误差的绝对值实际上不超过一定界。

此外,在测量的数据列中,若数据的离散性大,则表明该数据列的可靠性低,反之则高。

偶然误差服从正态分布 $N(\mu, \sigma^2)$。

其中,σ 为总体样本中所有偶然误差算出的标准差:

$$\sigma = \sqrt{\frac{\sum \delta_i^2}{n}} = \sqrt{\frac{\sum (x_i - \mu)^2}{n}} \tag{5-1}$$

式中　x_i——各测量数据;

　　　n——数据个数。

若横轴 Z 以 $Z_\alpha = \dfrac{\delta_i}{\sigma}$ 来描述,纵轴代表同一偶然误差出现的次数(频数),则偶然误差的正态分布曲线方程式可表达为

$$y = f(\delta) = \frac{1}{\sigma\sqrt{2\pi}} e^{-\frac{\delta^2}{2\sigma^2}} \tag{5-2}$$

它具有如下性质:

$$\int_{-\infty}^{+\infty} f(\delta)\mathrm{d}\delta = 1 \tag{5-3}$$

将式(5-2)代入式(5-3)则有

$$\frac{1}{\sigma\sqrt{2\pi}} \int_{-\infty}^{+\infty} e^{-\frac{\delta^2}{2\sigma^2}} \mathrm{d}\delta = 1 \tag{5-4}$$

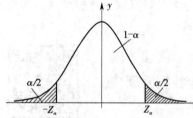

图 5-1　偶然误差正态分布曲线

将 $Z_\alpha = \dfrac{x_i - \mu}{\sigma} = \dfrac{\delta_i}{\sigma}$ 代入式(5-4),如图 5-1 所示,若把大于 Z_α 和小于 $-Z_\alpha$ 的偶然误差加在一起,出现的概率设为 α,则单侧($Z > Z_\alpha$)的概率为

$$p(Z > Z_\alpha) = \frac{1}{\sqrt{2\pi}} \int_{z_\alpha}^{+\infty} e^{-\frac{Z^2}{2}} \mathrm{d}Z = \frac{\alpha}{2} \tag{5-5}$$

在计算大于 Z_α 的某偶然误差出现的概率时,可查标准正态分布表(见 5.5 节的表 5-1)。其方法是将服从正态分布的统计转为标准正态分布。这是因为偶然误差正态分布曲线概率分布表格中不可能也没有必要把所有不同均值和不同标准差的分布函数全都列出来,只要将标准正态分布表列出并将非标准正态分布转换为标准正态分布,就能在标准正态分布表中查找出概率函数值。

例如,$\mu=6$,$\sigma=1$,求测量值为 8 的偶然误差概率。先算出

$$Z_\alpha = \frac{\delta_i}{\sigma} = \frac{x_i - \mu}{\sigma} = \frac{8-6}{1} = 2$$

查表 5-1,当 $Z_\alpha = 2$ 时,$\alpha/2 = 0.022\,8$,即测量值为 8 时的偶然误差概率为 2.28%。

由于 $Z_\alpha = \dfrac{\delta}{\sigma} = 2$,则当 $Z_\alpha = 2$ 时,$\delta = 2\sigma$。

由于 $Z_\alpha = 2$ 时偶然误差概率 $\alpha/2 = 0.022\,8$,而 $0.022\,8 = 1/44$,这意味着 44 次测量中只有一次偶然误差大于 2σ。

同理,当 $Z_\alpha = 3$ 时,$\delta = 3\sigma$。此时 $\alpha/2 = 0.001\,35 = 1/740$,这意味着 740 次测量中只有一次偶然误差大于 3σ。

由于通常测量的次数一般不会超过几十次,所以,通常认为不会出现绝对值大于 3σ 的偶然误差。故将此最大偶然误差称为偶然误差的极限误差,即

$$\Delta_{\lim} = \pm 3\sigma$$

由于以上极限误差为 3σ,则误差大于 3σ 的就可认为不是偶然误差,最有可能的是过失误差。

5.4.2　误差的传递

在实测中,经常会遇到所测的物理量需通过转换(传递)来得到所需的物理量。例如,用应变仪实测到的应变量来描述位移或力,通过标定可知实测的应变量与位移或力的线性关系,即必须由一些直接测得的物理量经过转换运算之后才能得到所需的物理量。这样,运算所求得的结果不可避免地会有一定的误差。

设 y 由 $x_1,x_2\cdots,x_n$ 各直接测得的数值确定,则

$$y=f(x_1,x_2\cdots,x_n)$$

令 $\delta_1,\delta_2,\cdots,\delta_n$ 分别代表 $x_1,x_2\cdots,x_n$ 的误差,Δy 代表由 $\delta_1,\delta_2,\cdots,\delta_n$ 引起的 y 的误差,则得

$$y+\Delta y=f(x_1+\delta_1,x_2+\delta_2,\cdots,x_n+\delta_n)$$

将上式右边按泰勒级数展开,得

$$f(x_1+\delta_1,x_2+\delta_2,\cdots,x_n+\delta_n)$$

$$= f(x_1,x_2,\cdots,x_n)+\delta_1\frac{\partial f}{\partial x_1}+\delta_2\frac{\partial f}{\partial x_2}+\cdots+\delta_n\frac{\partial f}{\partial x_n}+\frac{1}{2}(\delta_1)^2\frac{\partial^2 f}{\partial x_1^2}+\cdots+\frac{1}{2}(\delta_n)^2\frac{\partial^2 f}{\partial x_n^2}$$

$$+2\delta_1\delta\frac{\partial^2 f}{\partial x_1\partial x_2}+\cdots$$

$$\approx f(x_1,x_2,\cdots,x_n)+\delta_1\frac{\partial f}{\partial x_1}+\delta_2\frac{\partial f}{\partial x_2}+\cdots+\delta_n\frac{\partial f}{\partial x_n}$$

故得

$$\Delta y = \delta_1\frac{\partial f}{\partial x_1}+\delta_2\frac{\partial f}{\partial x_2}+\cdots+\delta_n\frac{\partial f}{\partial x_n}$$

相对误差为

$$E=\frac{\Delta y}{y}=\frac{\partial y}{\partial x_1}\frac{\delta_1}{y}+\frac{\partial y}{\partial x_2}\frac{\delta_2}{y}+\cdots+\frac{\partial y}{\partial x_n}\frac{\delta_n}{y}=\frac{\partial y}{\partial x_1}E_1+\frac{\partial y}{\partial x_2}E_2+\cdots+\frac{\partial y}{\partial x_n}E_n$$

最大误差和最大相对误差取各误差的绝对值,即

$$\Delta y_{max}=\pm\left[\left|\frac{\partial f}{\partial x_1}\delta_1\right|+\cdots+\left|\frac{\partial f}{2\partial x_n}\delta_n\right|\right]$$

$$\Delta E_{max}=\pm\left[\left|\frac{\partial y}{\partial x_1}E_1\right|+\cdots+\left|\frac{\partial y}{\partial x_n}E_n\right|\right]$$

由上可得如下实用公式。

加法:

$$y=x_1+x_2$$

$$\Delta y_{max}=\pm\left[|\delta_1|+|\delta_2|\right]$$

$$E_{max}=\frac{\Delta y_{max}}{x_1+x_2}$$

减法：

$$y=x_1-x_2$$

$$\Delta y_{max} = \pm\left[\left|\delta_1\right|+\left|\delta_2\right|\right]$$

$$E_{max} = \frac{\Delta y_{max}}{x_1-x_2}$$

乘法：

$$y=x_1 \times x_2$$

$$\Delta y_{max} = E_{max} \times x_1 \times x_2$$

$$E_{max} = \pm\left[\left|\frac{\delta_1}{x_1}\right|+\left|\frac{\delta_2}{x_2}\right|\right]$$

除法：

$$y=x_1/x_2$$

$$\Delta y = E_{max} \times \frac{x_1}{x_2}$$

$$E_{max} = \pm\left[\left|\frac{\delta_1}{x_1}\right|+\left|\frac{\delta_2}{x_2}\right|\right]$$

方次：

$$y=x^n$$

$$\Delta y = E_{max} \times x^n = \pm nx^{n-1}\delta$$

$$E_{max} = \pm n\left|\frac{\delta}{x}\right|$$

开方：

$$y = \sqrt[n]{x}$$

$$\Delta y = \pm\frac{\sqrt[n]{x}}{n} \times \delta$$

$$E_{max} = \pm\frac{\delta}{n}$$

对数：

$$y = \lg x = 0.434\,29\ln x$$

$$\Delta y_{max} = \pm 0.434\,29 \times \frac{\delta}{x}$$

$$E_{max} = \pm\frac{\partial y}{\partial x} \times \frac{\delta}{x}$$

分析以上实用公式可以看到：

（1）和的最大误差等于各直接观测误差之和，和的最大相对误差将低于各直接观测量的相对误差绝对值之和；

（2）差的最大相对误差一定增大，当差值很小时，其影响更加严重，应注意避免；

（3）积、商、幂的最大相对误差都有所增大，积与商的最大相对误差等于各个直接观测

量的相对误差绝对值之和,幂的最大相对误差等于直接观测量的相对误差绝对值乘其指数;

（4）开方的最大相对误差低于原始的相对误差;

（5）某数的常用对数的绝对误差接近该数相对误差的一半。

【例 5.1】荷重传感器连接电阻应变仪,以应变值来表示荷重值。通过标定,标定值为 10 kN/（20×10^{-6} με）,即 $y = x_1 \times x_2$（荷重值 = 应变值 × 标定值）。若应变值为 20×10^{-6} 时的绝对误差 $\delta_1 = 1$,标定值的绝对误差 $\delta_2 = 0.1$,则

$$E_{max} = \pm（1/20 + 0.1/0.5）= \pm 0.25$$

所以

$$\Delta y_{max} = 0.25 \times 20 \times 0.5 = 2.5 \text{ kN}$$

即最大误差为 2.5 kN。

5.5　试验误差的计算

以上阐述了偶然误差、过失误差和系统误差的概念和特性。当对实测数据进行分析并确认属于哪种误差后,就要对误差进行计算、剔除和修正。本节即对此问题进行详尽的讨论。

5.5.1　偶然误差的计算

如上所述,偶然误差是不可避免的随机因素所造成的误差。它的概率密度函数服从正态分布,可以用总体数据的真值 μ 和总体标准差 σ 两个重要参数记作 $N(\mu, \sigma^2)$ 来描述,但对于数据量较少的小样本则适合用 t 分布来描述。

1. 大样本的正态分布计算

当样本的容量较大（$n > 30$）时,可按正态分布 $N(\mu, \sigma^2)$ 计算。其中 μ 为真值,σ 为总体标准差。可通过 $Z_\alpha = \dfrac{x_i - \mu}{\sigma}$,将其转换为标准正态分布 $N(0, 1^2)$,查表 5-1 求得大于 $Z_\alpha = \dfrac{x_i - \mu}{\sigma}$ 的概率。

表 5-1　正态分布表

$$\left(对应于 Z_a 的 a/2 的数值表,\ p(Z > Z_\alpha) = \frac{1}{\sqrt{2\pi}} \int_{z_\alpha}^{+\infty} e^{-\frac{z^2}{2}} dZ = \frac{\alpha}{2} \right)$$

Z_α	0.00	0.01	0.02	0.03	0.04	0.05	0.06	0.07	0.08	0.09
0.0	0.500 0	0.496 0	0.492 0	0.488 0	0.484 0	0.480 1	0.476 1	0.472 1	0.468 1	0.464 1
0.1	0.460 2	0.456 2	0.452 2	0.448 3	0.444 3	0.440 4	0.436 4	0.432 5	0.428 6	0.424 7
0.2	0.420 7	0.416 8	0.412 9	0.409 0	0.405 2	0.401 3	0.397 4	0.393 6	0.389 7	0.385 9
0.3	0.382 1	0.378 3	0.374 5	0.370 7	0.366 9	0.363 2	0.359 4	0.355 7	0.352 0	0.348 3
0.4	0.344 6	0.340 9	0.337 2	0.333 6	0.330 0	0.326 4	0.322 8	0.319 2	0.315 6	0.312 1
0.5	0.308 5	0.305 0	0.301 5	0.298 1	0.294 6	0.291 2	0.287 7	0.284 3	0.281 0	0.277 6

Z_a	0.00	0.01	0.02	0.03	0.04	0.05	0.06	0.07	0.08	0.09
0.6	0.274 3	0.270 9	0.267 6	0.264 3	0.261 1	0.257 8	0.254 6	0.251 4	0.248 3	0.245 1
0.7	0.242 0	0.238 9	0.235 8	0.232 7	0.229 6	0.226 6	0.223 6	0.220 6	0.217 7	0.214 8
0.8	0.211 9	0.209 0	0.206 1	0.203 3	0.200 5	0.197 7	0.194 9	0.192 2	0.189 4	0.186 7
0.9	0.184 1	0.181 4	0.178 8	0.176 2	0.173 6	0.171 1	0.168 5	0.166 0	0.163 5	0.161 1
1.0	0.158 7	0.156 2	0.153 9	0.151 5	0.149 2	0.146 9	0.144 6	0.142 3	0.140 1	0.137 9
1.1	0.135 7	0.133 5	0.131 4	0.129 2	0.127 1	0.125 1	0.123 0	0.121 0	0.119 0	0.117 0
1.2	0.115 1	0.113 1	0.111 2	0.109 3	0.107 5	0.105 6	0.103 8	0.102 0	0.100 3	0.098 5
1.3	0.096 8	0.095 1	0.093 4	0.091 8	0.090 1	0.088 5	0.086 9	0.085 3	0.083 8	0.082 3
1.4	0.080 8	0.079 3	0.077 8	0.076 4	0.074 9	0.073 5	0.072 1	0.070 8	0.069 4	0.068 1
1.5	0.066 8	0.065 5	0.064 3	0.063 0	0.061 8	0.060 6	0.059 4	0.058 2	0.057 1	0.055 9
1.6	0.054 8	0.053 7	0.052 6	0.051 6	0.050 5	0.049 5	0.048 5	0.047 5	0.046 5	0.045 5
1.7	0.044 6	0.043 6	0.042 7	0.041 8	0.040 9	0.040 1	0.039 2	0.038 4	0.037 5	0.036 7
1.8	0.035 9	0.035 1	0.034 4	0.033 6	0.032 9	0.032 2	0.031 4	0.030 7	0.030 1	0.029 4
1.9	0.028 7	0.028 1	0.027 4	0.026 8	0.026 2	0.025 6	0.025 0	0.024 4	0.023 9	0.023 3
2.0	0.022 8	0.022 2	0.021 7	0.021 2	0.020 7	0.020 2	0.019 7	0.019 2	0.018 8	0.018 3
2.1	0.017 9	0.017 4	0.017 0	0.016 6	0.016 2	0.015 8	0.015 4	0.015 0	0.014 6	0.014 3
2.2	0.013 9	0.013 6	0.013 2	0.012 9	0.012 5	0.012 2	0.011 9	0.011 6	0.011 3	0.011 0
2.3	0.010 7	0.010 4	0.010 2	0.009 9	0.009 6	0.009 4	0.009 1	0.008 9	0.008 7	0.008 4
2.4	0.008 2	0.008 0	0.007 8	0.007 5	0.007 3	0.007 1	0.006 9	0.006 8	0.006 6	0.006 4
2.5	0.006 2	0.006 0	0.005 9	0.005 7	0.005 5	0.005 4	0.005 2	0.005 1	0.004 9	0.004 8
2.6	0.004 7	0.004 5	0.004 4	0.004 3	0.004 1	0.004 0	0.003 9	0.003 8	0.003 7	0.003 6
2.7	0.003 5	0.003 4	0.003 3	0.003 2	0.003 1	0.003 0	0.002 9	0.002 8	0.002 7	0.002 6
2.8	0.002 6	0.002 5	0.002 4	0.002 3	0.002 3	0.002 2	0.002 1	0.002 1	0.002 0	0.001 9
2.9	0.001 9	0.001 8	0.001 8	0.001 7	0.001 6	0.001 6	0.001 5	0.001 5	0.001 4	0.001 4
3.0	0.001 3	0.001 3	0.001 3	0.001 2	0.001 2	0.001 1	0.001 1	0.001 1	0.001 0	0.001 0

【例 5.2】对某构件用回弹法测其混凝土强度。共有十个区,得到 160 个回弹数据,当每个区剔出 3 个最大数据和 3 个最小数据外,剩余 100 个数据($n>30$)。若此 100 个数据的回弹均值 $\mu = 24$,$\sigma = 2.36$。求:

（1）回弹值为 30 时,不产生偶然误差的概率是多少?

（2）不产生偶然误差的概率能保证在 95% 的回弹值是多少?

解:（1）$x_i = 30$,$\mu = 24$,$\sigma = 2.36$,则

$$Z_a = (x_i - \mu)/\sigma = (30 - 24)/2.36 = 2.54$$

查表 5-1 得 0.005 5,即表明:当回弹值为 30 时产生偶然误差的概率仅为 0.55%。亦即:当回弹值为 30 时,不产生偶然误差的概率为 99.45%。

（2）由于 $\alpha = 0.05$,则 $\alpha/2 = 0.025$,查表 5-1 得 $Z_a = 1.96$,故

$$Z_\alpha = (x_i - \mu)/\sigma = (x_i - 24)/2.36 = 0.06$$

所以有 $x_i = 28.63$。这表明，当回弹值为 28.63 时不产生偶然误差的概率能保证在 95%。

2. μ 的区间估计

严格地说，实测中的数据并不是总体样本，而是子样本。通常在实测中用数据的算术平均值 $\bar{x}$ 来估计 μ。但一般来说，$\bar{x}$ 不正好等于 μ。而且，不同的子样本会得到不同的估计值。可见，仅用一个值来估计总体样本的参数 μ 显然是不够的。为了弥补这一缺陷，为总体样本提供更多的信息，以下讨论 μ 的区间估计。

1）当 σ 为已知且 $n<30$ 时 μ 的区间估计

由于算术平均值 $\bar{x}$ 与真值 μ 之差为绝对误差（$\Delta x = \bar{x} - \mu$），$\bar{x}$ 是一个以 μ 为中心而散布的随机变量。其绝对误差也服从正态分布，其标准差即

$$\sigma_{\bar{x}} = \frac{\sigma}{\sqrt{n}}$$

则总体样本的均值 μ 可由下式估计：

$$Z_\alpha = \frac{\bar{x} - \mu}{\sigma_{\bar{x}}}$$

对于置信概率 $1-\alpha$，其 μ 的估计区间为

$$\bar{x} - Z_\alpha \frac{\sigma}{\sqrt{n}} \leqslant \mu \leqslant \bar{x} + Z_\alpha \frac{\sigma}{\sqrt{n}}$$

2）当 σ 为未知且 $n>30$ 时 μ 的区间估计

此种情况，以子样本标准差 $s = \sqrt{\dfrac{\sum v_i^2}{n-1}}$（其中 $v_i = x_i - \bar{x}$）代替总体标准差 σ。同上，得出 μ 的估计区间：

$$\bar{x} - Z_\alpha \frac{s}{\sqrt{n}} \leqslant \mu \leqslant \bar{x} + Z_\alpha \frac{s}{\sqrt{n}}$$

【例 5.3】混凝土试件抗拉强度试验，共 10 个试件（$n<30$），它们的抗拉强度试验结果分别是 2.24, 2.24, 2.24, 2.24, 2.16, 2.28, 2.54, 2.57, 2.51, 2.40（单位：MPa），$\sigma=0.15$，试计算保证率为 95% 的 μ 的估计区。

解：$n=10$，$\bar{x} = \sum x_i/n = 2.34$，置信概率 $1-\alpha=0.95$，$\alpha=0.05$，$\alpha/2=0.025$，查表 5-1，$Z_\alpha=1.96$，故 μ 的估计区间为

$$2.251 \leqslant \mu \leqslant 2.429$$

3）当 σ 为未知且 $n<30$ 时 μ 的区间估计

此种情况，以子样本标准差 s 来代替总体标准差 σ，随机变量不再服从正态分布，而服从 t 分布。此时应按 t 分布来估计总体均值 μ 的区间。设 $t = \dfrac{x-\mu}{s/\sqrt{n}}$，则 t 的概率分布可由下式表示：

$$F_{(t,k)} = \frac{\Gamma\left(\dfrac{k+1}{2}\right)}{\sqrt{k\pi}\,\Gamma\left(\dfrac{k}{2}\right)}\left(1+\frac{t^2}{k}\right)^{-\frac{k+1}{2}}$$

式中,$k=n-1$,代表自由度,是指独立观察值的个数。而

$$\Gamma(k) = \int_0 t^{k-1} e^t dt$$

因此

$$P(-t_\alpha < t < t_\alpha) = 2\int_0^{t_\alpha} F(t)dt = 1-\alpha$$

根据要求的信任概率和自由度,可从表 5-2 查得 t_α 值,则

$$-t_\alpha \le \frac{\bar{x}-\mu}{s/\sqrt{n}} \le t_\alpha$$

有

$$\bar{x} - \frac{s}{\sqrt{n}} t_\alpha \le \mu \le \bar{x} + \frac{s}{\sqrt{n}} t_\alpha$$

表 5-2 t 分布表

(对应于 $k=n-1$ 和 $v=\alpha/2$ 的 t_α 数值表,$P(t>t_\alpha) = \int_{t_\alpha}^{\infty} f(t)dt = \frac{\alpha}{2}$)

v	k							
	0.200 0	0.100 0	0.050 0	0.025 0	0.010 0	0.005 0	0.001 0	0.000 5
1	1.376	3.078	6.314	12.706	31.821	63.656	318.29	636.58
2	1.061	1.886	2.920	4.303	6.965	9.925	22.328	31.600
3	0.978	1.638	2.353	3.182	4.541	5.841	10.214	12.924
4	0.941	1.533	2.132	2.776	3.747	4.604	7.173	8.610
5	0.920	1.476	2.015	2.571	3.365	4.032	5.894	6.869
6	0.906	1.440	1.943	2.447	3.143	3.707	5.208	5.959
7	0.896	1.415	1.895	2.365	2.998	3.499	4.785	5.408
8	0.889	1.397	1.860	2.306	2.896	3.355	1.501	5.041
9	0.883	1.383	1.833	2.262	2.821	3.250	4.297	4.781
10	0.879	1.372	1.812	2.288	2.764	3.169	4.144	4.587
11	0.876	1.363	1.796	2.201	2.718	3.106	4.025	4.437
12	0.873	1.356	1.782	2.179	2.681	3.055	3.930	4.318
13	0.870	1.350	1.771	2.160	2.650	3.012	3.852	4.221
14	0.868	1.345	1.761	2.145	2.624	2.977	3.787	4.140
15	0.866	1.341	1.753	2.131	2.602	2.947	3.733	4.073
16	0.865	1.337	1.746	2.120	2.583	2.921	3.686	4.015
17	0.863	1.333	1.740	2.110	2.567	2.898	3.646	3.965
18	0.862	1.330	1.734	2.101	2.552	2.878	3.610	3.922
19	0.861	1.328	1.729	2.093	2.539	2.861	3.579	3.883
20	0.860	1.325	1.725	2.086	2.528	2.845	3.552	3.850
21	0.859	1.323	1.721	2.080	2.518	2.831	3.527	3.819
22	0.858	1.321	1.717	2.704	2.508	2.819	3.505	3.792
23	0.858	1.319	1.714	2.069	2.500	2.807	3.485	3.769

续表

v	k							
	0.200 0	0.100 0	0.050 0	0.025 0	0.010 0	0.005 0	0.001 0	0.000 5
24	0.857	1.318	1.711	2.064	2.492	2.797	3.467	3.745
25	0.856	1.316	1.708	2.060	2.485	2.787	3.450	3.725
26	0.856	1.315	1.706	2.056	2.479	2.779	3.435	3.707
27	0.855	1.314	1.703	2.052	2.473	2.771	3.421	3.689
28	0.855	1.313	1.701	2.048	2.467	2.763	3.408	3.674
29	0.854	1.311	1.699	2.045	2.462	2.756	3.396	3.660
30	0.854	1.310	1.697	2.042	2.457	2.750	3.385	3.646
40	0.851	1.303	1.684	2.021	2.423	2.704	3.307	3.551
50	0.849	1.299	1.676	2.009	2.403	2.678	3.261	3.496
60	0.848	1.296	1.671	2.000	2.390	2.660	3.232	3.460
70	0.847	1.294	1.667	1.994	2.381	2.648	3.211	3.435
80	0.846	1.292	1.664	1.990	2.374	2.639	3.195	3.416
90	0.846	1.291	1.662	1.987	2.368	2.632	3.183	3.402
100	0.845	1.290	1.660	1.984	2.364	2.626	3.174	3.390

5.5.2　过失误差的剔除

如前所述,过失误差是人为因素造成的一种不合理的、反常的数据。在数据整理中应设置"鉴别值"与"被怀疑值"做比较,大于鉴别值的予以确认并剔除。

鉴别准则如下。

（1）3σ 准则。根据偶然误差的正态分布理论,偶然误差大于 3σ 的测量数出现的概率极小,所以一般大于 3σ 的可视为过失误差。故实测数据中的绝对误差超过 3σ 时应剔除。但是 3σ 准则是不够严格的,即反过来,绝对误差不超过 3σ 的过失误差不被视为过失误差而不被剔除。换句话说,在绝对误差不超过 3σ 的数据中也有过失误差存在的可能。这样,3σ 准则就不能将它们剔除。

（2）肖维纳准则。由于较大误差数据出现的概率很小,所以在 n 次观测中,当某数据的剩余误差可能出现的次数小于半次时,可剔除此数据。

具体方法:当 $|x_i - \bar{x}| > K$ 时,其中,$K = Z_\alpha s$（Z_α 可根据测量次数 n 直接查表 5-3）,则认为 x_i 为过失误差,应被剔除。

（3）格拉贝斯准则。它导出了 $g = (x_i - \bar{x})/s$ 的分布,取显著水平 α,可得临界值 g_0,而

$$|x_i - \bar{x}| \geqslant g_0 s = \alpha$$

若某个测量数据 x_i 满足下式,则认为是过失误差而应被剔除。

$$|x_i - \bar{x}| \geqslant g_0 s$$

其中 g_0 按表 5-4 中的 n 及 α 来查得。

表 5-3　n-Z_α 表

n	Z_α	n	Z_α	n	Z_α	n	Z_α
5	1.65	14	2.10	23	2.30	50	2.58
6	1.73	15	2.13	24	2.32	60	2.64
7	1.80	16	2.16	25	2.33	70	2.69
8	1.86	17	2.18	26	2.34	80	2.74
9	1.92	18	2.20	27	2.35	90	2.78
10	1.96	19	2.22	28	2.37	100	2.81
11	2.00	20	2.24	29	2.38	150	2.93
12	2.04	21	2.26	30	2.39	200	3.03
13	2.07	22	2.28	40	2.50	500	3.29

表 5-4　g_0 表

a	n		a	n	
	0.05	0.01		0.05	0.01
3	1.15	1.16	17	2.48	2.78
4	1.46	1.49	18	2.50	2.82
5	1.67	1.75	19	2.53	2.85
6	1.82	1.94	20	2.56	2.88
7	1.94	2.10	21	2.58	2.91
8	2.03	2.22	22	2.60	2.94
9	2.11	2.32	23	2.62	2.96
10	2.18	2.41	24	2.64	2.99
11	2.23	2.48	25	2.66	3.01
12	2.28	2.55	30	2.74	3.10
13	2.33	2.61	35	2.81	3.18
14	2.37	2.66	40	2.87	3.24
15	2.41	2.70	50	2.96	3.34
16	2.44	2.75	100	3.17	3.59

【例 5.4】测得一批结构件的开裂应力分别为 2.5,2.5,3.6,2.7,2.2,2.4,2.5,2.6,2.5,2.4（单位:MPa）,试分析其中是否包含过失误差。

解:本题以 3.6 MPa 为例来检定过失误差。

计算得: $\bar{x}$ =2.59,s=0.378 4。

（1）按 3σ 准则 $|x_i - \bar{x}| > 3\sigma \approx 3s$,则认为是过失误差,应剔除。

这里,$3s$=3 × 0.378 4=1.135 2,则

$$|x_i - \bar{x}| = |3.6-2.59| = 1.01$$

而 1.01<1.135 2,故 3.6 MPa 应保留。

（2）按肖维纳准则 $x_i - \bar{x} > Z_\alpha s$,则认为是过失误差,应剔除。

这里,n=10,由表 5-3 查得 Z_α=1.96,则

$$Z_\alpha s = 1.96 \times 0.378\ 4 = 0.741\ 66$$

$$|x_i - \bar{x}| = |3.6 - 2.59| = 1.01$$

而 1.01>0.741 66,则认为是过失误差,应剔除。

（3）按格拉贝斯准则 $|x_i - \bar{x}| > g_0 s$,则认为是过失误差,应剔除。

这里, n=10,先取 α=0.05,查表 5-4 得 g_0=2.18,则 $g_0 s = 2.18 \times 0.378\ 4 = 0.824\ 9$, $x_i - \bar{x}$ =3.6-2.59=1.01,而 1.01>0.824 9,则认为是过失误差,应剔除。

再取 α=0.01,查表 5-4 得 g_0=2.41,则 $g_0 s = 2.41 \times 0.378\ 4 = 0.911\ 9$, $x_i - \bar{x}$ =3.6-2.59=1.01, 而 1.01>0.911 9,则认为是过失误差,应剔除。

从上例可看出,3σ 准则不够严格,其他方法都认为 3.6 MPa 应视为过失误差而被剔除。

要注意的是,不能一次同时去掉两个以上你认为可疑的测量值,只能剔除它们中最大的一个;然后重新求得剩下的各测量值的平均值和标准差,再来剔除偏差较大的可疑值,直至不出现有粗大偏差的值。

5.5.3　系统误差的修正

系统误差通常是固定不变的,即使是变化的通常也有规律,如积累变化或周期性变化等。由于造成系统误差的原因通常是操作方法、测试方法、计算方法等的某些缺陷,或是所用仪器设备内部的固定偏差,所以造成的误差不易被发现,不易查明所有的系统误差,也不能完全抵消它的影响。通常用以下方法对系统误差予以识别和尽量消除。

（1）对于固定偏差较难发现,可用另一种方式或另一种仪器设备进行对比试验来发觉其系统误差。

（2）对于变化的系统误差,可从实测数据列中发现某些有规律的变化。如误差大小有规律地向一个方向变化即为积累变化的系统误差。若是有规律地交替变化即为周期性变化的系统误差。

（3）当测量次数 n 很大时,根据偶然误差正态分布理论应有

$$\frac{\sum |v_i|}{\sqrt{n(n-1)}} = 0.797\ 9\sigma \tag{5-6}$$

而系统误差不服从正态分布规律,所以当测量数据列的标准差（这里可以让 $s=\sigma$）不能满足式（5-6）时,可认为其中包含有可变的系统误差。

消除系统误差的方法:一是修正不妥的试验方法、操作方法、计算方法（如注意电测导线过长的修正等）,可尽量避免出现此类系统误差;二是试验前先对仪器进行率定、校准（如百分表使用前人工校零等）。

5.6　试验资料整理及数据表达

试验所得到的数据包含着丰富的结构工作信息,只有对试验数据进行计算、表达和分析,才能找出结构工作的规律,才能对结构工作性能进行评定。试验结果的计算、表达和分析过程就是资料整理过程。

5.6.1　资料整理

试验原始资料主要有:①试验对象的考察记录、图例、照片;②试验大纲,材料力学性能试验结果;③仪表的测读数据记录及裂缝记录图;④试验情况记录;⑤破坏形态描述、图例、照片。试验原始记录汇集应保持完整性、科学性、严肃性,不得随意更改。

为方便观察、分析规律,对试验测读数据应列表计算,算出每个测点在各级荷载下的递增值和累计值,多测点还要算出平均值。对于最大变形、最大应变等控制性数据应在现场及时整理、通报,以便指导下一步试验。

资料整理时,对于异常数据应进行判断,判断其是否是仪器故障或安装不当造成的,如果是,则可舍去;如果分析不出原因,则应根据统计学的偶然误差理论来处理这些异常数据。异常数据有时包含着我们尚未认识的客观规律,绝不能轻易舍弃。

5.6.2　数据表达

扫一扫:延伸阅读　回归分析

为了方便分析,试验数据常用表格、图像或函数表达。同一组数据可以同时用这三种方法表达,目的是使分析简单、直观。建立函数关系的方法主要有回归分析、系统识别等方法,这里介绍表格和图像。

1. 表格

表格是最基本的数据表达方法,无论绘制图像还是建立函数表达式,都需要数据表。表格分为汇总表格和关系表格两大类。汇总表格把试验结果中的主要内容或试验中的某些重要数据汇集于一个表格中,起着类似于摘要和结论的作用,表中的行与行、列与列之间没有必然的关系;关系表格是把相互有关的数据按一定的格式列于表中,表中行与行、列与列之间有一定的关系,它的作用是使有一定关系的若干变量的数据更加清楚地表示出变量之间的关系和规律。

表格的形式不固定,关键在于完整、清楚地显示数据内容。对于工程检测试验记录表格,表格内容除了记录数据外,还应适当包括工程名称、委托单位、检测单位、检测日期、气象环境条件、仪器名称、仪器编号及试验、测读、记录、校核、项目负责人的签字等内容。

2. 图像

表格的直观性不强,试验数据经常用图像表达,图像表达方式有曲线图、形态图、直方图和饼图等。试验中常用曲线图表达数据关系,用形态图表达试件破坏形态和裂缝扩展形态。

1）曲线图

对于定性分析和整体分析来说，曲线图是最合适的，它可以直观地反映数据的最大值、最小值、走势、转折。

（a）坐标的选择与试验曲线的绘制

选择适当的坐标系、坐标参数和坐标比例，对于反映数据规律是相当重要的。

试验分析中常用直角坐标系反映试验参数间的关系。直角坐标系只能反映两个变量间的关系。有时会遇到不止两个变量的情况，这时可采用"无量纲变量"作为坐标来表达。例如为了验证钢筋混凝土矩形单筋梁的截面承载力公式

$$M_u = A_s \sigma_s \left(h_0 - \frac{A_s \sigma_s}{2bf_{cm}} \right)$$

需要进行大量的试验研究，而每一个试件的配筋率 $\rho = \dfrac{A_s}{bh_0}$、混凝土强度等级 f_{cu}、截面形状和尺寸 bh_0 都有差别，若以每一试件的实测极限弯矩 M_u^0 和计算极限弯矩 M_u^c 逐一比较，就无法用曲线表示。但若将纵坐标改为无量纲，以 $\dfrac{M_u^0}{M_u^c}$ 来表示，横坐标分别以 ρ 和 f_{cu} 表示，如图 5-2 所示，则即使截面相差较大的梁，也能反映其共同的规律。图 5-2 说明，当配筋率超过某一临界值或混凝土强度等级低于某一临界值时，按上述公式算得的极限弯矩将偏于不安全。

上面的例子告诉我们，如何组合试验参数作为坐标轴，应根据分析目标而定，同时还要有专业的知识并仔细地考虑。

不同的坐标比例和坐标原点会使曲线变形、平移，应选择适当的坐标比例和坐标原点使曲线特征突出并占满整个坐标系。

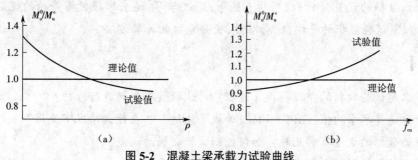

图 5-2　混凝土梁承载力试验曲线

（a）配筋率相同　（b）混凝土等级相同

绘制曲线时，运用回归分析的基本概念，使曲线通过较多的试验点，并使曲线两旁的试验点大致相等。

（b）常用试验曲线

常用的试验曲线有荷载 - 变形曲线、荷载 - 应变曲线、荷载 - 应力曲线等。

荷载 - 变形曲线有很多，诸如结构或构件的整体变形曲线；控制点或最大挠度点的荷载 - 变形曲线；截面的荷载 - 变形（转角）曲线；铰支座与滚动支座的荷载 - 侧移曲线；变形 - 时间曲线、反复荷载作用下的结构构件的延性曲线；滞回曲线等。

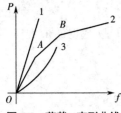

图5-3 荷载-变形曲线

图 5-3 是三条荷载 - 挠度曲线。曲线 1 及曲线 2 的 *OA* 段说明结构处于弹性状态。曲线 2 整体表现出结构的弹性和弹塑性性质，这是钢筋混凝土结构的典型现象。钢筋混凝土结构由于结构裂缝、钢筋屈服会在曲线上先后出现两个转折点。结构变形曲线反映出的这种特性可以在整体挠度曲线和支座侧移曲线中得到验证。对于加载过程，曲线 3 属于反常现象，说明试验存在问题。

荷载 - 变形曲线可反映结构工作的弹塑性性质；反复荷载下的结构延性曲线可反映结构软化性质；滞回曲线可反映结构的恢复力性质；变形 - 时间曲线可反映结构长期工作性能；等等。这些曲线还包含什么信息、反映了结构工作的什么问题、什么时候需要绘制，可以通过相关专业知识了解。

2）形态图

试验过程中，应在结构构件上按裂缝展开面和主侧面绘出其展开过程并注上出现裂缝的荷载值及宽度、长度，直至破坏。待试验结束后用照相或用坐标纸按比例做描绘记录。

此外，结构破坏形态、截面应变图都可以采用绘图方式记录。

除上述的试验曲线和图形外，根据试验研究的结构类型、荷载性质、变形特点等，还可以绘出一些其他结构特性曲线，如超静定结构的荷载反力曲线、节点局部变形曲线、节点主应力轨迹图等。

【本章小结】

本章介绍了如何进行数据的整理换算、统计分析和归纳演绎，以便得出能够代表结构性能的有用公式、图像、数学模型等。学生应掌握数据处理的内容，即数据的整理与换算、数据的统计分析、数据的误差分析、数据的表达等；通过学习，还应掌握数据修约的规则，数据统计分析的方法，试验数据的平均值、标准差、变异系数的计算方法。

【思考题】

5-1 什么是试验数据的整理和换算过程？对试验数据如何进行修约？

5-2 什么是算术平均值、几何平均值、加权平均值？各在什么情况下使用？

5-3 试验数据的误差有哪几种？如何控制试验数据的误差？

5-4 异常试验数据的舍弃有哪几种方法？简述其原理。

第 2 篇　专业基础试验

第6章 结构静力试验

【本章提要】

结构静力试验是结构试验中最基本也是试验次数最多的一种试验,也称结构静载试验。结构静力试验的目的是用物理力学方法测定和研究结构(构件)在静力荷载作用下的反应,分析、判定结构的工作状态和受力状况。建筑结构静力试验涉及的问题是多方面的,本章着重讨论关于加载方法的各种方案及其理论依据,如何选择和正确测量各种变形参数,并简要介绍数据处理中的一些常见问题及结构性能检验与质量评估原则等。

6.1 概述

建筑结构的主要功能是承受结构的直接作用,因此,研究结构承受直接静载作用的状况是结构试验与分析的主要目的。在结构直接作用中,经常起主导作用的是静力荷载。因此,结构静载试验成为结构试验中最基本和最大量的试验。例如,对结构的强度、刚度及稳定等问题的试验研究,就常常只做静载试验。当然,相对于动载试验而言,结构静载试验所需的技术与设备也比较简单,容易实现,这也是静载试验经常被应用的原因之一。

结构静载试验是用物理力学方法测定和研究结构在静荷载作用下的反应,分析、判定结构的工作状态与受力状况。根据试验观测时间长短不同,静载试验又分为短期试验与长期试验。为了尽快取得试验成果,通常采用短期试验。但短期试验存在荷载作用与变形发展的时间效应问题,例如,混凝土与预应力混凝土结构的徐变和预应力损失、裂缝开展等;时间效应比较明显,有时按试验目的就需要进行长期试验观测。

人类很早就开始应用结构静载试验方法,并揭示了许多结构受力的奥秘,有效地促进了结构理论的发展与结构形式的创新。在科学技术迅猛发展的今天,尽管各种各样的结构分析方法不断涌现,动载试验也被置于越来越突出的位置,但静载试验在结构研究、设计和施工中仍起着主导作用,成为基准试验。

大型振动台的出现,无疑给结构抗震试验提供了一个有效手段。振动台能提供结构比较接近实际的震害现象与数据,但振动台试验存在诸多局限性,如台面承载力小、试验费用高、技术比较复杂等。低周反复试验(又称静力试验)和计算机电液伺服联机试验(又称拟动力试验)方法,相对于振动台试验比较简单,耗资较小,加载器出力也较大,可以对许多足尺结构或大模型进行静力和抗震性能试验。目前国内外大多数规范的抗震条文都是以这种试验结果为依据的,但就其方法的实质来说,仍为静载试验。因此,静载试验方法既能为结构静力分析提供依据,同时也可为某些动力分析提供间接依据。此外,这种试验不仅促进了静载试验方法的不断发展与完善,而且在试验设备、测量仪表、试验方法、数据采集与处理技术等方面也有长足进步。因而,静载试验是结构试验的基本方法,是结构试验的基础。

　　结构静载试验项目是多种多样的,其中最大量、最基本的试验是单调加载静力试验。单调加载静力试验是指在短时间内对试验对象平稳地一次连续施加荷载,荷载从"零"开始一直加到结构构件破坏,或在短时期内平稳地施加若干次预定的重复荷载后,再连续增加荷载直到结构构件破坏。

　　单调加载静力试验主要用于研究结构承受静荷载作用下构件的承载力、刚度、抗裂性等基本性能和破坏机制。土木工程结构中大量的基本构件试验主要是承受拉、压、弯、剪、扭等最基本作用的梁、板、柱和砌体等系列构件。通过单调加载静力试验可以研究各种基本作用单独或组合作用下构件的荷载和变形的关系。对于混凝土构件,尚有荷载与开裂的相关关系及反映结构构件变形与时间关系的徐变问题;对于钢结构构件,则有局部或整体失稳问题;对于框架、屋架、壳体、折板、网架、桥梁、涵洞等由若干基本构件组成的扩大构件,在实际工程中除了有必要研究与基本构件相类似的问题外,尚有构件间相互作用的次应力、内力重分布等问题;对于整体结构,通过单调加载静力试验能揭示结构空间工作、整体刚度、非承重构件和某些薄弱环节对结构整体工作的影响等方面的某些规律。

　　本章主要讨论结构和构件的静载试验原理、内容和方法,包括低周反复试验和拟动力试验的抗震性能试验等。结构试验和结构检验本质上没有区别,只是试验目的、深入程度上有所差异,两者都是静载试验的重要组成部分。因此,这里的基本原理和方法也适用于已建结构的检测。

6.2　试验前的准备

　　静力试验的准备遵循 2.1.2 节的九个方面,即调查研究、收集资料,制定试验大纲,试件准备,材料物理力学性能测定,试验设备与试验场地的准备,试件安装就位,加载设备和量测仪器的安装,试验控制特征值的计算,试验加载制度的确定。

6.3　常见结构构件静载试验

6.3.1　受弯构件的试验

1. 构件的安装和加载方法

　　单向板和梁是受弯构件中的典型构件,也是土木工程中的基本承重构件。预制板和梁等受弯构件一般都是简支的,在试验安装时多采用正位试验,其一端采用铰支座,另一端采用滚动支座。为了保证构件与支承面的紧密接触,在支墩与钢板、钢板与构件之间应用砂浆找平,对于板一类宽度较大的试件,要防止支承面产生翘曲。

　　| 扫一扫:视频　板静力试验 | |

　　板一般承受均布荷载,试验加载时应将荷载施加均匀。梁所受的荷载较大,当施加集中

荷载时可以用杠杆重力加载,更大的则采用液压加载器通过分配梁加载,或用液压加载系统控制多台加载器直接加载。

构件试验时的荷载图式应符合设计规定和实际受载情况。为了试验加载的方便或受加载条件限制时,可以采用等效加载图式,使试验构件的内力图形与实际内力图形相等或接近,并使两者最大受力截面的内力值相等。

扫一扫:视频　梁静力试验

在受弯构件试验(图 6-1(a))中经常利用几个集中荷载来代替均布荷载,如图 6-1(b)所示,采用在跨度四分点加两个集中荷载的方式来代替均布荷载,并取试验梁的跨中弯矩等于设计弯矩时的荷载作为梁的试验荷载,这时支座截面的最大剪力也可以达到均布荷载梁的剪力设计数值。如能采用四个集中荷载来加载,则会得到更为满意的结果,见图 6-1(c)。

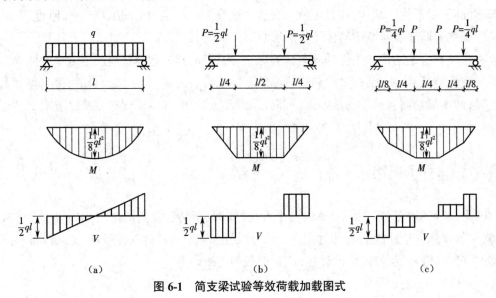

图 6-1　简支梁试验等效荷载加载图式

采用上列等效荷载试验能较好地满足 M 与 V 值的等效,但试件的变形(刚度)不一定满足等效条件,应考虑修正。

对于吊车梁的试验,由于主要荷载是吊车轮压所产生的集中荷载,试验荷载图式要按抗弯抗剪最不利的组合来决定集中荷载的作用位置,并分别进行试验。

2.试验项目和测点布置

钢筋混凝土梁板构件的生产鉴定性试验一般只测定构件的承载力、抗裂度和各级荷载作用下的挠度及裂缝开展情况。

对于科学研究性试验,除了承载力、抗裂度、挠度和裂缝观测外,还需测量构件某些部位的应变,以分析构件中应力的分布规律。

1)挠度测量

梁的挠度值是测量数据中最能反映其综合性能的一项指标,其中最主要的是测定梁跨中最大挠度及弹性挠度曲线。

　　为了求得梁的真正挠度 f_{max} ,试验者必须注意支座沉陷的影响。对于图 6-2(a)所示的梁,试验时由于荷载的作用,其两个端点处支座常常会有沉陷,以致梁产生刚性位移,因此,如果跨中的挠度是相对于地面进行测定的话,则同时须测定梁两端支承面相对于同一地面的沉陷值,所以最少要布置 3 个测点。值得注意的是,支座下的巨大作用力可能或多或少地引起周围地基的局部沉陷,因此,安装仪器的表架必须离开支座墩子一定距离。只有在永久性的钢筋混凝土台座上进行试验时,上述地基沉陷才可以不予考虑。但此时两端部的测点可以测量梁端相对于支座的压缩变形,从而可以比较准确地测得梁跨中的最大挠度 f_{max} 。

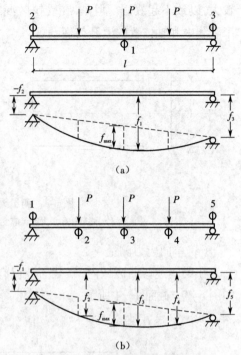

图 6-2　梁的挠度测点布置

　　对于跨度较大(大于 6 000 mm)的梁,为了保证测量结果的可靠性,并求得梁在变形后的弹性挠度曲线,测点应增加至 5~7 个,并沿梁的跨间对称布置,如图 6-2(b)所示。对于宽度较大(大于 600 mm)的梁,必要时应考虑在截面的两侧布置测点,所需仪器的数量也就需要增加一倍,此时各截面的挠度取两侧仪器读数之平均值。

　　如欲测定梁平面外的水平挠曲,同样可按上述原则进行布点。

　　对于宽度较大的单向板,一般需在板宽的两侧布点,在有纵肋的情况下,挠度测点可按测量梁挠度的原则布置于肋下。

　　对于肋形板的局部挠曲,则可相对于板肋进行测定。对于预应力混凝土受弯构件,测量结构整体变形时,尚需考虑构件在预应力作用下的反拱值。

　　2)应变测量

　　梁是受弯构件,试验时要测量由于弯曲产生的应变,一般在梁承受正负弯矩最大的截面或弯矩有突变的截面上布置测点。对于变截面梁,有时也需在截面突变处设置测点。

　　如果只要求测量弯矩引起的最大应力,则只需在截面上下边缘纤维处安装应变计即可。为了减小误差,上下纤维边缘处的仪表应设在梁截面的对称轴上(图 6-3(a))或是在对称轴的两侧各设一个仪表,取其平均应变量。

　　对于钢筋混凝土梁,由于材料的非弹性性质,梁截面上的应力分布往往是不规则的。为了求得截面上应力分布的规律和确定中和轴的位置,就需要增加一定数量的应变测点,一般情况下沿截面高度至少需要布置 5 个测点,如果梁的截面高度较大,尚需增加测点数量。测点愈多,则中和轴位置确定愈准确,截面上应力分布的规律愈清楚。应变测点沿截面高度的布置可以是等距的,也可以是不等距而外密里疏,以便比较准确地测得截面上较大的应变

（图6-3（b））。对于布置在靠近中和轴位置处的仪表，由于应变读数值较小，相对误差可能较大，以致不起效用。但是，在受拉区混凝土开裂以后，经常可以通过该测点读数值的变化来观测中和轴位置的上升与变动。

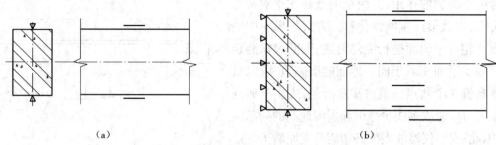

图6-3　测量梁截面应变分布的测点布置
（a）测量截面最大纤维应变　（b）测量中和轴的位置与应变分布规律

（a）单向应力测量

在梁的纯弯曲区域内，梁截面上仅有正应力，在该处截面上可仅布置单向的应变测点，如图6-4中截面1—1所示。

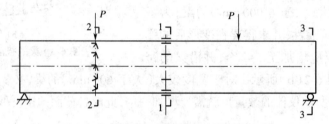

图6-4　钢筋混凝土梁测量应变的测点布置

钢筋混凝土梁受拉区混凝土开裂以后，由于该处截面上混凝土部分退出工作，此时布置在混凝土受拉区的仪表就丧失其测量的作用。为了进一步探求截面的受拉性能，常常在受拉区的钢筋上也布置测点以便测量钢筋的应变。由此可获得梁截面上内力重分布的规律。

截面1—1：测量纯弯曲区域内正应力的单向应变测点。

截面2—2：测量剪应力与主应力的应变网络测点（平面应力方向上应变的测定，求得最大主应变）。

截面3—3：梁端零应力区校核测点。

（b）平面应力测量

在荷载作用下的梁截面2—2上（图6-4）既有弯矩作用，又有剪力作用，为平面应力状态，为了求得该截面上的最大主应力及剪应力的分布规律，需要布置直角应变网络，通过三力的数值及作用方向。

抗剪测点应设在剪应力较大的部位。对于薄壁截面的简支梁，除支座附近的中和轴处剪应力较大外，还可能在腹板与翼缘的交接处产生较大的剪应力或主应力，这些部位宜布置测点。当要求测量梁沿长度方向的剪应力或主应力的变化规律时，则在梁长度方向宜布设较多的剪应力测点。有时为测定沿截面高度方向剪应力的变化，则需沿截面高度方向设置测点。

（c）钢箍和弯筋的应力测量

对于钢筋混凝土梁来说，为研究梁斜截面的抗剪机理，除了混凝土表面需要布置测点外，通常在梁的弯起钢筋或箍筋上布置应变测点（图6-5）。这里较多的是用预埋或试件表面开槽的方法来解决设点的问题。

（d）翼缘与孔边应力测量

对于翼缘较宽较薄的T形梁，其翼缘部分受力不一定均匀，以致不能全部参加工作，这时应该沿翼缘宽度布置测点，测定翼缘上应力分布情况（图6-6）。

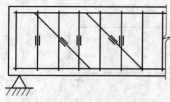

图 6-5 钢筋混凝土梁弯起钢筋和钢箍的应变测点布置

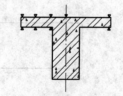

图 6-6 T形梁翼缘的应变测点布置

为了减轻结构自重，有时需要在梁的腹板上开孔，孔边应力集中现象比较严重，且往往应力梯度较大，严重影响结构的承载力，因此必须注意孔边的应力测量。以图6-7空腹梁为例，可以利用应变计沿圆孔周边连续测量几个相邻点的应变，通过各点应变迹线求得孔边应力分布情况。经常是将圆孔分为4个象限，每个象限的周界上连续均匀布置5个测点，即每隔22.5°有一测点。如果能够估计出最大应力在某一象限区内，则其他区内的应变测点可减少到3点。因为孔边的主应力方向已知，故只需布置单向测点。

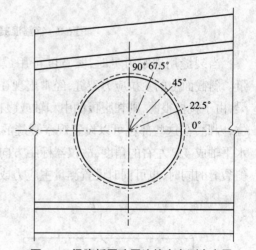

图 6-7 梁腹板圆孔周边的应变测点布置

（e）校核测点

为了校核试验的正确性及便于整理试验结果时进行误差修正，经常在梁的端部凸角上的零应力处设置少量测点，见图6-4截面3—3，以检验整个量测过程是否正确。

3.裂缝测量

在钢筋混凝土梁试验时，经常需要测定其抗裂性能。一般垂直裂缝产生在弯矩最大的受拉区段，因此在这一区段连续设置测点，如图6-8（a）所示。这种情况下选用手持式应变仪量测最为方便，它们各点间的间距按选用仪器的标距确定。如果采用其他类型的应变仪（如千分表、杠杆应变仪或电阻应变计），由于各仪器的不连续性，为防止裂缝正好出现在两个仪器的间隙内，通常将仪器交错布置（图6-8（b））。裂缝出现前，仪器的读数是逐渐变化的；如果构件在某级荷载作用下开始开裂，则跨越裂缝测点的仪器读数将会有较大的跃变，此时相邻测点仪器读数可能变小，有时甚至会出现负值，而荷载应变曲线会产生突然转折的现象。混凝土的微细裂缝,常常不能凭肉眼察觉,如果发现上述现象,即可判明已开裂。至于裂缝的宽度,则可根据裂缝出现前后两级荷载所产生的仪器读数差值来表示。

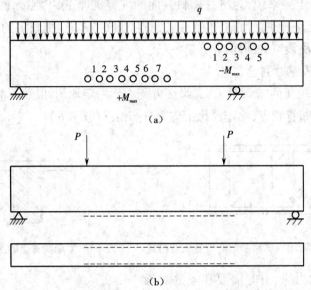

图 6-8　钢筋混凝土受拉区抗裂测点布置

当裂缝用肉眼可见时,其宽度可用最小刻度为 0.01 mm 及 0.05 mm 的读数放大镜测量。斜截面上的主拉应力裂缝,经常出现在剪力较大的区段内;对于箱形截面或工字形截面梁,由于腹板很薄,则在腹板的中和轴或腹板与翼缘相交接的腹板上常是主拉应力较大的部位,因此,在这些部位可以设置观察裂缝的测点,如图 6-9 所示。由于混凝土梁的斜裂缝与水平轴成 45° 左右的角度,故仪器标距方向应与裂缝方向垂直。有时为了进行分析,在测定斜裂缝的同时,也可同时设置测量主应力或剪应力的应变网络。

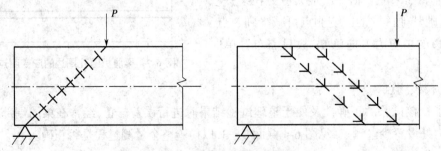

图 6-9　钢筋混凝土斜截面裂缝测点布置

裂缝长度上的宽度是很不规则的,通常测定构件受拉面的最大裂缝宽度、在钢筋水平位置上的侧面裂缝宽度以及斜截面上由主拉力作用产生的斜裂缝宽度。

每一构件中测定宽度的裂缝数目一般不少于 3 条,包括第一条出现的裂缝以及开裂最大的裂缝。凡测量宽度的裂缝部位应在试件上标明并编号,各级荷载下的裂缝宽度数据应记在相应的记录表格上。

每级荷载下出现的裂缝均须在试件上标明,即在裂缝的尾端注出荷载级别或荷载数量。

以后每加一级荷载后裂缝长度扩展,需在裂缝新的尾端注明相应荷载。由于卸载后裂缝可能闭合,所以应紧靠裂缝的边缘 1~3 mm 处平行画出裂缝的位置起向。

试验完毕后,根据上述标注在试件上的裂缝绘出裂缝展开图。

6.3.2　压杆和柱的试验

柱也是工程结构中的基本承重构件,在实际工程中钢筋混凝土柱大多数属偏心受压构件。

1. 试件安装和加载方法

对于柱和压杆试验可以采用正位或卧位试验的安装加载方案。有大型结构试验机条件时,试件可在长柱试验机上进行试验,也可以利用静力试验台座上的大型荷载支承设备和液压加载系统配合进行试验。但对于高大的柱子,正位试验时安装和观测均较费力,这时改用卧位试验方案则比较安全,但安装就位和加载装置往往又比较复杂,同时在试验中要考虑卧位时结构自重所产生的影响。

在进行柱与压杆纵向弯曲系数的试验时,构件两端均应采用比较灵活的可动铰支座形式,一般采用构造简单、效果较好的刀口支座。如果构件在两个方向上有可能产生屈曲,应采用双刀口铰支座,也可采用圆球形铰支座,但后者制作比较困难。

中心受压柱安装时一般先对构件进行几何对中,将构件轴线对准作用力的中心线。几何对中后再进行物理对中,即加载到 20%~40% 的试验荷载时,测量构件中央截面两侧或四个面的应变,并调整作用力的轴线,以达到各点应变均匀为止。对于偏压试件,也应在物理对中后,沿加力中线量出偏心距离,再把加载点移至偏心距的位置上进行试验。对于钢筋混凝土结构,由于材质的不均匀性,物理对中一般难以做到,因此实际试验中仅需保证几何对中即可。

扫一扫:视频　钢筋混凝土柱轴压试验

扫一扫:视频　钢筋混凝土柱偏压

要求模拟实际工程中柱子的计算图式及受载情况时,试件安装和试验加载的装置将更为复杂,图 6-10 所示为跨度 36 m、柱距 12 m、柱顶标高 27 m、具有双层桥式吊车的重型厂房斜腹杆双肢柱的 1/3 模型试验柱的卧位试验装置。柱顶端为自由端,底端用两组垂直螺杆与静力试验台座固定,以模拟实际柱底固接的边界条件。上下层吊车轮产生的作用力 P_1、P_2 作用于牛腿,通过大型液压加载器(1 000~2 000 kN 的油压千斤顶)和水平荷载支承架进行加载。在柱端用液压加载器及竖向荷载支承架对柱子施加侧向力。在正式试验前先施加一定数量的侧向力,用于平衡和抵消试件卧位后的自重和加载设备重量产生的影响。

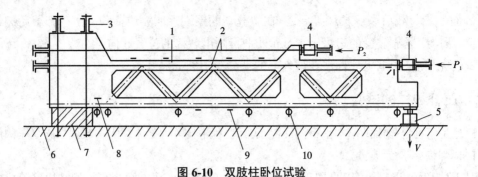

图 6-10　双肢柱卧位试验

1—试件；2—水平荷载支承架；3—竖向支承架；4—水平加载器；5—垂直加载器；
6—试验台座；7—垫块；8—倾角仪；9—电阻应变计；10—挠度计

2. 试验项目和测点设置

压杆与柱的试验一般观测其破坏荷载,各级荷载下的侧向挠度值及变形曲线,控制截面或区域的应力变化规律以及裂缝开展情况。图 6-11 所示为偏心受压短柱试验时的测点布置。试件的挠度由布置在受拉边的百分表或挠度计进行测量,与受弯构件相似,除了测量中点最大挠度值外,可用侧向五点布置法测量挠度曲线。对于正位试验的长柱,其侧向变位可用经纬仪观测。

在受压区边缘布置应变测点时,可以单排布点于试件侧面的对称轴线上或在受压区截面的边缘两排对称布点。为验证构件平截面变形的性质,沿压杆截面高度布置 5~7 个应变测点。受拉区钢筋的应变同样可以用内部电测方法进行。

为了研究偏心受压构件的实际压区应力图形,可以利用环氧水泥 - 铝板测力块组成的测力板进行直接测定,见图 6-12。测力板用环氧水泥块模拟有规律的"石子"组成。它由 4

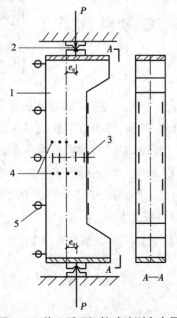

图 6-11　偏心受压短柱试验测点布置

1—试件；2—铰支座；3—应变计；4—应变仪测点；5—挠度计

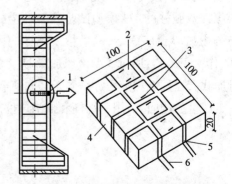

图 6-12　测量区压应力图形的测力板

1—测力板；2—测力块；3—贴有应变计的铝板；
4—填充块；5—水泥砂浆；6—应变计引出线

个测力块和 8 个填块用 1∶1 水泥砂浆嵌缝做成,尺寸 100 mm × 100 mm × 20 mm。测力块是由厚度为 1 mm 的 Ⅱ 型铝板浇筑在掺有石英砂的环氧水泥中制成,尺寸 22 mm × 25 mm × 30 mm,事先在 H 形铝板的两侧粘贴 2 mm × 6 mm 规格的应变计两片,相距 13 mm,焊好引出线。填充块的尺寸、材料与制作方法与测力块相同,但内部无应变计。

测力板先在 100 mm × 100 mm × 300 mm 的轴心受压棱柱体中进行加载标定,得出每个测力块的应力 - 应变关系,然后从标定试件中取出,将其重新浇筑在偏心受压试件内部,测量中部截面压区应力分布图形。

6.3.3　屋架试验

屋架是建筑工程中常见的一种承重结构。其特点是跨度较大,但只能在自身平面内承受荷载,出平面的刚度很小。在建筑物中要依靠侧向支撑体系相互联系,形成足够的空间刚度。屋架主要承受作用于节点的集中荷载,因此大部分杆件受轴力作用。当屋架上弦有节间荷载作用时,上弦杆受压弯作用。对于跨度较大的屋架,下弦一般采用预应力拉杆,因而屋架在施工阶段就必须考虑到试验的要求,配合预应力施工张拉进行测量。

1. 试件的安装和加载方法

屋架试验一般采用正位试验,即在正常安装位置情况下支承及加载。由于屋架出平面刚度较弱,安装时必须采取专门措施,设置侧向支撑,以保证屋架上弦的侧向稳定。侧向支撑的位置应根据设计要求确定,支撑点的间距应不大于上弦杆出平面的设计计算长度,同时侧向支撑应不妨碍屋架在其平面内的竖向位移。

屋架进行非破坏性试验时,在现场也可采用两榀同时进行试验的方案,这时出平面稳定问题可用图 6-13(c)的 K 形水平支撑体系来解决。当然也可以用大型屋面板作为水平支撑,但要注意不能将屋面板三个角焊死,以防止屋面板参与工作。成对屋架试验时可以在屋架上铺设屋面板后直接堆放重物。

屋架试验时支承方式与梁试验相同,但屋架端节点支承中心线的位置对屋架节点局部受力影响较大,应特别注意。由于屋架受载后下弦变形伸长较大,以致滚动支座的水平位移往往较大,所以支座上的支承垫板应留有充分余地。

屋架试验的加载方式可以采用重力直接加载(当两榀屋架成对正位试验时),由于屋架大多是在节点承受集中荷载,一般借助杠杆重力加载。为使屋架对称受力,施加杠杆吊篮应使相邻节点荷载相间地悬挂在屋架受载平面前后两侧。由于屋架受载后的挠度较大(特别是当下弦钢筋应力达到屈服时),因此在安装和试验过程中应特别注意,以免杠杆倾斜太大产生对屋架的水平推力和吊篮着地而影响试验的继续进行。在屋架试验中由于施加多点集中荷载,所以采用同步液压加载是最理想的方案,但要求液压加载器活塞有足够的有效行程,以适应结构挠度变形的需要。

当屋架的试验荷载不能与设计图式相符时,同样可以采用等效荷载代替,但应使需要试验的主要受力构件或部位的内力接近设计情况,并应注意荷载改变后可能引起的局部影响,防止产生局部破坏。近年来由于同步异荷液压加载系统的研制成功,已经可以满足屋架试验中要加几组不同集中荷载的要求。

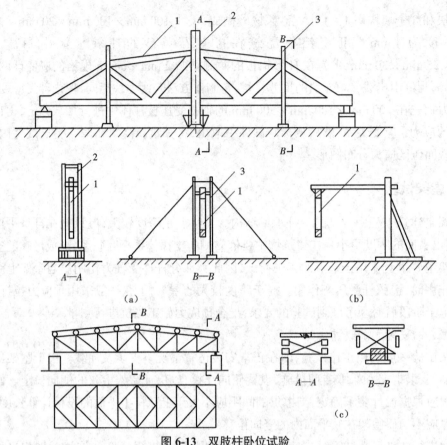

图 6-13　双肢柱卧位试验

1—试件；2—荷载支撑架；3—拉杆式支撑架

　　有些屋架有时还需要做半跨荷载的试验,这时对于某些杆件可能比全跨荷载作用时更为不利。

　　2. 试验项目和测点布置

　　屋架试验测试的内容,应根据试验要求及结构形式确定。对于常用的各种预应力钢筋混凝土屋架试验,一般试验测量的项目有:①屋架上下弦杆的挠度;②屋架主要杆件的内力;③屋架的抗裂度及承载能力;④屋架节点的变形及节点刚度对屋架杆件次应力的影响;⑤屋架端节点的应力分布;⑥预应力钢筋张拉应力和对相关部位混凝土的预应力;⑦屋架下弦预应力钢筋对屋架的反拱作用;⑧预应力锚头工作性能。

　　上述项目中,有的在屋架施工过程中即应进行测量,如预应力钢筋的张拉应力及其对混凝土的预压应力值、预应力反拱值、锚头工作性能等,这就要求试验人员根据预应力施工工艺的特点做出周密的考虑,以期获得比较完整的数据来分析屋架的实际工作。

　　1)屋架挠度和节点位移的测量

　　屋架跨度较大,测量其挠度的测点宜适当增加。如屋架只承受节点荷载,测定上下弦挠度的测点只要布置在相应的节点之下;对于跨度较大的屋架,其弦杆的节间往往很大,在荷载作用下可能使弦杆承受局部弯曲,此时还应测量该杆件中点相对于其两端节点的最大位移。当屋架的挠度值较大时,需用大量程的挠度计或者用米厘纸制成标尺通过水准仪进行观测。与测量梁的挠度一样,必须注意到支座的沉陷与局部受压引起的变位。如果需要测量屋架端节点的水平位移及屋架上弦平面外的侧向水平位移,可以通过水平方向的百分表或挠度计进行测量。图 6-14 为挠度测点布置。

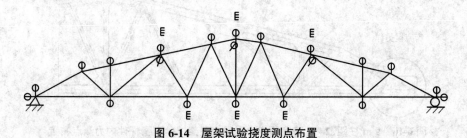

图 6-14　屋架试验挠度测点布置

φ—测量屋架上下弦节点挠度及端节点水平位移的百分表或挠度计;

⊘—测量屋架上弦出平面水平位移的百分表或挠度计;

E—钢尺或米厘纸尺,当挠度或变位较大时以及拆除挠度计后用于测量挠度

2)屋架杆件内力测量

当研究屋架的实际工作性能时,常常需要了解屋架杆件的受力情况,因此要求在屋架杆件上布置应变测点来确定杆件的内力值。一般情况下,在一个截面上引起法向应力的内力最

多有 3 个,即轴向力 N、弯矩 M_x 及 M,对于薄壁杆件则可能有 4 个,即增加了扭矩。

分析内力时,一般只考虑结构的弹性工作。这时,在一个截面上布置的应变测点数量只要等于未知内力数,就可以用材料力学的公式求出全部未知内力数值。应变测点在杆件截面上的布置位置见图 6-15。

一般钢筋混凝土屋架上弦杆直接承受的荷载,除轴向力外,还可能有弯矩,属压弯构件,截面内力主要由轴向力 N 和弯矩 M 组合。为了测量这两项

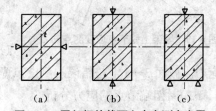

图 6-15　屋架杆件截面上应变测点布置

(a)只有轴力 N 作用

(b)、(c)有轴力 N 和弯矩 M_x 作用

内力,一般按图 6-15(b)在截面对称轴上下纤维处各布置 1 个测点。屋架下弦主要承受轴力 N 作用,一般只需在杆件表面布置 1 个测点,但为了便于核对和使所测结果更为精确,经常在截面的中和轴(图 6-15(a))位置上成对布置测点,取其平均值计算内力 N。屋架的腹杆主要承受轴力作用,布点可与下弦一样。

如果用电阻应变计测量弹性匀质杆件或钢筋混凝土杆件开裂前的内力,除了可按上述方法求得全部内力值外,还可以利用电阻应变仪测量电桥的特性及电阻应变计与电桥连接方式的不同,使测量结果直接等于某一个内力所引起的应变。

为了正确求得杆件内力,测点所在截面位置应经过选择,屋架节点在设计理论上均假定为铰接,但钢筋混凝土整体浇捣的屋架,其节点实际上是刚接的,由于节点的刚度,在杆件中邻近节点处还有次弯矩作用,由此在杆件截面上产生应力。因此,如果仅希望求得屋架在承受轴力或轴力和弯矩组合影响下的应力并避免节点刚度的影响,测点所在截面要尽量离节点远一些。反之,假如要求测定由节点刚度引起的次弯矩,则应该把应变测点布置在紧靠节

点处的杆件截面上。图 6-16 为 9 m 柱距、24 m 跨度的预应力混凝土屋架试验测量杆件内力的测点布置。

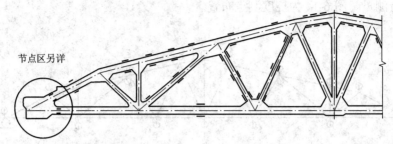

图 6-16　9 m 柱距、24 m 跨度预应力混凝土屋架试验测量杆件内力测点布置

说明：

（1）图中屋架杆件上的应变测点用"—"表示；

（2）在端节点部位，屋架上下弦杆上的应变测点是为了分析端节点受力布置的；

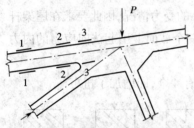

图 6-17　屋架上弦节点应变测点布置

（3）端节点上应变测点布置见图 6-17；

（4）下弦预应力钢筋上的电阻应变计测点未标出。

应该注意，在布置屋架杆件的应变测点时，绝不可将测点布置在节点上，因为该处截面的作用面积不明确。图 6-17 所示屋架上弦节点中截面 1—1 上的测点用于测量上弦杆的内力；截面 2—2 上的测点用于测量节点次应力的影响；比较两个截面的内力，就可以求出次应力。截面 3—3 上是错误的测点布置。

3）屋架端节点的应力分析

屋架端节点的应力状态比较复杂，这里不仅是上下弦杆相交点，屋架支承反力也作用于此，对于预应力钢筋混凝土屋架，下弦预应力钢筋的锚头也直接作用在节点端。更由于构造和施工上的原因，端节点经常过早开裂或破坏，因此，往往需要通过试验来研究其实际工作状态。为了测量端节点的应力分布规律，要求布置较多的三向应变网络测点（图 6-18），一般由电阻应变计组成。从三向应变网络各点测得应变量，通过计算或图解法求得端节点上的剪应力、正应力及主应力的数值与分布规律。为了测量上下弦杆交接处豁口应力情况，可沿豁口周边布置单向应变测点。

4）预应力锚头性能测量

对于预应力钢筋混凝土屋架，有时还需要研究预应力锚头的实际工作和锚头在传递预应力时对端节点的受力影响。特别是采用后张自锚预应力工艺时，为检验自锚头的锚固性能与锚头对端节点外框混凝土的作用，在屋架端节点的混凝土表面沿自锚头长度方向布置若干应变测点，测量自锚头部位端节点混凝土的横向受拉变形，如图 6-19 中所示的横向应变测点。如果按图示布置纵向应变测点，则可以同时测得锚头对外框混凝土的压缩变形。

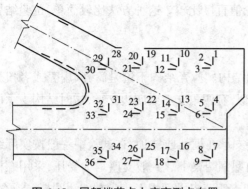 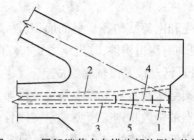

图 6-18 屋架端节点上应变测点布置　　　图 6-19 屋架端节点自锚头部位测点位置

1—混凝土自锚锚头;2—屋架下弦预应力钢筋预留孔;
3—预应力钢筋;4—纵向应变测点;5—横向应变测点

5)屋架下弦预应力钢筋张拉应力测量

为测量屋架下弦的预应力钢筋在施工张拉和试验过程中的应力值以及预应力的损失情况,需在预应力钢筋上布置应变测点。测点通常布置在屋架跨中及两端部位;当屋架跨度较大时,可在 1/4 跨度的截面上增加测点;如有需要,预应力钢筋上测点位置可与屋架下弦杆上的测点部位相一致。在预应力钢筋上经常采用事先粘贴电阻应变计的办法测量其应力变化,但必须注意防止电阻应变计受损。比较理想的做法是在成束钢筋中部放置一段短钢管使贴片的钢筋位置相互固定,这样便可将连接应变计的导线束,通过钢筋束中断续布置的短钢管从锚头端部引出。有时为了减少导线在预应力孔道内的埋设长度,可从测点就近部位的杆件预留孔将导线束引出。

如屋架预应力钢筋采用先张法施工,则上述测量准备工作均需在施工张拉前到预制构件厂或施工现场就地进行。

6)裂缝测量

预应力钢筋混凝土屋架的裂缝测量,通常要实测预应力杆件的开裂荷载值;测量使用状态下试验荷载值作用下的最大裂缝宽度及各级荷载作用下的主要裂缝宽度。在屋架中由于端节点的构造与受力复杂,经常会产生斜裂缝,应引起注意。此外腹杆与下弦拉杆以及节点的交会之处,将会较早开裂。

在屋架试验的观测设计中,利用结构与荷载的对称性特点,经常在半榀屋架上考虑布置测点与安装主要仪表,而在另半榀屋架上仅布置若干对称测点,供校核用。

6.3.4 薄壳和网架结构试验

薄壳和网架结构是工程结构中比较特殊的结构,一般适用于大跨度公共建筑。近年我国各地兴建的体育馆工程,多数采用大跨度钢网架结构。北京火车站中央大厅 35 m×35 m 钢筋混凝土双曲扁壳和大连港运仓库 23 m×23 m 的钢筋混凝土组合扭壳等是有代表性的薄壳结构。对于这类大跨度新结构的应用,一般都须进行大量的试验研究工作。

在科学研究和工程实践中,这种试验一般按照结构实际尺寸用缩小为 1/20~1/5 的大比例模型作为试验对象,但材料、杆件、节点基本上与实物类似,可将这种模型当作缩小到若干分之一的实物结构直接计算,并将试验值和理论值直接比较。这种方法比较简单,试验结果基本上可以说明实物的实际工作情况。

1.试件安装和加载方法

薄壳和网架结构都是平面面积较大的空间结构。薄壳结构不论是筒壳、扁壳或者扭壳等,一般均有侧边构件,其支承方式与双向板类似,有四角支承或四边支承,这时结构支承可由固定铰、活动铰及滚轴等组成。

网架结构在实际工程中是按结构布置直接支承在框架或柱顶,在试验中一般按实际结构支承点的个数将网架模型支承在刚性较大的型钢圈梁上。一般支座均为受压,采用螺栓做成的高低可调节的支座固定在型钢梁上,网架支座节点下面焊上带尖端的短圆杆,支承在螺栓支座的顶面,在圆杆上贴有应变计可测量支座反力,如图6-20所示。由于网架平面体形的不同,受载后除大部分支座受压外,在边界角点及其邻近的支座处经常可能出现受拉现象,为适应受拉支座的要求,并做到各支座构造统一,即既可受压又能抗拉,在有的工程试验中采用了钢球铰点支承形式(图6-20(b)),钢球安置在特别的圆形支座套内,钢球顶端与网架边节点支座竖杆相连,支座套上设有盖板,当支座出现受拉时可限制球铰从支座套内拔出,同样可以由支座竖杆上的应变计测得支座拉力。圆形支座套下端用螺栓与钢圈梁连接,可以调整高低,使网架所有支座在加载前能统一调整,保证整个网架有良好的接触。图6-20(c)所示锁形拉压两用支座可安装于反力方向无法确定的支座上,它可以适应受压或受拉的受力状态。某体育馆四立柱支承的方形双向正交网架模型试验中,采用了球面板做成的铰接支座,柱子上端用螺杆可调节的套管调整网架高度,这种构造在承受竖向荷载时是可以的,但当有水平荷载作用时就显得太弱,变形较大(图6-20(d))。

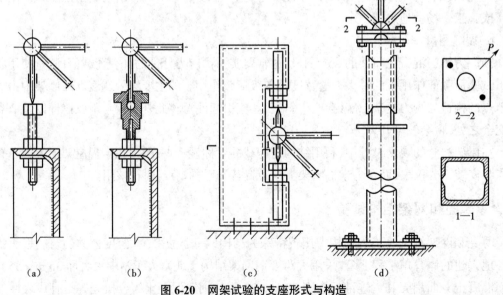

（a）　　　　　（b）　　　　　（c）　　　　　（d）

图6-20　网架试验的支座形式与构造

薄壳结构是空间受力体系,在一定的曲面形式下,壳体弯矩很小,荷载主要靠轴向力承受。壳体结构由于具有较大的平面尺寸,所以单位面积上荷载量不会太大,一般情况下可以用重力直接加载,将荷载分垛铺设于壳体表面;也可以通过壳面预留的孔洞直接悬吊荷载(图 6-21),并可在壳面上用分配梁系统施加多点集中荷载。在双曲扁壳或扭壳试验中可用特制的三角加载架代替分配梁系统,在三角架的形心位置上通过壳面预留孔用钢丝悬吊荷重;为适应壳面各点曲率变化,三角架的三个支点可用螺栓调节高度。

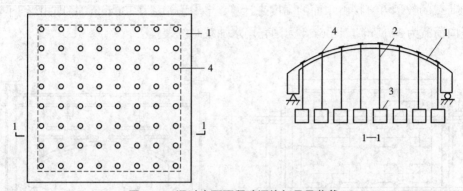

图 6-21　通过壳面预留孔洞施加悬吊荷载

1—试件;2—荷重吊杆;3—荷重;4—壳面预留孔洞

为了加载方便,也可以通过壳面预留孔洞设置吊杆而在壳体下面用分配梁系统通过杠杆施加集中荷载(图 6-22)。

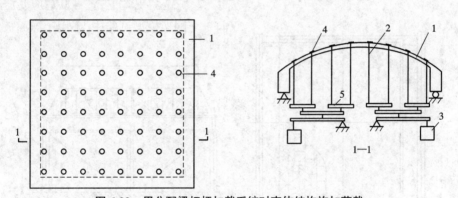

图 6-22　用分配梁杠杆加载系统对壳体结构施加荷载

1—试件;2—荷重吊杆;3—荷重;4—壳面预留孔洞;5—分配梁杠杆加载系统

在薄壳结构试验中,也可利用气囊通过空气压力和支承装置对壳面施加均布荷载,有条件时可以采取密封措施,在壳体内部用抽真空的方法,利用大气压差,即利用负压作用对壳面进行加载。这时壳面上没有加载装置,便于进行测量和观测裂缝。

如果需要较大的试验荷载或要求进行破坏试验时,则可按图 6-23 所示用同步液压加载器和荷载支承装置施加荷载,以获得较好效果。

在我国建造的网架结构中,大部分采用钢结构杆件组成的空间体系,作用于网架上的竖向荷载主要通过其节点传递。在较多试验中都用水压加载来模拟竖向荷载,为了使网架承受比较均匀的节点荷载,一般在网架上弦的节点上焊以小托盘,上放传递水压的小木板,木板按网架的网格形状及节点布置形状而定,要求各木板互不联系,以保证荷载传递作用明确,挠曲变形自由。对于变高度网架或上弦有坡度时,尚可通过连接托盘的竖杆调节高度,使荷载作用点在同一水平,便于用水压加载。在网架四周用薄钢板、铁皮或木板按网架平面体形组成外框,用专门支柱支承外框的自重,然后在网架上弦的木板上和四周外框内衬以特制的开口大型塑料袋。这样,当试验加载时,水的重量在竖向通过塑料袋、木板直接经上弦节点传至网架杆件,而水的侧向压力由四周的外框承受。由于外框不可直接支承于网架,所以施加荷载的数量可直接由水面的高度来计算,当水面高度为 300 mm 时,即相当于网架承受的竖向荷载为 3 kN/m^2。图 6-24 为网壳用水加载时的装置。

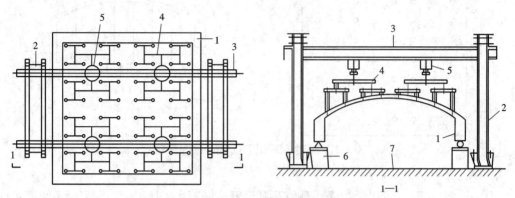

图 6-23　用液压加载器进行壳体结构加载试验

1—试件;2—荷载支承架立柱;3—横梁;4—分配梁系统;5—液压加载器;6—支座;7—试验台座

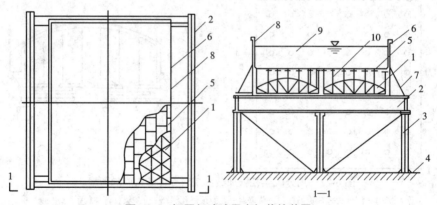

图 6-24　钢网架试验用水加载的装置

1—试件;2—刚性梁;3—立柱;4—试验台座;5—分块式小木板;
6—钢板外框;7—支撑;8—塑料袋;9—水;10—节点荷载传递短柱

有些网架试验,用荷载重块通过各种比例的分配梁直接施加在网架下弦节点;一般四个节点合用一个荷重吊篮,部分则为两个节点合成一个吊篮。按设计计算,中间节点荷载为 P 时,网架边缘节点为 $P/2$,四角节点为 $P/4$,各种不同节点荷载均由同一形式的分配梁组成(图 6-25)。

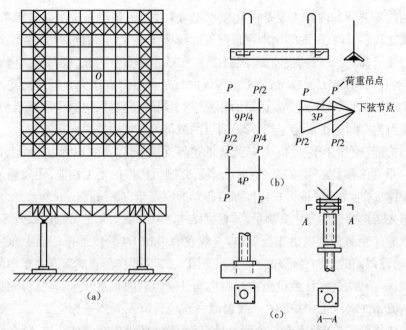

图 6-25　四立柱平板网架用分配梁在下弦节点加载
（a）结构简图　（b）荷载分配梁系统　（c）支座节点

同薄壳试验一样，当需要进行破坏试验时，由于破坏荷载较大，可用多点同步液压加载系统经支承于网架节点的分配梁施加荷载，如图 6-26 所示。

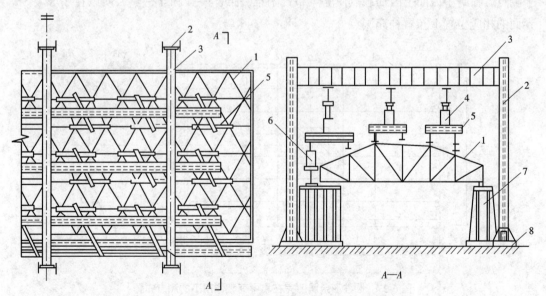

图 6-26　用多点同步液压加载器进行钢网壳加载试验
1—网壳；2—荷载支承架立柱；3—横梁；4—液压加载器；5—分配梁系统；6—平衡加载器；7—支座；8—试验台座

2. 试验项目和测点布置

薄壳结构与平面结构不同，它既是空间结构，又具有复杂的表面外形，如筒壳、双曲抛物面壳和扭壳等，根据其受力特点，它的测量要比一般平面结构复杂得多。

　　壳体结构要观测的内容主要是位移和应变两大类。一般测点按平面坐标系统布置，测点的数量就比较多，如在平面结构中测量挠度曲线按线向五点布置法，在薄壳结构中则为了测量壳面的变形，即受载后的挠曲面，就需要 $5^2 = 25$ 个测点。为此，可利用结构对称和荷载对称的特点，在结构的 1/2、1/4 或 1/8 的区域内布置主要测点作为分析结构受力特点的依据，而在其他对称的区域内则布置适量的测点进行校核。这样既可减少测点数量，又不影响了解结构受力的实际工作情况，至于校核测点的数量可按试验要求而定。

　　薄壳结构都有侧边构件，为了校核壳体的边界支承条件，需要在侧边构件上布置挠度计来测量它的垂直位移及水平位移。有时为了研究侧边构件的受力性能，还要测量它的截面应变分布规律，这时完全可按梁式构件测点布置的原则与方法进行。

　　对于薄壳结构的挠度与应变测量，要根据结构形状和受力特性分别加以研究决定。

　　圆柱形壳体受载后的内力比较简单，一般在跨中和 1/4 跨度的横截面上布置位移和应变测点，测量该截面的径向变形和应变分布。图 6-27 为圆柱形金属薄壳在集中荷载作用下的测点布置图。利用挠度计测量壳体与侧边构件受力后的垂直和水平变位，测量内容主要有侧边构件边缘的水平位移、壳体中间顶部垂直位移以及壳体表面上 2 及 2′ 处的法向位移。其中以壳体跨中 $l/2$ 截面上 5 个测点最有代表性，此外应在壳体两端部截面布置测点。利用应变仪测量纵向应力，其仅布置在壳体曲面之上，主要布置在跨度中央、$l/4$ 处与两端部截面上，其中两个 $l/4$ 截面和两个端部截面中的一个为主要测量截面，另一个与它对称的截面为校核截面。在测量的主要截面上布置 10 个应变测点，校核截面仅在半个壳面上布置 5 个测点。在跨中截面上因加载点使测点布置困难（轴线 4—4 和 4′—4′），所以在 $3l/8$ 及 $5l/8$ 界面的相应位置上布置补充测点。

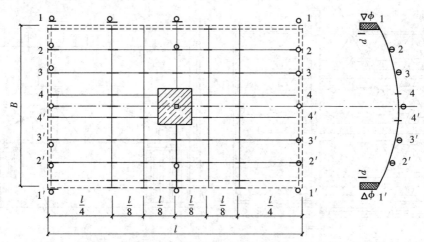

图 6-27　圆柱形金属薄壳在集中荷载作用下的测点布置

　　对于双曲扁壳结构的挠度测点，除一般沿侧边构件布置垂直和水平位移的测点外，壳面的挠曲可沿壳面对称轴线或对角线布点测量，并在 1/4 或 1/8 壳面区域内布点（图 6-28（a））。

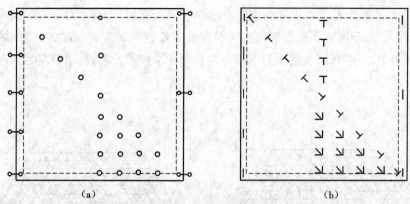

图 6-28　双曲扁壳的测点布置

为了测量壳面主应力的大小和方向,一般均需布置三向应变网络测点。由于壳面对称轴上剪应力等于零,主应力方向明确,所以只需布置二向应变测点(图 6-28(b))。有时为了查明应力在壳体厚度方向的变化规律,则在壳体内表面的相应位置上也对称布置应变测点。

如果是加肋双曲壳,还必须测量肋的工作状况,这时壳面挠曲变形可在肋的交点上布置。由于肋主要是单向受力,所以只需沿其走向布置单向应变测点,通过在壳面上平行于肋向的测点配合,即可确定其工作性质。

网架结构是杆件体系组成的空间结构,它的形式多种,有双向正交、双向斜交和三向正交等,由于可看作由桁架梁相互交叉组成,其测点布置的特点也类似于平面结构中的桁架。

网架的挠度测点可沿各桁架梁布置在下弦节点。应变测点布置在网架的上下弦杆、腹杆、竖杆及支座竖杆上。由于网架平面体形较大,同样可以利用荷载和结构对称性的特点;对于仅有一个对称轴平面的结构,可在 1/2 区域内布点;对于有两个对称轴的平面,则可在 1/4 或 1/8 区域内布点;对于三向正交网架,则可在 1/6 或 1/12 区域内布点。与壳体结构一样,主要测点应尽量集中在某一区域内,其他区域仅布置少量校核测点(图 6-29)。

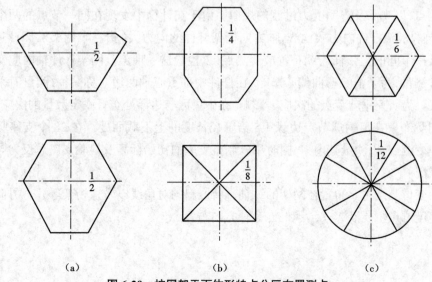

图 6-29　按网架平面体形特点分区布置测点

　　图 6-30 是平面为不等六边形的上海游泳馆三向变截面折形板空间网架 1/20 模型试验的测点布置图。由于网架平面体形仅有一对称轴 Y-Y,故测点主要布置在 1/2 区域内并以网架的右半区为主,考虑到加工制作的不均匀性和测量误差等因素,在网架左半区亦布置少量测点,以供校核。

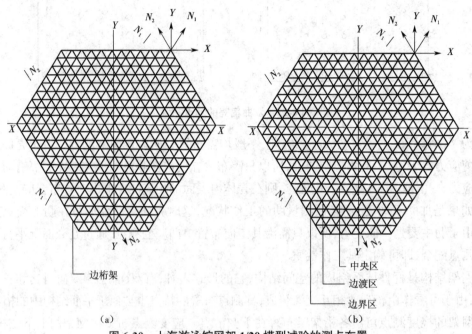

(a) 　　　　　　　　　　　　　　　　(b)

图 6-30　上海游泳馆网架 1/20 模型试验的测点布置
(a)挠度测点布置　(b)应变测点布置

　　考虑到三向网架的特点,杆件应变测点沿具有代表性的 X、N_1 和 N_2 轴走向的桁架梁布置,在网架中央区内力最大的区域内布点,虽然边界区域的杆件内力不大,但由于受支座约束的干扰,内力分布甚为复杂,故也布置较多测点,同时在从中央到边界的过渡区中适当布置一批测点,以观测及查明受力过渡的规律。由于在计算中发现在同一节点的两个杆件中 N_2 轴方向的桁架杆件内力要比 N_1 轴方向桁架杆件的内力大(指右半网架),因此选择了 X 轴方向某一节间的上弦杆连续布置应变测点,以检验这一现象。网架杆件轴向应变采用电阻应变计测量,为了消除弯曲偏心影响,在杆件中部重心轴两边对称贴片,测量时采用串联半桥连接。为研究钢球节点的次应力影响,在中央区与边界处布置一定数量的次应力测点,该测点对称布置在离钢球节点边缘 1.5 倍管径长度的上下截面处。在 28 个支座竖杆上也都布置应变测点,以测量其内力,同时用以调整支座的初始标高及检验支座总反力与外荷载的平衡状况。

　　网架变位测点主要布置在网架的纵轴、横轴、斜向对角线以及边桁架等几个方向。游泳馆网架挠度测点主要沿 X、Y、N_1 和 N_2 等轴方向布置。

6.4 测量数据整理

测量数据包括在准备阶段和正式试验阶段采集到的全部数据,其中一部分是对试验起控制作用的数据,如最大挠度控制点、最大侧向位移控制点、控制截面上的钢筋应变屈服点及混凝土极限拉、压应变等等。这类起控制作用的参数应在试验过程中随时整理,以便指导整个试验过程。

其他大量测试数据的整理分析工作,将在试验后进行。对实测数据进行整理,一般均应算出各级荷载作用下仪表读数的递增值和累计值,必要时还应进行换算和修正,然后用曲线或图表表达。用方程式表达的方法将在后面有关章节叙述。

在原始记录数据整理过程中,应特别注意读数的反常情况,如仪表指示值与理论计算值相差很大,甚至有正负号颠倒的情况,这时应对这些现象的规律性进行分析,判断其原因所在。一般可能的原因有两方面:一方面是试验结构本身产生裂缝、节点松动、支座沉降或局部应力达到屈服而引起数据突变;另一方面是测试仪表安装不当。凡不属于差错或主观造成的仪表读数突变都不能轻易舍弃,待以后分析时再进行判断处理。

本节仅对静载试验中部分基本数据的整理原则做简单介绍,更详细的内容参考第 9 章的内容。

6.4.1 整体变形测量结果整理

构件的挠度是指构件自身的变形,我们所测的是构件某点的沉降,因此要消除支座影响。图 6-31(a)中的简支梁,消除支座影响后实测跨中最大挠度 f_q^0 为

$$f_q^0 = u_m^0 - \frac{u_l^0 + u_r^0}{2} \tag{6-1}$$

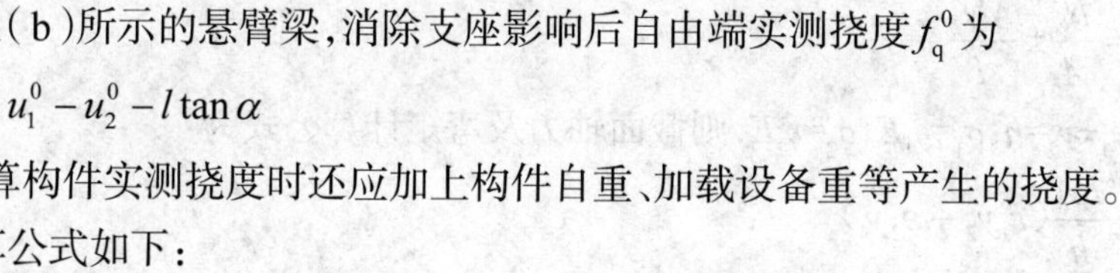

图 6-31 挠度测点布置原理图

如图 6-31(b)所示的悬臂梁,消除支座影响后自由端实测挠度 f_q^0 为

$$f_q^0 = u_1^0 - u_2^0 - l\tan\alpha \tag{6-2}$$

此外,计算构件实测挠度时还应加上构件自重、加载设备重等产生的挠度。构件实测短期挠度 f_s^0 计算公式如下:

$$f_s^0 = \psi(f_q^0 - f_g^c) \tag{6-3}$$

式中 f_q^0——消除支座影响后的挠度实测值,按式(6-1)式(6-2)计算;

　　　　f_g^c——构件自重和加载设备重产生的挠度;

ψ——用等效集中荷载代替均布荷载时的加载图式修正系数。

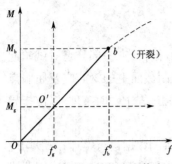

图 6-32 外差法确定自重挠定

ψ定义为均布荷载图式跨中挠度与等效集中荷载图式跨中挠度之比,按弹性理论计算。混凝土构件出现裂缝后,按弹性理论计算的ψ进行修正会有一定误差。

由于仪表初读数是在试件和试验装置安装后读取的,加载后测量的挠度值中未包括自重引起的挠度,因此计算时应予以考虑。f_g^c的值可近似按构件开裂前的线性段外插确定,如图 6-32 所示,也可按下式确定:

$$f_g^c = \frac{M_g}{\Delta M_b} \cdot \Delta f_b^0 \tag{6-4}$$

式中　ΔM_b、Δf_b^0——对于简支梁,分别为开裂前跨中截面弯矩增量与相应跨中挠度增量,对于悬臂梁,分别为固端截面弯矩增量与相应自由端挠度增量;

　　　M_g——构件与加载设备重产生的截面弯矩,对于简支梁为跨中截面弯矩,对于悬臂梁为固端截面弯矩。

6.4.2　应变测量结果分析

通过应变测量结果分析,可得到截面内力、平面应力状态。

1. 截面弹性内力计算

通过对轴向受力、拉弯、压弯等构件的实测应变分析,可以得到构件的截面弹性内力。

1)轴向拉、压构件

拉、压构件测点布置如图 6-33(a)所示。根据截面中和轴或最小惯性矩轴上布置的测点应变,截面轴向力可按下式计算:

$$N = \sigma A = \bar{\varepsilon} E A \tag{6-5}$$

式中　E、A——材料弹性模量和截面面积;

　　　$\bar{\varepsilon}$——实测的截面平均应变。

2)单向压弯、拉弯构件

这类构件测点布置如图 6-33(b)所示。由材料力学知识知,截面边缘应力计算公式为

$$\sigma_1 = \frac{N}{A} \pm \frac{My_1}{I} \tag{6-6}$$

$$\sigma_2 = \frac{N}{A} \pm \frac{My_2}{I} \tag{6-7}$$

注意到:$y_1+y_2=h$,$\sigma_1=\varepsilon_1 E$,$\sigma_2=\varepsilon_2 E$,则截面轴力及弯矩计算公式为

$$N = \frac{EA}{h}(\varepsilon_1 y_2 + \varepsilon_2 y_1) \tag{6-8}$$

$$M = \frac{EI}{h}(\varepsilon_2 - \varepsilon_1) \tag{6-9}$$

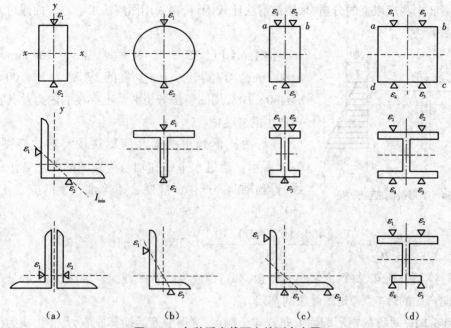

图 6-33　各种受力截面上的测点布置
（a）轴向受力　（b）单向拉弯、压弯　（c）双向弯曲　（d）双向弯曲扭转

式中　A、I——构件截面面积和惯性矩；

　　　ε_1、ε_2——截面上、下边缘的实测应变值；

　　　y_1、y_2——截面中和轴至截面上、下边缘测点的距离。

3）双向弯曲构件

构件受轴力 N、双向弯矩 M_x 和 M_y 作用时，截面上的测点布置如图 6-33（d）所示。根据测得的四个应变 ε_1、ε_2、ε_3、ε_4，利用外插法求出截面相应四个角的应变值 ε_a、ε_b、ε_c、ε_d，再利用式（6-10）中的任意三个方程，即可求解 N、M_x 和 M_y。

$$
\left.
\begin{aligned}
\sigma_a = \varepsilon_a E &= \frac{N}{A} + \frac{M_x}{I_x} y_1 + \frac{M_y}{I_y} x_1 \\[2mm]
\sigma_b = \varepsilon_b E &= \frac{N}{A} + \frac{M_x}{I_x} y_1 + \frac{M_y}{I_y} x_2 \\[2mm]
\sigma_c = \varepsilon_c E &= \frac{N}{A} + \frac{M_x}{I_x} y_2 + \frac{M_y}{I_y} x_1 \\[2mm]
\sigma_d = \varepsilon_d E &= \frac{N}{A} + \frac{M_x}{I_x} y_2 + \frac{M_y}{I_y} x_2
\end{aligned}
\right\}
\tag{6-10}
$$

对于图 6-33（c）的测点布置，可利用上式中的前三个方程，取消 σ_c 中的最后一项，即可求出 N、M_x 和 M_y。

若构件除轴向力 N 和弯矩 M_x 及 M_y 作用外，还有扭转力矩 B 时，则在上述各式中再加上一项 $\sigma_\omega = B \dfrac{\omega}{I_m}$。利用上述四式可同时解出 N、M_x、M_y 和 B。

一般 3 个测点以上的分析,采用数解法比较困难,多采用图解法求解。下面通过两个例子说明图解法。

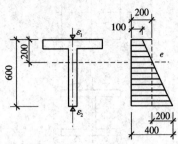

图 6-34　T 形截面应变分析

【例 6.1】已知 T 形截面形心 y_1=200 mm,高度 h=600 mm,实测上、下边缘的应变为 ε_1=100×10^{-6}、ε_2=400×10^{-6},用图解法分析截面上存在的内力及其在各测点产生的应变值。

解:按比例画出截面几何形状及实测应变图,如图 6-34 所示。通过水平中和轴与应变图的交点 e 作一条垂线,得到轴向力产生的应变 ε_N 和弯曲产生的应变 ε_M,其值计算如下:

$$\varepsilon_0 = \left(\frac{\varepsilon_2 - \varepsilon_1}{h}\right)y_1 = \left(\frac{400×10^{-6} - 100×10^{-6}}{600}\right)×200 = 100×10^{-6}$$

通过本例分析知,材料力学中的概念(如弯曲应变符合平截面假定、截面形心处的应变不受双向弯曲的影响等)是图解法的基础。

【例 6.2】一对称的矩形截面上布置 4 个测点,测得应变后换算成应力,画出应力图并延长至边缘,得边缘应力 σ_a=-44 MPa,σ_b=-22 MPa,σ_c=24 MPa,σ_d=54 MPa,如图 6-35 所示。用图解法分析截面上的应力及各测点上的应力值。

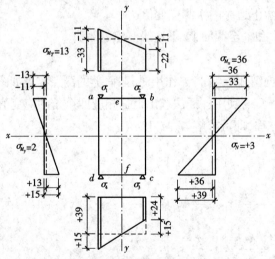

图 6-35　对称截面应变分析

解:求出上、下盖板中点处的应力,即

$$\sigma_e = \frac{\sigma_a + \sigma_b}{2} = \frac{-44 - 22}{2} = -33 \text{ MPa}$$

$$\sigma_f = \frac{\sigma_c + \sigma_d}{2} = \frac{24 + 54}{2} = 39 \text{ MPa}$$

由于 σ_e、σ_f 的符号不同,可知有轴向力 N 和垂直弯矩 M_x 共同作用。根据 σ_e、σ_f 进一步分解得右侧应力图,可知其轴向力为拉力,其值为

$$\sigma_{M_x} = \pm \frac{\sigma_f - \sigma_e}{2} = \pm \frac{39 + 33}{2} = \pm 36 \, \text{MPa}$$

因为上、下盖板应力分布图呈两个梯形,说明除了有 N 和 M_x 外,还有其他内力作用,这时可通过沿水平盖板的应力图得左侧应力图。其值为

$$\frac{\sigma_a - \sigma_b}{2} = \pm \frac{-44 + 22}{2} = \mp 11 \, \text{MPa}$$

$$\frac{\sigma_d - \sigma_c}{2} = \pm \frac{54 - 24}{2} = \pm 15 \, \text{MPa}$$

由于截面上、下相应测点余下的应力绝对值及其符号均不同,说明它们是由水平弯矩 M_y 和扭矩 M_T 联合产生的,其值为

$$\sigma_{M_y} = \pm \frac{-15 + 11}{2} = \mp 2 \, \text{MPa}$$

$$\sigma_{M_T} = \mp \frac{-15 - 11}{2} = \pm 13 \, \text{MPa}$$

现将计算结果列于表 6-1,求得四种应力后,根据截面几何性质,按材料力学公式即可求得各项内力值。

表 6-1　应力分析结果

应力组成	符号	各点应力(MPa)			
		σ_a	σ_b	σ_c	σ_d
垂直弯矩产生的应力	σ_{M_x}	-36	-36	+36	+36
轴向力产生的应力	σ_N	+3	+3	+3	+3
水平弯矩产生的应力	σ_{M_y}	+2	-2	-2	+2
扭矩产生的应力	σ_{M_T}	-13	+13	-13	+13
各点实测应力	Σ	-44	-22	+24	+54

2. 平面应力状态分析

用应变花测量平面应力状态的主应力(应变)的大小和方向时,可用两片应变计或三片应变计作为一个应变花。

当主应力方向未知时,则必须用三片应变计作为一个应变花,测量一个测点三个方向的应变。常用应变花形式见表 6-2。

为了简化计算,通常将应变花中的一个应变计的方向与水平轴 x 重合,则应变花的其他应变计与轴的夹角就由特殊角度组成。由材料力学可知,不同形式的应变花的主应变 ε_1、ε_2,主应变方向 θ_x(与 x 轴夹角)和剪应变 $\gamma_{\max}$ 的计算有着共同的规律,其通式为

$$\left.\begin{array}{l} \varepsilon_1(\varepsilon_2) = A \pm \sqrt{B^2 + C^2} \\ \gamma_{\max} = 2\sqrt{B^2 + C^2} \\ \tan 2\theta_x = \dfrac{C}{B} \end{array}\right\} \tag{6-11}$$

式中　A、B、C——应变花形式参数,见表 6-2。

表 6-2　应变花及其形式参数

应变花名称	应变花形式	应变花形式参数		
		A	B	C
45° 直角应变花		$\dfrac{\varepsilon_0 + \varepsilon_{90}}{2}$	$\dfrac{\varepsilon_0 - \varepsilon_{90}}{2}$	$\dfrac{2\varepsilon_{45} - \varepsilon_0 - \varepsilon_{90}}{2}$
60° 等边三角形应变花		$\dfrac{\varepsilon_0 + \varepsilon_{60} + \varepsilon_{120}}{3}$	$\varepsilon_0 - \dfrac{\varepsilon_0 + \varepsilon_{60} + \varepsilon_{120}}{3}$	$\dfrac{\varepsilon_{60} - \varepsilon_{120}}{\sqrt{3}}$
伞形应变花		$\dfrac{\varepsilon_0 + \varepsilon_{90}}{2}$	$\dfrac{\varepsilon_0 - \varepsilon_{90}}{2}$	$\dfrac{\varepsilon_{60} - \varepsilon_{120}}{\sqrt{3}}$
扇形应变花		$\dfrac{\varepsilon_0 + \varepsilon_{90}}{2}$	$\dfrac{\varepsilon_0 - \varepsilon_{90}}{2}$	$\dfrac{\varepsilon_{135} - \varepsilon_{45}}{2}$

主应力 σ_1、σ_2,主应力方向 θ_x(与 x 轴夹角)和剪应力 τ_{max} 按下式计算:

$$\left.\begin{aligned} \sigma_1(\sigma_2) &= \left(\frac{E}{1-v}\right) A \pm \left(\frac{E}{1+v}\right)\sqrt{B^2 + C^2} \\ \tau_{max} &= \left(\frac{E}{1+v}\right)\sqrt{B^2 + C^2} \\ \tan 2\theta_x &= \frac{C}{B} \end{aligned}\right\} \qquad (6\text{-}12)$$

式中　E、v——材料的弹性模量和泊松比。

若主应力方向已知,可用两个应变计作为一个应变花。两个应变计分别沿主应力方向布置,且测得的应变即为主应变,分别为 ε_1、ε_2,则主应力 σ_1、σ_2 和剪应力 τ_{max} 按下式计算:

$$\left.\begin{aligned} \sigma_1(\sigma_2) &= \frac{E}{1-v^2}(\varepsilon_1 + v\varepsilon_2) \\ \tau_{max} &= \frac{E}{2(1-v)}(\varepsilon_1 - \varepsilon_2) = \frac{\sigma_1 - \sigma_2}{2} \end{aligned}\right\} \qquad (6\text{-}13)$$

6.4.3　试验曲线的图表绘制

将各级荷载作用下取得的读数,按一定坐标系绘制成曲线,看起来一目了然,能充分表达参数之间的内在规律,也有助于进一步用统计方法找出数学表达式。

适当选择坐标系及坐标轴的比例有助于确切地表达试验结果。直角坐标系只能表示两个变量间的关系。在试验研究中一般用纵坐标表示自变量(荷载),用横坐标表示因变量(变形或内力),有时会遇到因变量不止一个的情况,这时可采用"无量纲变量"作为坐标。例如为了研究钢筋混凝土矩形单筋受弯构件正截面的极限弯矩

$$M_u = A_s f_y \left[h_0 - \frac{A_s f_y}{2ba_1 f_c} \right]$$

的变化规律,需要进行大量的试验研究,而每一个试件的含钢率 $\mu = A_s/f_y bh$、混凝土强度等级 f_{cu}、断面形状和尺寸 bh_0 都有差别,若以每一个试件的实测极限弯矩 M_u 逐个比较,就无法反映一般规律。但若将纵坐标改为无量纲变量,以 $M_u/f_c bh_0^2$ 来表示,横坐标分别以 $\mu f_y/f_c$ 和 σ_s/f_y 表示(图 6-36),则即使相差较大的梁,也能揭示梁随配筋率不同的性能变化规律。

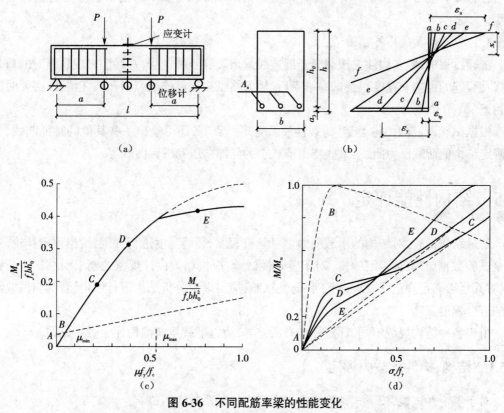

图 6-36　不同配筋率梁的性能变化

(a)试件与荷载　(b)跨中截面应变分布　(c)极限弯矩　(d)钢筋应力

选择试验曲线时,应尽可能用比较简单的曲线形式,并使曲线通过较多的试验点,或使曲线两边的点数相差不多。一般靠近坐标系中间的数据点可靠性更好些,两端的数据可靠性稍差些。具体的方法将在后面数据统计分析有关内容中进一步讨论。下面对常用试验曲线的特征做简要说明。

1. 荷载 - 变形曲线

荷载 - 变形曲线有结构构件的整体变形曲线,控制节点或截面上的荷载转角曲线,铰支

座和滑动支座的荷载侧移曲线,以及荷载时间曲线、荷载挠度曲线等。

变形时间曲线,表明结构在某一恒定荷载作用下变形随时间增长的规律。变形稳定的快慢程度与结构材料及结构形式等特点有关,如果变形不能稳定,说明结构有问题。它可能是钢结构的局部构件达到极限,也可能是钢筋混凝土结构的钢筋发生滑动等,具体情况应进一步分析。

2. 荷载 - 应变曲线

选取控制截面,沿其高度布置测点,用一定的比例尺将某一级荷载下的各测点的应变值连接起来,即为截面应变分布图(简称截面应变)。截面应变图可用来研究截面应力的实际状况及中和轴的位置等。对于线弹性材料,截面的应变即反映了截面应力的分布规律。对于非弹性材料,则应按材料的 σ-ε 曲线相应查取应力值。

若对某一点描绘各级荷载下的应变图,则可以看出该点应变变化的全过程。图 6-36(b)是梁跨中截面上各级荷载下截面应变分布曲线。图 6-36(d)是钢筋应变与荷载关系曲线。

3. 构件裂缝及破坏特征图

试验过程中,应在构件上按裂缝开展迹线画出裂缝开展过程,并标注出现裂缝时的荷载等级及裂缝的走向和宽度。待试验结束后,用方格纸按比例描绘裂缝和破坏特征,必要时应照相记录。

根据试验研究的结构类型、荷载性质及变形特点等,还可绘出一些其他的特征曲线,如超静定结构的荷载反力曲线,某些特定节点上的局部挤压和滑移曲线等。

6.5　结构性能评定

通过结构试验,对结构的承载能力、变形、抗裂度、裂缝宽度进行评定,给出评定结论,这也是试验数据整理的一项工作。对于鉴定性试验,应按相关设计规范的要求对结构进行评定,看其是否满足规范的要求;对于科研性试验,应对理论分析结果进行评定,看其与试验结果的符合程度。

由于各种结构规范不同,评定标准有所差异,故以下就建筑结构评定做一说明。

6.5.1　结构、构件承载力评定

对于鉴定性试验,按下式计算构件的承载力检验系数实测值 γ_u^0:

$$\gamma_u^0 = \frac{P_u^0}{P} \qquad\qquad (6-14)$$

或

$$\gamma_u^0 = \frac{S_u^0}{S} \qquad\qquad (6-15)$$

式中　P_u^0、S_u^0——构件破坏荷载、破坏荷载效应实测值;

　　　　P、S——构件承载力检验荷载、检验荷载效应。

并应满足

$$\gamma_u^0 \geqslant \gamma_0 [\gamma_u] \qquad (6-16)$$

式中 γ_0 ——结构的重要性系数,按表 6-3 取用;

$[\gamma_u]$ ——构件的承载力检验系数允许值,按表 6-4 取用。

对于科研性试验,按下式计算承载力检验系数实测值 γ_u^0:

$$\gamma_u^0 = \frac{R(f_c^0, f_s^0, a^0, \cdots)}{S_u^0} \qquad (6-17)$$

当 $\gamma_u^0 = 1$ 时,说明理论计算与试验结果的符合程度良好;$\gamma_u^0 < 1$ 时,说明计算结果比试验结果小,偏于安全;$\gamma_u^0 > 1$ 时,说明计算结果比试验结果大,偏于不安全。

表 6-3 建筑结构的重要性系数

结构安全等级	γ_0
一级	1.1
二级	1.0
三级	0.9

表 6-4 承载力检验指标

受力情况	标志编号	承载力检验标志		$[\gamma_u]$
轴心受拉、偏心受拉、受弯、大偏心受压	①	主筋处裂缝宽度达到 1.5 mm 或挠度达到跨度的 1/50	I～III级钢筋,冷拉 I、II 级钢筋	1.20
			冷拉III、IV级钢筋	1.25
			热处理钢筋、钢丝、钢绞线	1.45
	②	受压区混凝土破坏	I～III级钢筋,冷拉 I、II 级钢筋	1.25
			冷拉III、IV级钢筋	1.30
			热处理钢筋、钢丝、钢绞线	1.40
	③	受力主筋拉断		1.50
轴心受压、偏心受压	④	混凝土受压破坏		1.45

混凝土构件达到下列破坏标志之一时,即认为达到承载力极限状态。

(1)对于轴心受拉、偏心受拉、受弯、大偏心受压结构件:

①受拉主筋应力达到屈服强度、受拉应变达到 0.01;

②受拉主筋拉断;

③受拉主筋处最大垂直裂缝宽度达到 1.5 mm;

④挠度达到跨度的 1/50,悬臂结构构件挠度达到 1/25;

⑤受压区混凝土压坏;

⑥锚固破坏或主筋端部混凝土滑移达 0.2 mm。

(2)轴心受压或小偏心受压结构件:

①混凝土受压破坏;

②受压主筋应力达到屈服强度。

（3）受弯构件剪切破坏:

①箍筋或弯起钢筋或斜截面内的纵向受拉主筋应力达到屈服强度;

②斜裂缝端部受压区混凝土剪压破坏;

③沿斜截面混凝土斜向受压破坏;

④沿斜截面撕裂形成斜拉破坏;

⑤箍筋或弯起钢筋与斜裂缝交会处的斜裂缝宽度达 1.5 mm;

⑥锚固破坏或主筋端部混凝土滑移达 0.2 mm。

试验加载应保证有足够的持荷时间,因此,结构承载力应按下述规定取值:在加载过程中出现上述破坏标志之一时,取前一级荷载作为结构的实测承载力;在持荷结束后出现上述破坏标志之一时,以此时的荷载作为结构的实测承载力;在持荷时间内出现上述破坏标志之一时,取本级与前一级荷载的平均值作为结构的实测承载力。

试验记录资料也是确定结构承载力的参考依据,它们包括混凝土或钢筋的应变、荷载 - 挠度曲线顶点、结构件最大挠度、最大裂缝宽度出现时刻等。

6.5.2　结构挠度评定

对于鉴定性试验,应满足下式要求:

$$f_{0s} \leqslant [f_s] \tag{6-18}$$

式中　f_{0s}、$[f_s]$——正常使用短期荷载作用下,构件的短期挠度实测值和短期挠度允许值。

对于混凝土构件

$$[f_s] = \frac{Q_s}{Q_l(\theta-1)+Q_s}[f] \tag{6-19}$$

$$[f_s] = \frac{M_s}{M_l(\theta-1)+M_s}[f] \tag{6-20}$$

式中　Q_s、Q_l——短期荷载组合值、长期荷载组合值;

M_s、M_l——按荷载短期效应组合值、荷载长期效应组合值计算的弯矩;

θ——考虑荷载长期效应组合对挠度增大的影响系数,按《混凝土结构设计规范》（GB 50010—2010)的规定采用;

$[f]$——结构挠度允许值。

对于科研性试验,比较计算挠度与实测挠度的符合程度。

6.5.3　结构抗裂性评定

对于正常使用不允许出现裂缝的混凝土结构,结构的抗裂性检验应符合下式要求:

$$\gamma_{ck}^0 \gg [\gamma_{ck}] \tag{6-21}$$

$$[\gamma_{ck}] = 0.95 \frac{\gamma f_{tk} + \sigma_{pc}}{f_{tk} \sigma_{sc}}$$ （6-22）

式中　　γ_{ck}^{0}——结构抗裂系数实测值,即结构的开裂荷载实测值与正常使用短期检验荷载值之比;

　　　　$[\gamma_{ck}]$——结构抗裂检验系数允许值;

　　　　γ——受压区混凝土塑性影响系数;

　　　　σ_{pc}——荷载短期效应组合下,抗裂验算截面边缘的混凝土法向应力;

　　　　σ_{sc}——检验时在抗裂验算边缘的混凝土预压应力计算值,应考虑混凝土收缩徐变造成预应力损失随时间变化的影响系数 β, $\beta = \dfrac{4j}{120 + 3j}$ 为施加预应力后的时间,以天计;

　　　　f_{tk}——检验时混凝土抗拉强度标准值。

对于正常使用允许出现裂缝的混凝土结构,结构的裂缝宽度应符合下式要求:

$$W_{0s,max} \leqslant [W_{max}]$$ （6-23）

式中　　$W_{0s,max}$——在正常使用短期荷载作用下,受拉主筋处最大裂缝宽度的实测值;

　　　　$[W_{max}]$——结构件检验的最大裂缝宽度允许值。

【本章小结】

本章系统介绍了结构静载试验的相关理论和试验方法,内容包括:结构静载试验前的准备工作;结构基本构件和扩大构件的静载试验以及试验测量数据的整理和结构性能的评定等。学习本章后,学生应熟悉构件单调加载静力试验的各个环节;重点掌握试件的安装、加载方法、试验项目和测点布置,以及确定开裂荷载、极限承载力等指标的概念和方法;了解扩大构件静载试验的试件安装、加载方案,观测项目的确定方法和原则;掌握静载试验测量数据的整理和结构性能评定的方法。

【思考题】

6-1 结构静载试验的目的和意义是什么?

6-2 什么是单调加载静力试验?

6-3 静力试验中,各级荷载下的恒载持续时间是如何规定的?

6-4 结构静力试验加载分级的目的和作用是什么?

6-5 试说明钢筋混凝土受弯构件静力试验的主要测量项目和测试方法。

6-6 结构静力试验正式加载前,为什么需要对结构进行预加载试验?预加载时应注意什么问题?

6-7 如何利用位移计观测混凝土受弯构件裂缝的出现?

6-8 在结构静载试验的加载设计中,应包括哪些方面的设计?

6-9 已知一承受均布荷载 q 的简支梁,跨度为 L,现进行荷载试验,采用两种方案进行加载试验:

（1）在四分点处施加两个等效集中荷载;

（2）在跨中施加等效荷载 P。

试根据跨中弯矩相等的原则,确定上述等效荷载。

第7章 结构动力试验

【本章提要】

本章介绍了动力试验的激振设备,测振仪器系统的构成,激振器、测振仪的功能、基本原理和有关性能指标,并着重阐述了工程结构动力试验获取动参数的一整套测试手段和方法以及相应的数据处理。

7.1 概述

世界上的一切物质都是运动的,运动是物质的存在形式。在工程结构所受的荷载中,除了静荷载外,往往还会有动荷载。所谓动荷载,通俗地讲,即是随时间而变化的荷载,如冲击荷载、随机荷载(如风荷载、地震荷载)等均属于动荷载的范畴。从动态的角度来讲,静荷载只是动荷载的一种特殊形式而已。

数十年来,人们越来越清楚地意识到动荷载对工程结构的强度、刚度及稳定性的影响所占有的举足轻重的地位。1940年秋,美国 Tacoma 悬索桥由于风致振动而遭受严重破坏。这一事故震惊了当时的桥梁界,它提醒人们对像悬索桥这种大跨度的柔性桥梁结构在设计时必须考虑风振影响,对结构进行动力分析不容忽视。因此,风致振动的研究得到了足够的重视。

除了以上风振对悬索桥的影响外,运行的车辆产生的移动荷载对桥梁结构的振动影响,世界各地地震灾害对工程结构的破坏,风荷载对高层建筑、高耸结构的作用,海洋钻井平台尤其是深水域的海洋钻井平台的风、浪、流、冰及地震环境荷载对其的作用以及建筑物的抗爆,多层厂房中的动力机械设备引起的振动,动力设备基础的振动等等,在设计时都必须考虑这些动荷载的影响,必须对其进行动力分析。

对结构进行动力分析的目的即是保证结构在整个使用期间,在可能发生的动荷载作用下能够正常工作,并确保有一定的可靠度。这就要求我们寻求结构在任意动荷载作用下随时间而变化的响应。因而也就不可避免地要涉及结构动力试验的测试技术。

一般说来,结构动力测试主要包括如下三方面的内容:

(1)动荷载特性的测定;

(2)结构自振特性的测定;

(3)结构在动荷载作用下的反应的测定。

它为研究动荷载作用所引起的振动对工程结构的影响,以及抵御或减缓这种影响提供必需的试验数据。

早期的工程结构动力试验是以研究结构的自振特性为主的。日本学者在 20 世纪初就开始重视这一问题。美国也在 1934 年开展了房屋自振特性的现场实测工作。到 1962 年共实测了大约 400 幢房屋及 44 座高架水塔和许多特殊结构。

我国在 20 世纪 60 年代左右进行了大量砖石结构和多层钢筋混凝土结构房屋的现场实测工作。1957 年对武汉长江大桥进行了动力试验,它是我国桥梁史上第一次进行的正规化验收工作。20 世纪 70 年代以来,尤其是 70 年代末期,我国在工程结构动力试验测试技术方面有了较快的发展,测试工作开始增多。全国土建类专业的各科研院所、各高等院校都相继加强了振动荷载、地震力对工程结构影响的研究。到 20 世纪 80 年代初期我国已在北京、昆明、南宁、苏州、石家庄等地先后进行了十多次规模较大的足尺结构的抗震性能试验,在大量的试验基础上取得了一定的成果;同时,也广泛地应用结构动力测试技术进行了许多鉴定性试验,为建筑业做出了贡献。近 20 年来,我国大型结构试验机、模拟振动台、大型起振机、伪静力试验装置、高精度传感器、电液伺服控制加载系统、瞬态波形存储器、动态分析仪、信号采集数据处理器与计算机联机以及大型试验台座、风洞试验室的相继建立,标志着我国在动力试验测试技术及装备上提高到了一个新的水平。

随着我国高层建筑的日益发展,高耸结构(如电视塔)、桥梁的不断增多,矿山爆破开采规模的逐步扩大以及地震灾害的频繁发生,工程结构动力测试技术越来越多地应用于一些前沿课题。

7.2 动荷载特性的测定

7.2.1 动荷载的特性

扫一扫:延伸阅读 动荷载特性的测定

动荷载与静荷载有着明显的区别,有其自身的特点:①动荷载的大小、方向(位置)、作用规律等都是随时间的变化而变化的;②结构的动力反应除了与动荷载的大小有关外,还与结构自身动力特性(又称为结构自振特性)密切相关,在同样大小的动荷载作用下,不同的结构自振特性对应的动力反应不同;③动荷载所产生的动力效应有时远大于相应的静力效应,甚至一个并不大的动荷载即可导致结构严重破坏,这也是我们重视研究动荷载及其特性的意义所在。此外,在对结构进行动力分析和抗震、隔振(震)设计时,必须掌握动荷载的特性。

不同的振源会引起规律不同的强迫振动。依据这点,可以间接地判定振源的类别及某些特性,同时也对探测主振源起辅助作用。

图 7-1(a)的振动记录波形是间歇型阻尼振动的波形,具有明显的尖峰和衰减的特点,说明这是撞击型振源所引起的振动。

图 7-1(b)的振动记录波形是稳定的周期性简谐振动的波形,说明这是具有恒定转速的一台或多台转速一样的机器设备运转所引起的振动。

图 7-1(c)的振动记录波形是两个频率相差两倍的简谐振源引起的合成振动波形。

图 7-1(d)的振动记录波形是三个不同频率的简谐振源引起的合成波形。

图 7-1（e）的振动记录波形是"拍振"规律，其振幅周期性地由大变小，又由小变大。这有两种可能：一种是由两个频率相接近的简谐振源共同作用；另一种是只有一个振源，而其频率与结构的固有频率相接近。

图 7-1（f）的振动记录波形是随机振动波形，它是由随机荷载（如地震波）等所引起的波形。

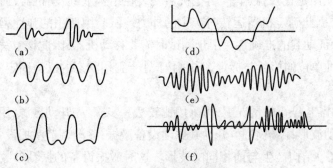

图 7-1　各种典型的振源

由于作用于结构上的动荷载常常是多个振源产生的，为此需要找出对结构影响最大、起主导作用的主振源。通常有以下两种方法来探测主振源。

对于机械振动的振源可采用逐台开动，实测结构在每个振源影响下的振动情况，从而找出主振源。

另外，对实测波形进行频谱分析，在频谱图上可以清楚地识别出合成振动是由哪些频率成分组成的。具有较大幅值的这一频率成分即为主振源的频率。

动荷载的特性主要包括其作用力的大小、方向、频率及作用规律等。动荷载特性的测定并不是一件十分简单的事情，需要人们认真地考虑实测方案。其难度在于它是实测动荷载特性，而不是实测结构在此动荷载作用下的反应。为此在实测中往往会存在难以直接实测到动荷载特性的问题。在实测中，我们必须根据不同的动荷载采用不同的实测方式。在考虑实测方案时，应十分注意实测的是动荷载的特性而不是在它作用下的结构反应。

7.2.2　动荷载特性的测定方法

1.直接测定法

以下介绍几种实测动荷载特性的直接测定法。

对于锚固在结构上的动力设备，实测其动荷载特性时，可将传感器（这里可采用压电式加速度计）的外壳牢牢地固定在振动设备的底座上（振动设备的四个脚锚固在结构上，但振动设备的底座面与结构之间要有间隙），利用传感器中的质量块与振动设备做相对运动，质量块撞击压电晶体，产生电荷而得到加速度，若要得到位移、速度，可通过放大器的微积分电路实现。同时由于测得其加速度，又已知质量，即可知其作用力的大小。由记录的波形图即可了解其作用规律。

同样要实测往复运动部件（如牛头刨、曲柄连杆机械等）的动荷载特性也可采用此法，将压电式加速度计固定在往复式部件上即可。

对于密封容器或管道内液体或气体的压力运动产生的动荷载，可在该容器上安装压力传感器,直接记录容器内液体或气体的压力振动曲线,从而得出由此产生的动荷载特性。

2. 间接测定法

间接测定法是将被测机器安装在具有足够弹性变形的专用结构上,如带刚性支座的受弯钢梁或木梁上,在机器开动前先对结构的动力和静力特性进行测定,获得结构的刚度、惯性力矩、固有频率、阻尼比及振幅等,再把机器安装在结构上,启动机器,通过仪器测定结构的振动时程曲线,据此确定机器运转时产生的外力。试验中使用的弹性梁的刚度和跨度不能发生共振,以保证动载的准确性。由于测试时需要移动机器,因此该方法适用于机器生产部门的检验和校准单位的检验与标定,不适用于处于工作状态的已经固定的机械设备。

3. 比较测定法

在振源可以开启、停止的情况下,可采用比较法。步骤:先开动振源,用测振仪器系统测得某一结构的振动波形;停机后,再开动其振动设备激振;逐渐调节激振设备的频率、作用力大小等,直至使这一结构产生与前相同的波形。这时激振设备的振动参数即为动荷载振源的特性参数。这种方法对于产生简谐振动的振源效果最好。

7.3　结构动力特性的测定

7.3.1　结构动力特性

每个结构都有其自身的动力特性,动力特性是结构物自身所固有的一种属性。它取决于结构的组成形式,如材料性质、刚度、质量大小及其分布情况等。它与外荷载无关,当结构确定后,其自振特性也就随之确定下来。结构自振特性主要包括三个参数:①自振频率;②阻尼;③振型。

7.3.2　结构动力特性的测定方法

如前所述,结构动力反应与结构自身的动力特性密切相关。实测结构自振特性是动力试验中一项十分重要的内容。

实测结构自振特性的意义可以概括为:在设计受动力作用的建筑物时,总是力图避开共振区,即要使建筑物的自振频率远离强迫荷载的频率(或卓越频率),从而减小动力影响。如在特殊情况下,结构必须在共振区工作,则阻尼可大大抑制动力反应。当用等效静载法进行结构计算时,荷载的分布与结构的振型有关。当用振型分解法计算结构振动时,结构的动力特性必须预先确定。而且,建筑物的动力特性特别是阻尼比是很难用计算方法确定的。由此可见结构自振特性的实测是十分重要和必需的。

1. 自由振动法

 扫一扫:延伸阅读　初位移法测量基本振型

自由振动法即是借助外荷载使结构产生一初位移(或初速度),使结构由于弹性而自由振动起来,由此记录下它的振动波形,从而得出其自振特性。

自由振动法可分为初速度法（又称为突然加载法）和初位移法（又称为突然卸载法）。

1）突然加载法

突然加载法可分为垂直加载和水平加载两类。

（1）垂直加载：将重物提高到一定的高度，通过脱钩或断绳索的方法使重物自由落体到结构或构件上，也可用打桩设备施加一冲击荷载使结构或构件产生一初速度而自由振动起来。其优点是可以用一较小的冲击力产生一较大的幅值；其缺点是重物落下后，不可随结构或构件上下一起跳动。若重物较重，附加在结构或构件上，可能会成为附加质量而影响结构自振特性的测定。故一般要求重物的质量不大于试验跨度内结构或构件自重的 0.1%。再者，为防止重物在结构上弹跳或砸损结构或构件，须在结构或构件上垫 10~20 cm 砂垫层，并规定落物高度在 2.5 m 以下（图 7-2）。

（2）水平加载：它是针对质量和刚度不是很大的结构或构件而言的，可采用撞击使其自由振动起来（图 7-3）。最简单的方法即是利用重锤敲击结构或构件。如空框架，可在其顶部敲击（图 7-4）。

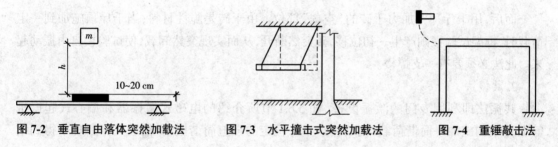

图 7-2　垂直自由落体突然加载法　　图 7-3　水平撞击式突然加载法　　图 7-4　重锤敲击法

2）突然卸载法

它是先使结构产生一初始位移，然后突然卸载，利用结构的弹性使其自由振动起来。具体做法有以下几种。

（1）采用一种张拉释放的装置（图 7-5），开动绞盘，通过钢丝绳牵拉结构物，使其产生一初位移，当拉力足够大时，钢棒突然拉断，使其荷载突然卸掉，结构便开始做自由振动。调整钢棒的截面面积即可获得不同的初始位移。

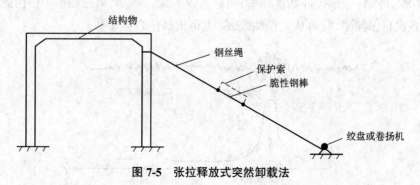

图 7-5　张拉释放式突然卸载法

（2）对于小型试验、小型构件，可采用如图 7-6 所示悬挂重物的方法。通过剪断钢丝来突然卸载，使其自由振动起来。

（3）另外一种方法是在着力点上附加一脆性材料,用千斤顶施加一推力,当推力使结构达到一定位移时,脆性材料突然断开而卸载,使结构自由振动起来。此法在 1981 年石家庄框架轻板建筑原型结构抗震性能试验中得到应用,并取得了满意的效果,其方法如图 7-7 所示。此法一方是试验楼,另一方是支撑楼,用千斤顶顶住脆性材料的砖,且使砖紧贴在两个钢棒上,而使两个钢棒紧靠在试验楼的顶层,两钢棒拉开一定距离,使砖的中间部位形成"空虚"状。

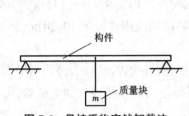

图 7-6　悬挂重物突然卸载法

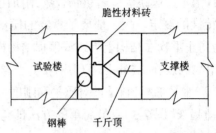

图 7-7　对脆性材料施加力的突然卸载法

而后,用千斤顶施加力于砖的"空虚"部位。由于砖是脆性材料,当千斤顶施加到一定荷载时,框架试验楼则产生一初位移,砖突然断开,从而实现突然卸载,使试验楼自由振动起来。此法必须要有一支撑楼。

2. 共振法

共振法即利用专门的激振设备(如 3.6.1 节所介绍的电磁式激振器和偏心式起振机等),对结构施加一简谐荷载,使结构产生一恒定的强迫简谐振动,借助共振原理来得到结构自振特性的方法。

该方法由激振器产生稳态简谐振动,使被测建筑物发生周期性强迫振动,当激振器的频率由低到高(扫频)时,即可得到一组振幅 - 频率($A\text{-}f$)的关系曲线。

强迫振动频率可在激振设备的信号发生器上调节并读取,或由专门的测速、测频仪读取。振幅 A 由安装在被测结构上的拾振器传感,由测振仪器系统记录。当强迫振动频率与结构自振频率相同时即发生共振。若结构为多自由度体系,则会对应每一阶振型出现多个峰值(图 7-8),即第一频率(即基本频率,简称基频)、第二频率、第三频率……由此可得出此建筑物的各次自振频率,并可从共振曲线 $A\text{-}f$ 上得出其他自振参数。

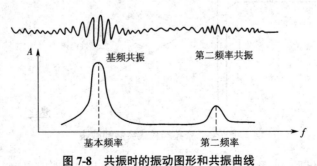

图 7-8　共振时的振动图形和共振曲线

3. 脉动法

脉动法是以被测建筑物周围外界的不规则微弱干扰(如地面脉动、空气流动等等)所产生的微弱振动作为激励来测定建筑物自振特性的一种方法。建筑物的这种脉动

扫一扫:延伸阅读 脉动法测量基本振型

是经常存在的。它有一个重要的性质,即能明显反映被测建筑物的固有频率。它的最大优点是不用专门的激振设备,简便易行,且不受结构物大小的限制,因而该方法得到了广泛的应用。

脉动法的原理与利用激振设备来作为激励的共振法的原理相似。不难理解,建筑物是坐落在地面上的,地面的脉动对建筑物的作用也类似于激振设备,它也是一种强迫激励。只不过这种激励不再是稳态的简谐振动,而是近似于白噪声的多种频率成分组合的随机振动。当地面各种频率的脉动通过被测建筑物时,与此建筑物自振频率相接近的脉动被放大突出出来,同时,与被测建筑物不相同的频率成分被掩盖住,这样建筑物像个滤波器。因此,实测到的波形的频率即与被测建筑物的自振频率相当。也正因如此,我们实测所看到的脉动波形,常以"拍振"的形式显现出来。

在应用脉动法分析结构的动力特性时,应注意以下问题。

(1)由于建筑物的脉动是环境随机振动引起的,可能带来各种频率分量,因此为得到具有足够精度的数据,要求记录仪器有足够宽的频带,使所需要的频率不失真。

(2)脉动记录中不应有规则振动的干扰,因此测量时应避免其他有规则振动的影响,以保持记录信号的"纯净"。

(3)为使每次记录的脉动均能够反映建筑物的自振特性,每次观测应持续足够长的时间,且重复几次。

(4)为使高频分量在分析时能满足精度的要求,减小由于时间间隔带来的误差,记录设备应有足够快的记录速度。

(5)布置测点时为得到扭转频率应将结构视为空间体系,应在高度方向和水平方向同时布置传感器。

(6)每次观测时最好能记录当时附近地面振动以及天气、风向风速等情况,以便分析误差。

一般来说,脉动法只能找到被测物的基频,而高次频率则很难出现。对于高而跨度大的柔性结构物(其频率较低),有时能测得第二、三次频率,但它们比基频出现的可能性还是要小些。通常在用脉动法实测结构自振特性时,其记录的时间要长些,这样测得高次频率的机会也就大些。

在用脉动法测量结构动力特性时,要求拾振器灵敏度高。测量时只要将拾振器放在被测物上即可。例如对楼房,可将拾振器按层分别放在各层的楼梯间。

以上各种方法中均将拾振器固定在被测结构或构件上,并连线于放大器及记录仪,记录下振动波形,然后对振动波形进行分析,得出结构的自振频率。

4. 实测中应考虑的问题

实测结构自振特性时,无论采用以上哪种方法,都应考虑如下几个问题。

扫一扫:延伸阅读 脉动法应用实例1——LG北京大厦(东塔)现场动力测试

扫一扫:延伸阅读 脉动法应用实例2——广州白云宾馆现场动力测试

1)拾振器在实测振型时的标定

在实测结构自振特性时,不需要知其具体的振动位移、速度、加速度等,也就不必在振动台对拾振器做具体多少幅值对应多少位移、速度、加速度等的标定。在结构自振特性的实测参数中,频率和阻尼参数与振幅无关,但振型是建筑物各高点振动幅值相对大小的形状(即各高点在某一时刻振幅之比),显然要使得各测点的拾振器的灵敏度相同,否则各测点无可比性,会造成实测的振型图失真。由于拾振器生产厂家不可能使每台拾振器的灵敏度完全一样,故在实测振型时,必须对各拾振器进行标定。

具体的标定方法:将若干台拾振器放在同一层高度,且集中放在一起。用以上所述的脉动法测得各拾振器在同一时刻的振动幅值。如各拾振器的灵敏度是一样的,则此时各拾振器的振幅也一样;否则,说明各拾振器的灵敏度不同,这时记录下各自的幅值以便数据处理时进行修正,从而得到真实的振型。

2)横向、纵向及空间振型

由于实际的建筑物是三维的,因此振型分为横向、纵向及空间三种。

扫一扫:延伸阅读 结构空间振型或扭转振型测试

所谓横向即是沿建筑物短轴方向。纵向即是沿建筑物长轴方向(图7-9)。空间振型是将若干台拾振器(至少是三台)放在建筑物上依次排开,若各测点在同一时刻,振幅及方向相同,则为平动;若各测点在同一时刻,一部分振幅及方向相同,另一部分相反,呈反对称,则为扭转振动;若振幅相同而幅值不同,则可能是平、扭联动。同时也可以根据各测点同一时刻振幅的大小、相位初步判断建筑物整体性。

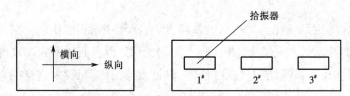
图7-9 建筑物振动的纵向、横向示意及空间振型拾振器安放示意俯视图

3)当拾振器数量少于实际测点数时的处理方法

遇到此情况可以采取分几次测量的方法(但至少要有两台拾振器)。具体方法:将某一层的拾振器固定不动,而使其他层的拾振器与该台固定不动的拾振器在同一时刻测定即可。例如:只有两台拾振器,则将其中一台固定不动,另一台分别移到各层,得到各层相对于那一

层固定不动的拾振器同时测定幅值之比及振型。

7.4　结构动力反应的测定

7.4.1　结构动力反应

在工程实际和科研活动中,经常要对动荷载作用下结构产生的动力反应进行测定,包括结构动力参数(速度、加速度、振幅、频率、阻尼)、动应变和动位移等。结构动力反应试验与动荷载特性试验和结构动力特性试验不同,动荷载特性试验的测定对象为产生动荷载的振源,如动力机械、起重机等,仅反映动荷载本身的性质;结构动力特性试验测定的是结构自身的振动特性;而结构动力反应试验则是测试动荷载与结构相互作用下结构产生的响应,如工业建筑在动力机械作用下的振动,桥梁在汽车行驶过程中的反应,风荷载作用下高耸或高层建筑物的结构产生的振动,结构在地震或爆炸作用下的反应等,这些与动荷载和结构的动力特性密切相关,不同运转速度下机械产生的振动响应不同,行驶车速不同引起的桥梁结构反应也不同。结构动力反应是确定结构在动荷载作用下是否安全的重要依据。

7.4.2　结构动力反应测定内容

1. 结构特定部位动参数的测定

在结构动力反应试验中,经常会遇到对结构物在动荷载作用下特定部位的动参数进行测定,如振幅、频率、速度、加速度、动应变、动应力等。

测定特定部位的动参数是比较简单的,只需在结构物的特定部位放置相应的拾振器,记录其振动时的波形即可。重要的实测点的部位,应依据结构物的情况和试验目的而定。例如:为了校核结构强度,就应将测点布置在最危险的部位即控制断面上。如果是测定振动对精密仪器的影响,一般在精密仪器的基座处测定振动参数。

此外,除实测动参数外,多层厂房还需测定某个振源(如机床扰力)引起的振动在建筑物内的传播及衰减情况。此时将振源处测得的振幅定为 1,其余各测点的幅值与振源的幅值之比即为传播系数,用于了解其衰减情况。

2. 结构振动变位图测定

有时为了全面了解结构在动荷载下的振动状态,需要测定结构的振动变位图。结构振动变位图与结构的振型有些类似,但在本质上是有区别的。前者是结构在动荷载作用下的变形曲线;而后者是结构自由振动状态下的振动形状,是结构的自振特性,它与外荷载无关。

测定结构振动变位图的方法与测定结构振型的方法类似,如图 7-10 所示。

在结构上设置多个测点,一般设置在结构的控制断面上或生产工艺有特殊要求的地方。对各测点同时记录,根据位移的正负方向、大小,按一定比例做出振动波形图即可。

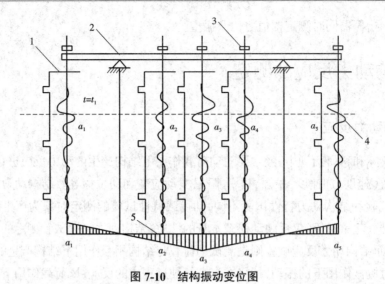

图 7-10　结构振动变位图

1—时间信号;2—构件;3—拾振器;4—记录曲线;5—$t=t_1$ 时刻的变位图

3. 动应变测量

动应变测量是直接测定结构在动荷载作用下产生的应变时程。动应变采用动态应变仪测量,若配置相应的软件可与计算机连接,通过计算机记录和分析数据。一台动态应变仪一般有 4~10 个通道,各通道与一个接线桥盒连接,桥盒上有应变计接入的端子,与静态应变仪的接入端子相似,各通道可同时测量信号。应变计及其布置方法与静态应变试验相同,可采用与静态试验相同的接线方式,如 1/4 桥、半桥和全桥。构件处于纯弯状态可采用弯曲桥路接线方式,以提高测试精度,图 7-11 所示是桥梁在动荷载作用下的动态应变测量示意图。

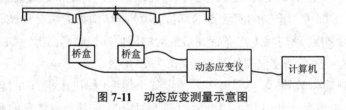

图 7-11　动态应变测量示意图

4. 动挠度测量

动挠度可用位移传感器测量。使用的位移传感器若是应变式的,可利用动态应变仪作为数据采集与记录仪器。动挠度测点的布置原则与静挠度相同。测量动挠度的位移传感器可选用电阻应变式或其他传感器。选用应变式传感器时,接线与动应变测量相同,用同一台动态应变仪可同时测量动应变和动挠度。为整理数据方便,避免出错,可改变传感器与接线桥盒的接线方法,使同方向挠度读数的符号相同。应变式传感器的数据处理和变换与动应力测量相同,算出应变后,根据传感器的灵敏度换算出挠度,与静挠度计算相同,此时需去除支座沉陷的影响。图 7-12 所示是梁在动荷载作用下的动挠度测量示意图。

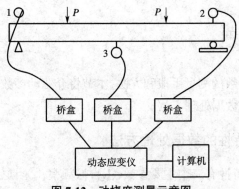

图 7-12　动挠度测量示意图

5. 结构动力系数测定

承受移动荷载的结构如吊车梁、桥梁等,常常需要确定其动力系数。这是因为对于在使用过程中承受吊车、列车、汽车运输等所产生的动力荷载的结构,其计算方法是以静力计算为基础的。但在静力计算中要引用动力系数来判断结构的工作情况。

动力系数的定义:在动力荷载作用下,结构动挠度与静挠度之比。

$$K_{d} = \frac{y_{d}}{y_{j}} \tag{7-1}$$

式中　K_{d}——动力系数;

y_{d}、y_{j}——吊车梁、桥梁等的跨中动挠度和静挠度。

实践表明:在移动荷载作用下,结构上产生的 $y_{d} > y_{j}$。这是由于附加动力作用的缘故。因此,动力系数总是大于 1 的。动力系数的测定方法:将挠度计(可采用应变式机电百分表)布置在被测结构的跨中处,并连线于动态电阻应变仪及记录仪。

(1)有轨的:先使移动荷载慢行通过,测量被测结构跨中静挠度 y_{j},然后以一定的速度通过,测量被测结构跨中动挠度 y_{d}(图 7-13)。

(2)无轨的:由于两次行驶的线路不可能完全一样,故将移动荷载一次性高速通过,取振动挠度曲线之中线最大值为 y_{j},振动挠度曲线最大值为 y_{d}(图 7-14)。

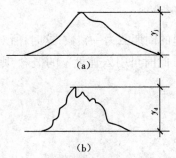

图 7-13　有轨时实测结构动力系数

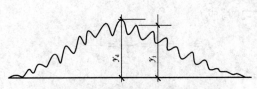

图 7-14　无轨移动荷载的变形记录图

7.5 试验资料处理

上节重点阐述了动参数的测量手段和方法,本节将介绍动参数实测后的数据处理,着重阐述结构自振特性的实测数据处理方法。

7.5.1 工程结构自振特性的数据处理方法

如前所述,结构自振特性有三个主要参数:①自振频率;②阻尼;③振型。以下就此三个参数的求取进行详细阐述。

1. 自振频率的求取

在上一节中讲述了获取结构自振特性的脉动法、自由振动法,它们所实测得到的时域波形都可用于求取被测结构的自振频率。

自振频率又称为固有频率,它是结构自身所固有的频率,如图 7-15 所示。所谓频率即是单位时间内的周期数 N,即

$$f = \frac{N}{t} \tag{7-2}$$

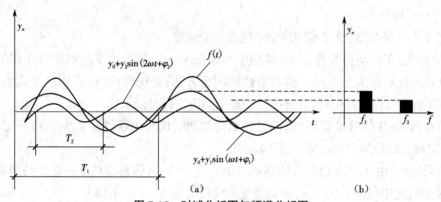

图 7-15 时域分析图与频谱分析图

(a)时域分析图 (b)频谱分析图

为便于计算,在实测波形中,先保证在一时间段里的周期数为一整数,这时,所对应的时间段不一定恰好是 N 倍的某个时间单位(图 7-16)。此时可引入速度 v 的概念,则可将式(7-2)写成

$$f = \frac{N}{t} = \frac{N}{\dfrac{s}{v}} = \frac{N}{\dfrac{st_0}{s_0}} = \frac{Ns_0}{st_0} \tag{7-3}$$

式中 N——所选这段时间 t 内的周期数;

t_0——一单位时间;

s_0——t_0 这段时间内的长度;

s——t 这段时间内的长度,其自振频率通常以赫兹(Hz)为单位。

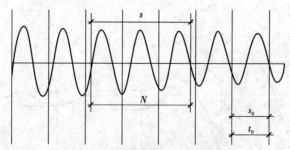

图 7-16　实测波形的频率计算法

2. 阻尼的求取

结构的阻尼可在用自由振动法测出的自由振动时域波形曲线上直接求取,在采用共振法得到的共振曲线上也可求取结构的阻尼。

1)采用自由振动法求阻尼

由于结构物的自由振动是有阻尼的衰减的振动,且以对数形式衰减(图 7-16),故人们把这种有阻尼的衰减系数称为对数衰减率 λ,它定义为

$$\lambda = \ln \frac{a_n}{a_{n+1}} \tag{7-4}$$

式中　a_n、a_{n+1}——前后两相邻波的幅值,然而,在实测中,由于要有足够的样本,故要拓宽到 a_{n+k}。故作如下变换:

$$\frac{a_n}{a_{n+k}} = \frac{a_n}{a_{n+1}} \cdot \frac{a_{n+1}}{a_{n+2}} \cdot \frac{a_{n+2}}{a_{n+3}} \cdots \frac{a_{n+k-1}}{a_{n+k}}$$

将方程两边取对数:

$$\ln \frac{a_n}{a_{n+k}} = \ln \frac{a_n}{a_{n+1}} + \ln \frac{a_{n+1}}{a_{n+2}} + \ln \frac{a_{n+2}}{a_{n+3}} + \cdots + \ln \frac{a_{n+k-1}}{a_{n+k}} = K\lambda$$

故

$$\lambda = \frac{1}{K} \ln \frac{a_n}{a_{n+k}} \tag{7-5}$$

根据黏滞理论,图 7-17 中有阻尼的单自由度体系时程曲线的解答式可表述为

$$a(t) = A\mathrm{e}^{-\xi\omega t_n} \cos(\omega t + \alpha) \tag{7-6}$$

则相邻振幅 a_n 与 a_{n+1} 的比值为

$$\frac{a_n}{a_{n+1}} = \frac{A\mathrm{e}^{-\xi\omega t_n}}{A\mathrm{e}^{-\xi\omega(t_n+T)}} = \mathrm{e}^{\xi\omega T} \tag{7-7}$$

式中　T——图 7-17 中有阻尼时程曲线的振动周期;

　　　　ξ——结构的阻尼比;

　　　　ω——无阻尼自振圆频率。

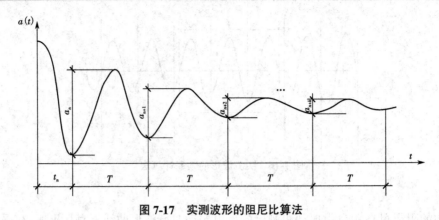

图 7-17　实测波形的阻尼比算法

式(7-7)两边取对数：

$$\ln \frac{a_n}{a_{n+1}} = \xi \omega T = \lambda \qquad (7-8)$$

结构有阻尼的振动周期 $T = \dfrac{\lambda}{2\pi}$，故有

$$\xi = \frac{\lambda}{2\pi} \qquad (7-9)$$

2）采用共振法求取阻尼

由结构动力学可知：有阻尼的单自由度体系在简谐荷载作用下的动力放大系数为

$$\mu_{\mathrm{d}} = \left[\left(1 - v^2 \right)^2 + 4v^2 \xi^2 \right]^{-\frac{1}{2}} \qquad (7-10)$$

式中　v——频率比，$v = \dfrac{\omega}{\omega_0}$；

　　　ω——简谐荷载（激振荷载）的圆频率；

　　　ω_0——被测结构的圆频率；

　　　ξ——被测结构的阻尼比。

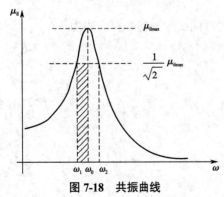

图 7-18　共振曲线

$$v_2 - v_1 = 2\xi = \frac{\omega_2}{\omega_0} - \frac{\omega_1}{\omega_0}$$

故有

在如图 7-18 所示动力放大系数 μ_{d} 与激振频率 ω 的关系曲线（共振曲线）上，共振峰所对应的频率即被测结构的自振频率。在共振曲线上作一直线 $\mu_{\mathrm{d}} = \dfrac{1}{\sqrt{2}} \mu_{\mathrm{dmax}}$，与共振曲线相交，即将 $\mu_{\mathrm{d}} = \dfrac{1}{\sqrt{2}} \left(\dfrac{1}{2\xi} \right)$ 代入式(7-10)。代入后将方程两边平方则有

$$v_1 = 1 - \xi$$
$$v_2 = 1 + \xi$$

将两者相减则有

$$\xi = \frac{\omega_2 - \omega_1}{2\omega_0} \qquad (7\text{-}11)$$

此外,由结构动力学可知,单自由度体系有阻尼自由振动的结构的特征方程为

$$\gamma^2 + 2\varepsilon\gamma + \omega_0 = 0$$

式中　γ——特征方程的根;

　　　ε——结构衰减系数。

则

$$\gamma_{1,2} = -\varepsilon \pm \sqrt{\varepsilon^2 - \omega_0^2}\ 。$$

由于所谓临界阻尼 β_{cr} 就是指使这个特征方程有两个相等的实数根,即当 $\sqrt{4\varepsilon^2 - 4\varepsilon_0^2} = 0$ 时的那个 ε,所以此时有 $\beta_{cr} = \varepsilon = \omega_0$。又由于阻尼比定义为

$$\xi = \frac{\text{阻尼系数}}{\text{临界阻尼}} = \frac{\beta}{\beta_{cr}} = \frac{\beta}{\omega_0}$$

则结构阻尼系数

$$\beta = \frac{\omega_2 - \omega_1}{2} \qquad (7\text{-}12)$$

采用共振法对结构激振施加简谐荷载时,结构在不同频率荷载作用下的共振曲线的幅值为

$$A = F\delta_{11}\mu_d \qquad (7\text{-}13)$$

式中　F——激振力;

　　　δ_{11}——在单位荷载作用下且在此荷载作用方向上的结构位移。

如果激振力为一常量,则实测共振曲线的纵轴幅值 A 与动力放大系数 μ_d 呈比例关系。故以上的阻尼算式在实测共振曲线上同样适用。

值得注意的是:两种激振设备有两种不同的处理方法。

共振曲线的峰值是当振动频率等于结构的固有频率时使结构振动幅值达到最大造成的,此最大幅值只是由于共振而引起的。然而,能够引起结构幅值增大还有一种可能的原因,即激振力变大。若两者混在一起,则分不清是哪种原因引起结构幅值增大。所以要使激振力为一常量,这样就能确保结构的幅值增大只是由共振引起的。

3. 振型求取

1)各拾振器灵敏系数均相同

此时,可依实测波形,在同一时刻量取每一层的振动幅值。令某一层的幅值为1,按此比例作图即可。

例如:图 7-19 为第一振型的图形;图 7-20 为第二振型图形。从图中可知其作图方法。

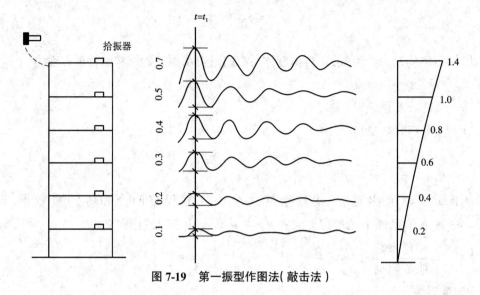

图 7-19 第一振型作图法（敲击法）

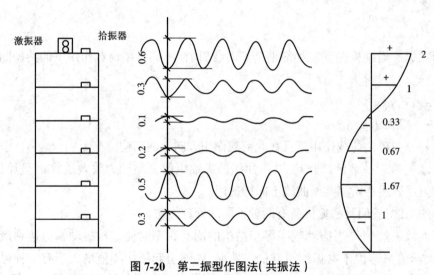

图 7-20 第二振型作图法（共振法）

2）各拾振器的灵敏度不相同

第一步：

$$\alpha_i = \frac{A_{0B}}{A_{0i}}$$

式中　α_i——第 i 台拾振器的修正系数；

　　　A_{0B}——标定时自令的一台"标准"拾振器的幅值；

　　　A_{0i}——标定时第 i 台拾振器的幅值。

第二步：

$$A_i' = \alpha_i \times A_i$$

式中　A_i'——修正后的第 i 台拾振器的幅值；

　　　A_i——正式实测振型时第 i 台拾振器的实测幅值。

第三步：

$$X_i = \frac{A_i'}{A_{iB}}$$ （7-14）

式中　A_{iB}——自令的"标准"拾振器正式实测振幅值；

　　　X_i——真实的该结构振型图各数值。

7.5.2　相关分析与频谱分析

在动力测试中，常会遇到随机振动问题，例如地震荷载、风荷载作用下的结构物振动，建筑物在周围环境不规则干扰作用下的脉动等。这类振动是一种非确定性振动，无法用确定的函数来描述。因而，假定这种随机过程为各态历经，采用不随试验时间和试验次数而变化的统计特征来描述。其中通过相关分析得到相关函数，通过频谱分析得到功率谱密度函数。

1. 相关分析

所谓相关分析是指研究两个参数之间的相关性，包括自相关和互相关。其中，描述随机过程某一时刻 t_1 的数据值与另一时刻（$t_1+\tau$）的数据值之间的依赖关系函数称为自相关函数；而描述两个随机过程中一个随机过程的某个时间 t_1 值与另一个随机过程时间 τ 的依赖关系的函数称为互相关函数。

这里，自相关函数和互相关函数都是建立在随机过程为各态历经的假定之上。所谓各态历经即意味着随机过程时间平均代表总体平均。设 $x(t)$ 为各态历经随机过程的样本函数，则各态历经随机过程的自相关函数表示为

$$R_x(\tau) = \lim_{T \to \infty} \frac{1}{T} \int_0^T x(t)x(t+\tau)\,\mathrm{d}\tau$$ （7-15a）

式中　T——样本时间长度；

　　　τ——任意时间间隔（图 7-21）。

相类似，两个各态历经的随机过程的互相关函数表示为

$$R_{xy}(\tau) = \lim_{T \to \infty} \frac{1}{T} \int_0^T x(t)y(t+\tau)\,\mathrm{d}\tau$$ （7-16b）

式中　$y(t+\tau)$——另一个各态历经的随机过程样本（图 7-22）。

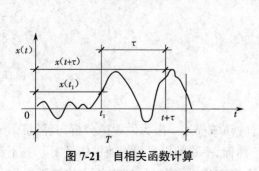

图 7-21　自相关函数计算

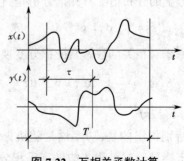

图 7-22　互相关函数计算

在工程中，可应用自相关分析判断振动信号是周期信号还是随机信号。当自相关函数

$R_x(\tau) \neq 0$ 时为周期性(或确定性)信号;而 $R_x(\infty) = 0$ $(\tau \to \infty)$ 时,为随机信号。此外,若自相关曲线不随 τ 的增大而衰减,并趋近于均方值 $x_2(t)$,则表明随机信号中混有周期信号,其频率等于 $R_x(\tau)$ 曲线后部分的波动频率(图7-23),但在时域曲线中则很难看出。

采用脉动法求结构自振特性时,还可对所实测的时域波形进行自相关分析,得出自相关曲线 $R_x(\tau)$,其曲线后部分的波动频率即是该结构的自振频率,可由此波形求得该结构的阻尼参数。

互相关函数在实际工程中也有着很重要的应用。在结构振动问题中常要分析激励力与其响应之间的关系,房屋结构各层之间的振动反应与基础振动之间的关系,利用互相关函数可确定两个随机信号之间的滞后时间峰值,确定信号传递效果明显的通道,等等。

2. 频谱分析

研究振动的某个物理量(如幅值)与频率之间的关系称为频谱分析。它是将振动的时间域信号变换到频率域上进行分析。例如,图7-24是铁路桥墩在列车单机通过时测得的振动位移波形,从实测的时域波形图(图7-24(a))中很难辨别出桥墩的固有频率,而从频谱分析图(图7-24(b))中则可看出三个主要高峰频率值。通过分析或其他振动实测资料即可综合分析确定出桥梁的固有频率。

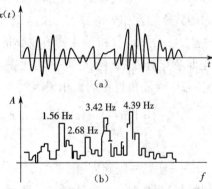

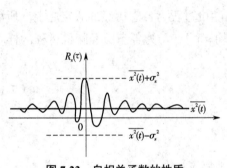

图7-23　自相关函数的性质　　　　图7-24　列车单机通过桥墩振动位移波形

此外,在频谱分析中常采用功率谱。所谓功率谱是纵坐标的物理量(如幅值)的均方值与频率之间的关系图谱。功率谱强调各频率成分对结构物影响的程度,反映振动能量在各频率成分上的分布情况。频谱分析是直接对随机信号 $x(t)$ 做富氏积分变换:

$$x(f) = \int_{-\infty}^{+\infty} x(t)\ e^{-j\omega t} dt \tag{7-17}$$

功率谱对相关函数做富氏积分变换:

$$S(\omega) = \frac{1}{2\pi} \int_{-\infty}^{+\infty} R(\tau)\ e^{-j\omega t} d\tau \tag{7-18}$$

$$\omega = 2\pi f$$

要特别指出的是,功率谱是随机振动最好的频域描述。因为做频谱分析,其随机信号 $x(t)$ 一定要是绝对可积才能做富氏积分变换。然而,平稳随机过程的随机信号 $x(t)$ 并不都是绝对可积的。为此,对于不可积的情形就不能实现频谱分析,即不能直接对随机信号 $x(t)$ 做富氏积分变换而得到频谱图。而相关函数可满足绝对可积条件,则可实现对相关函数的富氏积分变换来得到功率谱。

目前,通常是用专门的仪器或专门的软件来对实测得到的随机信号进行相关分析和频谱分析。有了相关函数曲线和功率谱就可对随机信号进行快速分析。

【例 7.1】实测某新村一栋六层框架结构住宅楼某一单元动力特性。实测内容包括:(1)自振频率;(2)第一振型;(3)空间振型。共采用三台磁电式拾振器进行脉动实测。其动态过程如图 7-25 所示。

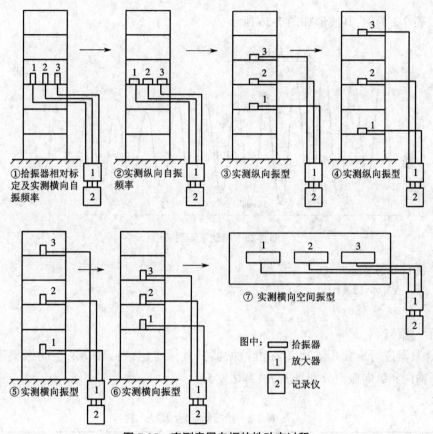

图 7-25　实测房屋自振特性动态过程

解:

1)自振频率

自振频率实测结果见表 7-1。

表 7-1　自振频率实测结果

方向	记录长度	波数	时标	时标长度	频率	平均频率
	s(mm)	N(个)	t_0(s)	s_0(mm)	f(Hz)	f(Hz)
横向	15	5	1	10	3.33	
	15	5	1	10	3.33	3.33
	*36	12	1	10	3.33	

续表

方向	记录长度	波数	时标	时标长度	频率	平均频率
	$s(\text{mm})$	$N(\text{个})$	$t_0(\text{s})$	$s_0(\text{mm})$	$f(\text{Hz})$	$f(\text{Hz})$
纵向	12	4	1	10.5	3.50	3.50
	14.2	5	1	10	3.52	
	11.5	4	1	10	3.48	

现以表 7-1 为例,其波形如图 7-26 所示。

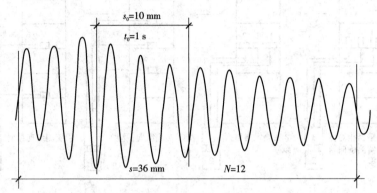

图 7-26 脉动法实测波形

则 * 的计算结果:

$$f = \frac{NS_0}{st_0} = \frac{12 \times 10}{36 \times 1} \approx 3.33 \text{ Hz}$$

2)第一振型

对拾振器进行标定(取 2# 为标准拾振器),其标定记录见表 7-2;空间振型记录见表 7-3;第一横向和纵向振型分别见表 7-4 和表 7-5。

表 7-2 拾振器标定结果

拾振器编号	1	2	3
记录幅值 $A_{0i}(\text{mm})$	17	12	12.5
修正系数 α_i	0.71	1	0.96

表 7-3 空间振型实测结果

拾振器编号	1	2	3
记录幅值 $A_i(\text{mm})$	12	10.6	11.2
修正值 $A_i'(\text{mm})$	8.52	10.6	10.75
振型 X_i	0.8	1	1.01

表 7-4 横向振型实测结果

拾振器编号	1	2	3	1	2	3
楼层	3	4	5	2	4	6
记录幅值 A_i (mm)	9.8	9.3	11.5	7.1	8.8	13.6
修正值 A_i' (mm)	6.96	9.3	11.04	5.04	8.8	13.1
振型 X_i	0.75	1	1.19	0.57	1	1.49

表 7-5 纵向振型实测结果

拾振器编号	1	2	3	1	2	3
楼层	3	4	5	2	4	6
记录幅值 A_i (mm)	8	7	7.6	7.5	7.8	10.5
修正值 A_i' (mm)	5.68	7	7.3	5.33	7.8	10.1
振型 X_i	0.81	1	1.1	0.68	1	1.29

各振型如图 7-27 所示。

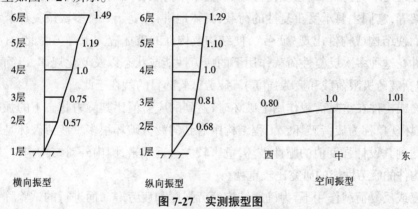

图 7-27 实测振型图

【本章小结】

本章讲述了结构动力试验的数字信号处理的基本概念;介绍了动荷载特性测定、结构动力特性测定、结构动力反应测定的方法以及结构疲劳试验的方法;阐述了测定结构固有频率、阻尼和振型的基本方法以及动应力和动应变的测定和数据处理分析方法。

【思考题】

7-1 结构动力试验的特点是什么? 与静力试验相比有哪些不同?

7-2 什么是振动的时域表示法? 如何由时域表示法变换成频域表示法?

7-3 结构的动力特性有哪些? 如何测定?

7-4 怎样测定动挠度和动应变?

7-5 结构的动力特性试验通常有哪些方法?

7-6 结构动力系数的概念是什么? 如何测定?

7-7 用脉动法得到的结构动力特性信号的常用分析方法有哪几种?

第8章 结构疲劳试验

【本章提要】

本章主要讲述结构疲劳试验概况、疲劳试验设备系统、疲劳试验加载制度、疲劳试验过程中的要点及注意事项、测量数据采集与整理等内容。通过本章的学习,可使学生了解结构疲劳试验过程和内容,有助于对结构或构件疲劳性能进行分析与研究。

8.1 概述

在工程结构中,有一些结构或构件,如承受吊车荷载作用的吊车梁,直接承受悬挂吊车作用的屋架等,它们主要承受重复性的荷载,具体地讲,即处于一种多次反复加载和卸载的受力状态而使结构或构件出现"疲劳",使结构或构件的破坏应力下降。为此,有必要了解结构或构件在这种多次反复性荷载作用下的疲劳性能或状态以及变化规律,以确定其疲劳极限值(包括疲劳极限荷载和疲劳强度)。疲劳试验的目的就在于此。

建筑物或构件在重复荷载作用下破坏时,达到的应力值比其静力状态下的强度值低得多,这种破坏现象称为疲劳破坏。工程结构中遇到的疲劳破坏很多。疲劳破坏是结构或构件应力未达到其设计强度值的脆性破坏,危害较大。近年来,国内外对结构构件,特别是钢筋混凝土构件的疲劳性能的研究比较重视。

在重复或反复荷载作用下,为确定结构疲劳强度和疲劳寿命而进行的试验称为疲劳试验。结构构件在承受足够多次循环或交变的应力(应变)幅值作用后,由于结构构件内某一部位发生局部损伤递增积累,导致裂纹形成并逐渐扩展,以致完全破坏。

疲劳试验就是要了解结构或构件在重复荷载作用下的性能及变化规律。

8.2 疲劳试验分类

8.2.1 根据试验目的分类

根据试验目的,结构试验可分为鉴定性疲劳试验和科研性疲劳试验两大类。

1.鉴定性疲劳试验

对于鉴定性疲劳试验,在控制疲劳次数内,应取得如下数据,同时满足现行设计规范要求:

(1)抗裂性及开裂荷载;

(2)裂缝宽度及其发展;

（3）最大挠度及其变化幅度；

（4）疲劳强度及疲劳寿命。

2. 科研性疲劳试验

对于科研性疲劳试验，可根据研究目的来确定试验项目。正截面的疲劳性能试验应包括：

（1）各阶段截面的应力分布状况，中和轴变化规律；

（2）抗裂性及开裂荷载；

（3）裂缝宽度、长度、间距及其发展；

（4）最大挠度及其变化规律；

（5）疲劳强度的确定；

（6）破坏特征分析。

8.2.2　根据荷载分类

按应力（应变）循环或交变的幅值和频率变化的情况，结构疲劳试验可分为常幅疲劳试验、变幅疲劳试验和随机疲劳试验。目前建筑结构试验中主要采用等幅稳频多次重复荷载作用下的常幅疲劳试验。

8.2.3　根据试验对象分类

根据试验对象，疲劳试验可分为材料疲劳试验、构件疲劳试验和结构疲劳试验。

8.2.4　根据荷载分类

根据荷载，疲劳试验可分为单轴疲劳试验与多轴疲劳试验。

8.2.5　根据试验内容分类

根据试验内容，疲劳试验可分为作 S-N 曲线的全寿命疲劳试验与研究裂纹扩展的断裂疲劳试验。

8.3　疲劳试验

8.3.1　疲劳试验机

结构构件疲劳试验一般在专门的疲劳试验机上进行，大部分采用脉冲千斤顶施加重复荷载，也有采用偏心轮式振动设备的。国内对结构构件的疲劳试验大多采用等幅匀速脉动荷载，借以模拟结构构件在使用阶段不断反复加载和卸载的受力状态。

扫一扫：视频　钢筋混凝土梁疲劳试验

扫一扫：延伸阅读　电液伺服试验机

结构疲劳试验机主要用来对结构做正弦波形荷载的疲劳试验。当脉动量调至零时也可用来对结构做静载试验或长期荷载试验等。

结构疲劳试验机的外观如图 8-1 所示。它主要由控制系统、脉动发生系统和脉动千斤顶组成。其工作原理如图 8-2 所示。由控制系统将高压油泵打开，使高压油泵打出的高压油充满脉动器、千斤顶和油压表。当旋转的飞轮带动曲柄动作时，就使脉动器活塞上下运动而产生脉动油压并传给千斤顶，正弦波形的脉动荷载作用于结构，即对结构做疲劳试验。

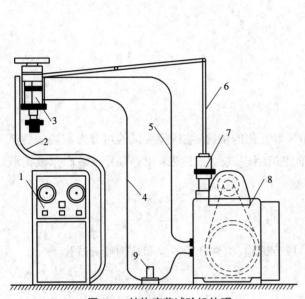

图 8-1　结构疲劳试验机外观

1—控制系统；2—校准管；3—脉动千斤顶；4—回油管；
5—喷油管；6—输油管；7—分油头；8- 脉动发生系统；9—卸油泵

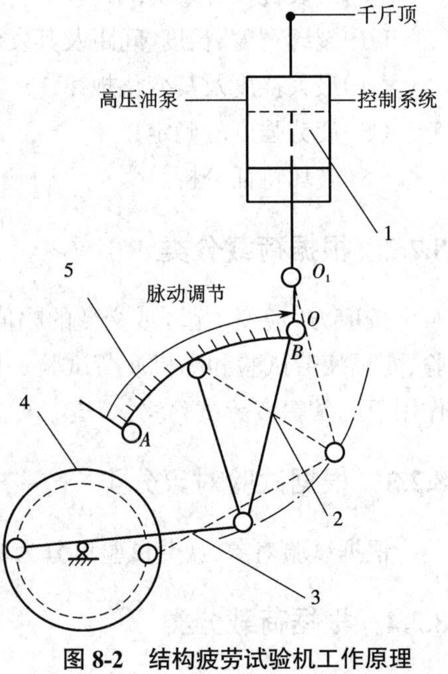

图 8-2　结构疲劳试验机工作原理

1—脉动器；2—顶杆；3—曲柄；4—飞轮；5—脉动调节器

此外，还有一种小型激振器——反冲激振器。它的原理类似于火箭，所以又称之为"小火箭"。它通过在其小型钢筒体内放入固体火药，采用直流电源短路的方法点火，使筒体内产生高温（可高达 2 200~3 300 ℃）气体，并以高压（可达 10 MPa 以上）、高速（可达 2 000 m/s）喷出，对被测结构产生一个反推力，对结构激振。其力的大小由装药量来控制。此激振器设备简单、体积小、易安装，只要在结构件上安装固定底盘螺母，将反冲激振器旋入即可。

8.3.2　疲劳试验荷载

1. 疲劳试验荷载取值

疲劳试验的上限荷载 Q_{max} 是根据结构在最大标准荷载、最不利组合下产生的弯矩计算而得到的。下限荷载根据疲劳试验设备的要求而定。

2. 疲劳试验荷载速度

疲劳试验荷载在单位时间内重复作用的次数（即荷载频率）会影响材料塑性变形和徐变。另外，频率过高时给疲劳试验附属设施带来的问题也较多。目前国内外尚无统一的频率规定,主要按疲劳试验机的性能而定。

荷载频率不应使结构及荷载架发生共振,同时应使结构在试验时与实际工作时的受力状态一致。为此,荷载频率与结构固有频率 θ 应满足以下条件:

$$\theta<0.5\omega \text{ 或 } \theta>1.3\omega$$

3. 疲劳试验的控制次数

结构经受下列控制次数的疲劳荷载作用后,抗裂性(即裂缝宽度)、刚度、强度必须满足现行规范中的有关规定。

中级制吊车梁:$n=2 \times 10^6$ 次;重级制吊车梁:$n=4 \times 10^6$ 次。

8.3.3 疲劳试验步骤

疲劳试验的加载程序可分为两种:一种是从试验开始到试验结束施加重复荷载;另一种是交替施加静载和重复荷载。

交替施加静载和重复荷载可以先使构件在静载下产生裂缝,再施加重复荷载;也可以先施加重复荷载再用静载试验检验结构在重复荷载作用后的承载能力,以及重复荷载对结构变形、强度和刚度的影响。

对于检验性疲劳试验,可根据《混凝土结构试验方法标准》(GB/T 50152—2012)中推荐的等幅稳定的多次重复荷载作用下正截面和斜截面的疲劳性能试验加载程序进行试验。构件疲劳试验的过程,可归纳为以下几个步骤。

1. 疲劳试验前预加静载试验

对构件施加不大于上限荷载 20% 的预加静载 1~2 次,消除松动及接触不良,压牢构件并使仪表运动正常。

2. 正式疲劳试验

第一步,先做疲劳前的静载试验,其目的是对比构件经受反复荷载后受力性能有何变化。荷载分级加到疲劳上限荷载,每级荷载可取上限荷载的 20%。临近开裂荷载时应适当加密。第一条裂缝出现后仍以 20% 的荷载施加。每级荷载加完后停歇 10~15 min 记录读数。加满后分两次或一次卸载,也可采取等变形加载法。

第二步,进行疲劳试验。首先调节疲劳试验机上、下限荷载,待示值稳定后读取第一次动荷载读数。以后每隔一定次数(30~50 万次)读取数据。根据要求可在疲劳过程中进行静载试验(方法同上),完毕后重新启动疲劳试验机继续疲劳试验。

第三步,做破坏试验。达到要求的疲劳次数后进行破坏试验有两种情况:一种是继续施加疲劳荷载直至破坏,得到承受疲劳荷载的次数;另一种是做静载破坏试验,方法同前。荷载分级可以加大。

疲劳试验的步骤可用图 8-3 所示。

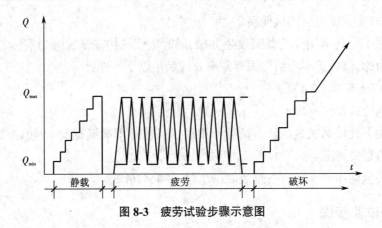

图 8-3　疲劳试验步骤示意图

应该注意,不是所有疲劳试验都采用相同的试验步骤,因试验目的和要求的不同而不同。如带裂缝的疲劳试验,静载可不分级缓慢地加到第一条可见裂缝出现为止,然后开始做疲劳试验,如图 8-4 所示。

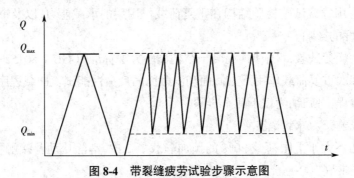

图 8-4　带裂缝疲劳试验步骤示意图

另外,在疲劳试验过程中可变更荷载上限,如图 8-5 所示。提高疲劳荷载上限,可以在达到要求疲劳次数之前,也可以在达到要求疲劳次数之后。

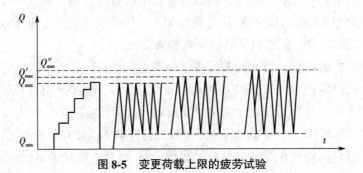

图 8-5　变更荷载上限的疲劳试验

此外,荷载架上的分布梁、脉冲千斤顶、构件、支座以及中间垫板都要对中。特别是千斤顶轴心一定要与结构断面纵轴在一条直线上。同时要保持千斤顶与构件之间、支座与支墩之间、构件与支座之间的平稳。

由于疲劳破坏通常是脆性断裂,事先无明显的预兆,故在试验时随时观察千斤顶是否歪斜,支座是否移动。试验前必须设置安全墩,以防事故发生。

3. 混凝土受弯构件疲劳破坏标志

（1）正截面疲劳破坏的标志是某一根纵向受拉钢筋疲劳断裂，或受压区混凝土疲劳破坏。

（2）斜截面疲劳破坏的标志是某一根与临界斜裂缝相交的腹筋（箍筋或弯起钢筋）疲劳断裂，或混凝土剪压疲劳破坏，或与临界斜裂缝相交的纵向钢筋疲劳断裂。

（3）在锚固区钢筋与混凝土的黏结锚固疲劳破坏。

（4）在停机进行一个循环的静载试验时，出现下列情况之一。

结构构件受力情况为轴心受拉、偏心受拉、受弯、大偏心受压时：

①对有明显物理流限的热轧钢筋，其受拉主钢筋应力达到屈服强度，受拉应变达到 0.01，对无明显物理流限的钢筋，其受拉主钢筋的受拉应变达到 0.01；

②受拉主钢筋拉断；

③受拉主钢筋处最大垂直裂缝宽度达到 1.5 mm；

④挠度达到跨度的 1/50，对悬臂结构，挠度达到悬臂长的 1/25；

⑤受压区混凝土压坏。

结构构件受力情况为轴心受压或小偏心受压时，混凝土受压破坏。

结构构件受力情况为受剪时：

①斜裂缝端部受压区混凝土剪压破坏；

②沿斜截面混凝土斜向受压破坏；

③沿斜截面混凝土撕裂形成斜拉破坏；

④箍筋或弯起钢筋与斜裂缝交会处的斜裂缝宽度达到 1.5 mm。

对于钢筋和混凝土的黏结锚固，钢筋末端相对于混凝土的滑移值达到 0.2 mm。

8.3.4　疲劳试验观测

1. 疲劳强度

构件所能承受疲劳荷载的作用次数，取决于最大应力值 σ_{max}（或最大荷载 Q_{max}）及应力变化幅度 $\Delta\rho$（或荷载变化幅度）。试验应按设计要求取最大应力值 σ_{max} 及疲劳应力比值 $\rho = \sigma_{min}/\sigma_{max}$。依据此条件进行疲劳试验，在控制疲劳次数内，构件的强度、刚度、抗裂性应满足现行规范要求。

当进行科研性疲劳试验时，构件以疲劳极限强度和疲劳极限荷载作为最大的疲劳承载能力。构件达到疲劳破坏时的荷载上限值为疲劳极限荷载。构件达到疲劳破坏时的应力最大值为疲劳极限强度。为了得到给定 ρ 值条件下的疲劳极限强度和疲劳极限荷载，一般采取的办法是：根据构件实际承载能力，取定最大应力值 σ_{max}，做疲劳试验，求得疲劳破坏时的荷载作用次数 n，从 σ_{max} 与 n 双对数直线关系中求得控制疲劳极限强度，作为标准疲劳强度。它的统计值作为设计验算时疲劳强度取值的基本依据。

2. 疲劳试验的应变测量

一般采用电阻应变片测量动应变，测点布置依试验具体要求而定。测试方法有：①用动态电阻应变仪和记录器（如光线示波器）组成测量系统，这种方法的缺点是测点数量少；②用静动态电阻应变仪(如 YJD 型)和阴极射线示波器或光线示波器组成测量系统,这种方法简便且具有一定精度,可多点测量。

3. 疲劳试验的裂缝测量

由于裂缝的开始出现和微裂缝的宽度对构件安全使用具有重要意义,因此,裂缝测量在疲劳试验中是重要的,目前测裂缝还是利用光学仪器目测或利用应变传感器电测。

4. 疲劳试验的挠度测量

疲劳试验中动挠度测量可采用接触式测振仪、差动变压器式位移计和电阻应变式位移传感器等。

8.3.5　疲劳试验试件安装

构件的疲劳试验不同于静载试验,它连续进行的时间长,试验过程振动大,因此试件的安装就位以及相配合的安全措施均须认真对待,否则将会产生严重后果。具体安装时应注意以下几点。

(1)严格对中。荷载架上的分配梁、脉冲千斤顶、试验构件、支座以及中间垫板都要对中。特别是千斤顶轴心一定要同构件断面纵轴在一条直线上。

(2)保持平稳。疲劳试验的支座最好是可调的,即使构件不够平直也能调整安装水平。另外千斤顶与试件之间、支座与支墩之间、构件与支座之间都要找平,用砂浆找平时不宜铺厚,因为厚砂浆层易酥。

(3)安全防护。疲劳破坏通常是脆性断裂,没有明显预兆。为防止发生事故,对人身安全、仪器安全均应注意。

8.4　常见的疲劳试验

8.4.1　铸钢 G20Mn5QT 材料疲劳试验

扫一扫:延伸阅读　常见的疲劳试验

1. 试验目的

在疲劳荷载作用下,铸钢节点的倒角处或其他几何突变处可能因应力集中而萌生疲劳裂纹,引起疲劳问题。铸钢节点的疲劳因其几何形状和受力模式的差异而不同,但铸钢节点的疲劳试验一般耗时耗资较大。所以,一般通过试验得到材料标准试件的应变(应力)- 寿命关系,然后利用一些分析方法对构件及其敏感区域进行疲劳分析,最后得出整体节点的疲劳强度。结构或构件通常承受循环荷载的幅值都是变化的,变幅荷载下的疲劳分析,可先将实测荷载谱或设计荷载谱通过循环计数法处理为应力谱,然后通过 Miner 法则、双线性理论和 Corten-Dolan 理论等将其转化为不同应变比 R_ε($R_\varepsilon = \varepsilon_{min}/\varepsilon_{max}$)或应力比 R($R = \sigma_{min}/\sigma_{max}$)下的常幅疲劳分析,其中 ε_{min} 和 ε_{max} 为每个周期内的最小和最大应变, σ_{min} 和 σ_{max} 为每个周期内的最小和最大应力。一般通过试验只能得到在一定应力比下的应力 - 寿命关系或在一定应变比下的应变 - 寿命关系。在不同的应力水平下,应力比或应变比并非保持恒定,其所对应的应力(应变)-寿命关系也不同。因此若得到应力比或应变比对铸钢材料的定量的影响,就能得到相应的应变(应力)-寿命关系,用损伤累积的方法就能分析结构在实际工况下的疲劳性能。

目前,结构中常用钢材的疲劳性能研究主要针对热轧钢,如 Q235、Q345、Q390 和 Q460 等,关于铸钢材料的疲劳性能研究较少。而铸钢材料的疲劳性能是评价铸钢节点疲劳强度的基础。因此,本节对工程中常用的铸钢材料 G20Mn5QT(调质)进行应变比 $R_\varepsilon=-1$ 下的疲劳试验,从而分析其循环应力响应、塑性应变能、ε-N 曲线、Coffin-Manson 方程和金相结构等内容,为铸钢节点的疲劳寿命分析打下基础。

2. 试件设计

为了更准确地测试铸钢的力学性能,使用常规的铸造工艺制作材料为 G20Mn5QT 的钢管(图 8-6),钢管尺寸为 $\phi219\times32$。对铸钢钢管进行了一系列无损检测,包括射线探伤、超声波探伤和磁粉探伤,以确保铸造质量。沿着铸钢钢管的长度方向进行线切割、机械加工和沿轴向的表面抛光处理,得到最终疲劳试验标准试件,如图 8-6(b)所示。疲劳试件中间段的测试段的长度为 30 mm,直径为 5 mm,端部夹持段螺纹长度为 40 mm,示意图如图 8-7(a)所示。试验时,通过特制的夹具将试件固定在试验机上(图 8-7(b)),可以保证试件严格对中,且有效地传递拉、压双向荷载。

(a)   (b)

图 8-6 铸钢

(a)钢管 (b)标准试件

3. 试验装置与方法

建筑结构通常设计在弹性范围内服役,特殊荷载作用下允许进入塑性范围。因此,为了更准确地控制试验过程,采用应变控制的方法。相比于应力控制的方法,应变控制的方法可以更好地考虑疲劳裂纹萌生处的局部塑性变形,并且应变控制同时适用于低周和高周的疲劳问题,具有一定优势。

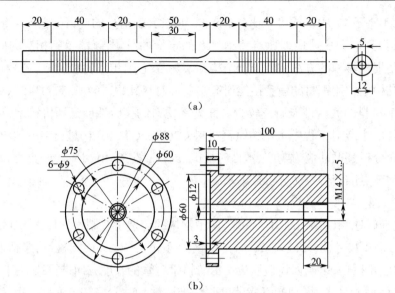

(a)

图 8-7　铸钢材料疲劳试验示意图(单位:mm)
(a)标准试件　(b)机器夹具

　　试验在常温、大气环境下进行,采用 Instron E10000 电子万能试验机,引伸计标距为 20 mm,如图 8-8 所示。加载波形为循环的正弦波形,加载频率 f=10 Hz,对 26 个标准试件进行了应变比 R_ε=-1 的疲劳试验;对 11 个标准试件进行了应变比 R_ε=0.1 的疲劳试验。对于结构,设计应力通常都在线弹性范围内,但在特殊条件下,设计应力会接近材料的屈服强度。为了控制最大应变 ε_{max} 在此范围内, R_ε=-1 时的控制应变幅 ε_a 为 800 $\mu\varepsilon$~3 000 $\mu\varepsilon$(1 $\mu\varepsilon$=1 × 10^{-6} ε); R_ε=0.1 时的控制应变幅 ε_a 为 1 000 $\mu\varepsilon$~2 000 $\mu\varepsilon$,其中轴向引伸计控制总应变幅 ε_a=$\Delta\varepsilon$/2, $\Delta\varepsilon$ 为应变范围。

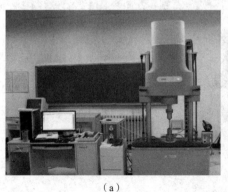
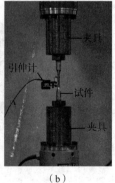

(a)　　　　　　　　　　　(b)

图 8-8　疲劳试验情况
(a)试验装置　(b)试验细节

4. 破坏准则

根据《金属材料轴向等幅低循环疲劳试验方法》(GB/T 15248—2008)的判定条件,当试件最大荷载下降到初始荷载的 90% 时认为试件疲劳失效。如果试验至 10^7 次时仍未疲劳,则认为此试件在该应变下不会疲劳。

5. 试验结果

本节进行了 26 个标准试件在 $R_\varepsilon=-1$ 时的疲劳试验,考察铸钢材料的疲劳性能,根据各试件实测疲劳寿命与相应的应变幅,其 ε-N 曲线如图 8-9 所示。当铸钢试件的荷载循环次数超过 10^7 次时,则停止试验,认为试件不会发生疲劳破坏,图8-9 中用箭头表示。

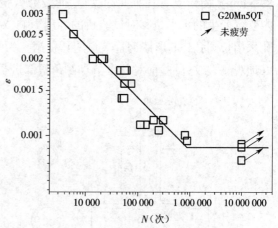

图 8-9　铸钢 G20Mn5QT 的 ε-N 曲线

8.4.2　铸钢 G20Mn5QT 管节点疲劳性能试验

1. 试验目的

铸钢节点因自由度大、适用性强,已广泛应用于海洋平台、桥梁工程及高耸结构等领域,承受着波浪、车辆和风等疲劳荷载作用,这极易引发疲劳问题。目前,国内外学者针对铸钢与普通钢对接焊缝疲劳性能的研究较多,但对铸钢节点本身疲劳性能的研究较少。8.4.1 节虽开展了 G20Mn5QT 铸钢双边缺口试件疲劳性能试验研究,但毕竟是小尺寸且为板材试件,不能充分考虑铸钢节点倒角及节点因尺寸增大带来的铸造缺陷等对疲劳性能的影响。因此,研究铸钢节点疲劳性能具有重要意义。

本节针对 T 形铸钢管节点,进行了其在不同荷载下的疲劳试验,应力比为 0,分析其 S-N 曲线、荷载 - 寿命曲线及应变 - 寿命曲线;结合试验现象,得到其疲劳破坏模式;通过对比各铸钢节点荷载 - 寿命曲线,并结合刚度退化规律,得到其刚度退化模式;通过观察其疲劳断面形貌,分析其疲劳失效原因,从而为其疲劳强度及影响因素分析提供理论基础及数据支持,并为铸钢节点在工程中的应用提供有效指导。

2. 试件设计

为研究 T 形铸钢管节点的疲劳性能,试验共设计加工了 4 个试件(TIPB-1~TIPB-4),其主管和支管的长度分别为 800 mm 和 450 mm,主管和支管端部壁厚分别为 25 mm 和20 mm,主支管倒角半径为 29 mm。铸造时,为增强铸钢液体流动性,在铸钢节点主管和支管内部平行于起模方向设置起坡角度为 2°,如图 8-10(a)所示。

为解决 T 形铸钢管节点与加载装置的连接问题,设置了三种连接方式:焊接、螺栓连接及销轴连接。T 形铸钢管节点的主管和支管端部以及夹头部分均采用焊接连接,如 8-11(a)和(b)所示,焊缝等级为一级,以避免因焊缝疲劳产生的疲劳裂纹对试验结果造成不良影响。为方便与其他支撑构件相连接,主管和支管端板设置螺栓孔,考虑到试验操作空间限制及节点传力路径,具体开孔方式如图 8-11(a)所示。为实现试验机对 T 形铸钢管节点的加载,支管端部采用销轴连接,具体布置如图 8-11(a)所示,加载点距支管端部距离设置为87.5 mm。由于支管在平面内受弯,而疲劳试验机加载方式为轴向加载,为消除支管在平面内受弯产生的水平位移对试验机的不利影响,对耳板销孔进行了特殊设计:夹头耳板处的销孔采用长圆孔, T 形铸钢管节点的耳板销孔为圆孔,如图 8-11(b)~(d)所示。此外,为了更好地观测裂纹,试验前对每个节点倒角根部进行打磨,如图 8-11(b)所示。

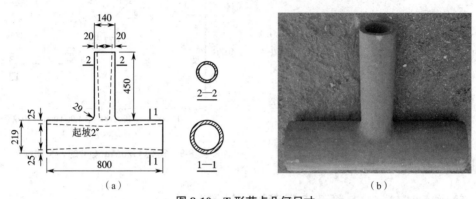

图 8-10　T 形节点几何尺寸

(a)平面图及断面图(单位:mm)　(b)实景图

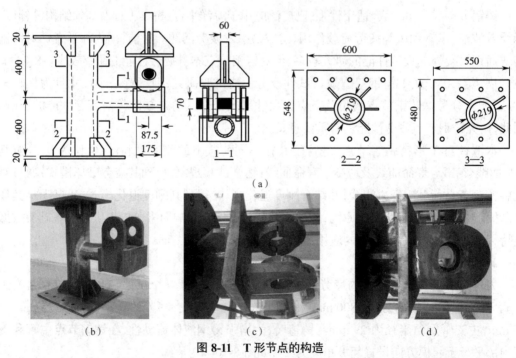

图 8-11　T 形节点的构造

(a)T 形节点构造图(单位:mm)　(b)T 形节点构造实景图　(c)夹头侧向图　(d)夹头正视图

3.试验装置

1)加载装置

疲劳试验采用电液伺服疲劳试验机进行加载,其最大试验力为 1 000 kN。试验加载装置如图 8-12 所示。试件上端通过竖向及斜向支撑构件加以固定;试件下端通过螺栓连接固定于钢梁上,钢梁亦通过螺栓连接固定在试验机工作平台上。试件上下端的螺栓连接设有孔径与螺栓直径相同的垫片,通过过盈配合保证试件上下端的固定约束。

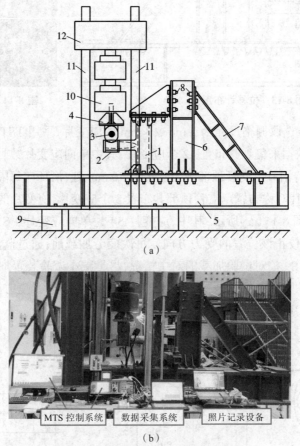

图 8-12　T 形铸钢节点试件试验装置图

(a)试验装置示意图　(b)试验装置现场图

1—试验试件;2—试件耳板;3—销轴;4—夹头;5—钢梁;6—竖向支撑构件;7—斜向支撑构件;
8—螺栓;9—试验机工作平台;10—试验机夹具;11—试验机立柱;12—试验机横梁

2)测点布置

试验位移测点布置如图 8-13 所示,共设置 3 个位移计。试验采用位移加载,经夹头传至销轴,经销轴再传至 T 形铸钢管节点支管端部。由于支管端部施加的位移相对较小,试验机位移误差不能忽略,为获得准确的加载位移,在支管端部安装位移计,以位移计 1 显示的位移值作为真实的加载位移。位移计 2 和 3 用于监测主管端部位移,以确保固定边界条件。

为便于捕捉疲劳裂纹萌生位置和时刻,以及疲劳裂纹失效过程,在 T 形铸钢管节点支管上部安装高清相机,如图 8-14 所示。每隔一定时间间隔捕捉一次照片,实时存储于电脑设备中,便于后期观察。

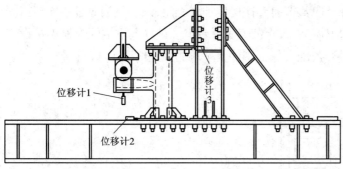

图 8-13　位移计布置图　　　　　图 8-14　高清相机布置图

T 形铸钢管节点选取栅格尺寸为 2 mm × 3 mm 的应变片,采用 TST3827 动态数据采集系统进行疲劳试验数据采集。共布置 12 个应变片,其中单向应变片数目为 11 个,应变花数目为 1 个。在 T 形铸钢节点支管顶部距主管边缘 50 mm 处,沿环向每隔 45° 布置 1 个应变片,要求各测点应变片对称布置。支管顶部共布置 3 个应变片,应变片的间隔为 50 mm。各测点应变片编号如图 8-15(a)所示,其中,应变片 S4 为单向应变片, S5 为应变花,如 8-15(b)~(c)所示,用以校正该位置的受力方向。每次疲劳加载前,通过监测应变片 S4 和 S5、S6 和 S7 以及 S8 和 S9 校对试验加载的对中情况,尽量减小试验装置加工及安装等因素对试验结果的影响。粘贴应变片时,要求单向应变片玻璃丝沿支管长度方向粘贴,最终粘贴效果如图 8-15(b)~(c)所示。

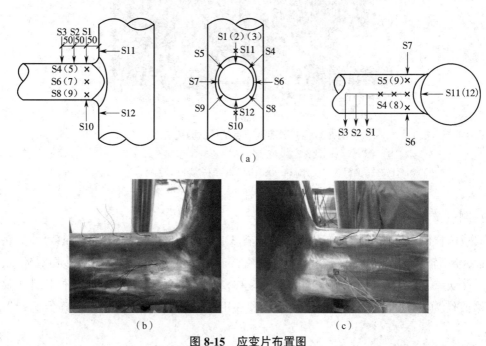

图 8-15　应变片布置图

(a)应变片布置示意图　(b)应变片(S4)布置实景图　(c)应变片(S5)布置实景图

3)加载制度

试验采用位移控制的加载制度,包括静力加载和疲劳加载两个部分。其中,静力加载是疲劳加载的基础,为疲劳加载的设定提供依据。具体加载过程如下。

（1）调整试验机夹头位置,使销轴与试验机的夹头销孔上边缘（图 8-16 位置 A）以及 T 形铸钢管节点的耳板销孔下边缘（图 8-16 位置 B）刚刚接触,记此刻试验机荷载和位移分别为 F_{min} 和 D_{min},此刻 F_{min} =0。

（2）静力加载。采用分级加载制度,每 0.2 mm 为一级,初始加载后,检查各仪器设备是否工作正常,确保其工作正常后,继续加载至试验所需的最大荷载,并记下此刻试验机的荷载 F_{max} 和位移 D_{max},然后分级卸载。

（3）疲劳加载。采用正弦波,荷载比 $R_F = F_{min}/F_{max} = 0$,加载频率为 0.33~1.6 Hz。试验机位移幅值及平衡位置根据静力加载结果设定:位移幅值 $D_a = (D_{max} - D_{min})/2$,平衡位置 $D_m = (D_{max} + D_{min})/2$。在加载过程中,时刻注意观察试验现象。

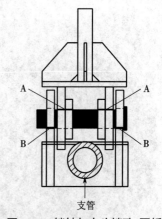

图 8-16　销轴与夹头销孔、耳板销孔位置

以上加载制度虽为位移控制,但后续评估节点疲劳寿命时可按力荷载进行计算。4 个试件加载的最大荷载分别为 250 kN、210 kN、185 kN 和 155 kN,最小荷载均为 0 kN。

4. 失效准则

节点的失效模式有多种不同的定义,总结如下:

（1）当裂纹萌生点附近的应变变化量为 15% 时,疲劳寿命记为 N_1;

（2）当第一个可见裂纹出现时,疲劳寿命记为 N_2;

（3）当裂纹穿透壁厚时,疲劳寿命记为 N_3;

（4）当裂纹扩展至半个圆周时,疲劳寿命记为 N_4;

（5）当节点完全失效,即节点强度完全丧失时,疲劳寿命记为 N_5。

本试验将第二种失效模式对应的疲劳寿命 N_2 视为裂纹萌生寿命 N_{in};第四种失效模式,即疲劳裂纹发展至支管半个圆周时,视为节点失效。荷载循环次数达到 N_4 后,可改变荷载大小及作用时间,以加速试验进程。为观察疲劳断面形貌,至节点承载力仅剩 10 kN 左右时,结束试验。之后借助机械工具（如铁锤）将支管破坏段从节点中分离,以观察其疲劳断面形貌。

8.4.3　铸钢 G20Mn5QT 腐蚀疲劳试验

1. 试验目的

目前针对钢材腐蚀疲劳性能的研究较多,但主要针对不锈钢、热轧钢等,而对铸钢的研究较少,铸钢在腐蚀环境下的腐蚀疲劳性能尚不明确。因此,需要对铸钢材料进行腐蚀疲劳试验研究。本试验的主要目的是通过设计一套金属材料腐蚀疲劳试验的腐蚀溶液循环系统,对 G20Mn5QT 铸钢母材标准试件进行在质量分数 3.5% NaCl 溶液中的腐蚀疲劳试验（应力比 $R=-1$,平均应力为 0）。根据试验结果,得到基于 Stromeyer 表达式的应力 - 寿命曲线（S-N 曲线）;结合质量分数 3.5% NaCl 腐蚀溶液中的 G20Mn5QT 铸钢母材腐蚀性能分析结果,通过电镜扫描得到其断口形貌,并与在试验室干燥空气条件下的疲劳试验结果进行对比,得到其腐蚀疲劳破坏机理,从而为铸钢节点的腐蚀疲劳寿命分析提供理论基础。

图 8-17 铸钢管线切割示意图

2. 试件设计

为了准确测试铸钢节点材料的力学性能,使用常规铸造工艺制作材料为 G20Mn5QT 的铸钢管,钢管外径为 219 mm,壁厚为 32 mm。出厂时对铸钢管进行了超声探伤、射线探伤以及磁粉探伤,以确保铸钢质量。

沿铸钢管长度方向进行线切割,如图 8-17 所示,根据相关规范的要求对试件进行机械加工,并沿轴向表面抛光得到最终的腐蚀疲劳标准试件,其表面粗糙度 $Ra \leqslant 3.2$,如图 8-18 所示。腐蚀疲劳试件的中间试验段长度为 20 mm,直径为 5 mm。在焊接疲劳标准试件的一端加工外螺纹,使其与腐蚀溶液循环系统相匹配。

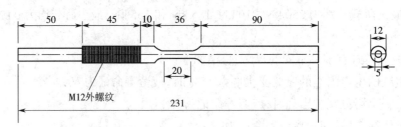

图 8-18 轴向标准疲劳试件尺寸示意图(单位:mm)

3. 试验装置

1)腐蚀溶液循环系统

目前,对金属材料的腐蚀疲劳性能开展研究,需要对其进行腐蚀疲劳试验。当采用一般的疲劳试验机进行试验时,需要在试件的夹持端设置腐蚀盒,方可进行腐蚀疲劳试验,但腐蚀盒的密封、腐蚀溶液的循环、电化学效应等问题是形成腐蚀溶液循环系统的关键。因此,针对金属材料的腐蚀疲劳试验方法,设计了一种可以应用于大部分疲劳试验机的试验装置,即金属材料腐蚀疲劳试验中的腐蚀溶液循环系统。在试验过程中,该系统能够起到良好的密封作用,方便腐蚀溶液循环,并尽可能地避免非试验材料发生电化学反应。

该腐蚀疲劳试验中的腐蚀溶液循环系统包括:腐蚀溶液储存容器(1 个),安装、固定在试件下部夹持端的腐蚀盒(1 个),固定腐蚀盒内外的法兰螺母(2 个),橡胶(或硅胶)垫片(2 个)等,如图 8-19 所示。

腐蚀溶液储存容器用胶塞塞住,在胶塞上开孔插入两根玻璃弯管,腐蚀溶液需没过玻璃弯管下端开口,上端开口与腐蚀盒进水口和出水口利用软管相连接,并在腐蚀盒进水口一侧软管处加入一台小型水泵提供腐蚀溶液的循环动力。在腐蚀盒上部,加工一个可以固定进水玻璃弯管和出水玻璃弯管的圆盖,使其中的腐蚀溶液能够保持平衡,以实现腐蚀溶液的循环。小型水泵采用 2DS-2FU$_2$ 补液泵,这种类型的水泵可以在气囊向进水口补液时,向其中充入空气,以确保腐蚀盒内的腐蚀溶液拥有足够多的空气与标准试件发生氧的去极化反应。

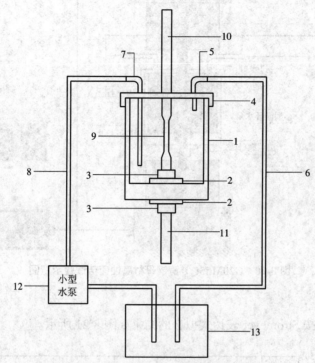

图 8-19 腐蚀疲劳试验中的腐蚀溶液循环系统

1—腐蚀盒;2—橡胶(或硅胶)垫片;3—法兰螺母;4—腐蚀盒上方盖子;5—出水口(有机玻璃弯管);
6—出水软管(硅胶或橡胶);7—进水口(有机玻璃弯管);8—进水软管(硅胶或橡胶);9—腐蚀疲劳标准试件试验段;
10—腐蚀疲劳标准试件上部夹持端;11—腐蚀疲劳标准试件下部夹持端(带螺纹);12—小型水泵;13—腐蚀溶液储存容器

2)加载装置

试验在试验室常温环境下进行,腐蚀溶液为质量分数 3.5% NaCl 溶液(2DS-2FU$_2$ 补液泵的溶液循环速度固定为 460 mL/min),模拟海洋工程环境下全浸区海水的腐蚀作用,试验机为 PWS-E100 电液伺服动静万能试验机,加载波形为正弦波,加载频率为 5 Hz,进行在 6 个应力幅值下、平均应力为 0 的腐蚀疲劳试验,应力比 $R=-1$、平均应力为 0,如图 8-20 所示。

4. 破坏准则

根据《金属材料 疲劳试验 轴向力控制方法》(GB/T 3075—2021)的判定条件,结构钢在试验进行到 10^7 周次时仍未发生疲劳破坏,则认为该试样在该应力幅值下不会疲劳,通常认为,此时钢材在此应力幅值下会持续"无限的循环周次",应力寿命的"平台"就是传统意义上的疲劳极限,而根据《金属和合金的腐蚀 腐蚀疲劳试验》(GB/T 20120—2006)的相关说明,在腐蚀环境下,腐蚀疲劳无明显的疲劳强度极限。本试验在逐步减小的交变应力下,使试样暴露在腐蚀溶液中产生疲劳裂纹,引起疲劳失效,得到对应 G20Mn5QT 铸钢在质量分数 3.5% NaCl 溶液中的腐蚀疲劳试验数据样本(N_i,S_i)。其中 N_i 为试样的失效循环次数,S_i 为对应试样的应力幅值。

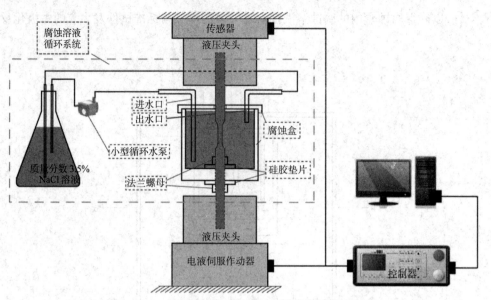

图 8-20　G20Mn5QT 铸钢母材腐蚀疲劳试验示意图

5. 试验结果

试验数据及其按 Stromeyer 表达式拟合的结果如图 8-21 所示。

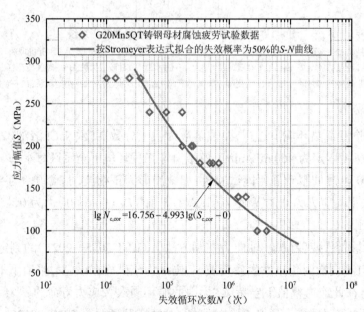

图 8-21　G20Mn5QT 铸钢母材腐蚀疲劳的 *S-N* 曲线(Stromeyer 表达式)

【本章小结】

　　本章讲述了结构疲劳试验概况;介绍了疲劳试验设备系统、疲劳试验加载制度、疲劳试验过程中的要点及注意事项;阐述了测量数据采集与整理等内容。

【思考题】

8-1 动力作用的主要特点有哪些？需要从哪些方面考虑动力荷载作用下结构的性能？

8-2 结构在动力荷载作用下的响应与哪些方面关系密切？一般将结构动力试验分为哪两大类？结构自身的动力特性包括什么？

8-3 工程中的振动形式可分为哪两大类？确定性振动和不确定性振动（又称随机振动）分别是什么？

8-4 振动参数的量测系统通常由哪三部分组成？

8-5 简述拾振器的工作原理。

8-6 简述信号放大器的工作原理。

8-7 简述显示仪器的功能。常用的显示装置分为哪两大类？常用的图形显示装置有哪些？

8-8 简述记录仪器的功能。常用的记录装置有哪些？

8-9 简述测量结构动力特性的三种方法。

8-10 建筑物或构件在重复荷载作用下破坏时,达到的应力值比其在静力状态下的强度值低得多,这种破坏现象称为疲劳破坏。疲劳破坏的危害是什么？

8-11 结构构件疲劳试验一般在专门的疲劳试验机上进行,它是如何施加重复荷载的？

第9章 结构抗震试验

【本章提要】

本章主要讲述工程结构抗震试验的方法及相应的仪器设备,包括用静力试验方法近似模拟地震作用的拟静力试验和拟动力试验;再现地震过程的地震模拟振动台试验;采用爆破法引起地面运动的人工地震模拟试验以及在地震区对已建房屋进行测试的天然地震试验等。

9.1 概述

结构抗震试验的目的有两个:一个是确定结构的线性动力特性,即结构在弹性阶段变形比较小的情况下的自振周期、振型、能量耗散和阻尼值;另一个是研究结构的非线性性能,如结构进入非线性阶段的能量耗散、滞回特性、延性性能、破坏机理和破坏特征。

9.1.1 结构抗震试验的任务

地震是一种自然现象,全世界每年大约发生 500 万次地震,绝大多数地震发生在地球深处或者释放的能量较小而难以觉察到。人们能感觉到的地震称为有感地震,约占地震总数的 1%。能造成灾害的强烈地震很少,平均每年发生十几次。我国是一个地震多发国家,发生过华县大地震、邢台地震、海城地震、唐山大地震及 2008 年的汶川地震等强烈地震。强烈地震能引起地面的摇晃和颠簸,引发海啸并造成建筑物的破坏,危及人类的生命和财产安全。

为了提高建筑物的抗震能力,减轻地震对建筑结构的破坏作用,科研人员从理论和试验两个方面对结构的抗震性能进行了大量的研究。结构的抗震性能由结构的强度、刚度、延性、耗能能力、刚度退化等几个方面衡量;结构抗震能力是结构抗震性能的表现。《建筑抗震设计规范》(GB 50011—2010)要求,结构应具有"小震不坏、中震可修、大震不倒"的抗震能力。结构抗震试验就是利用现有的试验手段,具体研究结构或构件的实际抗震能力,主要任务如下。

(1)研究新型建筑材料的抗震性能,为该材料在地震区的推广使用提供科学依据。

(2)研究新型建筑结构的抗震能力,提供该新型结构在地震区推广的抗震设计方法。

(3)进行实际结构模型抗震试验研究,验证结构的抗震性能和能力,评定其安全性。

(4)通过结构抗震试验获得试验数据,为制定和修改抗震设计规范提供科学依据。

9.1.2　结构抗震试验的特点

从结构抗震工程研究的发展来看,目前结构抗震试验主要从场地原型观测和试验室两个方面进行。抗震研究认为结构的静力试验和结构原型弹性阶段的动力试验所取得的资料数据,对抗震设计来说不能反映客观要求,而结构工作的各个阶段的动态特性参数,对结构地震反应分析愈来愈重要。

结构抗震试验的难度和复杂性比静力试验要大,原因如下。首先,荷载以动力形式出现,它有速度、加速度或以一定频率对结构产生动力响应。由加速度作用引起的惯性力导致荷载的大小直接与结构本身的质量有关,动荷载对结构产生的共振使应变和挠度增大。其次,动力荷载作用于结构还有应变速率问题,应变速率的大小又直接影响结构材料的强度。如加荷速度愈快,引起结构或构件的应变速率愈高,则试件强度和弹性模量也就相应提高。

9.1.3　结构抗震试验的内容

在长期抗御地震灾害的过程中,人们认识到工程结构抗震试验是研究结构抗震性能的一个重要方面。可是,使试验做到既解决问题又比较经济却不太容易,因为地震的发生是随机的,地震发生后的传播是不确定的,从而导致结构的地震反应是不确定的,这给确定试验方案带来了困难。一般说来,结构抗震试验包括三个环节:结构抗震试验设计、结构抗震试验和结构抗震试验分析。它们的关系如图 9-1 所示。

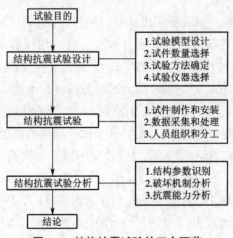

图 9-1　结构抗震试验的三个环节

三者中,结构抗震试验设计是关键,结构抗震试验是中心,结构抗震试验分析是目的。其中,结构抗震试验设计的部分主要内容在第 2 章中已叙述,本章主要对结构抗震试验的方法及结构抗震试验分析做简要介绍。

9.1.4　结构抗震试验的分类

结构抗震试验可分为两大类:结构抗震静力试验和结构抗震动力试验。然而,按试验方法考虑,在试验室经常进行的主要有拟静力试验、拟动力试验和地震模拟振动台试验;在现场进行的有人工地震模拟试验和天然地震试验。由于现场试验费用昂贵,在我国较少采用。

1. 拟静力试验

拟静力试验又称为低周反复加载试验或伪静力试验,一般给试验对象施加低周反复作用的力或位移,来模拟地震时结构的作用,并评定结构的抗震性能和能力。拟静力试验实质上是用静力加载方式模拟地震对结构物的作用,其优点是在试验过程中可以随时停下来观察试件的开裂和破坏状态,并可根据试验需要改变加载历程。但是试验的加载历程是研究者事先主观确定的,与实际地震作用历程无关,不能反映实际地震作用时应变速率的影响,这是它的不足。进行结构低周反复加载试验的目的如下。

(1)研究结构在地震荷载作用下的恢复力特性,确定结构恢复力计算模型;利用低周反复加载试验获得的滞回曲线和曲线面积求得结构的等效阻尼比,衡量结构的耗能能力;利用恢复力特性曲线获取与一次加载相近的骨架曲线、结构初始刚度和刚度退化等参数。

(2)通过试验从强度、变形和能量三个方面判别和鉴定结构的抗震性能。

(3)通过试验研究结构的破坏机理,为改进抗震设计方法,修改抗震设计规范提供依据。

低周反复加载试验的优点:在试验过程中可以随时停下来观察试件的开裂和破坏状态;便于检验、校核试验数据和仪器的工作情况;可根据试验需要改变加载历程。低周反复加载试验的不足之处:试验的加载历程是研究者事先主观确定的,与实际地震作用历程无关;加载周期长,不能反映实际地震作用时应变速率的影响。

2. 拟动力试验

拟动力试验又称计算机 - 加载器联机试验,是将计算机的计算和控制与结构试验有机结合在一起的试验方法。它与采用数值积分方法进行的结构非线性动力分析过程十分相似,不同的是结构的恢复力特性不再来自数学模型,而是直接从试验结构上实时测取。拟动力试验的加载过程是拟静力的,但它与拟静力试验方法存在本质的区别,拟静力试验每一步的加载目标(位移或力)是已知的,而拟动力试验每一步的加载目标是由上一步的测量结果和计算结果通过递推公式得到的,递推公式是基于试验结构的离散动力方程,因此试验结果代表了结构的真实地震反应,这也是拟动力试验优于拟静力试验之处。拟动力试验具有以下特点。

(1)恢复力特性复杂的结构弹塑性分析十分困难,拟动力试验在数值分析过程中不需对结构的恢复力特性做任何假设,有利于分析结构弹塑性阶段的性能,便于再现实际地震反应。

(2)拟动力试验加载周期可设计得较长,试验时有足够的时间观测结构性能变化和受损破坏的全过程,可以获得比较详尽的数据资料。

(3)拟动力试验能够采用作用力较大的加载器,可以进行大比例尺试件的模拟地震试验,弥补了地震模拟振动台试验时小比例尺模型的尺寸效应,能较好地反映结构的构造要求。

拟动力试验也有不足之处,如:拟动力试验无法反映实际地震作用时材料应变速率对结构强度的影响;拟动力试验只能通过单个或几个加载器对试件加载,不能完全模拟地震作用时结构实际受到分布作用力的情况；拟动力试验很难再现结构的阻尼作用对试验结果的影响。近年来，由于计算机技术的发展和快速拟动力试验系统的开发和应用，拟动力试验加载的时间周期已大大缩短，因而，拟动力试验的结果有可能反映应变速率对结构抗震性能的影响。

3. 地震模拟振动台试验

地震模拟振动台试验可以真实地再现地震过程，是目前研究结构抗震性能较好的试验方法之一。地震模拟振动台可以在振动台台面上再现天然地震记录，安装在振动台上的试件就能受到类似天然地震的作用。所以，地震模拟振动台试验可以再现结构在地震作用下开裂、破坏的全过程，能反映应变速率的影响，并可根据相似的要求对地震波进行时域压缩和加速度幅值调整等处理，对超高层或原型结构进行整体模型试验。

目前抗震动力试验有场地结构原型试验和试验室试验两种。研究表明，结构的静力试验和结构原型弹性阶段的动力试验获取的数据资料不能满足抗震设计的要求，结构在各个工作阶段的动态特性参数对结构地震反应分析具有越来越重要的意义。例如，多层砖石结构在振动超出线性范围后动力特性变化显著，其周期延长 2~4 倍，阻尼增大 2 倍左右。因此，必须通过原型结构在非线性阶段的动力试验获取结构内力与变形的关系、能量吸收和破坏特征。尤其是建造在不同地震烈度区和不同地基土壤条件上的结构，构件在结构中所具有的阻尼特性、各构件及非结构构件的连接特性等，只有通过场地原型结构动力试验才可获得。

结构动力抗震试验的难度和复杂性远比静力试验大得多，原因有：试验荷载是动力形式的，具有速度、加速度等特征，并以一定的频率对结构施加动力影响；由于加速度作用引起的惯性力使荷载的大小直接与结构本身的质量有关；动力荷载对结构产生的共振使应变和挠度增大。其次，动力荷载作用于结构还有应变速率的影响，应变速率的大小又直接影响结构材料的强度。在动力试验中常以试验对象的自振周期（第一周期）为标准衡量和区分静力或动力试验，若试验对象的自振周期为 0.3 s，加载周期超过 0.3 s 即被认为是静力试验；反之，加载周期短于 0.3 s 即被认为是动力试验。该时间概念是相对的，刚性结构的自振周期短，研究结构动力滞回性能时每周期的加载时间应该很短；反之，柔性结构的加载时间可以长些。实际试验时由于受试验条件的限制，即使试验加载周期为 2 s，对于自振周期短于 1 s 的砖石结构，也常称为动力试验。

地震模拟振动台试验具有其他抗震动力或静力试验所不具备的特点，即地震模拟振动台能再现各种形式的地震波，为试验的多波输入分析提供了可能；可以模拟若干次地震的初震、主震以及余震的全过程，有助于了解试验结构在各个阶段的力学性能，更直观地了解和认识地震对结构产生的破坏现象；可以根据需求，借助人工地震波模拟任何场地上的地面运动特性，进行结构的随机振动分析；对于特种结构，特别是其与其他介质共同工作时，许多破坏过程都难以预测，通过地震模拟振动台试验可以获得更多感性认识，建立合理的力学模型。而低周反复加载试验，受试验设备和技术条件的限制，采用静力加载方法模拟地震力的作用，整个试验过程持续时间长达数小时，与仅 1 s 左右的一般结构自振周期相比，即使试验时间缩短到几十秒甚至几秒，仍属于慢加载，与真正受动力荷载作用的地震模拟振动台试验相比,低周反复加载试验无法真实反映应变速率对结构抗震能力的实际影响,也无法研究结构的动力反应、结构抵抗动力荷载的实际能力与安全储备。结构动力试验结果表明,加荷速度越快,引起结构或构件的应变速率越高,则试件强度和弹性模量相应提高。地震模拟振动台试验的缺点:多为模型试验,且试件比例较小,试验时容易产生尺寸效应,难以模拟实际结构构造,并且试验费用较高。

4. 人工地震模拟试验

人工地震模拟试验是指采用地面或地下爆炸法引起地面运动的动力效应来模拟某一烈度或某一确定性天然地震对结构的影响,对大比例模型或足尺结构进行试验,它已在实际工程试验中得到应用。这种方法简单、直观,并可考虑场地的影响,但试验费用高、难度大。

5. 天然地震试验

天然地震试验是指在频繁出现地震的地区或短期预报可能出现较大地震的地区,有意识地建造一些试验性结构或在已建结构上安装测震仪,以便一旦发生地震时可以得到结构的反应。这种方法真实、可靠,但费用高,实现难度较大。

9.2　拟静力试验

扫一扫:延伸阅读　拟静力试验

拟静力试验方法是目前研究结构或构件抗震性能应用最广泛的试验方法,它是采用一定的荷载控制或变形控制对试件进行低周反复加载,使试件从弹性阶段直至破坏的一种试验。从试件种类来看,钢结构、钢筋混凝土结构、砌体结构以及组合结构研究最多;从试件类型来看,梁、板、柱、节点、墙、框架和整体结构等是进行拟静力试验的主要类型。

9.2.1　加载装置

试验加载装置多采用反力墙或专用抗侧力构架。加载设备主要用推拉千斤顶或电液伺服结构试验系统装置,并用计算机进行试验控制和数据采集。

电液伺服加载器或液压千斤顶一方面与试件连接,另一方面与反力装置连接,以便给结构施加作用。同时,试件也需要固定并模拟实际边界条件,所以反力装置是拟静力试验中必需的。目前常用的反力装置主要有反力墙、反力台座、门式刚架、反力架和各种组合荷载架。图 9-2 为典型的电液伺服拟静力试验加载系统。

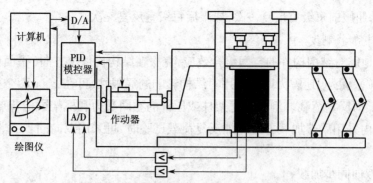

图 9-2　典型的电液伺服拟静力试验加载系统

9.2.2　加载制度

1. 单向反复加载制度

1）位移控制加载

位移控制加载是以加载过程的位移作为控制量,按照一定的位移增幅进行循环加载。根据位移控制的幅值不同,其又可分为变幅位移控制加载、等幅位移控制加载和变幅等幅混合位移控制加载,如图 9-3 所示。

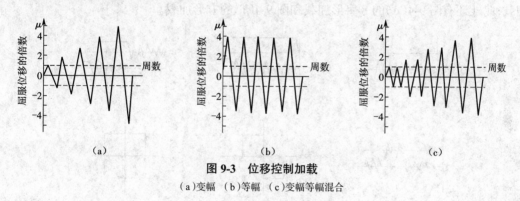

图 9-3　位移控制加载

（a）变幅　（b）等幅　（c）变幅等幅混合

变幅位移控制加载多数用于确定试件的恢复力特性和建立恢复力模型,一般在每级位移幅值下循环两到三次,由试验得到的滞回曲线可以建立结构的恢复力模型;等幅位移控制加载主要用于确定试件在特定位移幅值下的特定性能,例如极限滞回耗能、强度退化等;变幅等幅混合位移控制加载用于研究不同加载幅值的顺序对试件受力性能的影响。

2）力控制加载

力控制加载是在加载过程中以力作为控制量,按一定的力幅值进行循环加载。因为试件屈服后难以控制加载的力,所以这种加载制度较少单独使用。

3）力 - 位移混合控制加载

这种加载制度先以力控制加载,当试件达到屈服状态时改用位移控制,一直至试件破坏。《建筑抗震试验规程》（JGJ/T 101—2015）规定:试件屈服前应采用荷载控制并分级加载,接近开裂和屈服荷载前宜减小级差加载;试件屈服后应采用变形控制,变形值应取屈服时试件的最大位移值,并以该位移的倍数为级差进行控制加载;施加反复荷载的次数应根据试验目的确定,屈服前每级可反复一次,屈服后每级宜反复三次。

2. 双向反复加载制度

为了研究地震对结构构件的空间组合效应,克服在结构构件单方向(平面内)加载时不考虑另一方向(平面外)地震力同时作用对结构影响的局限性,可在 x、y 两个主轴方向(二维)同时施加低周反复荷载。例如对框架柱或压杆的空间受力和框架梁柱节点在两个主轴方向所在平面内采用梁端加载方案施加反复荷载试验时,可采用双向同步或非同步的加载制度。

1)x、y 轴双向同步加载

与单向反复加载相同,在低周反复荷载与构件截面主轴成 α 角的方向进行斜向加载,使 x、y 两个主轴方向的分量同步作用。

反复加载同样可以采用位移控制、力控制和两者混合控制的加载制度。

2)x、y 轴双向非同步加载

非同步加载是在构件截面的 x、y 两个主轴方向分别施加低周反复荷载。由于 x、y 两个方向可以不同步地先后或交替加载,因此,它可以有如图 9-4 所示的各种变化方案。图 9-4(a)为 x 轴不加载,y 轴反复加载,或情况相反,即前述的单向加载;图 9-4(b)为 x 轴加载后保持恒载,而 y 轴反复加载;图 9-4(c)为 x、y 轴先后反复加载;图 9-4(d)为 x、y 轴交替反复加载;此外还有图 9-4(e)的 8 字形加载和图 9-4(f)的方形加载。

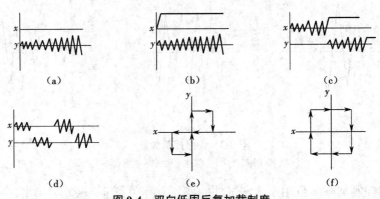

图 9-4　双向低周反复加载制度

当采用由计算机控制的电液伺服加载器进行双向加载试验时,可以对一个结构构件在 x、y 两个方向成 90° 加载,实现双向协调稳定的同步反复加载。

9.2.3　钢筋混凝土框架梁柱节点拟静力试验

扫一扫:视频　梁柱中节点拟静力试验

钢筋混凝土框架梁柱节点受轴力、弯矩和剪力的作用,这样的复合应力使节点部分发生复杂的变形,其中主要是剪切变形,这不仅使梁柱的连接不能保持直角,而且框架的应力和变形都会发生变化,节点在剪力作用下剪切开裂、剪断破坏。经震害调查发现,多层钢筋混凝土框架破坏的部位大多在柱子和节点区,而且节点破坏后修复比较困难。因此,对结构抗震来说,节点抗震性能研究比一般结构具有更重要的意义。为了研究钢筋混凝土框架结构的抗震性能,对钢筋混凝土框架结构梁柱节点(即梁端、柱端与核心区的组合体)施加低周反复静力荷载,是目前国内外常用的一种试验方法。

1. 试件形式

钢筋混凝土框架梁柱节点试件,可取框架在侧向荷载作用下节点相邻梁柱反弯点之间的组合体,经常采用十字形试件,有时也采用 X 形试件(图 9-5)。图 9-5(a)、(b)

扫一扫:视频　梁柱边节点拟静力试验

为十字形试件,在柱上施加轴力 N,并按地震时框架的应力情况施加 P_1 和 P_2,这样轴力 N 可随意变化,N 与 M 的比值容易调整和改变。图 9-5(c)、(d)为 X 形试件,图 9-5(c)是将加载方向相对于框架中心线转动 θ 角,使轴力 N 与弯矩 M 成比例,弯矩小,轴力也小,不可能得到定轴力的应力状态。图 9-5(d)中的 X 形试件中不产生轴力,节点部分的应力仅由弯矩和剪力产生,这时试件不可能反映出节点部分真实的应力状态。

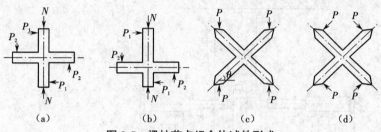

| (a) | (b) | (c) | (d) |

图 9-5　梁柱节点组合体试件形式

由于框架是超静定结构,因此对梁柱节点组合体试件和加载装置进行设计时,对边界条件的模拟尤需注意。在实际框架结构中,当侧向力作用时,节点上柱反弯点可视为水平可移动的铰,相对于上柱反弯点,下柱反弯点可视为固定铰,而节点两侧梁的反弯点均为水平可移动的铰(图 9-6(a))。在实际试验中为了使加载装置简便,往往采用梁端施加反对称荷载的方案,这时节点边界条件是上下柱反弯点均为不动铰,梁两侧的反弯点为自由端(图 9-6(b))。以上两种方案的主要差别在于后者忽略了柱子位移效应。

若试验目的是了解节点在初始设计应力状态或极限应力状态下的性能,或者是纯粹的研究试验,为了探讨节点在某种复合应力状态下的性能,并同理论计算做比较,则采用较为简单的 X 形试件即可以达到试验目的。但是采用 X 形试件要如实模拟边界条件,比较困难。

2. 试验装置

1)梁柱节点组合体梁端加载装置

试件安装在荷载支承架内,在柱的上下端都装有铰支座,柱顶自由端通过液压加载器施加固定的轴向荷载。在梁的两端用四个液压加载器施加反对称低周反复荷载,通过油泵系统控制同步加载。为了得到由于梁端反对称加载在柱顶产生的水平推力,在上柱自由端与反力架之间设有球铰装置,并由测力传感器进行测量(图 9-7)。

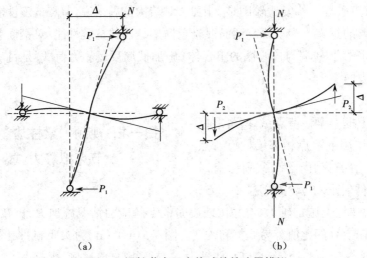

（a）　　　　　　　　　　　　（b）

图 9-6　梁柱节点组合体试件的边界模拟

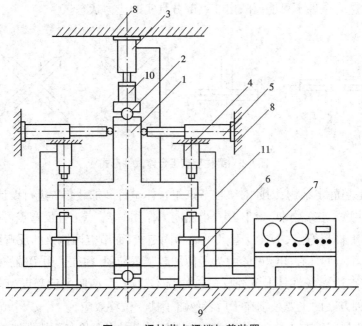

图 9-7　梁柱节点梁端加载装置

1—试件；2—柱顶球铰；3—柱端竖向加载器；4—梁端加载器；5—柱端侧向支撑；6—支座；
7—液压加载控制器；8—荷载支承架；9—试验台座；10—荷载传感器；11—输油管

2）梁柱节点组合体有侧移柱端加载装置

采用专门设置的几何可变框式试验架进行试验，能反映梁柱节点受地震作用时的实际受力性质。试验架的框梁及立柱由槽钢焊接而成，梁柱间用轴承连接成为几何可变的框架体系（图 9-8）。

试件通过柱端和梁端的预留孔用钢销分别与框架横梁和主柱上相应的圆孔连接，形成相应的铰接支承，进行安装固定。整个试验装置固定在试验台座上，试件上部的柱顶安装施加竖向荷载的液压加载器，用反力横梁和拉杆连接框架上部的横梁，形成自平衡体。

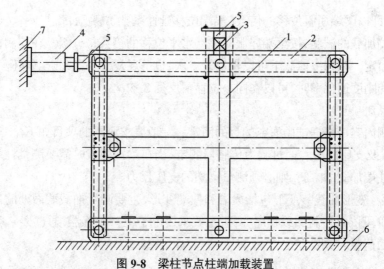

图 9-8　梁柱节点柱端加载装置

1—试件；2—几何可变框式试验架；3—竖向荷载加载器；4—水平荷载加载器；
5—荷载传感器；6—试验台座；7—水平荷载支承架

　　试验时固定于反力架上的水平双向作用液压加载器对框架顶部施加低周反复水平荷载，几何可变的框架体系即带动框架内的试件一起变形（图 9-9），使之形成图 9-6（a）所示的柱顶有侧移的边界条件，以模拟试件实际受力图式的要求。

　　3）X 形梁柱节点组合体试验装置

　　X 形试件一般直接在大型结构试验机上进行加载，将试件通过铰接支承安置在结构试验机内，在试件上安放加载横梁，由试验机通过 A、B 支点直接进行加载（图 9-10）。为了实现反复加载，在第一次加载后要将试件在平面内转动 θ 角，然后通过加载横梁上的另外两个支点 A'、B' 对柱端的另一侧和另一梁端加载。

　　试件反复转动将会给试验带来很大的不便，所有测量仪表都必须通过特殊的支架直接固定于试件上进行测量，同时要保证试件下部的两个支座能产生横向位移。

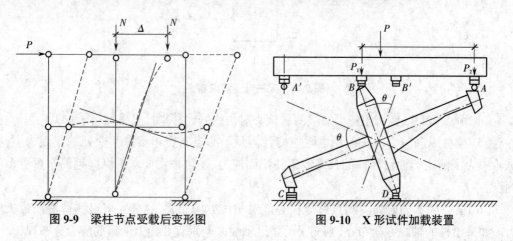

图 9-9　梁柱节点受载后变形图　　　　　**图 9-10　X 形试件加载装置**

　　3. 试验加载程序

　　试验采用控制作用力和控制位移的混合加载法。当采用梁端加载方法时，第一循环先以控制力加载，加载值为计算屈服荷载的 3/4。第二循环加载到梁的屈服荷载，以后通过控制位移加载,即以梁端屈服位移的倍数(梁端位移延性系数)逐级加载。

对于柱端加载的试验,按梁端屈服时柱端水平位移的倍数来分级。在控制位移加载时,视试验要求而定。在每级荷载下可以仅反复 1 次,也可反复 2~3 次,直至破坏。当需要研究试件的强度和刚度退化率时,可以在同一位移下反复 3~5 次。

4. 试验观测项目

试验观测内容可根据试验研究的目的而定。一般要求测量的项目如下。

(1)荷载及支座反力。通过测力传感器测定,当在梁端加载时需要测量柱端水平反力,反之如采用柱端加载的方案,则必须测量梁端的支座反力。

(2)荷载 - 变形曲线。变形包括梁端和柱端变形,主要测量加载截面处的位移,并在控制位移加载阶段依此控制加载程序,测量主要采用电子位移传感器,通过 x-y 函数记录仪记录整个试验的荷载 - 变形曲线。

(3)塑性铰区段曲率或转角。对于梁一般可在距柱 $\dfrac{h_b}{2}$(h_b 为梁高)或 h_b 处布点,对于柱子则可在距梁面 $\dfrac{h_c}{2}$(h_c 为柱宽)处布置测点(图 9-11)。

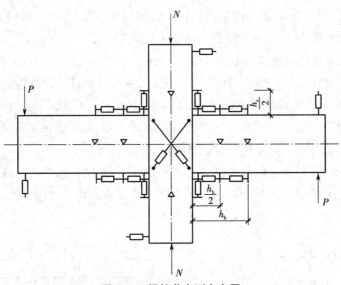

图 9-11　梁柱节点测点布置

(4)节点核心区剪切角。可通过测量核心对角线的位移来计算确定(图 9-11)。

(5)梁柱纵筋应力。一般用电阻应变计测量。测点布置以梁柱相交处的截面为主,在试验中为了测定塑性铰区段的长度或钢筋锚固应力,还可根据要求沿纵向钢筋布置更多的测点。

(6)核心区箍筋应力。测点可沿核心区对角线方向布置,这样一般可测得箍筋最大应力。如果沿柱的轴线方向布点,则测得的是沿轴线方向垂直截面上的箍筋应力分布规律。

(7)钢筋滑移。梁内纵筋通过核心区的滑移量可以通过测量并比较靠近柱面处梁主筋 B 点相对于柱面混凝土 C 点之间的位移 $\varDelta_1$,及 B 点相对于柱面处钢筋 A 点之间的位移 $\varDelta_2$

得到（图 9-12）。

$$\Delta = \Delta_1 - \Delta_2 \qquad\qquad (9\text{-}1)$$

（8）裂缝开展情况的记录与描绘。

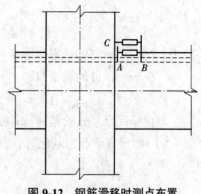

图 9-12　钢筋滑移时测点布置

9.2.4　试验数据的确定原则和方法

通过拟静力试验，可以得到如下数据。

1. 开裂荷载

对于混凝土结构构件，取出现第一条垂直裂缝或斜裂缝时的荷载。

2. 屈服荷载和屈服变形

屈服荷载和屈服变形取试验结构构件在荷载稍有增大而变形有较大增长时所能承受的最小荷载及与其相应的变形，对混凝土构件系指受拉主筋应力屈服时的荷载和相应的变形。

3. 极限荷载

极限荷载取试验结构构件所能承受的最大荷载。

4. 破损荷载和极限变形

在试验过程中，试验构件达到极限荷载后出现较大变形，但仍有可能修复时所对应的荷载值，称为破损荷载。一般宜取极限荷载下降 15% 时所对应的荷载值作为破损荷载，其相应的变形为极限变形，如图 9-13 所示。

5. 骨架曲线

在低周反复荷载试验中，应取荷载 - 位移曲线各级第一循环的峰点（回载顶点）连接起来的包络线作为骨架曲线（图 9-14）。在研究非线性地震反应时，骨架曲线反映了每次循环的荷载 - 位移曲线达到最大峰点的轨迹，反映了试验结构的抗裂度、承载力和延性特征。

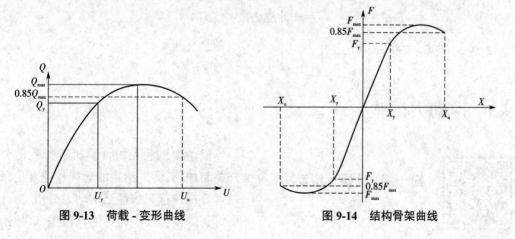

图 9-13　荷载 - 变形曲线　　　　　　图 9-14　结构骨架曲线

6. 延性系数

延性系数是试验结构构件塑性变形能力的一个指标，反映了结构构件的抗震性能，按下式计算：

$$\mu = \frac{U_u}{U_y} \tag{9-2}$$

式中　U_u——试件的极限位移；

　　　U_y——试件的屈服位移。

7. 退化率

退化率是反映试验结构构件抗力随反复加载次数增加而降低的指标。

（1）当研究承载力退化时，用承载力降低系数表示退化率并按下式计算：

$$\lambda_i = \frac{Q_j^i}{Q_j^{i-1}} \tag{9-3}$$

式中　Q_j^i——位移延性系数为 j 时，第 i 次循环的峰点荷载值；

　　　Q_j^{i-1}——位移延性系数为 j 时，第 i-1 次循环的峰点荷载值。

（2）当研究刚度退化时，即在位移不变的条件下，刚度随反复加载次数的增加而降低的情况，用环线刚度表示退化率并按下式计算：

$$K_i = \frac{\sum Q_j^i}{\sum U_j^i} \tag{9-4}$$

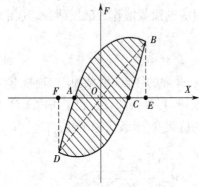

图 9-15　荷载 - 变形滞回曲线

式中　Q_j^i——位移延性系数为 j 时，第 i 次循环的峰点荷载值；

　　　U_j^i——位移延性系数为 j 时，第 i 次循环的峰点位移值。

8. 能量耗散

试验结构构件的能量耗散能力，应以荷载 - 变形滞回曲线所包围的面积来衡量，能量耗散系数 E 应按下式计算（图 9-15）：

$$E = \frac{S_{(ABC+CDA)}}{S_{(OBE+ODF)}} \tag{9-5}$$

9.3　拟动力试验

扫一扫：视频　拟动力试验

　　拟动力试验是由计算机进行数值分析并控制加载，即由给定的地震加速度记录通过计算机进行非线性结构动力分析，将计算所得到的位移反应作为输入数据，以控制加载器对结构进行试验。这种方法需要在试验前假定结构的恢复力特性模型，其工作框图如图 9-16 所示。

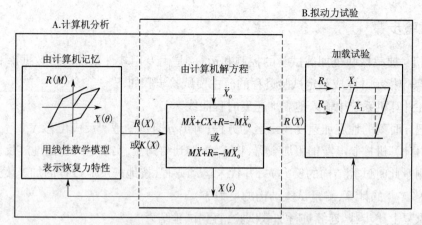

图 9-16　计算机分析和联机试验原理

左侧框图部分是用计算机计算试验结构地震反应的一般过程。右侧框图部分是配机试验的过程,在解微分方程的同时,平行地进行试验结构的加载试验,同时测定试验结构各质点集中点的恢复力,并进行计算机分析。因此用实测的恢复力替代了经简化假设的恢复力特性模型,从而使具有复杂恢复力特性的结构或考虑结构实际构造特征的影响在地震反应计算中成为可能,把计算机分析和恢复力实测合了起来。

9.3.1　拟动力试验的设备

拟动力试验的加载设备与拟静力试验类似,一般由计算机、电液伺服加载器、传感器、试验台座等组成。

1. 计算机

在计算机拟动力试验中,计算机是整个试验系统的心脏,加载过程的控制和试验数据的采集都由计算机来实现,同时对试验结构的其他反应参数,如应变、位移等进行演算和处理。

2. 电液伺服加载器

拟动力试验是计算机联机试验,加载器必须具有电液伺服功能。电液伺服加载器由加载器、控制系统和液压源组成,它可将力、位移、速度、加速度等物理量直接作为控制参数。由于它能较精确地模拟试件所受外力,产生真实的试验状态,所以在近代试验加载技术中用于模拟各种振动荷载,特别是地震荷载等。

3. 传感器

拟动力试验一般采用电测传感器。常用的传感器有力传感器、位移传感器、应变计等。力传感器一般内装在电液伺服加载器中。

4. 试验台座

试验可采用与静力试验或拟静力试验一样的台座,试验装置的承载能力应大于试验设计荷载的 150%。试件安装时,应考虑推拉力作用时试件与台座之间可能发生的松动。反力架与试件底部宜通过刚性拉杆连接,以不产生相对位移。

9.3.2　试验步骤

计算机 - 加载器联机加载试验的控制和运行,是由专用软件系统通过数据库和运行系统来控制操作指示并完成预定试验过程的。主要试验步骤如下。

(1)在计算机系统中输入地震加速度时程曲线。

(2)把 n 时刻的地震加速度代入运动方程,解出 n 时刻的地震反应位移 X_n。

(3)由计算机控制电液伺服加载器,将 X_n 施加到结构上,实现这一步的地震反应。

(4)测量此时试验结构的反力 F_n,并代入运动方程,按地震反应过程的加速度进行 $n+1$ 时刻的位移 X_{n+1} 的计算,测量试验结构的反力 F_{n+1}。

(5)重复上述步骤,连续进行加载试验,直到试验结束。

9.3.3　拟动力试验的特点和局限性

拟动力试验是将地震实际反应所产生的惯性力作为荷载加在试验结构上,使之产生反应位移,与振动台试验相比,地震模拟振动台带动试验结构的基础振动,两者的效果很接近,但拟动力试验能进行原型或接近原型的结构试验,这是拟动力试验的第一个特点。

由于在联动加载过程中每一个往复步长大致持续 60 s,这样的加载过程完全可以看成是静态的,试验结构重现地震作用的反应也可以人为缓慢地进行,特别是破坏过程,利于观察和研究,这是拟动力试验的第二个特点。

但拟动力试验也有其局限性,主要是计算机的积分运算和电液伺服试验系统的控制都需要一定的时间,因此不是实时的试验分析过程。力学特征随时间而变化的结构物的地震反应分析将受到一定的限制,也不能分析研究依赖于时间的黏滞阻尼的效果。

另外,进行拟动力试验必须具备及时进行运算及数据处理的手段,准确的试验控制方法及高精度的自动化测量系统,而这些条件只能通过计算机和电液伺服试验系统装置实现。因此,拟动力试验要求有一定的设备和技术条件。

再者,结构物的地震反应本是一种动力现象,拟动力试验是用静力试验方法来实现的,二者必然有一定差异,因此必须尽可能减小数值计算和静载试验两方面的误差以及尽可能提高相应的精度。拟动力试验分析方法是一种综合性试验技术,虽然它的设备庞大,分析系统复杂,但却是一种很有前途的试验方法。

9.3.4　钢筋混凝土框架足尺结构联机试验

1. 试验目的

(1)掌握钢筋混凝土框架结构在实际地震作用下的特性和破坏机制。

(2)对结构抗震的分析方法进行研究探讨。

(3)检验与验证现有抗震规范的合理性。

2. 试验对象

试验对象为足尺的七层钢筋混凝土结构,平面尺寸为 17 m×16 m。在水平加力方向为三跨,垂直加力方向为两跨。框架底层高度为 3.75 m,二至七层高度各为 3.0 m,总高度为

21.75 m,见图 9-17。在 ⑬ 轴框架中有一至七层等截面、壁厚为 20 cm 的连续抗震墙,在垂直于加力方向的 ①、④ 轴框架内有用于限制平面变形的壁厚为 15 cm 的连续墙,该墙与柱没有联系。柱截面尺寸为 50 cm × 50 cm,主梁截面尺寸为 30 cm × 50 cm,次梁截面尺寸为 30 cm × 45 cm。

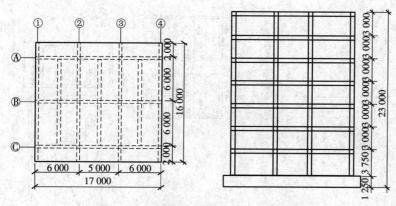

图 9-17　七层钢筋混凝土结构的平面和剖面图

3. 试验过程

先进行结构的自由和强迫振动试验,各层单独加载试验,结构静力试验。

进行联机试验时采用等效单自由度体系,在试验中使外力分布保持一阶振型,即符合倒三角形分布。使位于试验结构顶层的加载器按位移控制,位移的大小是根据试验体顶层位移与基底剪力,通过单质点反应分布求得的。而其他各层的加载还是按一定外力分布并按各层比例进行荷载控制,见图 9-18。这样既能掌握振动特性,又容易与静力试验的结果进行比较。

联机试验从弹性范围到塑性范围分四个阶段进行。

(1)以探讨单质点解析方法及单质点联机试验的可靠性为目的,试验时控制层间变形转角为 1/7 000,输入实际地表波的最大加速度为 23.5 cm/s^2。

(2)以超过开裂点的 1/400 层间变形转角为控制值,输入地震波的最大加速度为 105 cm/s^2。

(3)以达到塑性变形的 3/400 层间变形转角为控制值,输入地表波的最大加速度为 320 cm/s^2。

(4)破坏试验,控制层间变形转角为 1/75,输入地表波的最大加速度为 350 cm/s^2。

除了以上试验外,还对结构破坏部位进行修补并设置了非结构构件,继续进行试验。

整个试验布置了 541 个应变测点、192 个位移测点,倾角仪 7 个,加载器的荷载传感器和位移传感器各 8 个。

4. 试验结果

(1)层间剪力和顶层位移曲线保持良好的恢复力特性。

(2)由于试验结构有连续的抗震墙,因此,每层层间变形大体相同,结构破坏并非集中在某一层。

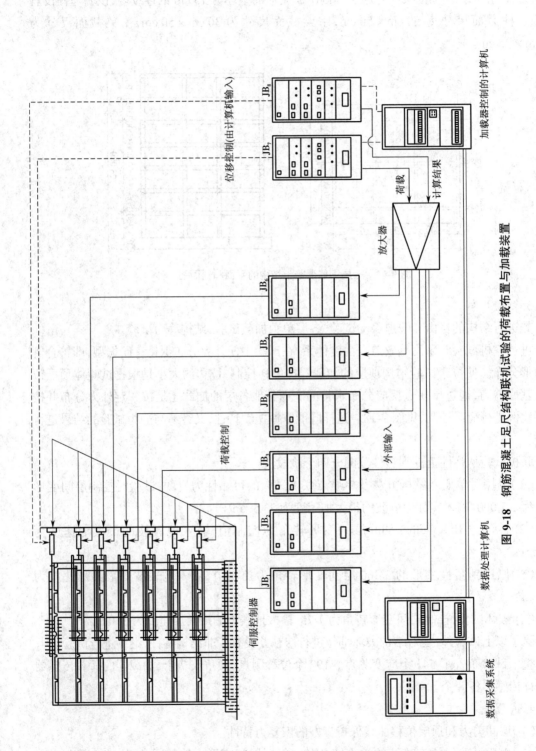

图 9-18　钢筋混凝土足尺结构联机试验的荷载布置与加载装置

（3）试验结构的变形从弹性范围到塑性范围的发展与假定的变形形式一致。

（4）通过简化后的等效单质点框架的反应分析及多质点体系框架的反应分析发现,两者的位移、弯矩反应比较一致,与试验结果比较略有误差,但两者反应时的时程趋势极为相似,基底剪力时程曲线反映等效单自由度分析与试验结果稍有误差,但采用多自由度分析则结果有较大差别,这主要是由于第二振型的影响起着主要的作用,见图 9-19。

通过试验结果,可以认为采用等效单自由度体系进行联机试验是一种可以接受的简便而实用的试验方法。

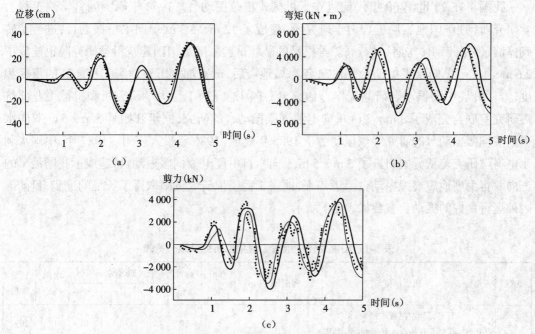

图 9-19　等效单自由度、多自由度的分析与等效单自由度试验结果比较
——单自由度试验;——单自由度分析;……多自由度分析
（a）结构顶层位移时程曲线　（b）基底弯矩时程曲线　（c）基底剪力时程曲线

9.4　地震模拟振动台试验

9.4.1　振动台试验发展概述

地震模拟振动台试验可以真实模拟地震过程,是研究工程结构地震响应和破坏机理最直接的方法之一。自 20 世纪 50 年代以来,以反馈控制为主体的基于经典控制理论的电液伺服控制系统得到快速发展,其主

扫一扫:视频　地震模拟振动台试验

要的优点是精度高、响应快、功率大。从 20 世纪 60 年代起,电液伺服控制技术开始在地震模拟振动台中运用,这对地震模拟振动台的发展起到了很大的推动作用。地震模拟振动台

主要采用由位移、速度、加速度组成的三参量反馈控制方式。研究实践证明,三参量反馈控制对线性模型的控制是有效的。

20 世纪 90 年代以来,地震工程研究手段不断发展,其中地震模拟振动台在近些年引起了相当广泛的关注。1995 年阪神地震后,日本政府投资 8 亿美元,兴建了"三维原型地震试验设施 E-Defense"。美国国家科学基金会从 2004 年起投资 7.6 亿美元,开展了"地震工程模拟网络系统(Network for Earthquake Engineering Simulation, NEES)计划",在全美兴建了一系列地震模拟振动台。

我国早在 20 世纪 60 年代就建立了机械式正弦振动台。1960 年原中国科学院工程力学研究所(现中国地震局工程力学研究所)建成了 12 m × 3.3 m 单向水平振动台,进行了砖砌体墙、多层砖砌体房屋结构、高炉等模型的破坏试验。随后中国建筑科学研究院也建成了 2.6 m × 1.8 m 单向水平振动台。1975 年海城地震后,国家加大了对地震工程研究的重视程度,专项开展中型振动台研制工作。1983 年,中国地震局工程力学研究所和机械工业部抗震研究室联合完成了 3 m × 3 m 单向电液伺服振动台的研究,同年开始了 5 m × 5 m 双向水平电液伺服振动台的研究。该振动台于 1985 年建成,1986 年投入使用。1987 年,中国水利水电科学研究院从德国引进了 5 m × 5 m 三向六自由度电液伺服振动台,建成了我国最早的三向六自由度地震模拟振动台。近年来,地震工程模拟研究设施取得了长足的进步,目前国内外运行良好的振动台参数如表 9-1 所示。

表 9-1 国内外先进地震工程模拟研究设施一览表

地区	所属单位	台面尺寸(m)	自由度	载重(t)	最大加速度(m/s²)			水深(m)	建成年份
					X 向	Y 向	Z 向		
国际	日本港湾空港技术研究所 (Port and Airport Research Institute, PARI)	$D6$	6	30	20	10	15	1.5	1997
	日本防灾科学技术研究所 E-Defense 试验室	20 × 15	6	1 200	9	9	15	—	2005
	美国加州大学圣迭戈分校 (University of California, San Diego, UCSD)	12.2 × 7.6	1	400	12	—	—		2008
	美国内华达大学雷诺分校 (University of Nevada, Reno, UNR)	4.3 × 4.5 × 3	2	50	10	10			2010
国内	中国水利水电科学研究院	5 × 5	3	20	10	10	7		1987
	大连理工大学	3 × 4(椭圆)	3	10	10	—		1.0	1999
	中国建筑科学研究院	6.1 × 6.1	6	60	15	10			2004
	同济大学	6 × 4 × 4	3	70/30	15	15			2014
	中南大学	4 × 4 × 4	6	30	8	8	16		2015
	西南交通大学	10 × 8	6	160	12	12	10		2017
	河海大学	$D5.75$	6	60	20	20	13.3	1.5	2018
	天津大学在建	大型台 20 × 16	6	1 350	15	15	20	—	—
		水下台 6 × 6 × 2	6	150	15	15	20	3.0	—

地震模拟振动台的发展趋势为大尺寸大载重地震模拟、多点多维地震差动模拟和地震 - 水动力环境耦合模拟。

1. 大尺寸大载重振动台

地震模拟振动台试验首先要求试件满足动力相似条件,但大多数试验很难满足,需要采取近似和简化。为了准确反映结构的动力特性,需要通过加大地震模拟振动台的台面尺寸和承载能力进行大比尺或足尺试验,以克服模型缩尺效应影响。

2005 年,日本防灾科学技术研究所建成了 E-Defense 地震模拟振动台,为目前世界上尺寸最大、载重最大的振动台,如图 9-20 所示。该设施位于日本兵库抗震工程研究所,为三向六自由度振动台,台面尺寸为 20 m × 15 m,最大载重 1 200 t,水平双向满载最大加速度为 9 m/s²,竖向满载最大加速度为 15 m/s²。E-Defense 振动台建成以来,已开展 80 余项大型试验研究,研究对象涉及建筑结构、桥梁结构、地下结构、岩土工程、港口与海岸工程等以及电力、核能等设施设备;研究内容涉及抗倒塌性能、可恢复功能性能以及结构控制与智能监测等;研究方法涉及混合模拟测试、岩土介质模拟等高水平试验手段。目前,E-Defense 与美国 NEES 和 NHERI (Natural Hazards Engineering Research Infrastructure) 开展了广泛的合作研究,在研究对象、研究内容以及研究方法等领域引领了世界地震工程发展,代表着国际前沿研究水平。

（a）　　　　　　　　　　　　　　　　　　　　　（b）

图 9-20　日本 E-Defense 振动台
（a）振动台台体　（b）足尺建筑物振动台试验

美国 NEES 于 2008 年建成了大尺寸室外振动台（Large High Performance Outdoor Shake Table, LHPOS），如图 9-21 所示。该试验设施位于美国加州大学圣迭戈分校,为水平单向振动台,台面尺寸为 12.2 m × 7.6 m,标准载重 400 t,标准载重最大加速度为 12 m/s²,是目前世界上最大的室外振动台,运行情况良好。其研究领域多涉及大型房屋结构、桥梁结构、岩土与地下工程结构等多种工程结构的动力灾变机理及破坏过程、抗震性能等。较有代表性的试验如 7 层钢筋混凝土建筑物动力特性模型试验、多层轻钢结构建筑物抗震及震后火灾性能模型试验、溢洪道挡墙振动台模型试验、干砂中螺旋桩基动力特性振动台足尺试验、明挖隧道抗震性能模型试验、一体化住宅建筑全寿命期抗震性能模型试验、拉锚墙的足尺抗震性能模型试验、大型风机结构抗震性能模型试验等。建成至今,其研究成果已为大量美国国内规范修订服务,在为研究人员发表大量高水平论文提供了条件的同时,也为工程抗震研究领域输送了大量人才。

（a）　　　　　　　　　　（b）

图 9-21　美国 LHPOS 振动台

（a）振动台台体　（b）足尺建筑物振动台试验

1987 年,中国水利水电科学研究院建成了三向六自由度振动台,如图 9-22 所示。台面尺寸为 5 m×5 m,最大载重 20 t,水平双向满载最大加速度为 10 m/s²,竖向满载最大加速度为 7 m/s²。该设施适用于小比例尺水工结构模型试验,已完成大量重大水利工程抗震性能课题研究。

2004 年,中国建筑科学研究院建成了三向六自由度振动台,如图 9-23 所示。台面尺寸为 6.1 m×6.1 m,最大载重 60 t,水平双向最大加速度分别为 15 m/s²、10 m/s²,竖向满载最大加速度为 8 m/s²。该振动台投入使用以来,先后完成了中央电视台新址大楼、上海环球金融中心大厦、上海中心大厦、天津 117 大厦等多项重大工程抗震性能课题研究。

图 9-22　中国水利水电科学研究院振动台　　　**图 9-23　中国建筑科学研究院振动台**

2017 年,西南交通大学建成并投入使用了 10 m×8 m 三向六自由度地震模拟振动台,这是目前我国最大的地震模拟振动台,如图 9-24 所示,目前振动台运行良好。

图 9-24　西南交通大学振动台

虽然我国振动台发展形势良好,但我国现有及在建的振动台尺寸和载重与国际先进水平相比还有较大差距,这限制了我国的地震工程研究试验能力,制约了我国地震工程与防灾减灾技术的发展。

2. 地震差动模拟振动台台阵

随着近些年长大桥梁以及大跨空间结构的兴建,结构长度和跨度记录被不断刷新。许多大跨结构和超长桥梁结构处于地震多发区,地震差动效应对结构的影响日益显著,传统的单一台体试验方法已不能满足桥梁结构、大跨结构、水底隧道等结构的地震模拟试验需求。因此,近年来国内外出现了由多个子振动台组合而成的振动台台阵。台阵中的各子台可独立工作或协同工作,子台移动方式有固定点位式、滑道式和积木式几种。

2010 年,美国内华达大学雷诺分校建成了三子台台阵,如图 9-25 所示。该设施为水平双向双自由度振动台台阵,台面尺寸为 4.3 m×4.5 m,最大载重 50 t,满载最大加速度为 10 m/s²。该振动台隶属于美国 NEES 试验设施群。其研究内容涉及工程结构等的抗震性能、动力灾变机理、破坏过程和减隔震技术研究等内容。具有代表性的试验如三跨桥梁模型试验、非结构体系抗震性能模型试验、混凝土桥墩耦合动力性能联合研究、秸秆房屋抗震性能模型试验、多跨桥梁抗震性能模型试验研究、预制桥墩动力破坏过程模型试验研究等。其部分研究成果已作为美国国家规范修编依据,建成至今已经有学者发表大量高水平论文。

2014 年,同济大学建成了可移动振动台台阵,如图 9-26 所示。该设施为双向三自由度四子台振动台台阵,台面尺寸为 6 m×4 m,水平方向最大加速度为 15 m/s²,其中 2 个子台最大载重 70 t,另 2 个子台最大载重 30 t。该设施目前为国内先进移动组合式台阵,完成了泰州长江公路大桥抗震性能研究、港珠澳大桥沉管隧道工程小比例尺概化模型抗震性能研究、上海沿江通道越江隧道考虑差动效应的抗震性能研究及弹塑性钢阻尼器对中等跨径斜拉桥横桥向减振效果的振动台试验研究等多项重大抗震课题研究。

图 9-25　美国内华达大学雷诺分校振动台台阵　　　　图 9-26　同济大学振动台台阵

2015 年,中南大学建成了可移动振动台台阵,如图 9-27 所示。该设施为三向六自由度四子台振动台台阵,台面尺寸为 4 m×4 m,最大载重 30 t,水平双向满载最大加速度为 8 m/s²,竖向满载最大加速度为 16 m/s²。该设施目前为国内先进直线移动式台阵,完成了沈阳地铁车辆段上盖隔震性能研究、天津西站"房桥合一"新型结构体系抗震性能研究、小净距隧道岩石边坡地震动力特性研究等多项重大抗震课题研究。

3. 水下振动台

21 世纪人类进入了现代海洋开发时代,对跨海大桥、水下隧道、海底管道、海岸工程等新型工程结构的需求日益增长。与陆地类似,海底也存在着地震带,地震动活跃;不同的是,由于复杂水环境地震动力耦合作用显著,海底地震对海岸工程等的影响尚不清楚。采用传统的无水振动台试验难以模拟水动力环境下的结构地震响应。因此,兴建能够在水下工作的地震模拟振动台,并与造波、造流等水动力环境模拟试验装置结合,实现地震 - 波流耦合效应的有效模拟,成为振动台发展的又一个主要方向。

日本港湾空港技术研究所于 1997 年建成了直径为 6 m 的圆形水下振动台,如图 9-28 所示。该振动台为三向六自由度振动台,最大载重 30 t,水平向满载最大加速度 20 m/s²,竖向满载最大加速度为 15 m/s²,最大水深为 1.5 m,是目前世界上最大的水下振动台,可以有效模拟近海地震,以验证地震和地基液化以及港口与机场结构的地震破坏过程。其主要研究方向为:强地震下港口、机场等基础设施的抗震性能,场地土液化特性,海啸预防减灾及土 - 木结构系统的抗震性能等。其研究成果修正了日本 2 354 条地震记录,验证了多种基础设施抗震设计方法以及有效的设计地震动谱线,为港口护岸、机场跑道等设施提出了可减轻地震损失的新型结构,发展了评估桩基础结构抗震性能的动力模型。

图 9-27　中南大学振动台台阵　　　　**图 9-28　日本港湾空港技术研究所水下振动台**

1999 年,大连理工大学建成了水下振动台,如图 9-29 所示。该振动台为双向振动台,准椭圆形台面,长轴长 4 m,短轴长 3 m,最大载重 10 t,水平向满载最大加速度为 10 m/s²,竖向满载最大加速度为 7 m/s²,最大水深为 1.0 m。该振动台完成了龙开口水电站溢流坝段动力模型破坏试验、结构缝对沙牌拱坝地震破坏机理影响的试验研究、核电厂泵房直立墙抗震性能研究及高耸烟囱结构竖向地震响应的模型试验等多项工程抗震性能课题研究。

2018 年,河海大学模拟地震水下振动台建成,如图 9-30 所示。该振动台为三向六自由度圆形振动台,直径为 5.75 m,最大载重 60 t,水平向满载最大加速度为 20 m/s²,竖向满载最大加速度为 13.3 m/s²,最大水深为 1.5 m。该振动台为目前我国已建成的最大水下振动台。

图 9-29　大连理工大学水下振动台　　　　　　　图 9-30　河海大学水下振动台

　　2018 年,天津大学建成了世界首座水下双子振动台,如图 9-31 所示。该台阵设备是世界上第一台水下三向六自由度双子台地震模拟振动台台阵,可模拟土木、水利、海洋和能源等大型工程结构在有水或无水环境下受单点或多点、同步或异步的地震动激励。该台阵设备性能优越,各项性能指标均达到国内外领先水平。每台振动台均为三向六自由度,圆形台面,直径为 3.6 m,工作频率为 0.1~100 Hz,最大载重无水时为 20 t、2 m 水深时为 12 t,满载时三向加速度可同时达到 2.5 倍重力加速度;两台振动台台距为 10.5 m,坐落在长 28.5 m、宽 12 m、深 3 m 的水池中,最大水深为 2 m。振动台可单台独立工作或双台同步或异步工作。振动台台面与池底之间采用新型充气型防水系统。

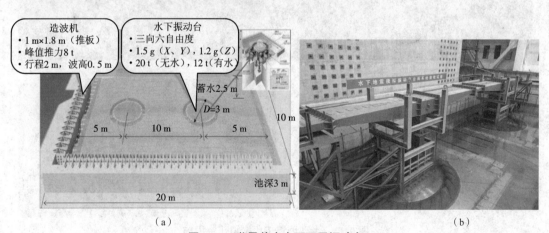

（a）　　　　　　　　　　　　　　　　　　　　　（b）

图 9-31　世界首座水下双子振动台

（a）效果图　（b）实际图片

　　4.大型地震工程模拟研究设施

　　大型地震工程模拟研究设施（National Facility for Earthquake Engineering Simulation, NFEES）,是以开展工程结构地震

扫一扫:延伸阅读　大型地震工程模拟研究设施

响应及破坏机理研究,解决地震工程领域关键科学问题为目标,提供大尺寸大载重地震工程模拟试验、复杂岩土介质与水动力环境中工程地震模拟试验、多点多维地震差动模拟试验及高性能可视化数字仿真等多种先进研究手段的大型复杂科学研究装置。该设施建设地点位

于天津市津南区天津大学北洋园校区内,占地面积约为 6.6 万 m^2,新建建筑面积约为 7.6 万 m^2。如图 9-32 所示,设施主要建设地震工程模拟试验系统、高性能计算与智能仿真系统、试验配套与共享服务系统以及土建和相关配套工程。地震工程模拟试验系统为设施的主要组成部分,包括大尺寸大载重大型振动台、双子台水下振动台台阵、试验水池与水动力模拟设备以及混合模拟设备等试验设备,可有效开展各类高水平地震工程领域科学研究试验,为解决关键科学问题提供可靠的物理模型试验手段。其中,大型振动台尺寸为 20 m × 16 m,最大载重 1 350 t,满载最大加速度水平向为 15 m/s²,竖向为 20 m/s²;两台水下振动台每台尺寸为 6 m × 6 m,最大载重 150 t,满载最大加速度水平向为 15 m/s²,竖向为 20 m/s²,最大工作水深为 3.0 m;最大波高为 0.5 m,最大流速为 0.4 m/s;试验水池尺寸为 69 m × 95 m。高性能计算与智能仿真系统可提供数值计算、仿真分析、测试采集与实时分析等功能,并可结合地震工程模拟试验系统开展广泛的地震工程模拟研究,为地震工程领域高水平科学研究提供有效的数字仿真平台。试验配套与共享服务系统为装置的运行辅助系统,可保证设施正常、安全、高效运行,同时为研究成果的开放共享提供良好的交流服务平台。

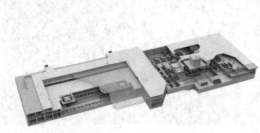 

图 9-32　大型地震工程模拟研究设施

9.4.2　地震模拟振动台

地震模拟振动台是再现各种地震波、对结构进行动力试验的一种先进试验设备,主要由以下几个部分组成:台面和基础、高压油源和管路系统、电液伺服加载器、模拟控制系统、计算机控制系统和相应的数据采集处理系统(图 9-33)。

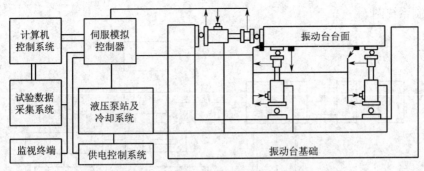

图 9-33　地震模拟振动台系统示意图

1. 振动台台体结构

振动台台面是有一定尺寸的平板结构,其尺寸决定了结构模型的最大尺寸。台体自重和台身结构与承载的试件重量及使用频率范围有关。振动台一般采用钢结构,控制方便,经济而又能满足频率范围要求,模型重量和台身重量之比以不大于 2 为宜。

振动台必须安装在质量很大的基础上,基础的重量一般为可动部分重量或激振力的 10~20 倍以上,这样可以改善系统的高频率特性,并可以减小对周围建筑和其他设备的影响。

2. 液压驱动和动力系统

液压驱动系统用于向振动台施加巨大的推力,按照振动台是单向(水平或垂直)、双向(水平—水平或水平—垂直)或三向(二向水平—垂直)运动,并在满足产生运动各项参数的要求下,各向加载器的推力取决于可动部分的质量和最大加速度。目前世界上已经建成的大中型地震模拟振动台,基本采用电液伺服系统驱动。它在低频时能产生大推力,故被广泛使用。

液压加载器上的电液伺服阀,根据输入信号(周期波或地震波)控制进入加载器的液压油的流量和方向,从而由加载器推动台面在垂直或水平轴方向上产生相位受控的正弦运动或随机运动。

液压动力部分是一个巨大的液压功率源,能供给所需要的高压油流量,以满足巨大推力和台身运动速度的要求。比较先进的振动台都配有大型蓄能器组,根据蓄能器容量的大小,瞬时流量可为平均流量的 1~8 倍,能产生具有极大能量的短暂的突发力,以便模拟地震产生的扰力。

3. 控制系统

目前运行的地震模拟振动台有两种控制方法:一种纯属于模拟控制;另一种是用数字计算机控制。

模拟控制方法有位移反馈控制和加速度信号输入控制两种。在单纯的位移反馈控制中,由于系统的阻力小,很容易产生不稳定现象,为此在系统中加入加速度反馈,增大系统阻尼,从而保证系统稳定。与此同时,还可以加入速度反馈,以提高系统的反应性能,由此可以减小加速度波形的畸变。为了使直接得到的强地震加速度记录推动振动台,在输入端可以通过二次积分,同时输入位移、速度和加速度三种信号进行控制,图 9-34 为地震模拟振动台加速度控制系统图。

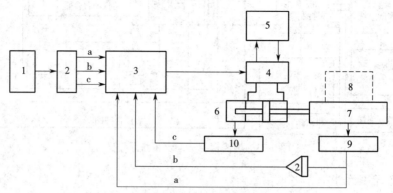

图 9-34 地震模拟振动台加速度控制系统图

（a、b、c 分别为加速度、速度、位移信号输入）

1—加速度、位移输入；2—积分器；3—伺服放大器；4—伺服阀；5—油源；
6—加载器；7—振动台；8—试件；9—加速度传感器；10—位移传感器

为了提高振动台控制精度，采用通过计算机进行数字迭代的补偿技术，可实现台面地震波的再现。试验时，振动台台面输出的波形是期望再现的某个地震记录或模拟设计的人工地震波。由于包括台面、试件在内的系统的非线性影响，在计算机给台面的输入信号激励下得到的反应与输出的期望之间必然存在误差。这时，可由计算机利用台面输出信号与系统本身的传递函数（频率响应）求得下一次驱动台面所需的补偿量和修正后的输入信号。经过多次迭代，直至台面输出反应信号与原始输入信号之间的误差小于预先给定的量值，完成迭代补偿并得到满意的期望地震波形。

4. 测试和分析系统

除了对台身运动进行控制而测量位移、加速度等外，对作为试件的模型也要进行多点测量，一般测量位移、加速度和使用频率等，总通道数可达百余点。位移测量多数采用差动变压器式和电位计式的位移计，可测量模型相对于台面的位移或相对于基础的位移；加速度测量采用应变式加速度计、压电式加速度计，近年来也有采用容式或伺服式加速度计的。

对模型的破坏过程可采用摄像机进行记录，便于在电视屏幕上进行破坏过程的分析。数据的采集可以在直视式示波器或磁带记录器上将反应的时间历程记录下来，或经过模数转换送到数字计算机储存，并进行分析处理。

振动台台面运动参数最基本的是位移、速度、加速度以及使用频率。一般按模型比例及试验要求来确定台身满负荷时的最大加速度、速度和位移等数值。最大加速度和速度均需按照模型相似原理来选取。

使用频率范围由试验模型的第一频率确定，一般各类结构的第一频率在 1~10 Hz 范围内，故整个系统的频率应该大于 10 Hz。考虑到高阶振型，频率上限当然越大越好，但其又受到驱动系统的限制，即要求当位移振幅增大时，加载器的油柱共振频率下降，从而缩小使用频率范围，为此这些因素都必须权衡后确定。

地震模拟振动台试验可以适时地再现各种地震波的作用过程，并进行人工地震波模拟，它是在试验室内研究结构地震反应和破坏机理的最直接方法。地震模拟振动台具有一套先进的数据采集与处理系统,从而使结构动力试验水平得到了很大的发展与提高,并大大促进了结构抗震研究工作的开展。

9.4.3　试验加载过程

地震模拟振动台试验的加载过程包括结构动力特性、地震动力反应试验和测量结构不同工作阶段的自振特性变化等试验内容。

对于结构动力特性试验,在结构模型安装到振动台上前后均可采用自由振动法或脉动法进行试验测量。模型安装到振动台上以后,则可采用小振幅的白噪声输入振动台台面,进行激振试验,测量台面和结构的加速度反应,通过传递函数、功率谱等频谱分析,求得结构模型的自振频率、阻尼比和振型等参数。也可用正弦波输入的连续扫频,通过共振法测得模型的动力特性。

根据试验目的不同,在选择和设计振动台台面输入加速度时程曲线后,试验的加载过程有一次加载和多次加载。

1. 一次加载过程

输入一个适当的地震记录,连续地记录位移、速度、加速度、应变等动力反应,并观察裂缝的形成和发展过程,以研究结构在弹性、弹塑性和破坏阶段的各种性能,如强度、刚度变化、能量吸收能力等。这种加载过程的主要特点是可以连续模拟结构在一次强烈地震中的整个表现与反应,但对试验过程中的测量和观察要求过高,破坏阶段的观测比较危险。因此,在没有足够经验的情况下很少采用这种加载方法。

2. 多次加载过程

目前,在地震模拟振动台试验中,大多数研究者采用多次加载的方案来进行试验研究。一般情况如下。

(1)动力特性试验。

(2)振动台台面输入运动,使结构产生微裂缝。

(3)加大台面输入运动,使结构产生中等程度的裂缝。

(4)加大台面输入加速度的幅值,结构振动使其主要部位发生破坏,但结构还有一定的承载能力。

(5)继续加大台面输入运动,使结构变为机动体系,稍加荷载就会发生破坏倒塌。

9.4.4　试验的观测和动态反应测量

在地震模拟振动台试验中一般需观测结构的位移、加速度和应变反应,以及结构的开裂部位、裂缝的发展、结构的破坏部位和破坏形式等。在试验中位移和加速度测点一般布置在产生最大位移和加速度的部位。对于整体结构的房屋模型试验,则在主要楼面和顶层布置位移和加速度传感器。当需测层间位移时,应在相邻两楼层布置位移和加速度传感器。对于结构构件的主要受力部位和截面,要求测量钢筋和混凝土的应变、钢筋和混凝土的黏结滑移等参数。来自位移、加速度和应变传感器的所有信号由专门的数据采集系统进行数据采集和处理,其结果可由计算机终端显示或绘图机、打印机等设备输出。

试件在模拟地震作用下将进入开裂和破坏阶段,为了保证试验过程中人员和仪器设备的安全,振动台试验必须采取以下安全措施。

（1）试件设计时应进行吊装验算,避免试件在吊装过程中发生破坏。

（2）试件与振动台的安装应牢固,对安装螺栓的强度和刚度应进行验算。

（3）试验人员上下振动台时应注意台面和基坑地面间的间隙,防止发生坠落或摔伤事故。

（4）传感器应与试件牢固连接并采取防掉落措施,避免因振动引起传感器掉落或损坏。

（5）试件可能发生倒塌时应在振动台四周铺设软垫,利用起重机、绳索或钢丝绳进行保护,防止损坏振动台和周围设备。进行倒塌试验时,应拆除全部传感器,认真做好摄像记录工作。

（6）在试验过程中应设置警戒标志,防止与试验无关的人员进入试验区。

9.4.5　五层砌块房屋模拟振动台试验实例

砌块房屋在我国民用建筑中大量应用,对地震区已建大量砌块房屋进行抗震性能的研究,并提出相应的抗震措施是一个非常重要而亟待解决的问题。同济大学工程结构所在抗震研究中对五层砌块房屋模型进行了非线性地震反应分析。

1. 试验目的

在近年来砌块房屋研究成果的基础上,通过五层砌块房屋模型的模拟振动台试验结果,研究在抗震分析中非线性数学模型及其参数的识别方法,探讨砌块结构在地震荷载作用下各个受力阶段的数学模型,并综合评定砌块房屋的抗震能力。

2. 试验模型

试验模型主要模拟 1979 年上海完成抗震静力试验的粉煤灰密实砌块五层房屋,模型尺寸为实际结构的 1/4,具体尺寸见图 9-35。

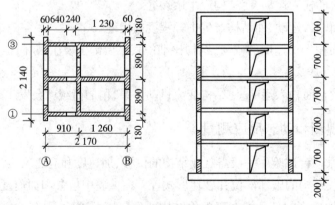

图 9-35　试验模型的平面及剖面图

模型墙体厚度为 6 cm,用实际砌块的 1/4 经专门加工的粉煤灰陶粒砌块（22 cm × 9.5 cm × 6 cm）和水泥石灰混合砂浆砌成,模型隔层设置现浇的钢筋混凝土圈梁,在门窗洞口设置控制过梁,模拟质量附加在预制楼板上,并与楼板一起浇筑而成。

3. 输入台面的荷载设计

在试验中,振动台台面输入的加速度是按《建筑抗震设计规范(2016 版)》(GB 50011—2010)Ⅲ类场地土的反应谱设计的人工地震波(图 9-36),持续时间分别为 12 s 和 20 s,并按模型的时间相似系数进行了压缩。试验采用多次加载,在正式试验前采用脉动法和白噪声激振测量模型的动力特性。在正式试验过程中不断加大台面输入加速度的峰值,按弹性、微裂、开裂、滑移、破坏倒塌几个阶段进行。

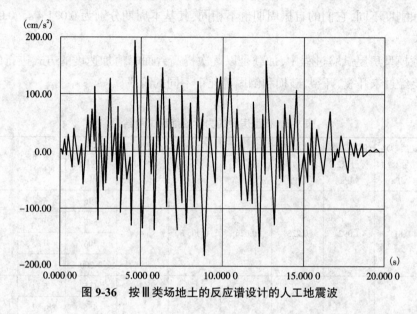

图 9-36　按Ⅲ类场地土的反应谱设计的人工地震波

4. 测点布置

为了测量模型房屋在地震力作用下的位移、加速度反应,在模型结构中安装了 10 个加速度传感器和 2 个位移传感器,测点布置见图 9-37。图中 $C_1 \sim C_6$ 为差容式加速度传感器,$U_1 \sim U_4$ 为压阻式加速度传感器,主要测量模型横墙轴线(即主要加载方向 x-x)的加速度反应。图中 LVDT 和 YHD200 分别为差动变压器式位移传感器和滑线电阻式位移计,测量模型顶层和底部的振动位移。所有传感器信号通过接线箱直接输入振动台控制室内的数据采集系统。

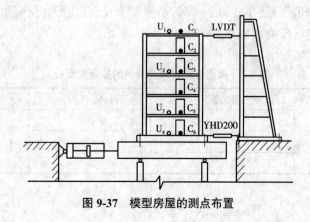

图 9-37　模型房屋的测点布置

模型房屋各层的惯性力、层间剪力、基底剪力和弯矩等可以根据各层楼面的加速度、质量以及层高等参数,由振动台的计算机系统进行计算分析。

5. 试验结果

试验共完成了三个模型。虽然三个模型房屋的尺寸一样,但砂浆标号、台面输入的持续时间及每幢房屋的质量均不相同,如表 9-2 所示。模型房屋 Q-20-ST1 重 10 500 kg, Q-20-ST2 在房屋顶层加重后达 11 000 kg, Q-20-ST3 在各层加重后共重 14 600 kg。由于模型房屋的质量和刚度不同,它们的自振周期也不相同,其基本周期分别为 0.071 4 s、0.063 7 s 和 0.085 5 s。

在每幢模型房屋试验过程中,加载是以逐次提高台面峰值加速度的方式进行的,因此,模型房屋要经过未开裂、开裂、破损和倒塌等几个不同的阶段。

表 9-2　模型房屋的力学性能和试验结果

模型房屋	底层砂浆标号 R2.1（MPa）	顶层砂浆标号 R2.5（MPa）	底层横墙正应力 σ_c（MPa）	顶层横墙正应力 σ_{cs}（MPa）	采样时间间隔 Δt（s）	台面输入持续时间 t（s）	台面输入加速度 a（cm/s²）	破坏情况	备注
Q-20-ST1	0.811	1.092	0.223	0.026	0.005 8	3.48	196	未裂	以 1 200 cm/s² 输入 5 次后倒塌
							546	开裂	
							706	开裂	
							1 200	滑移	
Q-20-ST2	2.903	2.892	0.231	0.033 6	0.006 2	6.2	155	未裂	以 1 700 cm/s² 输入 7 次后倒塌
							466	开裂	
							880	开裂	
							1 780	滑移	
Q-20-ST3	2.903	1.143	0.319	0.047 1	0.007 4	7.4	108	未裂	以 1 200 cm/s² 输入 2 次后倒塌
							686	开裂	
							900	滑移	

1）未开裂阶段

当输入加速度峰值很低(0.11~0.2 g)时,房屋都未开裂,变形和反应很小,处在弹性阶段振动。顶层最大加速度反应如表 9-3 所示。

表 9-3　模型房屋在未开裂时的加速度反应

模型房屋	输入加速度（ g ）	顶层反应（ g ）	动力放大系数
Q-20-ST1	0.2	0.45	2.25
Q-20-ST2	0.16	0.44	2.75
Q-20-ST3	0.11	0.24	2.18

2）开裂阶段

当台面输入峰值加速度超过 0.4g 时，三幢模型房屋都出现裂缝，裂缝为水平缝和交叉缝，往往从门洞口向两边延伸。对模型房屋 Q-20-ST3，以加速度峰值为 0.7g 输入时，房屋底层和二层横墙产生裂缝。结构顶层的绝对加速度反应时程曲线如图 9-38 所示。

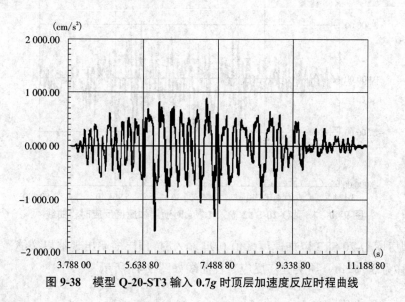

图 9-38　模型 Q-20-ST3 输入 0.7g 时顶层加速度反应时程曲线

3）破损阶段

破损阶段是指墙体形成临界裂缝到墙体产生局部破坏（如单个砌块塌落等）。

当模型房屋 Q-20-ST1 以 1.2g 输入时，底层横墙裂缝不断增大，发展到门洞口处的砌块滑移过大而变酥塌落。顶层的位移反应时程曲线如图 9-39 所示，最大位移达 7 cm 左右。

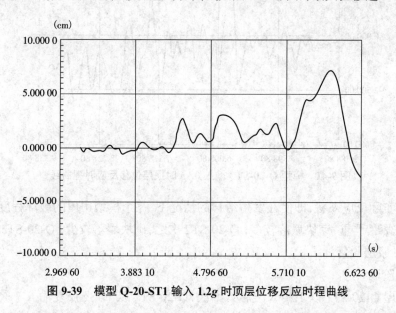

图 9-39　模型 Q-20-ST1 输入 1.2g 时顶层位移反应时程曲线

当模型房屋 Q-20-ST2 以加速度峰值为 1.78g 输入时，底层横墙严重开裂错位，最大滑移达 5 cm 左右，纵墙由于横墙滑动过大向外鼓出，横墙形成多道斜向和八字裂缝，顶层加速度峰值为 2.75*g*，见图 9-40。

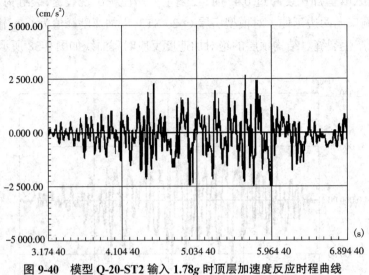

图 9-40　模型 Q-20-ST2 输入 1.78*g* 时顶层加速度反应时程曲线

当模型房屋 Q-20-ST3 以加速度峰值 0.9*g* 输入时，顶层横墙出现临界裂缝，发生明显滑移，最大位移为 3.75 cm。顶层位移反应时程曲线如图 9-41 所示。

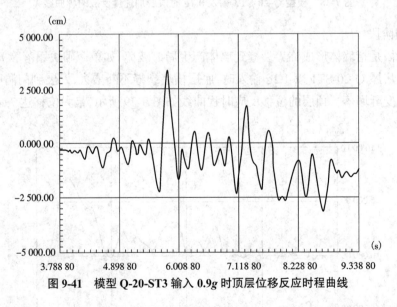

图 9-41　模型 Q-20-ST3 输入 0.9*g* 时顶层位移反应时程曲线

从试验实际反应来看，即使在发生滑移的情况下，三个模型房屋的破坏程度也不相同：Q-20-ST1 破坏最严重，砌块塌落较多；Q-20-ST2 次之，砌块塌落较少；Q-20-ST3 破坏较轻，横墙变酥，砂浆层脱落。

4）倒塌阶段

模型房屋 Q-20-ST1 以 1.2*g* 反复输入 5 次，Q-20-ST2 以 1.78*g* 反复输入 7 次，Q-20-ST3 以 0.9*g* 反复输入 4 次再以 1.2*g* 反复输入 2 次后，整个结构全部倒塌，但楼板和砌块并没有甩出多远，基本上散落在底梁周围，和地震区所见倒塌现象非常相似。

9.5　人工地震模拟试验

在结构抗震研究中,利用各种静力和动力加载设备对结构进行加载试验,尽管它们能够满足部分模拟试验的要求,但是都有一定的局限性。拟静力试验虽然设备简单,能进行大尺寸构件或结构抗震的延性试验,但由于是人为假设的一种周期性加载的静力试验,与实际某一确定的地震地面运动产生的地震力有很大的差别,不能反映建筑结构的动力特性。拟动力试验是一种有效的试验方法,但目前尚在发展之中,且主要问题是结构的非线性特性,即恢复力与变形的关系必须在试验前进行假定,而假定的计算模型是否符合结构的实际情况,还有待试验结果来证实。振动台试验虽然能较好地模拟地面运动,但由于受台面尺寸和载重量的限制,不能做较大结构的足尺试验,另外弹塑性材料的动态模拟理论尚待研究解决。因此,各类型的大型结构、管道、桥梁、坝体以至核反应堆工程等大比例或足尺模型试验就受到一定限制,甚至根本无法进行。

基于以上原因,人们试图采用炸药爆炸产生瞬时的地面运动来模拟天然地震对结构的影响。

9.5.1　爆破方法

在现场安装炸药并加以引爆,称为直接爆破法,引爆后地面运动的基本现象是:地震运动加速度峰值随装药量增加而增大;与爆心的距离愈近则地面运动加速度峰值愈大;与爆心的距离愈远则地面运动加速度持续时间愈长。要使人工地震接近天然地震,而又能对结构或模型产生类似于地震作用的效果,必然要求装药量大,与爆心的距离远一点才能取得较好的效果。

直接爆破法的最大缺点是需要很大的装药量才能产生较好的效果,而且所产生的人工地震与天然地震总是相差较远。采用密闭爆破法,其优点是可以用少量炸药产生接近天然地震的人工地震。

密闭爆破采用一种圆筒形的爆破线源,这种爆破线源是一个可重复使用的橡胶套管(例如外径为 10 cm,内径为 7.6 cm,长度为 4.72 m),钢筒设有排气孔,在钢筒上部留有空段,并用聚酯薄膜封顶,使用时把爆炸线源伸入地面以下。钢管内装药量虽不大,但引爆后爆炸生成物在控制的速率下排入膨胀橡胶管内,然后在爆炸后的规定时间内用分装的少量炸药把封顶聚酯薄膜崩裂。这样,引爆后会产生两次加速度运动:一次是从钢圆筒排到外围橡胶筒所引起的;另一次是由于气体从崩破的薄膜封口排到大气中引起的。这样的爆破线源可以在一定条件下同时引爆,形成爆破阵。如果把这些爆破线源用点火滞后的办法逐个或逐批地引爆,就可以把人工地震引起的运动持续时间延长。

9.5.2　人工地震模拟试验的动力反应问题

从实际试验中发现,人工地震与天然地震之间存在一定的差异:人工地震(炸药爆破)加速度的幅值高、衰减快、破坏范围小;人工地震的主频率高于天然地震;人工地震的主震持续时间一般在几十毫秒至几百毫秒,比天然地震的持续时间短很多。

图 9-42 为天然地震与人工爆破地震的加速度幅值谱。由图可见,天然地震波的频率在 1~6 Hz 频域内幅值较大,而人工地震波在 3~25 Hz 频域内振动幅值较大。

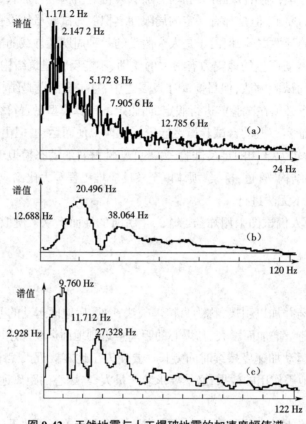

图 9-42 天然地震与人工爆破地震的加速度幅值谱

(a)天然地震波的加速度幅值谱
(b)18 500 kg 炸药爆炸时距爆心 132 m 处自由场加速度幅值谱
(c)500 000 kg 炸药爆炸时距爆心 152 m 处自由场加速度幅值谱

当天然地震烈度为 7 度时,地面加速度最大值平均为 0.1g,对一般房屋就已造成很大程度的破坏,但是人工爆破地面加速度达到 1.0g 时才能引起房屋的轻微破坏。显然这是由于天然地震的主振频率比人工爆破地震的主振频率更接近一般建筑结构的自振频率,而且天然地震振动作用的持续时间长、衰减慢,所以能造成大范围的宏观破坏。

为了消除对建筑结构所引起的不同动力反应和破坏机理的差异,用人工爆破地震模拟天然地震并得到满意的结果,可采取下列措施消除频率的差异。

(1)缩小试验对象的尺寸,从而可提高试验对象的自振频率。一般只要将试验对象缩至真型的 1/3~1/2,由于缩小比例不大,可以保留试验对象在结构构造和材料性能上的特点,保持结构的真实性。

(2)将试验对象建造在覆盖层较厚的土层上,可以利用松软土层的滤波作用,消耗地震波中的高频分量,相对地提高低频分量的幅值。

（3）增加爆心与试验对象的距离，使地震波中的高频分量在传播过程中有极大的损耗，相对地提高低频分量的影响。

进行结构抗震试验时，要求获得较大的振幅和较长的持续时间，由于炸药的能量有限，因此它不可能像天然地震那样有很大的振幅和较长的持续时间。如果震源中心与试验对象距离较远，地震波的持续时间可能延长，但振幅要衰减下降。从国内外的试验资料和爆破试验数据分析来看，利用炸药所产生的地震波进行工程结构的抗震研究可以取得满意的试验结果。

9.5.3 人工地震模拟试验的测量技术问题

人工爆破地震试验与一般工程结构动力试验在测量技术上有许多相似之处，但也有比较特殊的部分。

（1）在试验中主要测量地面与建筑物的动态参数，而不是直接测量爆炸源的一些参数，所以要求测量仪器的频率上限选在结构动态参数的上限，一般在 100 Hz 至几百赫兹，就可以满足动态测量的频响要求。

（2）在爆破试验中干扰影响严重，特别是爆炸过程中产生的电磁场干扰，其对高频响应较好、灵敏度较高的传感器和记录设备干扰尤为严重。为此可以采用低阻抗的传感器，另外尽可能地缩短传感器至放大器之间的连接导线，并进行屏蔽和接地。

（3）在爆破地震波作用下的结构试验，整个试验的爆炸时间较短，如记录下的波形不到 1 s，所以在动应变测量中可以用线绕电阻代替温度补偿比，这样既可节省电阻应变计和减少贴片工作量，又能提高测试工作的可靠性。

（4）结构和地面质点运动参数的动态信号测量，由于爆炸时间很短，在试验中采用同步控制进行记录，可在起爆前使仪器处于开机记录状态，等待信号输入。

在爆破地震波作用下的抗震试验，由于其不可重复，因此试验计划与方案必须周密考虑，试验测量技术必须安全可靠，必要时可以采用多种方法同时测量，才能获得试验成功并取得预期效果。

9.5.4 人工地震模拟试验实例

为了研究内框架房屋的破坏机理，给出符合实际的解释，并为这类结构的抗震设计加固提出理论依据，清华大学抗震研究室在 1981 年进行了两幢比例为 1∶2 的内框架房屋的现场爆破地震模拟试验。

1. 内框架砖混结构模型

为了对不加固及加固的内框架房屋进行对比试验，在某爆破试验现场建造了两幢试验房屋，No.1 房屋为未加固的内框架砖混结构，三层单排柱，四个开间。No.2 房屋为加固的内框架砖混结构，其结构与 No.1 房屋相同，只是进行了加固，加固措施为外加构造柱、圈梁及包角柱（图9-43）。

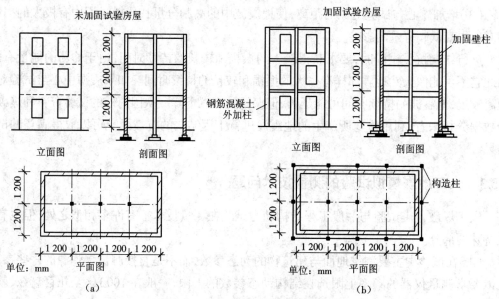

图 9-43　内框架砖混结构试验房屋
（a）No.1 房屋（未加固）　（b）No.2 房屋（加固）

2. 试验方法

试验利用爆破形成的人工地震波作为试验房屋的激振,以测量试验房屋的反应。第一次用炸药 18 500 kg,爆心距房屋 132 m;第二次用炸药 500 000 kg,爆心距房屋 152 m（图 9-44）。

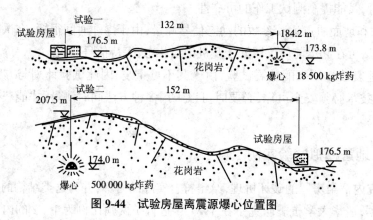

图 9-44　试验房屋离震源爆心位置图

3. 测点布置及测试

第一次试验时,在两幢房屋的室内地面、三层楼面及屋面沿结构横向布置了加速度传感器,在室外地面距离房屋 8 m 处的东西和南北两个方向布置了加速度传感器。另外在房屋的山墙、中柱、加固壁柱及包角柱的各层楼面和柱脚处分别布置了应变测点。

第二次试验时,在第一层楼面横向增加了加速度测点,加速度传感器输出的信号主要用磁带记录仪记录,应变信号用光线示波器记录。第一次试验时,测试仪器安放在 No.2 试验房屋的底层室内,第二次将仪器安放在距试验房屋 40 m 处的山洞里。

试验中共测试、记录了下列三类数据。

（1）场地上沿房屋纵、横轴方向的加速度爆炸地震波,试验房屋在基础、楼层与屋顶上沿横轴方向的地震加速度反应时程曲线。

（2）试验前后两幢房屋各层横轴方向的脉动位移信号。

（3）试验房屋端墙各层窗间墙体的应变时程曲线,内框架中柱、外加固壁柱在各层楼面处的钢筋应变时程曲线。

4. 爆破地震的烈度

试验场地位于花岗岩山地,花岗岩层表面风化严重。爆炸震源炸药放在人工开挖的岩洞中。在两次试验前,在现场进行过多次爆破试验,得到场地地面运动速度的经验公式为

$$v = 118.6 \left[\frac{Q^{1/3}}{l} \right] 1.785 \tag{9-6}$$

式中　Q——炸药量(kg);

　　　l——爆心至测点的距离(m)。

根据两次爆炸的炸药量和爆心至测点的距离,求得第一次爆炸时的地面质点运动最大速度为 6.7 cm/s;第二次爆炸时的地面质点运动最大速度为 35.1 cm/s。由表 9-4 可知,第一次爆炸相当于地震烈度为 7 度,第二次爆炸相当于地震烈度为 9 度。

表 9-4　地面质点运动最大速度与天然地震波造成的地震烈度参考

烈度	地面质点运动速度(cm/s)
7 度	6~12
8 度	12~24
9 度	24~48

5. 试验结果

（1）在试验前后,曾先后用脉动法及人工激振法测得结构的自振周期、振型和阻尼比等结构动力特性的主要参数,见表 9-5。

实测数据表明,多层内框架房屋抗震加固后,整体侧向变形刚度有所增加,因而导致自振频率增加。第一次爆破试验后,两幢房屋均有损伤,整体刚度下降,因而导致自振频率均有下降。

表 9-5　试验前后房屋的自振频率与阻尼比

项目		未加固房屋		加固房屋	
		一振型	二振型	一振型	二振型
频率(Hz)	试验前	7.1	20.8	8.3	25.6
	试验后	8.2	19.2	7.7	21.7
	计算值	7.1	19.9	7.9	22.4
实测阻尼比		0.018	0.028	0.018	0.036

（2）第一次爆炸后，两幢房屋的宏观破坏现象与天然地震破坏现象相同，其破坏程度相当于地震烈度为7度。由图9-45（a）可见，未加固房屋第三层的窗过梁与窗台标高处的砌体沿砖缝裂通，第二层的相应部位也出现水平裂缝，第一层墙体基本完好。由图9-45（b）可见，加固房屋横墙砌体的裂缝不再沿水平砌体裂通，而是在窗角沿斜向裂开。墙体破坏的程度仍然是第三层最严重，第二层次之，第一层基本完好。这时宏观烈度与按地面运动速度确定的烈度相同。

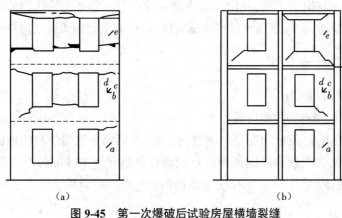

图9-45　第一次爆破后试验房屋横墙裂缝

（a）未加固房屋　（b）加固房屋

（3）对比上述墙体的宏观破坏情况、两幢房屋中柱钢筋的实测应力以及加固房屋构造柱的应力发现，加固的构造柱分担了墙体所受的荷载，所以减轻了墙体的破坏程度。

（4）爆破波的频谱分析表明，场地的卓越周期约为20 Hz，与两幢房屋的第二振型频率相近。同时由试验实测的加速度反应记录发现，两幢房屋的顶层和三层楼面的相位明显相反，这表明结构的第二振型起主要作用。按第一次爆炸所得加固房屋各层楼面的加速度计算地震力，则底层的剪力和弯矩较顶层小，与实际震害上重下轻相符合。相反，按规范计算结果则是下层的剪力和弯矩均较上层大，破坏必然下重上轻，与试验结果和实际震害不符，这就证实了试验结果的正确性。

（5）在第二次爆炸时，得到记录后，试验房屋被爆炸粉碎的巨石砸毁。

从这个试验可见，人工爆破地震的主振周期虽然较短，但由于缩小了试验房屋的尺寸，取一般房屋的1/2，这样结构的自振周期也按此比例缩短，即提高了试验结构的自振频率。但是爆破持续时间还是比天然地震短得多，这一点可用多次相继爆破（即微差爆破）的方法进一步得到改善，地震持续时间主要影响房屋破坏的程度，而其破坏的特征与性质在这次较短持续时间的试验中已有明显的表现。

9.5.5　天然地震试验

根据经济条件和试验要求，天然地震试验大体上可以分为三类。

第一类是在地震频繁地区或高烈度地震区结合房屋结构加固，有目的地采取多种方案的加固措施，当地震发生时，可以根据震害分析了解不同加固方案的效果。这时，虽然在结构上不设置任何仪表,但由于量大面广,所以也是很有意义的。此外,也可结合新建工程有意图地采取多种抗震措施和构造,以便发生地震时进行震害分析。应该指出,并非所有加固或新建房屋都能成为试验房屋,对于天然地震试验,在不装仪表的条件下,试验房屋至少具备下列基础资料:

（1）场地土的钻探资料;

（2）试验结构的原始资料,如竣工图、材料强度、施工质量记录;

（3）房屋结构历年检查及加固改建的全部资料等;

（4）当地的地震记录。

自唐山地震以来,我国一些研究机构已在若干高烈度地震区有目的地建造了一些试验房屋,作为天然地震试验的对象。

第二类是强震观测。地震发生时,以仪器为测试手段,观测地面运动的过程和建筑物的动力反应,以获得第一手的资料。强震观测最重要的是做好地震前的准备工作,如在高烈度地震区的某些房屋楼层安装长期观测的测振仪器,以便取得地震时的更多信息。天然地震试验的最好布置是在结构的地下室或地基上安装强震仪来测量输入的地面运动,同时在结构上部安置一些仪表以测量结构的反应。

通过强震观测,可以取得地震的地面运动过程的记录——地震波,为研究地震影响场和烈度分布规律提供科学资料;取得建筑物在强地震下的振动过程的记录,为结构抗震的理论分析与试验研究以及设计方法提供客观的工程数据。

美国和日本开展强震观测工作比较早,先后积累了许多有意义的资料和不少重要的强震记录。图 9-46 为 1957 年 3 月美国旧金山地震时在 17 层的亚历山大大楼内记录的地震加速度反应的时程曲线。

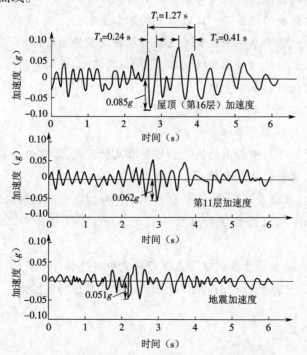

图 9-46　美国旧金山地震在亚历山大大楼记录的地震加速度反应时程曲线

我国自 1966 年邢台地震以来,强震观测工作有了较大的发展,已经取得了一些较有价值的地震记录。例如 1976 年唐山大地震,京津地区记录到一些较高烈度的主震记录。然后,以唐山为中心布设的流动观测网又取得了一批较高烈度的余震记录。

第三类是建立专门的天然地震试验场,在场地上建造试验房屋,这样可以运用一切现代化手段取得建筑物在天然地震中的各种反应。当然,从费用上讲,这种方法是最为昂贵的。

世界上最负盛名的天然地震试验场是日本东京大学生产技术研究所的千叶试验场,试验基地包括许多部分,抗震试验只是一个基本的组成部分。在抗震试验方面有大型抗震试验室、数据处理中心、化工设备天然地震试验场和房屋模型天然试验场等。化工设备天然地震试验场有若干罐体实物建于 1972 年,此后陆续经受地震考验,取得不少数据。1977 年 9 月的地震,加速度峰值为 100 cm/s²,曾使罐体的薄钢壁发生压屈,为化工设备的抗震提供了实测的地震反应资料。

【本章小结】

本章主要介绍了结构抗震的低周反复加载试验、拟动力试验、地震模拟振动台试验。通过对本章的学习,学生应了解和掌握结构抗震的低周反复加载试验的加载制度,观测项目的选择与设计、测试仪器的特性与使用、测试数据的处理与分析以及资料整理等;拟动力试验的加载制度、测试项目和数据资料分析;地震模拟振动台试验的加载制度、试验的作用、试验过程、试验特点和试验方法。

【思考题】

9-1 常用的结构抗震试验方法有哪些? 各有何优缺点?

9-2 简述拟静力试验的设备及对试验装置的基本要求。

9-3 简述拟静力试验中单向加载制度主要有几种及其使用条件。

9-4 画出拟静力试验的四种典型滞回环,并指明其名称,说明其特点。

9-5 简述拟静力试验的基本步骤。

9-6 何谓结构的延性系数? 如何确定?

9-7 滞回曲线的几个主要特征是什么?

9-8 简述地震反应分析中常用的恢复力模型有几种形式,各有何特点。

9-9 简述拟动力试验的基本步骤。

9-10 在地震模拟振动台试验中,振动台由几个部分组成? 试验时应注意哪些问题?

9-11 抗震试验按照试验方法和试验手段的不同,可以分为哪几种方法? 各有什么特点?

9-12 地震模拟振动台动力加载试验在抗震研究中有什么作用?

9-13 在选择和设计振动台台面的输入运动时,需要考虑哪些因素?

第10章　建筑结构现场检测与加固技术

【本章提要】

本章介绍混凝土结构、砌体结构、钢结构的常用现场检测方法。通过学习,要求学生熟悉并掌握混凝土强度检测技术中的基本检测方法,即回弹法、超声回弹综合法、钻芯法的检测过程以及数据处理方法和试验报告内容;混凝土质量与缺陷检测常用的超声法的操作方法和检测内容;钢筋位置检测常用的电磁感应法的测试方法;钢筋焊缝质量检测常用的超声检测法的操作过程。

10.1　概述

10.1.1　结构检测分类

建筑结构的检测分为建筑结构工程质量检测和既有建筑结构性能检测。建筑结构的检测应根据《建筑结构检测技术标准》(GB/T 50344—2019)的要求,满足建筑结构工程质量评定或既有建筑结构性能鉴定标准,合理确定检测项目和检测方案,建筑结构的检测应提供真实、可靠、有效的检测数据和检测结论。当遇到下列情况之一时,应进行建筑结构工程质量的检测。

(1)涉及结构安全的试块、试件以及有关材料检验数量不足。

(2)对施工质量的抽样检测结果达不到设计要求。

(3)对施工质量有怀疑或争议,需要通过检测进一步分析结构的可靠性。

(4)发生工程事故,需要通过检测分析事故的原因及对结构可靠性的影响。

当遇到下列情况之一时,应对既有建筑结构缺陷和损伤、结构构件承载力、结构变形等涉及结构性能的项目进行检测:

(1)建筑结构安全鉴定;

(2)建筑结构抗震鉴定;

(3)建筑大修前的可靠性鉴定;

(4)建筑改变用途、改造、加层或扩建前的鉴定;

(5)建筑结构达到设计使用年限要继续使用的鉴定;

(6)受到灾害、环境侵蚀等影响建筑的鉴定;

(7)对既有建筑结构的工程质量有怀疑或争议。

既有建筑检测的对象是建筑构件表面的裂缝、损伤、过大的位移或变形,建筑物内外装饰层是否出现脱落空鼓,栏杆扶手是否松动失效等。建筑结构常规检测的重点部位是:出现渗水、漏水部位的构件,受到较大反复荷载或动力荷载作用的构件,暴露在室外的构件,受到腐蚀性介质侵蚀的构件,受到污染影响的构件,与侵蚀性土壤直接接触的构件,受到冻融影响的构件,容易受到磨损、冲撞损伤的构件,年检怀疑有安全隐患的构件。建筑工程施工质量验收与建筑结构工程质量检测既有共同之处,也有区别。区别在于实施的主体不同,建筑结构工程质量检测工作实施的主体是有检测资质的独立的第三方,检测结果与评定结论可作为建筑结构工程施工质量验收的依据之一;共同之处在于建筑工程施工质量验收所采用的方法可为建筑工程质量检测采用,建筑结构工程质量检测采用的检测方法和抽样方案可供建筑工程施工质量验收参考。

10.1.2　检测方案的基本内容

建筑结构的检测应有完备的检测方案,检测方案的基本内容有:现场和有关资料的调查;收集被检测建筑结构的设计图样、设计变更、施工记录、施工验收和工程地质勘察等资料;调查被检测建筑结构的现状、缺陷、环境条件、使用期间的加固与维修情况、用途、荷载等变更情况。被检测建筑结构的基本概况包括:结构类型,建筑面积,总层数,设计、施工及监理单位,建造年代等,检测项目和选用的检测方法以及检测数量,检测仪器设备情况,检测中的安全措施和环保措施。当发现检测数据数量不足或检测数据出现异常情况时应及时补充检测。结构现场检测工作结束后,应及时修补因检测造成的结构或构件局部损伤,修补时宜采用强度等级高于构件原设计强度等级的材料,使修补后的结构构件满足承载力的要求。

10.1.3　检测方法和抽样方案

现场检测宜选用对结构或构件无损伤的检测方法。选用局部破损的取样检测方法或原位检测方法时,宜选择结构构件受力较小的部位,并且不得影响结构的安全性。对古建筑和有纪念性的既有建筑结构进行检测时,应避免对建筑结构造成损伤。重要大型公共建筑的结构动力测试,应根据结构的特点和检测目的,采用环境振动和激振等方法。重要大型工程和新型结构体系的安全性检测,应根据结构的受力特点制定方案,并进行论证。结构检测的抽样方案,可根据检测项目的特点按下列原则选择。

（1）外部缺陷的检测,宜选用全数检测方案。

（2）几何尺寸与尺寸偏差的检测,宜选用一次或二次计数抽样方案。

（3）结构连接构造的检测,应选择对结构安全影响大的部位进行抽样。

（4）构件结构性能的实荷检验,应选择同类构件中荷载效应相对较大和施工质量相对较差的构件,或受到灾害影响、环境侵蚀影响的有代表性的构件。

（5）按检测批次检测的项目,应随机抽样,且最小样本容量应符合相关规范的规定。

10.2　混凝土结构现场检测技术

10.2.1　混凝土结构现场检测的一般要求

混凝土结构的检测分为原材料性能,混凝土强度,混凝土构件外观质量与缺陷、尺寸与偏差、变形与损伤和钢筋配置等。必要时,应进行结构构件性能的实荷检验或结构的动力测试。

1. 原材料性能检测

对混凝土原材料的质量或性能进行检测时,若工程中尚有与结构同批、同等级的剩余原材料,可对与结构工程质量相关的原材料进行检验;当工程中没有与结构同批、同等级的剩余原材料时,应从结构中取样,检测混凝土的相关质量或性能。

对钢筋的质量或性能进行检测时,若工程中尚有与结构同批的钢筋,可进行钢筋力学性能检验或化学成分分析;需要检测结构中的钢筋时,可在构件中截取钢筋进行力学性能检验或化学成分分析。进行钢筋力学性能的检验时,同一规格钢筋的抽检数量应不少于一组。既有结构钢筋抗拉强度的检测,可采用钢筋表面硬度法等非破损检测技术与取样检验相结合的方法。需要检测锈蚀钢筋、受火灾影响钢筋的性能时,可在构件中截取钢筋进行力学性能检验。

2. 混凝土强度检测

采用回弹法、超声回弹综合法、后装拔出法或钻芯法等方法检测结构或构件的混凝土抗压强度时,应注意满足下列要求:采用回弹法时,被检测混凝土的表层质量应具有代表性,且混凝土的抗压强度和龄期不应超过相应技术规程限定的范围;采用超声回弹综合法检测时,被检测混凝土的内外质量应无明显的差异,且混凝土的抗压强度不应超过相应技术规程限定的范围;采用后装拔出法时,被检测混凝土的表层质量应具有代表性,且混凝土的抗压强度和混凝土粗骨料的最大粒径不应超过相应技术规程限定的范围;当被检测混凝土的表层质量不具有代表性时,应采用钻芯法;当被检测混凝土的龄期或抗压强度超过回弹法、超声回弹综合法或后装拔出法等相应技术规程限定的范围时,可采用钻芯法或钻芯修正法;在回弹法、超声回弹综合法或后装拔出法适用的条件下,宜进行钻芯修正或利用同条件养护立方体试块的抗压强度进行修正。采用钻芯修正法时,宜选用总体修正量方法。总体修正量方法中的芯样试件换算抗压强度样本的均值 $f_{cor,m}$ 应按《建筑结构检测技术标准》(GB/T 50344—2019)的规定确定,即推定区间的置信度宜为 0.90,并使错判概率和漏判概率均为 0.05。在特殊情况下,推定区间的置信度可为 0.85,使漏判概率为 0.10,错判概率仍为 0.05。推定区间的上限值与下限值之差不宜大于材料相邻强度等级的差值和推定区间上限值与下限值算术平均值的 10% 两者中的较大值。总体修正量 Δ_{tot} 和相应的修正按下式计算:

$$\Delta_{tot} = f_{cor,m} - f_{cu,m0}^{c} \tag{10-1}$$

$$f_{cu,i}^{c} = f_{cu,i0}^{c} + \Delta_{tot} \tag{10-2}$$

式中　$f_{cor,m}$ ——芯样试件换算抗压强度样本的均值;

$f_{cu,i0}^{c}$——用修正方法检测得到的换算抗压强度样本的均值；

$f_{cu,i}^{c}$——修正后测区混凝土换算抗压强度；

$f_{cu,m0}^{c}$——修正前测区混凝土换算抗压强度。

当钻芯修正法不能满足推定区间的要求时,可采用对应样本修正量、对应样本修正系数或——对应修正系数的修正方法,此时直径为 100 mm 混凝土芯样试件的数量不应少于 6 个,现场钻取直径为 100 mm 的混凝土芯样确有困难时,也可采用直径不小于 70 mm 的混凝土芯样,但芯样试件的数量不应少于 9 个。对应样本的修正量 Δ_{loc} 和修正系数 η_{loc} 的计算方法为

$$\Delta_{loc} = f_{cor,m} - f_{cu,m0,loc}^{c} \tag{10-3}$$

$$\eta_{loc} = \frac{f_{cor,m}}{f_{cu,m0,loc}^{c}} \tag{10-4}$$

式中　$f_{cu,m0,loc}^{c}$——用修正方法检测得到的与芯样试件对应测区的换算抗压强度样本的均值。

相应的修正计算为

$$f_{cu,i}^{c} = f_{cu,i0}^{c} + \Delta_{loc} \tag{10-5}$$

$$f_{cu,i}^{c} = \eta_{loc} f_{cu,i0}^{c} \tag{10-6}$$

混凝土的抗拉强度,可采用对直径为 100 mm 的芯样试件施加劈裂荷载或直拉荷载的方法检测。

受到环境侵蚀或遭受火灾、高温等影响,构件中未受到影响的混凝土的强度采用钻芯法检测时,在加工芯样试件时,应将芯样上的混凝土受影响层切除;混凝土受影响层的厚度可依据具体情况分别按最大碳化深度、混凝土颜色发生变化的最大厚度、明显损伤层的最大厚度确定。当混凝土受影响层能剔除时,可采用回弹法或回弹加钻芯修正的方法检测。

3. 混凝土构件外观质量与缺陷检测

混凝土构件外观质量与缺陷的检测可分为蜂窝、麻面、孔洞、夹渣、露筋、裂缝、疏松区和不同时间浇筑的混凝土结合面质量等项目的检测。

混凝土构件外观缺陷,可采用目测与尺量的方法检测;结构或构件裂缝的检测应包括裂缝的位置、长度、宽度、深度、形态和数量;裂缝的记录可采用表格或图形的形式;裂缝深度可采用超声法检测,必要时可钻取芯样予以验证;对于仍在发展的裂缝应进行定期观测,提供裂缝发展速度的数据。

混凝土构件内部缺陷的检测,可采用超声法、冲击反射法等非破损方法;必要时可采用局部破损方法对非破损的检测结果进行验证。

4. 混凝土结构构件变形与损伤检测

混凝土结构构件变形的检测可分为构件的挠度、结构的倾斜和基础不均匀沉降等项目的检测;混凝土结构损伤的检测可分为环境侵蚀损伤、灾害损伤、人为损伤、混凝土有害元素造成的损伤以及预应力锚夹具造成的损伤等项目。

混凝土构件的挠度可采用激光测距仪、水准仪或拉线等方法检测。混凝土构件或结构

的倾斜,可采用经纬仪、激光定位仪、三轴定位仪或吊锤的方法检测。混凝土结构的基础不均匀沉降,可用水准仪检测,当需要确定基础沉降发展的情况时,应在混凝土结构上布置测点进行观测,混凝土结构的基础累计沉降差,可参照首层的基准线推算。

　　混凝土结构受到损伤时,对环境侵蚀,应确定侵蚀源、侵蚀程度和侵蚀速度;对混凝土的冻伤应分类检测,并测定冻融损伤深度、面积,如表 10-1 所示;对火灾等造成的损伤,应确定灾害影响区域和受灾害影响的构件,确定影响程度;对于人为的损伤,应确定损伤程度;宜确定损伤对混凝土结构的安全性及耐久性的影响程度。当怀疑水泥中的游离氧化钙(f-CaO)对混凝土质量构成影响时,可检测 f-CaO 对混凝土质量的影响,检测分为现场检查、薄片沸煮检测和芯样试件检测等。

表 10-1　混凝土冻伤类型及检测项目与检测方法

混凝土冻伤类型		定义	特点	检测项目	检测方法
混凝土早期冻伤	立即冻伤	新拌制的混凝土,当入模温度较低,接近混凝土冻结温度时导致立即冻伤	内外混凝土冻伤基本一致	受冻混凝土强度	钻芯法或超声回弹综合法
	预养冻伤	新拌制的混凝土,入模温度较高,而混凝土预养时间不足,当环境温度降到混凝土冻结温度时导致预养冻伤	内外混凝土冻伤不一致,内部轻微,外部较严重	1. 外部损伤较重的混凝土厚度及强度 2. 内部损伤轻微的混凝土强度	外部损伤较重的混凝土厚度可通过钻出芯样的湿度变化来检测,也可采用超声法
混凝土冻融损伤		成熟龄期后的混凝土,在含水的情况下,环境正负温度的交替变化导致混凝土损伤			

　　现场检查:可通过调查和检查混凝土外观质量(有无开裂、疏松、崩溃等严重破坏症状)初步确定 f-CaO 对混凝土质量有影响的部位和范围。在有影响的部位钻取混凝土芯样,芯样的直径可为 70~100 mm,在同一部位钻取的芯样数量不应少于 2 个,同一批受检混凝土至少应取得上述混凝土芯样 3 组。在每个芯样上截取 1 个无外观缺陷的 10 mm 厚的薄片试件,同时将芯样加工成高径比为 1.0 的芯样试件。

　　薄片沸煮检测:调整好沸煮箱内的水位,保证在整个沸煮过程中水位都超过试件,不需中途添补试验用水,同时又能保证在(30 ± 5)min 内升至沸腾。将试样放在沸煮箱的试架上,在(30 ± 5)min 内加热至沸腾,恒沸 6 h,关闭沸煮箱自然降至室温,对沸煮过的薄片试件进行外观检查。

　　芯样试件检测:将在同一部位钻取的 2 个芯样试件中的 1 个放到沸煮箱的试架上进行沸煮,对沸煮过的芯样试件进行外观检查。将沸煮过的芯样试件晾置 3 d,并与未沸煮的芯样试件同时进行抗压强度测试。按式(10-7)计算每组芯样试件强度变化的百分率 ε_{cor},并计算全部芯样试件抗压强度变化百分率的平均值 $\varepsilon_{cor,m}$:

$$\varepsilon_{cor} = \frac{f_{cor} - f_{cor}^*}{f_{cor}} \times 100\% \qquad\qquad (10\text{-}7)$$

式中　　ε_{cor}——芯样试件强度变化的百分率;

　　　　f_{cor}——未沸煮芯样试件抗压强度;

　　　　f_{cor}^*——同组沸煮芯样试件抗压强度。

当有 2 个或 2 个以上沸煮试件（包括薄片试件和芯样试件）出现开裂、疏松或崩溃等现象，或芯样试件强度变化百分率平均值 $\varepsilon_{cor, m}$ >30%，或仅有 1 个薄片试件出现开裂、疏松或崩溃等现象，并有 1 个 ε_{cor} >30% 时，可判定 f-CaO 对混凝土质量有影响。

5. 钢筋的配置与锈蚀

钢筋配置的检测项目有钢筋位置、保护层厚度、直径、数量等。钢筋位置、保护层厚度和钢筋数量宜采用非破损的雷达法或电磁感应法进行检测，必要时可凿开混凝土进行钢筋直径或保护层厚度的验证。有相应的检测要求时，可对钢筋的锚固与搭接、框架节点及柱加密区箍筋和框架柱与墙体的拉结筋进行检测。

6. 构件性能实荷检验与结构动力测试

需要确定混凝土构件的承载力、刚度或抗裂等性能时，可进行构件性能的实荷检验。当仅对结构的一部分做实荷检验时，应使有问题的部分或可能的薄弱部位得到充分的检验。

测试结构的基本振型时，宜选用环境振动法，在满足测试要求的前提下也可选用初位移法等其他方法；测试结构平面内的多个振型时，宜选用稳态正弦波激振法；测试结构的空间振型或扭转振型时，宜选用多振源相位控制同步的稳态正弦波激振法或初速度法；评估结构的抗震性能时，可选用随机激振法或人工爆破模拟地震法。

结构动力测试设备和测试仪器，不同的测试有不同的要求。当采用稳态正弦波激振法进行测试时，宜采用旋转惯性机械起振机或采用液压伺服激振器，使用频率宜在 0.5~30 Hz，频率分辨率应高于 0.01 Hz；根据需要测试的动参数和振型阶数等具体情况，选择加速度仪、速度仪或位移仪，必要时应选择相应的配套仪表；根据需要测试的最低和最高阶频率，选择仪器的频率范围；测试仪器的最大可测范围应根据被测试结构振动的强烈程度来选定；测试仪器的分辨率应根据被测试结构的最小振动幅值来选定；传感器的横向灵敏度应低于 0.05；进行瞬态过程测试时，测试仪器的可使用频率范围应比稳态测试时大一个数量级；传感器应具备机械强度高，安装调节方便，体积、重量小，便于携带，防水，防电磁干扰等性能；记录仪器或数据采集分析系统和频率范围，应与测试仪器的输出相匹配。

结构动力测试，应满足以下要求。

脉动测试应避免环境及系统干扰；测量振型和频率时测试记录时间不应短于 5 min，测试阻尼时不应短于 30 min；因测试仪器数量不足需做多次测试时，每次测试中至少应保留一个共同的参考点。

机械激振振动测试应正确选择激振器的位置和激振力，防止引起被测试结构的振型畸变；当激振器安装在楼板上时，应避免楼板的竖向自振频率和刚度的影响，激振力应有合理的传递途径；在激振测试中宜采用扫频法寻找共振频率，在共振频率附近测试时，应保证半功率带宽内有不少于 5 个频率的测点。

施加初位移的自由振动测试，应根据测试目的布置拉线点；拉线与被测试结构的连接部分应能将力正确传递到被测试结构上；每次测试应记录拉力数值和拉力与结构轴线间的夹角；不得取用拉线突断衰减振动的最初两个记录波形；测试时不应使被测试结构出现裂缝。

10.2.2　回弹法检测混凝土强度

通过测定回弹值及有关参数检测材料抗压强度和强度匀质性的方法称为回弹法。其工作原理是:利用回弹仪弹击混凝土表面,通过回弹仪重锤回弹能量的变化反映混凝土的弹性和塑性性质,进而推断混凝土强

扫一扫:延伸阅读　回弹仪

度、抗压强度。回弹法是混凝土结构现场检测中常用的非破损试验方法。1948 年瑞士的斯密特(E. Schmidt)发明了回弹仪(图 10-1)。回弹法在国内外得到广泛的应用。我国制定了《回弹法检测混凝土抗压强度技术规程》(JTJ/T 23—2011)。回弹法的基本原理是,利用回弹仪的弹击拉簧驱动仪器内的弹击重锤,通过中心导杆弹击混凝土的表面,并测得重锤反弹的距离,以反弹距离与弹簧初始长度之比作为回弹值,由它与混凝土强度的关系推定混凝土强度。

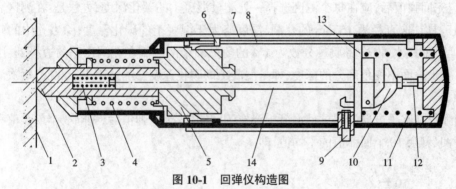

图 10-1　回弹仪构造图

1—结构混凝土表面;2—弹击杆;3—缓冲弹簧;4—拉力弹簧;5—重锤;6—指针;7—刻度尺;
8—指针导杆;9—按钮;10—挂钩;11—压力弹簧;12—顶杆;13—导向法兰;14—导向杆

如图 10-2 所示,回弹值 R 可用下式表示:

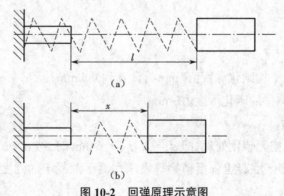

图 10-2　回弹原理示意图

(a)弹簧拉伸储能状态　(b)重锤的回弹距离

$$R = \frac{x}{l} \times 100\% \tag{10-8}$$

式中　l——弹击拉簧的初始拉伸长度;

x——重锤反弹位置或重锤回弹时弹簧的拉伸长度。

目前,回弹法测定混凝土强度均采用试验归纳法建立混凝土强度与回弹值 R 之间的一元回归公式,常用的是幂函数方程,即

$$f_{cu}^c = AR_m^B \qquad (10\text{-}9)$$

式中　f_{cu}^c——某测区混凝土的强度换算值;

R_m——测区平均回弹值,计算至 0.1;

A、B——常数,随原材料条件等因素不同而变化。

回弹法测定混凝土强度时,每个结构与构件的测区数目应不少于 10 个;每一测区面积宜为 0.04 m²,以能容纳 16 个回弹测点为宜;两个相邻测区的间距应控制在 2 m 以内,测区宜选择回弹仪处于水平方向检测的混凝土浇筑侧面;测点应在测区内均匀分布,同一测点只允许弹击一次;测点不应位于气孔或外露石子上,相邻两个测点的净距不应小于 20 mm;测点与结构或构件边缘、外露钢筋、预埋件的距离不应小于 30 mm;每个测点的回弹值估读至 1。测定完回弹值后,应在每个测区选择一处测量混凝土的碳化深度,方法是:在测区表面用适当的工具钻取直径为 15 mm 的孔洞,深度略大于混凝土的碳化深度;除去孔中的碎屑和粉末,但不能用水冲洗;将质量分数为 1% 的酚酞酒精溶液滴在孔洞内壁的边缘处,用钢尺测量混凝土表面不变色部分的深度,即是混凝土的碳化深度。测量不少于 3 次,每次测读至0.5 mm。

回弹仪在水平方向测得试件混凝土浇筑侧面的 16 个回弹值后,剔除 3 个最大值和 3 个最小值,取剩余 10 个回弹值的平均值,即

$$R_m = \frac{1}{10}\sum_{i=1}^{10} R_i \qquad (10\text{-}10)$$

式中　R_i——第 i 个测点的回弹值。

回弹仪在非水平方向测试混凝土浇筑侧面或混凝土浇筑表面、底面时,应将测得的回弹平均值按测试角度 α 和浇筑面的影响情况分别进行修正。测区碳化深度值应按平均碳化深度计算,即

$$d_m = \frac{1}{n}\sum_{i=1}^{n} d_i \qquad (10\text{-}11)$$

式中　d_m——测区的平均碳化深度值(mm),计算到 0.5 mm;

d_i——第 i 次测量的碳化深度值(mm);

n——测量次数。

$d_m \leqslant 0.4$ mm 时,按无碳化处理,即 $d_m = 0$;$d_m \geqslant 6$ mm 时,按 $d_m = 6$ mm 计算。根据实测的 R_m 和 d_m 值,再按测区混凝土强度值换算表求得测区混凝土的强度换算值 f_{cu}^c,评定结构的混凝土强度。

10.2.3　超声脉冲法检测混凝土强度

混凝土的抗压强度 f_{cu} 与超声波在混凝土中的传播参数(声速、衰减等)的关系是用超

声脉冲法(简称超声法)检测混凝土强度的基础。混凝土是各向异性的多相复合材料,在受力状态下呈现不断变化的弹性—黏性—塑性性质。由于混凝土内部存在广泛分布的砂浆与骨料的界面和各种缺陷(微裂、蜂窝、孔洞等)形成的界面,超声波在混凝土中的传播比在均匀介质中的传播情况复杂得多,声波将产生反射、折射和散射现象并出现较大的衰减。在普通混凝土检测中,常采用的超声频率为 20~500 kHz。

超声波脉冲实质上是超声检测仪中的高频电磁振荡激励电路输出能量激发压电晶体,压电晶体(也称换能器)由压电效应所产生的机械振动波在介质中的传播,如图 10-3 所示。混凝土强度越高,超声声速越大,通过试验可以建立混凝土强度与声速的经验公式。

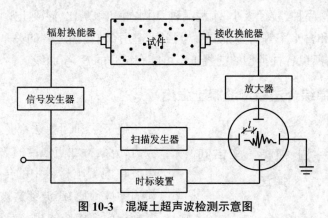

图 10-3　混凝土超声波检测示意图

指数函数方程

$$f_{cu}^c = Ae^{Bv} \qquad (10\text{-}12)$$

幂函数方程

$$f_{cu}^c = Av^B \qquad (10\text{-}13)$$

抛物线方程

$$f_{cu}^c = A + Bv + Cv^2 \qquad (10\text{-}14)$$

式中　f_{cu}^c——混凝土强度换算值;

　　　v——超声波在混凝土中的传播速度;

　　　A、B、C——常数。

现场检测结构的混凝土强度时,应选择浇筑混凝土的模板侧面为测试面;以 200 mm × 200 mm 的面积为一个测区;每个试件相邻测区间距不大于 2 m;测试面应清洁、平整、干燥、无缺陷和饰面层;在每个测区内的相对测试面上对应布置 3 个测点,相对测试面上的辐射和接收换能器应在同一条轴线上;测试时必须在换能器与被测混凝土表面涂抹黄油或凡士林等耦合剂进行耦合,以减少声能的反射损失。

测区声波传播速度的计算方法是

$$v = L/t_m \qquad (10\text{-}15)$$

$$t_m = \frac{t_1 + t_2 + t_3}{3} \qquad (10\text{-}16)$$

式中　v——测区声速值(km/s);

　　　L——超声测距(mm);

t_m——测区平均声时值(μs);

t_1、t_2、t_3——测区中 3 个测点的声时值(μs)。

在混凝土试件的浇筑顶面或底面测试时,声速值应进行修正:

$$v_u = \beta v \tag{10-17}$$

式中　　v_u——修正后的测区声速值(km/s);

β——超声测试面修正系数,在混凝土侧面测试时 $\beta=1$,在顶面及底面测试时 $\beta=1.034$。由试验测量的声速,按 f_{cu}^c - v 曲线求得混凝土的强度换算值。混凝土强度和超声波传播速度的关系受混凝土原材料性质及配合比的影响,影响因素有骨料品种、粒径大小、水泥品种、用水量和水灰比、混凝土龄期、测试时试件的温度和含水率等。鉴于混凝土强度与超声波传播速度的关系随条件的不同而变化,所以各种类型的混凝土不可能有统一的 f_{cu}^c - v 曲线。

10.2.4　超声回弹综合法检测混凝土强度

扫一扫:视频　超声回弹法

超声法和回弹法都是以混凝土材料的应力、应变特性与强度的关系为依据的。超声波在混凝土材料中的传播速度反映了材料的弹性性质,声波穿透被检测材料反映了混凝土内部构造的相关信息;回弹法的回弹值反映了混凝土的弹性性质,在一定程度上也反映了混凝土的塑性性质,但它只能较准确地反映混凝土表层约 3 cm 厚度的状态。采用超声回弹综合法既能反映混凝土的弹性,又能反映混凝土的塑性;既能反映混凝土的表层状态,又能反映混凝土的内部构造;可以通过不同物理参量的测定,由表及里、较为确切地反映混凝土的强度。采用超声回弹综合法检测混凝土强度,可以对混凝土的某些物理参量在采用超声或回弹单一测量方法时产生的影响进行补偿。如显著影响回弹值的碳化深度在超声回弹综合法中可不予以修正,原因是碳化深度较大的混凝土龄期较长,含水量相应降低,声速有所下降,可以抵消回弹值上升所造成的影响。所以用超声回弹综合法的 f_{cu}^c - v -R_m 关系推算混凝土强度时不需测量碳化深度,也不考虑它所造成的影响。试验证明,超声回弹综合法的测量精度优于超声或回弹单一方法。

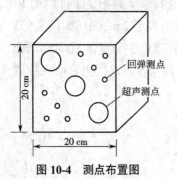

图 10-4　测点布置图

采用超声回弹综合法检测混凝土强度时,应严格遵照《超声回弹综合法检测混凝土抗压强度技术规程》(T/CECS 02—2020)的要求。超声的测点应布置在同一个测区回弹值的测试面上,测量声速的探头安装位置不宜与回弹仪的弹击点相重叠。测点布置如图 10-4 所示,在结构或构件的每一测区内,宜先进行回弹测试,后进行超声测试,只有在同一个测区内测得的回弹值和声速值才能作为推算混凝土强度的综合参数。

用超声回弹综合法检测时,结构或构件上每一测区的混凝土强度是根据该区实测的超声波声速及回弹平均值按事先建立的关系曲线推定的,目前常用的是曲面型方程,即

$$f_{cu}^c = A v^B R_m^c \qquad (10\text{-}18)$$

专用的曲线针对性强,与实际情况比较吻合;如果选用地区曲线或通用曲线,必须进行验证和修正。

10.2.5　钻芯法检测混凝土强度

钻芯法是使用如图 10-5 所示的钻孔取芯机,从被检测的结构或构件上直接钻取圆柱形混凝土芯样,根据芯样的抗压试验由抗压强度推定混凝土的立方体抗压强度。它

扫一扫:视频　钻芯法检测混凝土抗压强度

不需建立混凝土的某种物理量与强度之间的换算关系,是一种较直观、可靠的检测混凝土强度的方法。由于需要从结构上取样,对原结构有局部损伤,所以它是一种能反映被检测结构混凝土实际状态的现场检测的半破损试验方法。

钻取芯样的钻孔取芯机是带有人造金刚石薄壁空心圆筒形钻头的专用机具,由电动机驱动,从被测试件上直接钻取与空心圆筒形钻头内径相同的圆柱形混凝土芯样。钻头内径不宜小于混凝土骨料最大粒径的 3 倍,并在任何情况下都不得小于 2 倍,《钻芯法检测混凝土强度技术规程》(JGJ/T 384—2016)规定,以直径为 100 mm 及 150 mm,高径比(h/d)为 1~2 的芯样作为标准芯样试件。对于 $h/d>1$ 的芯样,应用尺寸修正系数 α (表 10-2)对强度进行修正。为防止芯样端面不平整导致应力集中使实测强度偏低,芯样端面必须进行加工,通常采用磨平或端面用硫黄胶泥补平的方法。芯样应在结构或构件受力较小的部位和混凝土强度质量具有代表性的部位钻取,应避开主筋、预埋件和管线的位置。在钻取芯样时应事先探明钢筋的位置,使芯样中不含有钢筋,不能满足时,每个芯样最多允许含有两根直径小于 10 mm 的钢筋,且钢筋与芯样轴线基本垂直,并不得露出端面。

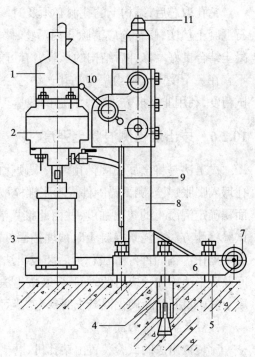

图 10-5　混凝土钻孔取芯机示意图
1—电动机;2—变速箱;3—钻头;4—膨胀螺栓;
5—支承螺栓;6—底座;7—行走轮;8—立柱;
9—升降齿条;10—进钻手柄;11—堵盖

检测单个构件时芯样数量不应少于 3 个,较小的构件可取 2 个。检测结构局部区域时,取芯位置和数量由已知质量薄弱部位的大小确定。检测结果仅代表取芯位置的混凝土质量,不能据此对整个构件及结构强度做出总体评价。钻取的芯样应在与被检测结构混凝土干湿度基本一致的条件下进行抗压试验。芯样试件的混凝土强度换算值按下式计算:

$$f_{cu}^c = \alpha \frac{4F}{\pi d^2} \qquad (10\text{-}19)$$

式中　f_{cu}^c——芯样试件混凝土强度换算值(MPa),精确至 0.1 MPa;

　　　F——芯样试件抗压试验测得的最大压力(N);

　　　d——芯样试件平均直径(mm);

　　　α——不同高径比的芯样试件混凝土强度的换算系数,按表 10-2 选用。

表 10-2　芯样试件混凝土强度换算系数

高径比	1.0	1.1	1.2	1.3	1.4	1.5	1.6	1.7	1.8	1.9	2.0
系数 α	1.00	1.04	1.07	1.10	1.13	1.15	1.17	1.19	1.20	1.22	1.24

高度和直径均为 100 mm 或 150 mm 的芯样试件的抗压强度测试值,可直接作为混凝土的强度换算值。单个构件或单个构件的局部区域,可取芯样试件混凝土强度换算值中的最小值作为其代表值。

钻孔取芯后,结构上的孔洞必须及时修补,以保证其正常工作。通常采用微膨胀水泥细石混凝土填实,修补前应清除孔内污物,修补后应及时养护,并保证新填混凝土与原结构混凝土结合良好。修补后结构的承载力有可能低于原有承载力,因此钻芯法不宜普遍使用,更不宜在一个受力区域内集中钻孔。钻芯法最好与非破损方法结合使用,利用钻芯法提高测试精度,利用非破损方法减少钻芯的数量。

10.2.6　拔出法检测混凝土强度

拔出法是将金属锚固件预埋入未硬化的混凝土构件内,或在已硬化的混凝土构件上钻孔埋入膨胀螺栓,测试锚固件或膨胀螺栓被拔出时的拉力,由被拔出的锥台形混凝土的投影面积确定混凝土的拔出强度,并由此推算混凝土的立方抗压强度。拔出法是一种半破损的试验检测方法。浇筑混凝土时预埋锚固件的方法称为预埋法;混凝土硬化后再钻孔埋入膨胀螺栓作为锚固件的方法称为后装拔出法。预埋法常用于确定混凝土的停止养护、拆模时间及后张法施加预应力的时间;后装拔出法多用于已建结构混凝土强度的现场检测,检测混凝土的质量并判断硬化混凝土的现有实际强度。

1. 后装拔出法的试验装置

后装拔出法的试验装置由钻孔机、磨槽机、锚固件及拔出仪组成。钻孔机与磨槽机在混凝土上钻孔并磨出凹槽,以安装胀簧和胀杆;钻孔机是金刚石薄壁空心钻或冲击电锤,并带有控制垂直度及深度的装置和水冷却装置;磨槽机由配有磨头、定位圆盘及冷却装置的电钻组成;试验装置采用图 10-6 所示的圆环式。

圆环式拔出试验装置的反力支承内径 d_3 为 55 mm,锚固件的锚固深度 h 为 25 mm,钻孔直径 d_1 为 18 mm,该装置适用于粗骨料最大粒径不大于 40 mm 的混凝土。

2. 后装拔出法的测点布置

按单个构件检测时应在构件上均匀布置 3 个测点,若 3 个拔出力中的最大值和最小值与中间值之差均小于中间值的 15%,布置 3 个测点即可;若最大值或最小值与中间值之差大于中间值的 15%,包括两者均大于中间值的 15%,应在最小拔出力测点附近再加 2 个测点。按批抽样检测时,抽检数量不应少于同批构件总数的 30%,且不少于 10 个,每个构件不少于 3 个测点;测点应布置在构件受力较小的部位,且尽量布置在混凝土成形的侧面;两个测点间距不小于 10 倍锚固深度;测点距构件边缘不小于 4 倍锚固深度;测点应避开表面缺陷及钢筋、预埋件;反力支承面应平整、清洁、干燥,应清除饰面层、浮浆。

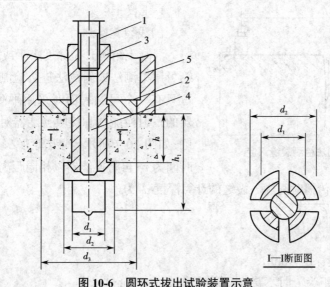

图 10-6　圆环式拔出试验装置示意
1—拉杆;2—对中圆盘;3—胀簧;4—胀杆;5—反力支承

3. 试验步骤

钻孔:用钻孔机在测点钻孔,孔的轴线应与混凝土表面垂直。

磨槽:用磨槽机在孔内磨出环形沟槽,槽深 3.6~4.5 mm,四周槽深应大致相同,并将孔清理干净。

安装拔出仪:在孔中插入胀簧,把胀杆打进胀簧的空腔中,使簧片扩张,簧片头嵌入沟槽;然后将拉杆一端旋入胀簧,另一端与拔出仪连接。

拉拔试验:调节反力支承高度使拔出仪通过反力支承均匀压紧混凝土表面;对拔出仪施加拔出力,拔出力应均匀、连续;当显示器读数不再增大时混凝土已破坏,记录极限拔出力读数并回油卸载。

4. 混凝土强度换算及推定

目前国内拔出法的测强曲线均采用一元回归直线方程,即

$$f_{cu}^{c} = aF + b \tag{10-20}$$

式中　f_{cu}^{c}——测点混凝土强度换算值(MPa),精确至 0.1 MPa;

　　　F——测点拔出力(kN),精确至 0.1 kN;

　　　a、b——回归系数。

10.2.7　超声法检测混凝土缺陷

用超声法检测混凝土缺陷,应采用低频超声仪测量超声脉冲中纵波在结构混凝土中的传播速度、首波幅度和接收信号频率等声学参数。当混凝土结构中存在缺陷或损伤时,超声

脉冲通过缺陷时将发生绕射,传播的声速比在相同材质的无缺陷混凝土中的声速小,声时偏长。由于在缺陷界面上发生反射,能量显著衰减,波幅和频率明显降低,接收信号的波形平缓甚至发生畸变。综合声速、波幅和频率等参数的相对变化并与同条件下的混凝土进行比较,判断和评定混凝土的缺陷和损伤情况。

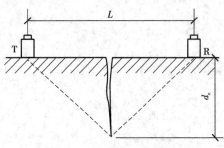

图 10-7　平测法检测裂缝深度

1. 混凝土裂缝检测

1)浅裂缝检测

混凝土结构开裂深度小于或等于 50 mm 的裂缝可用平测法或斜测法进行检测。结构的裂缝部位只有一个可测表面时采用平测法检测,即将仪器的发射换能器和接收换能器对称布置在裂缝两侧,如图 10-7 所示,其距离为 L,超声波传播所需时间为 t_0;再将换能器以相同距离 L 平置在完好的混凝土表面,测得传播时间为 t,裂缝的计算深度 d_c 为

$$d_c = \frac{L}{2}\sqrt{\left(\frac{t_0}{t}\right)-1} \tag{10-21}$$

式中　d_c——裂缝深度(mm);

　　　t、t_0——测距为 L 时不跨缝、跨缝平测的声时(μs);

　　　L——测时的超声传播距离(mm)。

实际检测时,可进行不同测距的多次测量,取得 d_c 的平均值作为该裂缝的深度值。

当结构裂缝部位有两个相互平行的测试表面时,可采用斜测法检测。如图 10-8 所示,将两个换能器分别置于对应测点 1、2、3、…的位置,读取相应的声时值 t_i、波幅值 A_i 和频率值 f_i。当两个换能器的连线通过裂缝时,接收信号的波幅和频率明显降低。对比各测点信号,根据波幅和频率的突变,可以判定裂缝的深度以及是否在平面方向贯通。检测时,裂缝中不允许有积水或泥浆;结构或构件中有主钢筋穿过裂缝且与两个换能器的连线大致平行时,测点布置应使两个换能器的连线与钢筋轴线至少相距 1.5 倍的裂缝预计深度,以减小测量误差。

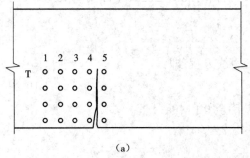
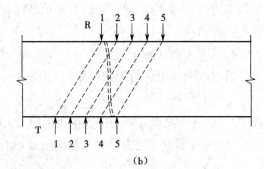

(a)　　　　　　　　　　　　　　　　　　(b)

图 10-8　斜测法检测裂缝

(a)立面图　(b)平面图

2)深裂缝检测

混凝土结构中开裂深度在 50 mm 以上者称为深裂缝,当采用平测法或斜测法检测不便

时,可采用钻孔检测,如图 10-9 所示。检测时在裂缝两侧钻两个孔,孔距宜为 2 m,测试前向测孔中灌注清水作为耦合介质,将发射和接收换能器分别置于裂缝两侧的对应孔中,以相同的高程等距自上至下同步移动,在不同的深度上进行对测,逐点读取声时和波幅数据。绘制换能器的深度和对应的波幅值的 d-A 坐标图,如图 10-10 所示。波幅值随换能器深度的下降逐渐增大,波幅达到最大并基本稳定的对应深度,便是裂缝深度 d_c。测试时,可在混凝土裂缝测孔的一侧另钻一个深度较浅的比较孔(图 10-9(a)),测试同样的测距下无缝混凝土的声学参数,与裂缝部位的混凝土对比,进行判别。钻孔检测鉴别混凝土质量的方法还被用于混凝土钻孔灌注桩的质量检测,采用换能器沿预埋的桩内管道做对穿式检测,检测桩内混凝土的孔洞、蜂窝、疏松、不密实和桩内泥沙或砾石夹层以及可能出现的断桩部位。

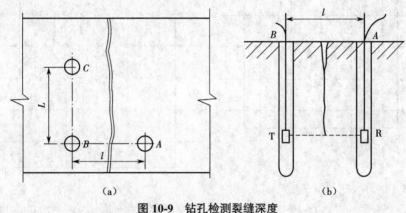

图 10-9　钻孔检测裂缝深度
(a)平面图(C 为比较孔)　(b)立面图

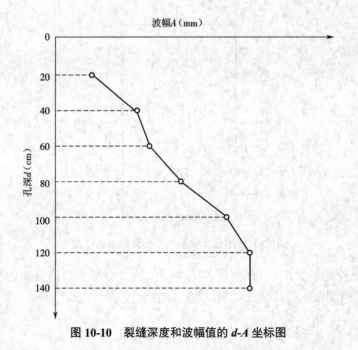

图 10-10　裂缝深度和波幅值的 d-A 坐标图

2.混凝土内部孔洞缺陷的检测

超声法检测混凝土内部的孔洞是根据各测点的声时、声速、波幅或频率值的相对变化,确定异常测点的坐标位置,从而判定缺陷的范围。对具有两对相互平行的测试面的结构可采用对测法,在测区的两对相互平行的测试面上,分别画出间距为 200~300 mm 的网格,确定测点的位置,如图 10-11 所示。对只有一对相互平行的测试面的结构可采用斜测法,即在测区的两个相互平行的测试面上,分别画出交叉测试的两组测点位置,如图 10-12 所示。

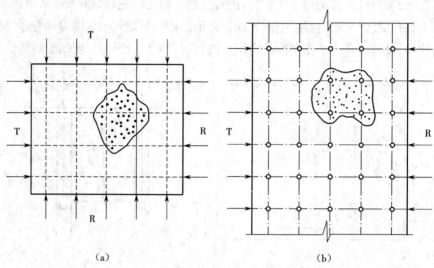

（a）　　　　　　　　　　　（b）

图 10-11　混凝土缺陷检测对测法测点布置

（a）平面图　（b）立面图

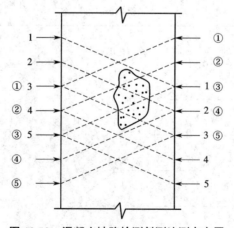

图 10-12　混凝土缺陷检测斜测法测点布置

当结构测试距离较大时,可在测区的适当部位钻出平行于结构侧面的测试孔,直径为45~50 mm,深度由测试的具体情况而定。测点布置如图 10-13 所示。

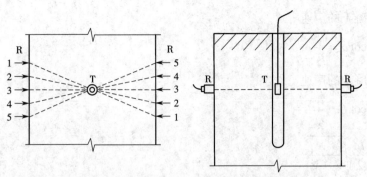

图 10-13　混凝土缺陷检测钻孔法测点布置

通过对比同条件混凝土的声学参量,可确定混凝土内部存在不密实区域和孔洞的范围。当被测部位混凝土只有一对可供测试的表面时,如图 10-14 所示,混凝土内部孔洞尺寸可根据式(10-22)估算。

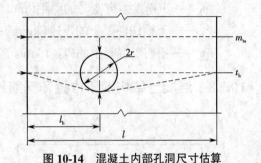

图 10-14　混凝土内部孔洞尺寸估算

$$r = \frac{l}{2\sqrt{\left(\dfrac{t_h}{m_{ta}}\right)^2 - 1}} \qquad (10\text{-}22)$$

式中　r——孔洞半径(mm);

　　　l——检测距离(mm);

　　　t_h——缺陷处的最大声时值(μs);

　　　m_{ta}——无缺陷区域的平均声时值(μs)。

3. 混凝土表层损伤的检测

火灾、冻害或化学侵蚀能引起混凝土结构的表面损伤,损伤厚度可采用表面平测法检测。如图 10-15 所示布置换能器,将发射换能器在测试表面 4 点耦合后固定,接收换能器依次耦合安置在 B_1、B_2、B_3、…,每次移动距离不大于 100 mm,并测读相应的声时值 t_1、t_2、t_3、…及两个换能器之间的距离 l_1、l_2、l_3、…,每一测区内不少于 5 个测点。按各点声时值及测距绘制混凝土表层损伤检测时 - 距坐标图,如图 10-16 所示。混凝土损伤后声速发生变化,时 - 距坐标图上将出现转折点,由此分别求得声波在损伤混凝土与密实混凝土中的传播速度。

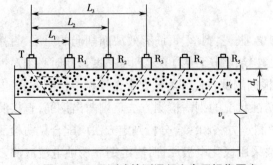

图 10-15　平测法检测混凝土表层损伤厚度

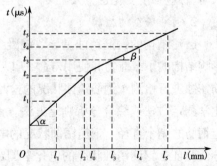

图 10-16　混凝土表层损伤检测时 - 距坐标图

损伤层混凝土的声速

$$v_{\mathrm{f}} = \cot\alpha = \frac{l_2 - l_1}{t_2 - t_1}$$ （10-23）

未损伤混凝土的声速

$$v_{\mathrm{a}} = \cot\beta = \frac{l_5 - l_3}{t_5 - t_3}$$ （10-24）

$$d_{\mathrm{f}} = \frac{l_0}{2}\sqrt{\frac{v_{\mathrm{a}} - v_{\mathrm{f}}}{v_{\mathrm{a}} + v_{\mathrm{f}}}}$$ （10-25）

式中 d_{f}——表层损伤厚度（mm）；

l_0——声速发生突变时的测距（mm）；

v_{a}——未损伤混凝土的声速（km/s）；

v_{f}——损伤层混凝土的声速（km/s）。

10.2.8 混凝土结构钢筋位置和钢筋锈蚀的检测

1. 钢筋位置的检测

对已建混凝土结构做可靠度诊断和对新建混凝土结构进行施工质量鉴定时，要求确定钢筋位置、布筋情况，正确测量混凝土保护层厚度和估测钢筋直径。当采用钻芯法检测混凝土强度时，为了在取芯部位避开钢筋，也需进行钢筋位置的检测。

钢筋位置检测仪是利用电磁感应原理制成的。混凝土是带弱磁性的材料，而结构内配置的钢筋是带有强磁性的。检测时，钢筋位置检测仪（图10-17）的探头接触混凝土结构表面，探头中的线圈通过

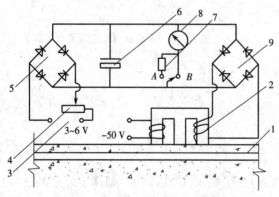

图 10-17 钢筋位置检测仪工作原理

1—试件；2—探头；3—平衡电源；4—可变电阻；5—平衡整流器；
6—电解电容；7—分挡电阻；8—电流表；9—整流器

交流电，线圈周围就产生交流磁场。由于该磁场中有钢筋存在，故线圈中产生感应电压。该感应电压的变化值是钢筋与探头的距离和钢筋直径的函数。钢筋愈靠近探头、钢筋直径愈大时，感应强度变化也愈大。

2. 钢筋锈蚀的检测

已建结构的钢筋锈蚀是导致混凝土保护层胀裂、剥落、钢筋有效截面削弱的原因，直接影响结构的承载能力和使用寿命，所以，对已建结构进行结构鉴定和可靠度诊断时必须对钢筋锈蚀进行检测。钢筋锈蚀状况的检测，可根据测试条件和测试要求选择剔凿检测方法、电化学测定方法或综合分析判定方法。钢筋锈蚀状况的剔凿检测方法是剔凿出钢筋，直接测定钢筋的剩余直径。钢筋锈蚀状况的电化学测定方法和综合分析判定方法应配合剔凿检测方法验证。钢筋锈蚀状况的电化学测定方法采用极化电极原理，测定钢筋锈蚀电流或测定混凝土的电阻率，也可采用半电池原理的检测方法测定钢筋的电位。混凝土中钢筋的锈蚀

是一个电化学过程,钢筋因锈蚀导致有电势存在(相当于一个原电池)。所谓半电池原理是指:检测时采用由铜 - 硫酸铜作为参考电极的半电池探头钢筋锈蚀测量设备,利用半电池电位与钢筋表面可能存在的锈蚀导致的电位组成测量电路,测量钢筋表面与探头之间的电位差,根据钢筋锈蚀程度与测量电位之间建立的电位变化规律判断钢筋是否锈蚀以及锈蚀的程度。通常测得的负电位数值越大,钢筋锈蚀越严重。其工作原理参见图 10-18。综合分析判定方法检测的参数包括裂缝宽度、混凝土保护层厚度、混凝土强度、混凝土碳化深度、混凝土中有害物质含量以及混凝土含水率等,根据情况综合判定钢筋的锈蚀状态。

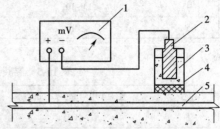

图 10-18　半电池式钢筋锈蚀检测仪原理图
1—毫伏表;2—铜棒电极;3—硫酸铜饱和溶液;
4—多孔式探头;5—混凝土中的钢筋

　　电化学测定方法的测区及测点布置应根据构件的环境差异及外观检查结果确定,测区应能代表不同的环境条件和不同的锈蚀外观表征,每种条件的测区数量不宜少于 3 个;在测区中布置测试网格,网格节点为测点,网格间距为 200 mm × 200 mm、300 mm × 300 mm 或200 mm × 100 mm 等,根据构件尺寸和仪器功能而定;测区中的测点数不宜少于 20 个;测点与构件边缘的距离应大于 50 mm;测区应统一编号,注明位置,并描述其外观情况。电化学检测操作应遵守所使用检测仪器的操作规定,并应注意电极铜棒应清洁、无明显的缺陷;混凝土表面应清洁,无涂料、浮浆、污物或尘土等,测点处混凝土应湿润;保证仪器连接点钢筋与测点钢筋连通;测点读数应稳定,电位读数变动不超过 2 mV;同一测点同一参考电极重复读数差异不得超过 10 mV,同一测点不同参考电极重复读数差异不得超过 20 mV;应避免各种电磁场的干扰以及注意环境温度对测试结果的影响,必要时应进行修正。电化学测试结果的表达:应按一定的比例绘出测区平面图,标出相应测点位置的钢筋锈蚀电位,得到数据阵列;并绘出电位等值线图,通过数值相等点或内插等值点绘出等值线,等值线差值宜为100 mV。钢筋电位与钢筋锈蚀状况的判别见表 10-3。钢筋锈蚀电流与钢筋锈蚀速率及构件损伤年限的判别见表 10-4。混凝土电阻率与钢筋锈蚀状况的判别见表 10-5。

表 10-3　钢筋电位与钢筋锈蚀状况的判别

序号	钢筋电位(mV)	钢筋锈蚀状况判别
1	−500~−350	钢筋发生锈蚀的概率为 95%
2	−350~−200	钢筋发生锈蚀的概率为 50%,可能存在坑蚀现象
3	>−200	无锈蚀活动性或锈蚀活动性不确定,锈蚀概率为 5%

表 10-4　钢筋锈蚀电流与钢筋锈蚀速率及构件损伤年限的判别

序号	锈蚀电流(μA/cm²)	锈蚀速率	保护层出现损伤年限(年)
1	<0.2	钝化状态	—
2	0.2~0.5	低锈蚀速率	>15
3	0.5~1.0	中等锈蚀速率	10~15

续表

序号	锈蚀电流（μA/cm²）	锈蚀速率	保护层出现损伤年限（年）
4	1.0~10	高锈蚀速率	2~10
5	>10	极高锈蚀速率	<2

表 10-5 　混凝土电阻率与钢筋锈蚀状况的判别

序号	混凝土电阻率（kΩ·cm）	钢筋锈蚀状况判别
1	>100	钢筋不会锈蚀
2	50~100	低锈蚀速率
3	10~50	钢筋活化时,可出现中高锈蚀速率
4	<10	电阻率不是锈蚀的控制因素

10.3 砌体结构现场检测技术

10.3.1 常规检测

1. 砌体强度

砌体强度可采用取样的方法或现场原位的方法检测。取样法是从砌体中截取试件,在试验室测定试件的强度;原位法是在现场测试砌体的强度。砌体强度的取样检测应遵守下列规定。

（1）取样检测不得造成结构或构件的安全问题。

（2）试件的尺寸和强度测试方法应符合《砌体基本力学性能试验方法标准》（GB/T 50129—2011）的规定。

（3）取样操作宜采用无振动的切割方法,试件数量应根据检测目的确定。

（4）测试前应对取样过程中造成的试件局部损伤予以修复,严重损伤的样品不得作为试件。

（5）砌体强度的推定:可按《建筑结构检测技术标准》（GB/T 50344—2019）确定砌体强度均值的推定区间;当砌体强度标准值的推定区间不满足要求时,也可按试件测试强度的最小值确定砌体强度的标准值,此时试件的数量不得少于 3 件,也不宜多于 6 件,且不应进行数据的舍弃。

烧结普通砖砌体的抗压强度,可采用扁顶法或原位轴压法检测;烧结普通砖砌体的抗剪强度,可采用双剪法或原位单剪法检测,应遵守《砌体工程现场检测技术标准》（GB/T 50315—2011）的规定。

2. 砌筑质量与构造

砌筑构件的砌筑质量检测可分为砌筑方法、灰缝质量、砌体偏差和留槎及洞口等项目。砌体结构的构造检测可分为砌筑构件的高厚比、梁垫、壁柱、预制构件的搁置长度、大型构件端部的锚固措施、圈梁、构造柱或芯柱、砌体局部尺寸及钢筋网片和拉结筋等项目。

既有砌筑构件的砌筑方法、留槎、砌体偏差和灰缝质量等,可采取剔凿表面抹灰的方法检测。当构件砌筑质量存在问题时,可降低该构件的砌体强度。砌筑方法的检测,应检测上下错缝、内外搭砌等是否符合要求。灰缝质量检测可分为灰缝厚度、灰缝饱满程度和平直程度等项目。其中灰缝厚度的代表值应按 10 皮砖砌体高度折算。砌体偏差的检测可分为砌筑偏差和放线偏差。对于无法准确测定构件轴线的绝对位移和放线偏差的既有结构,可测定构件轴线的相对位移或相对放线偏差。砌体中拉结筋的间距,应取 2~3 个连续间距的平均间距作为代表值。砌筑构件的高厚比,厚度值应取构件厚度的实测值。跨度较大的屋架和梁支承面下的垫块和锚固措施,可采取剔凿表面抹灰的方法检测。预制钢筋混凝土板的支承长度,可采用剔凿楼面面层及垫层的方法检测。跨度较大门窗洞口的混凝土过梁的设置状况,可通过测定过梁钢筋状况判定,也可采取剔凿表面抹灰的方法检测。砌体墙梁的构造,可采取剔凿表面抹灰和用尺量测的方法检测。

3. 变形与损伤

砌体结构变形与损伤的检测可分为裂缝、倾斜、基础不均匀沉降、环境侵蚀损伤、灾害损伤及人为损伤等项目。

砌体结构裂缝的检测应遵守下列规定。

(1)结构或构件上的裂缝,应测定其位置、长度、宽度和数量。

(2)必要时应剔除构件抹灰确定砌筑方法、留槎、洞口、线管及预制构件对裂缝的影响。

(3)仍在发展的裂缝应进行定期观测,提供裂缝发展速度的数据。

砌筑构件或砌体结构的倾斜,分为砌筑偏差造成的倾斜、变形造成的倾斜、灾害造成的倾斜等。对砌体结构受到的损伤进行检测时,应确定损伤对砌体结构安全性的影响。不同原因造成的损伤可按下列规定进行检测。

(1)对环境侵蚀造成的损伤,应确定侵蚀源、侵蚀程度和侵蚀速度。

(2)对冻融损伤,应测定冻融损伤深度、面积,检测部位宜为檐口、房屋的勒脚、散水附近和出现渗漏的部位。

(3)对火灾等造成的损伤,应确定灾害影响区域和受灾害影响的构件,并确定影响程度。

(4)对于人为损伤,应确定损伤程度。

10.3.2　砌体结构检测的工作程序及准备

1. 砌体结构检测工作程序

砌体结构检测工作程序:接受委托→调查并确定检测目的、内容和范围→确定检测方法→设备、仪器标定→检测→计算、分析、推定→写检测报告。

2. 调查阶段工作内容

(1)收集被检工程的原设计图样、施工验收资料、砖与砂浆的品种及有关原材料的试验资料。

(2)现场调查工程的结构形式、环境条件、使用期间的变更情况、砌体质量及存在的问题。

（3）选择检测方法。根据调查结果和检测目的、内容和范围，选择一种或数种检测方法。砌体强度检测方法见表10-6。

表 10-6　砌体强度检测方法

序号	检测方法	特点	用途	限制条件
1	原位轴压法	①属原位检测，直接在墙体上检测，检测结果综合反映了材料质量和施工质量；②直观性、可比性强；③设备较重；④检测部位局部破损	检测普通砖砌体的抗压强度	①槽间砌体每侧的墙体宽度不应小于1.5 m；②同一墙体上的测点数量不宜多于1个，测点数量不宜太多；③限用于240 mm砖墙
2	扁顶法	①属原位检测，直接在墙体上检测，检测结果综合反映了材料质量和施工质量；②直观性、可比性较强；③扁顶重复使用率较低；④砌体强度较高或轴向变形较大时，难以测出抗压强度；⑤设备较轻；⑥检测部位局部破损	①检测普通砖砌体的强度；②检测古建筑和重要建筑的实际应力；③检测具体工程的砌体弹性模量	①槽间砌体每侧的墙体宽度不应小于1.5 m；②同一墙体上的测点数量不宜多于1个，测点数量不宜太多
3	原位单剪法	①属原位检测，直接在墙体上检测，检测结果综合反映了施工质量和砂浆质量；②直观性强；③检测部位局部破损	检测各种砌体的抗剪强度	①测点宜选在窗下墙部位，且承受反作用力的墙体应有足够的长度；②测点数量不宜太多
4	原位单砖双剪法	①属原位检测，直接在墙体上检测，检测结果综合反映了施工质量和砂浆质量；②直观性较强；③设备较轻；④检测部位局部破损	检测烧结普通砖砌体的抗剪强度，其他墙体应经试验确定有关换算系数	当砂浆强度低于5 MPa时，误差较大
5	推出法	①属原位检测，直接在墙体上检测，检测结果综合反映了施工质量和砂浆质量；②设备较轻便；③检测部位局部破损	检测普通砖墙体的砂浆强度	当水平灰缝的砂浆饱满度低于65%时，不宜选用
6	筒压法	①属取样检测；②需利用一般混凝土试验室的常用设备；③取样部位局部破损	检测烧结普通砖墙体的砂浆强度	测点数量不宜太多
7	砂浆片剪切法	①属取样检测；②采用专用的砂浆强度仪和标定仪，较为轻便；③试验工作较简便；④取样部位局部破损	检测烧结普通砖墙体的砂浆强度	—
8	回弹法	①属原位无损检测，测区选择不受限制；②回弹仪有定型产品，性能较稳定，操作简便；③检测部位的装饰面层仅局部受损	①检测烧结普通砖墙体的砂浆强度；②适用于砂浆强度均质性检查	砂浆强度不应低于2 MPa
9	点荷法	①属取样检测；②试验工作较简便；③取样部位局部破损	检测烧结普通砖墙体的砂浆强度	砂浆强度不应低于2 MPa
10	射钉法	①属原位无损检测，测区选择不受限制；②射钉枪、子弹、射钉有配套定型产品，设备较轻便；③墙体装饰面层仅局部损伤	用于烧结普通砖、多孔砖砌体砂浆强度的均质性检查	①定量推定砂浆强度，宜与其他检测方法配合使用；②砂浆强度不应低于2 MPa；③检测前，需要用标准靶检校

（4）划分检测单元。检测单元是指受力性质相似或结构功能相同的同一类构件的集合。一个或若干个可以独立分析的结构单元作为检测单元，一个结构单元划分为若干个检测单元。

（5）确定测区。一个测区能够独立产生一个强度代表值（或推定强度值），这个值必须具有一定的代表性。在一个检测单元内，应随机选择 6 个构件（单片墙体、柱），作为 6 个测区。当检测单元中没有 6 个构件时，应将每个构件作为一个测区。

（6）按规范的规定确定测点数。各种检测方法的测点数，应符合下列要求：

①原位轴压法、扁顶法、原位单剪法、筒压法测点数不应少于 1 个；

②原位单砖双剪法、推出法、砂浆片剪切法、回弹法、点荷法、射钉法测点数不少于 5 个。

10.3.3　砂浆强度检测

1. 回弹法

回弹法是根据砂浆表面硬度推断砌筑砂浆立方体抗压强度的一种检测方法。砂浆强度回弹法的检测原理与混凝土强度回弹法的检测原理基本相同，即用回弹仪检测

扫一扫：延伸阅读　砂浆回弹法

砂浆表面硬度，用酚酞试剂检测砂浆碳化深度，将这两项指标换算为砂浆强度。所使用的砂浆回弹仪也与混凝土回弹仪相似。砂浆回弹仪的主要技术性能指标应符合表 10-7 所示的要求。

表 10-7　砂浆回弹仪技术性能指标

项目	指标	项目	指标
冲击动能（J）	0.196	弹击球面曲率半径（mm）	25
弹击锤冲程（mm）	75	钢砧上率定平均回弹值 R	74 ± 2
指针滑块的静摩擦力（N）	0.5 ± 0.1	外形尺寸（mm）	60 × 80

2. 筒压法

筒压法适用于推定烧结普通砖墙中砌筑砂浆的强度，不适用于推定遭受火灾、化学侵蚀等的砌筑砂浆的强度。检测时应从砖墙中抽取砂浆试样，在试验室内进行筒压

扫一扫：延伸阅读　筒压法

荷载试验，检测高压比，然后换算为砂浆强度。在一般情况下：①用中、细砂配制的水泥砂浆，砂浆强度为 2.5~20 MPa；②用中、细砂配制的水泥石灰混合砂浆（简称混合砂浆），砂浆强度为 2.5~15 MPa；③用中、细砂配制的水泥粉煤灰砂浆（简称粉煤灰砂浆），砂浆强度为 2.5~20 MPa；④用石灰质石粉砂与中、细砂混合配制的水泥石灰混合砂浆和水泥砂浆（简称石粉砂浆），砂浆强度为 2.5~20 MPa。

筒压法的主要检测设备有承压筒（图 10-19，可用普通碳素钢或合金钢自行制作）、50~100 kN 压力试验机或万能试验机，砂摇筛机，干燥箱，孔径为 5 mm、10 mm、15 mm 的标准砂石筛（包括筛盖和底盘），水泥跳桌，称量为 1 000 g，感量为 0.1 g 的托盘天平。

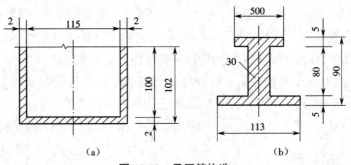

图 10-19　承压筒构造

（a）承压筒剖面　（b）承压盖剖面

用筒压法检测时,应在每一测区从距墙表面 20 mm 以内的水平灰缝中凿取砂浆约 4 000 g,其最小厚度不得小于 5 mm。使用手锤击碎样品,筛取 5~15 mm 的砂浆颗粒约 3 000 g,在（105 ± 5）℃的温度下烘干至恒重,待冷却至室温后备用。每次取烘干样品约 1 000 g,置于由孔径为 5 mm、10 mm、15 mm 的标准筛组成的套筛中,机械摇筛 2 min 或人工摇筛 1.5 min。称取粒级为 5~10 mm 和 10~15 mm 的砂浆颗粒各 250 g,混合均匀后即为一个试样,共制备三个试样。每个试样应分两次装入承压筒,每次约装 1/2,在水泥跳桌上跳振 5 次。第二次装料并跳振后,整平表面,安上承压盖。如无水泥跳桌,可按照砂、石紧密体积密度的试验方法颠击密实。将装料的承压筒置于试验机上,盖上承压盖,开动压力试验机,应于 20~40 s 内均匀加荷至下面规定的筒压荷载值后,立即卸荷。不同品种砂浆的筒压荷载值分别为:水泥砂浆、石粉砂浆为 20 kN;水泥石灰混合砂浆、粉煤灰砂浆为 10 kN。

将施压后的试样倒入由孔径为 5 mm 和 10 mm 的标准筛组成的套筛中,装入摇筛机摇筛 2 min 或人工摇筛 1.5 min,筛至每隔 5 s 的筛出量基本相等。称量各筛筛余试样的质量（精确至 0.1 g）,各筛的分计筛余量和底盘中的剩余量的总和与筛分前的试样质量相比,相对差值不得超过试样质量的 0.5%;当超过时,应重新进行试验。标准试样的筒压比,应按下式计算:

$$T_{ij} = \frac{t_1 + t_2}{t_1 + t_2 + t_3}$$ （10-26）

式中　T_{ij}——第 i 个测区中第 j 个试样的筒压比,以小数计;

t_1、t_2、t_3——孔径为 5 mm、10 mm 的筛的分计筛余量和底盘中的剩余量。

测区的砂浆筒压比,应按下式计算:

$$T_i = \frac{T_{i1} + T_{i2} + T_{i3}}{3}$$ （10-27）

式中　T_i——第 i 个测区的砂浆筒压比平均值,以小数计,精确到 0.01;

T_{i1}、T_{i2}、T_{i3}——第 i 个测区三个标准砂浆试样的筒压比。

根据筒压比,测区的砂浆强度平均值应按下列公式计算。

水泥砂浆:

$$f_{2,i} = 34.58 T_i^{2.06}$$ （10-28）

水泥石灰混合砂浆:

$$f_{2,i} = 6.1T_i + 11T_i^2 \tag{10-29}$$

粉煤灰砂浆：

$$f_{2,i} = 2.52 - 9.4T_i + 32.8T_i^2 \tag{10-30}$$

石粉砂浆：

$$f_{2,i} = 2.7 - 13.9T_i + 44.9T_i^2 \tag{10-31}$$

根据测区砂浆的强度值和平均值推定砂浆强度标准值时需进行强度推定：

$$f_{2,m} > f_2 \tag{10-32}$$

$$f_{2,\min} > 0.75 f_2 \tag{10-33}$$

式中　$f_{2,m}$——同一检测单元，按测区统计的砂浆抗压强度平均值（MPa）；

　　　f_2——砂浆推定强度等级所对应的立方体抗压强度值（MPa）；

　　　$f_{2,\min}$——同一检测单元，测区砂浆抗压强度的最小值（MPa）。

当测区数 $n_2 < 6$ 时

$$f_{2,\min} > f_2 \tag{10-34}$$

当检测结果的变异系数 δ 大于 0.35 时，应检查检测结果离散性较大的原因，若是检测单元划分不当，宜重新划分，并可增加测区数进行补测，然后重新推定。变异系数的计算方法：

$$\delta = \frac{s}{f_{2,m}} \tag{10-35}$$

$$s = \sqrt{\frac{1}{n_2 - 1} \sum_{i=1}^{n_2} \left(f_{2,m} - f_{2,i} \right)^2} \tag{10-36}$$

当遇到砌筑砂浆不饱满的情况时，应考虑因砂浆不饱满造成的设计强度折减。砌体强度设计值折减系数见表 10-8。当砂浆饱满度介于表中的给定值之间时，可按线性插值法计算相应的折减系数。

表 10-8　砌体强度设计值折减系数

砂浆饱满度（%）	50	75	80
折减系数	0.60	0.97	1.00

10.3.4　砌体强度的直接检测

1. 原位轴压法

本方法适用于推定 240 mm 厚普通砖砌体的抗压强度。检测时，在墙体上开凿两个水平槽形孔安放原位压力机。检测部位应具有代表性，并应符合下列规定：①宜在墙体中部距楼地面 1 m 左右的高度处，槽间砌体每侧的墙体宽度不应小于 1.5 m；②同一墙

扫一扫：视频　原位轴压法检测砌体抗压强度

体上,测点不宜多于 1 个,且宜选在沿墙体长的中间部位,多于 1 个时,水平净距不得小于 2.0 m;③检测部位不得选在挑梁下、应力集中部位以及墙梁的墙体计算高度范围内。图 10-20 所示为原位压力机测试工作状况。

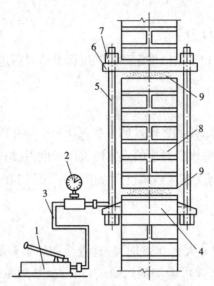

图 10-20 原位压力机测试工作状况

1—手动液压泵;2—压力表;3—高压液压油管;4—扁式千斤顶;
5—拉杆(共 4 根);6—反力板;7—螺母;8—槽间砌体;9—砂垫层

扫一扫:延伸阅读 扁顶法

2. 扁顶法

扁顶法除了能推定普通砖砌体的抗压强度外,还能对砌体的实际受压工作应力和弹性模量进行测定。检测时应首先选择适当的检测位置,选择方法与原位轴压法相同。检测时,在墙体的水平灰缝处开凿两个槽孔,安放扁顶、液压泵等检测设备。加荷设备由手动液压泵、扁顶等组成,其工作状况如图 10-21 所示。

扫一扫:延伸阅读 原位单剪法

3. 原位单剪法

原位单剪法适用于推定砖砌体沿通缝截面的抗剪切强度。检测时,检测部位宜选在窗洞口或其他洞口下三皮砖范围内,在试验区取长 L(370~490 mm)的一段,两边凿通、齐平,加压面坐浆找平,加压用千斤顶,受力支承面要加钢垫板,逐步施加推力。

检测设备包括螺旋千斤顶或卧式液压千斤顶、荷载传感器及数字荷载表等。试件的预估破坏荷载值应在千斤顶、传感器最大测量值的 20%~80%。检测前,应标定荷载传感器及数字荷载表,其示值相对误差不应大于 3%。

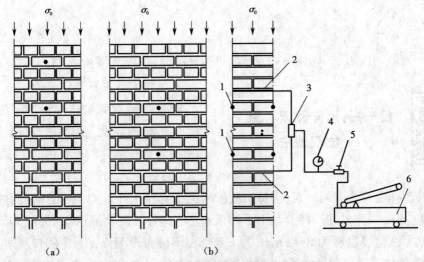

图 10-21　扁顶法测试装置与变形测点布置

（a）测试受压工作应力　（b）测试弹性模量、抗压强度

1—变形测量脚标（两对）；2—扁式液压千斤顶；3—三通接头；4—压力表；5—溢流阀；6—手动液压泵

首先在选定的墙体上，采用振动较小的工具加工切口、现浇钢筋混凝土传力件，如图 10-22 所示。测量被测灰缝的受剪面尺寸，精确至 1 mm。安装千斤顶及检测仪表，千斤顶的加力轴线与被测灰缝顶面应对齐。匀速施加水平荷载，并控制试件在 2~5 min 内破坏。当试件沿受剪面滑动、千斤顶开始卸荷时，即判定试件达到破坏状态。记录破坏荷载值，结束试验。在预定剪切面（灰缝）破坏方为有效试验。加荷试验结束后，翻转已破坏的试件，检查剪切面破坏特征及砌体砌筑质量，并详细记录。

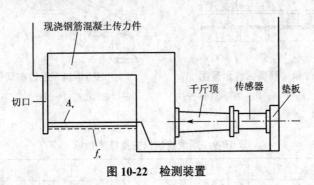

图 10-22　检测装置

根据检测仪表的校验结果进行荷载换算，精确至 10 N。根据试件的破坏荷载和受剪面积，按下式计算砌体的沿通缝截面抗剪强度：

$$f_{vij} = \frac{N_{vij}}{A_{vij}} \tag{10-37}$$

式中　f_{vij}——第 i 个测区第 j 个测点的砌体沿通缝截面抗剪强度（MPa）；

　　　N_{vij}——第 i 个测区第 j 个测点的抗剪破坏荷载（N）；

　　　A_{vij}——第 i 个测区第 j 个测点的受剪面积（mm²）。

测区的砌体沿通缝截面抗剪强度平均值，应按下式计算：

$$f_{vj} = \frac{1}{n_1} \sum_{j=1}^{n_1} f_{vij} \qquad (10\text{-}38)$$

式中　f_{vj}——第 i 个测区的砌体沿通缝截面抗剪强度平均值（MPa）。

扫一扫：延伸阅读　原位双剪法

4. 原位单砖双剪法

原位单砖双剪法适用于推定烧结普通砖砌体的抗剪强度。检测时，将原位剪切仪的主机安放在墙体的槽孔内，其工作状况如图 10-23 所示。

测点的选择应符合下列规定：①每个测区随机布置的 n_1 个测点，在墙体两面的数量宜接近或相等，以一块完整的顺砖及其上下两条水平灰缝作为一个测点（试件）；②试件两个受剪面的水平灰缝厚度应为 8~12 mm；③下列部位不应布设测点：门、窗洞口侧边 120 mm 范围内，后补的施工洞口和经修补的砌体，独立砖柱和窗间墙；④同一墙体的各测点之间，水平方向净距不应小于 0.62 m，垂直方向净距不应小于 0.5 m。

原位剪切仪的主机为一个附有活动承压钢板的小型千斤顶。其成套设备如图 10-24 所示。原位剪切仪的主要技术指标应符合表 10-9 的规定，且应每半年校验一次。

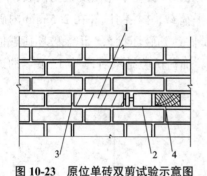

图 10-23　原位单砖双剪试验示意图

1—剪切试件；2—剪切仪主机；3—掏空的竖缝；4—垫块

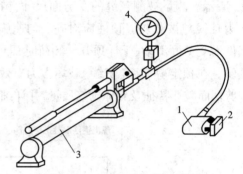

图 10-24　原位剪切仪示意图

1—剪切仪主机；2—承压钢板；3—油泵；4—压力表

表 10-9　原位剪切仪主要技术指标

项目	75 型指标	150 型指标
额定推力（kN）	75	150
相对测量范围（%）	20~80	20~80
额定行程（mm）	>20	>20
示值相对误差（%）	±3	±3

当采用上部有压应力 σ_0 作用的试验方案时，应按图 10-23 所示将剪切试件一端的一块砖掏出，清除四周的灰缝，制备出安放主机的孔洞，其截面尺寸不得小于 115 mm × 65 mm，然后掏空、清除剪切试件另一端的竖缝；当采用释放试件上部的压应力 σ_0 的试验方案时，应按图 10-25 所示掏空水平灰缝，掏空范围由剪切试件两端向上按 45° 角扩散至灰缝 4，掏空

长度应大于 620 mm,深度应大于 240 mm。试件两端的灰缝应清理干净。在开凿清理过程中,严禁扰动试件;如发现被推砖块明显缺棱掉角或上、下灰缝明显松动,应舍去该试件。被推砖的承压面应平整,如不平应用扁砂轮等工具磨平。将剪切仪主机放入开凿好的孔洞中,使仪器的承压板与试件的砖块顶面重合,仪器轴线与砖块轴线吻合。若开凿的孔洞过长,应在仪器尾部另加垫块。匀速施加水平荷载,直至试件和砌体之间产生相对位移,试件达到破坏状态。加荷的全过程宜为 1~3 min。记录试件破坏时剪切仪测力计的最大读数,精确至 0.1 个分度值。采用无量纲指示仪表的剪切仪时,尚应将剪切仪的校验结果换算成以 N 为单位的破坏荷载。试件沿通缝截面的抗剪强度,应按下式计算:

$$f_{vij} = \frac{0.64N_{vij}}{2A_{vij}} - 0.7\sigma_{0ij} \qquad (10\text{-}39)$$

式中　N_{vij}——第 i 个测区第 j 个测点的抗剪破坏荷载(N);

　　　A_{vij}——第 i 个测区第 j 个测点单个受剪截面的面积(mm²)。

测区的砌体沿通缝截面抗剪强度平均值的计算与单剪法相同,即式(10-38)。

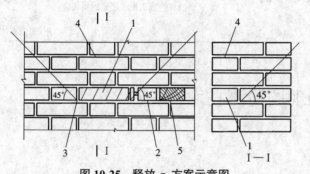

图 10-25　释放 σ_0 方案示意图

1—试样;2—剪切仪主机;3—掏空的竖缝;4—掏空的水平缝;5—垫块

10.3.5　砌体结构裂缝分级标准

砌体构件在各种荷载作用下,由于受压、局部承压、受弯、受剪等原因而产生的裂缝为受力裂缝;由于温度、收缩变形、地基不均匀沉降等原因而产生的裂缝为变形裂缝。根据裂缝产生的构件、部位、形状和分布,经分析和验算判别其性质,按变形裂缝和受力裂缝进行等级评定,如表 10-10、表 10-11 所示。裂缝宽度可用读数显微镜或钢直尺来测定。

表 10-10　砌体变形裂缝分级标准

构件	级别			
	a	b	c	d
墙	无	墙体产生轻微裂缝,裂缝宽度小于 1.5 mm	墙体开裂较严重,裂缝宽度为 1.5~10 mm	墙体开裂严重,最大裂缝宽度大于 10 mm
柱	无	无	柱截面出现水平裂缝,缝宽小于 1.5 mm 且未贯通柱截面	柱断裂,或发生水平错动

注:本表仅适用于黏土砖、硅酸盐砖及粉煤灰砖砌体。

表 10-11　砌体受力裂缝分级标准

构件	级别			
	a	b	c	d
墙 柱	无	非主要受力部位砌体产生局部轻微裂缝	主要受力部位产生肉眼可见的竖向裂缝或墙体产生未贯通的斜裂缝,砌体出现个别肉眼可见的竖向微裂缝	出现下列情况之一即属此级:主要受力部位产生宽度大于 0.1 mm 的多条或贯通数皮砖的竖向裂缝;墙体产生基本贯通的斜裂缝;出现水平弯曲裂缝,砌体出现宽度大于 0.1 mm 的多条或贯通数皮砖的竖向裂缝或出现水平错位裂缝
过梁	无	过梁砌体出现轻微裂缝	出现宽度小于或等于 0.4 mm 的竖向裂缝或出现较严重的斜裂缝	出现下列情况之一即属此级:跨中出现宽度大于 0.4 mm 的竖向裂缝;出现基本贯通断面全高的斜裂缝;支承过梁的墙体出现剪切裂缝;过梁出现不允许的变形

10.4　钢结构现场检测技术

10.4.1　一般要求

钢结构的检测分为钢结构材料性能检测,连接、构件的尺寸与偏差、变形与损伤检测,构造以及涂装检测等,必要时还可进行结构或构件性能的实荷检验或结构的动力测试。

1. 材料

对结构构件钢材的力学性能检测分为屈服强度、抗拉强度、伸长率、冷弯和冲击功等项目。若工程尚有与结构同批的钢材,可以将其加工成试件进行力学性能检测;当工程没有与结构同批的钢材,可在构件上截取试样,但应确保结构构件的安全。钢材力学性能检测试件的取样数量、取样方法、试验方法和评定标准应符合表 10-12 所示的规定。

表 10-12　材料力学性能检测项目和方法

检测项目	取样数量(个 / 批)	取样方法	试验方法	评定标准
屈服强度、抗拉强度、伸长率	1	《钢及钢产品 力学性能试验取样位置及试样制备》(GB/T 2975—2018)	《金属材料 拉伸试验 室温试验方法》(GB/T 228—2010)	《碳素结构钢》(GB/T 700—2006);《低合金高强度结构钢》(GB/T 1591—2018);其他钢材产品标准
冷弯	1		《金属材料 弯曲试验方法》(GB/T 232—2010)	
冲击功	3		《金属材料 夏比摆锤冲击试验方法》(GB/T 229—2007)	

根据需要,钢材化学成分可进行全成分分析或主要成分分析。进行钢材化学成分分析时每批钢材取一个试样,取样和试验应分别按《钢的成品化学成分允许偏差》(GB/T 222—2006)和《钢铁及合金化学分析方法标准汇编》执行,并应按相应产品标准进行评定。

既有钢结构钢材的抗拉强度,可采用表面硬度的方法检测;锈蚀钢材或受到火灾等影响钢材的力学性能,可采用取样的方法检测;对试样的测试操作和评定,应按相应钢材产品标准的规定进行,在检测报告中应明确说明检测结果的适用范围。

2. 连接

钢结构的连接分为焊接连接、焊钉(栓钉)连接、螺栓连接、高强度螺栓连接等。对设计上要求全焊透的一、二级焊缝和设计上没有要求的钢材等强对焊拼接焊缝的质量,采用超声波探伤的方法检测。对钢结构工程的所有焊缝都应进行外观检查;对既有钢结构进行检测时,可采取抽样检测焊缝外观质量的方法,也可采取按委托方指定的范围抽查的方法。焊缝的外形尺寸和外观缺陷的检测方法和评定标准,应按《钢结构工程施工质量验收标准》(GB 50205—2020)确定。焊接接头的力学性能,可采取截取试样的方法检测,但应采取措施确保安全。焊接接头力学性能的检验分为拉伸、面弯和背弯等项目,每个检验项目可各取两个试样。焊接接头的取样和检验方法应按《焊接接头冲击试验方法》(GB/T 2650—2008)、《焊接接头硬度试验方法》(GB/T 2654—2008)、《焊接接头拉伸试验方法》(GB/T 2651—2008)和《焊接接头弯曲试验方法》(GB/T 2653—2008)等确定。焊接接头焊缝的强度不应低于母材强度的最低保证值。

根据超声检测技术等级的规定,检测分为 A、B、C 三个等级。其中:A 级检测仅适用于母材厚度为 8~46 mm 时的连接检测;B 级检测适用于一般承压设备的检测;C 级检测适用于重要承压设备的检测。钢结构工程通常采用的是 A 级检测。对钢结构工程质量进行检测时,可抽样进行焊钉焊接后的弯曲检测,抽样数量不应少于 A 级检测的要求。检测方法与评定标准:锤击焊钉头使其弯曲至 30°,焊缝和热影响区没有肉眼可见的裂纹判为合格。对扭剪型高强度螺栓连接,可检查螺栓端部的梅花头是否已拧掉,除因构造原因无法使用专用扳手拧掉梅花头者外,未在终拧中拧掉梅花头的螺栓数不应多于该节点螺栓数的 5%,且不应少于 10 个。对高强度螺栓连接质量的检测,可检查外露螺纹,螺纹应外露 2~3 扣。允许有 10% 的螺栓螺纹外露 1 扣或 4 扣。

3. 尺寸与偏差

应检测所抽取构件的全部尺寸,每个尺寸在构件的 3 个部位测量,取 3 个测试值的平均值作为该尺寸的代表值;可按相关产品标准的规定测量尺寸,其中钢材的厚度可用超声测厚仪测定;钢构件的尺寸偏差应以设计图样规定的尺寸为基准计算;偏差的允许值应按《钢结构工程施工质量验收标准》(GB/T 50205—2020)确定。

4. 缺陷、损伤与变形

钢材外观质量的检测分为均匀性检测,是否有夹层、裂纹、非金属夹杂和明显的偏析检测等项目。当对钢材的质量有怀疑时,应对钢材原材料进行力学性能检测或化学成分分析。对钢结构损伤的检测可分为裂纹、局部变形、锈蚀等项目。钢材裂纹,可采用观察的方法和渗透法检测。采用渗透法检测时,应用砂轮和砂纸将检测部位的表面及其周围 20 mm 范围内打磨光滑,不得有氧化皮、焊渣、飞溅、污垢等;用清洗剂将打磨表面清洗干净,干燥后喷涂渗透剂,渗透时间不应短于 10 min;然后用清洗剂将表面多余的渗透剂清除;最后喷涂显示剂,停留 10~30 min 后,观察是否有裂纹显示。杆件的弯曲变形和板件凹凸等变形情况,可用观察和尺量的方法检测;变形评定,应按《钢结构工程施工质量验收标准》(GB/T 50205—2020)的规定执行。螺栓和铆钉的松动或断裂,可采用观察或锤击的方法检测。结构构件的锈蚀,可按 GB/T 8923.1~4 检测。确定锈蚀等级后,对 D 级锈蚀,还应测量钢板厚度的削弱程度。

5. 结构性能实荷检验

对大型复杂钢结构体系可进行原位非破坏性实荷检验,直接检验结构性能。对结构或构件的承载力有疑义时,可进行原型或足尺模型荷载试验。试验应委托专门的机构进行。试验前应制定详细的试验方案,包括试验目的、试件的选取或制作、加载装置、测点布置和测试仪器、加载步骤以及试验结果的评定方法等。

10.4.2　钢材强度测定

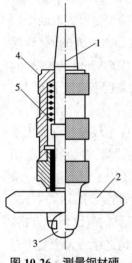

图 10-26　测量钢材硬度的布氏硬度计

1—纵轴;2—标准棒;
3—钢珠;4—外壳;5—弹簧

测定钢材强度最理想的方法是在结构上截取试样,由拉伸试验确定相应的强度指标。但这种方法会损伤结构,影响结构的正常工作,需要对结构进行补强。一般采用表面硬度法间接推断钢材强度。

表面硬度法主要利用布氏硬度计测定钢材的硬度(图 10-26)。该检测方法适用于估算结构中钢材抗拉强度的范围,不能准确推定钢材的强度。在测试前应对构件的测试部位进行处理,可用钢锉打磨构件表面,除去表面锈斑、油漆,然后分别用粗、细砂纸打磨构件表面,直至露出金属光泽。在测试时,构件及测试面不得有明显的颤动。测完后按所建立的专用测强曲线换算钢材的强度。

$$H_B = H_S \frac{D - \sqrt{D^2 - d_S}}{D - \sqrt{D^2 - d_B}} \qquad (10-40)$$

$$f = 3.6 H_B \qquad (10-41)$$

式中　H_B、H_S——钢材和标准试件的布氏硬度;

　　　d_B、d_S——硬度计钢珠在钢材和标准试件上的凹痕直径(mm);

　　　D——硬度计钢珠的直径(mm);

　　　f——钢材的极限强度(N/mm²)。

测定钢材的极限强度 f 后,可依据同种材料的屈强比计算得到钢材的屈服强度。另外,根据钢材中的化学成分可以粗略估算碳素钢强度。计算公式为

$$\sigma_b = 285 + 7 w_C + 0.06 w_{Mn} + 7.5 w_P + 2 w_{Si} \qquad (10-42)$$

式中　w_C、w_{Mn}、w_P、w_{Si}——钢材中碳、锰、磷和硅元素的质量分数,以 0.01% 为计量单位。

10.4.3　超声法检测钢材和焊缝缺陷

超声法检测钢材和焊缝缺陷的工作原理与检测混凝土内部缺陷相同。试验时多采用脉冲反射法。超声波脉冲经换能器发射进入被测材料传播,当通过构件表面、内部缺陷和构件底面时,会发生部分反射,这

扫一扫:视频　超声波探伤仪焊缝探伤

些超声波各自往返的路程不同,回到换能器的时间不同,在超声波探伤仪的示波屏幕上分别显示出各界面的反射波及其相对位置,分别称为始脉冲、伤脉冲和底脉冲,如图 10-27 所示。由缺陷反射波与始脉冲和底脉冲的相对距离可确定缺陷在构件内的相对位置。如果材料完好,内部无缺陷,则显示屏上只有始脉冲和底脉冲,不出现伤脉冲。

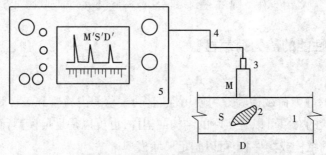

图 10-27　直探头测钢材缺陷示意图
1—试件;2—缺陷;3—探头;4—电缆;5—探伤仪;M—表面反射;S—缺陷反射;D—底面反射

焊缝内部缺陷常用斜向换能器探头检测。如图 10-28 所示,采用三角形标准试块,用比较法确定内部缺陷的位置。当在构件焊缝内探测到缺陷时,记录换能器在构件上的位置和缺陷反射波在显示屏上的相对位置,然后将换能器移到三角形标准试块的斜边相对移动,使反射脉冲与构件焊缝内的缺陷脉冲重合,当三角形标准试块的角度 α 与斜向换能器超声波的折射角度相同时,量取换能器在三角形标准试块上的位置 L、缺陷的深度 h:

$$l = L\sin^2\alpha \tag{10-43}$$

$$h = L\sin\alpha\cos\alpha \tag{10-44}$$

由于钢材密度比混凝土大得多,为了能检测钢材或焊缝较小的缺陷,常用的工作频率为 0.5~2 MHz,比混凝土检测时的工作频率高。

焊缝外观常见的缺陷有气孔、夹渣、烧穿、焊瘤、咬边、未焊透、未熔合等。气孔指焊条熔合物表面存在的肉眼可辨的小孔。夹渣指焊条熔合物表面存在由熔合物锚固着的焊渣。烧穿指焊条熔化时把焊件底面熔化,熔合物从底面两焊件的缝隙中流出形成焊瘤的现象。焊瘤指在焊缝表面存在多余的像瘤一样的焊条熔合物。咬边指焊条熔化时把焊件过分熔化,使焊件截面受到损伤的现象。未焊透指焊条熔化时焊件熔化的深度不够,焊件厚度的一部分没有焊接的现象。未熔合指焊条熔化时没有把焊件熔化,焊件与焊条熔合物没有连接或连接不充分的现象。

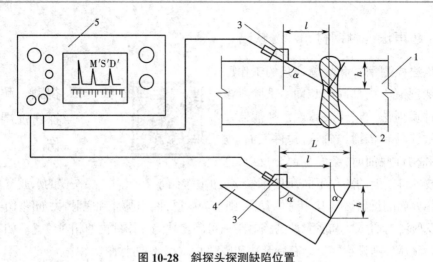

图 10-28　斜探头探测缺陷位置
1—试件；2—缺陷；3—探头；4—电缆；5—探伤仪；6—标准试块

10.4.4　钢结构性能的静力荷载检验

1. 一般规定

钢结构性能的静力荷载检验分为使用性能检验、承载力检验和破坏性检验。使用性能检验和承载力检验的对象可以是实际的结构或构件，也可以是足尺模型；破坏性检验的对象可以是不再使用的结构或构件，也可以是足尺寸模型。

检验装置和设备，应能模拟结构实际荷载的大小和分布，能反映结构或构件的实际工作状态，加荷点和支座处不得出现不正常的偏心，同时应保证构件的变形和破坏不影响测试数据的准确性，不造成检验设备的损坏和人身伤亡事故。检验时应分级加载，每级荷载不宜超过最大荷载的 20%，在每级加载后应保持足够的静止时间，并检查构件是否存在断裂、屈服、屈曲的迹象。变形的测试应考虑支座沉降变形的影响，正式检验前应施加一定的初试荷载，然后卸载，使构件贴紧检验装置。在加载过程中应记录荷载 - 变形曲线，当这条曲线表现出明显的非线性时，应减小荷载增量。达到使用性能或承载力检验的最大荷载后，应持荷至少 1 h，每隔 15 min 测取一次荷载和变形值，直到变形值在 15 min 内不再明显增大为止。然后应分级卸载，在每一级卸载和卸载全部完成后测取变形值。

当检验用的模型材料与所模拟结构或构件的材料性能有差别时，应进行材料性能的检验。

以上规定只适用于普通钢结构性能的静力荷载检验，不适用于冷弯型钢和压型钢板以及钢 - 混凝土组合结构性能和普通钢结构疲劳性能的检验。

2. 使用性能检验

使用性能检验用于证实结构或构件在规定荷载的作用下不出现过大的变形和损伤，经过检验满足要求的结构或构件应能正常使用。检验的荷载 = 实际自重 ×1.0+ 其他恒载 ×1.15+ 可变荷载 ×1.25。经检验的结构或构件荷载 - 变形曲线宜为线性关系；卸载后残余变形不应超过所记录的最大变形值的 20%。当不满足要求时，可重新进行检验。第二次检

验的荷载 - 变形曲线应基本呈线性关系,新的残余变形不得超过第二次检验中所记录的最大变形值的 10%。

3. 承载力检验

承载力检验用于证实结构或构件的设计承载力。承载力检验的荷载应采用永久和可变荷载适当组合的极限状态的设计荷载。在检验荷载作用下,结构或构件的任何部分都不应出现屈曲破坏或断裂破坏;卸载后结构或构件的变形应至少减小 20%,表明承载力满足要求。

4. 破坏性检验

破坏性检验用于确定结构或模型的实际承载力。进行破坏性检验前宜先进行设计承载力的检验,并根据检验情况估算被检验结构的实际承载力。破坏性检验的加载,应先分级加到设计承载力的检验荷载,根据荷载 - 变形曲线确定随后的加载增量,然后加载到不能继续加载为止。此时的承载力即为结构的实际承载力。

10.4.5　钢结构防火涂层厚度的检测

钢结构在高温条件下,材料强度显著降低。2001 年 9 月 11 日受恐怖袭击的美国纽约世界贸易中心大楼就是典型的例子,大楼采用筒中筒结构,为姊妹塔楼,地下 6 层,地

扫一扫:延伸阅读　防火涂层厚度检测

上 110 层,高 417 m,标准层平面尺寸为 63.5 m × 63.5 m,总面积为 125 万 m²。外筒为钢柱,建于 1973 年,每座楼用钢量为 7 800 t。两座大楼受飞机撞击之后,一座在 62 min 倒塌,另一座在 103 min 倒塌。造成大楼倒塌的重要原因之一是撞击引起的大火,燃烧引起的高温可达 1 000 ℃,下部的温度也有几百摄氏度,钢柱受热后失去强度,整座大楼一层层垂直塌下。可见,耐火性差是钢结构致命的缺点。在钢结构工程中应十分重视防火涂层的检测。薄涂型防火涂料,涂层表面裂纹宽度不应大于 0.5 mm,涂层厚度应符合有关耐火极限的设计要求;厚涂型防火涂料,涂层表面裂纹宽度不应大于 1.0 mm,涂层应有 80% 以上的面积符合耐火极限的设计要求,且最薄处厚度不应小于设计要求的 85%。防火涂料涂层厚度测定方法如下。

1. 厚度测量仪

厚度测量仪又称测针,由针杆和可滑动的圆盘组成,圆盘始终保持与针杆垂直,并装有固定装置,圆盘直径不大于 30 mm,以保证完全接触被测试件的表面。测试时,将测针(图 10-29)垂直插入防火涂层,直至钢基材表面,记录标尺读数。

2. 测点选定

测定楼板和防火墙的防火涂层厚度,可选两相邻

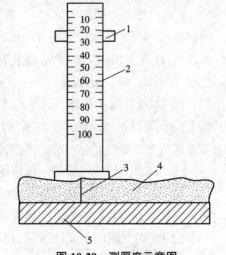

图 10-29　测厚度示意图

1—标尺;2—刻度;3—测针;
4—防火涂层;5—钢基材

纵、横轴线相交形成的面积为一个单元,在其对角线上,按每米长度选一点进行测试。测定全钢框架结构的梁和柱的防火层厚度,可在构件长度内每隔 3 m 取一个截面。桁架结构的上弦和下弦每隔 3 m 取一个截面检测,其他腹杆每根取一个截面检测。

3. 测量结果

对于楼板和墙面,在所选择的面积中,至少测 5 个点;对于梁和柱,在所选择的位置中,分别测 6 个和 8 个点;然后计算出它们的平均值,精确到 0.5 mm。

10.5　结构构件的维修与补强加固

10.5.1　概述

建筑结构应具有足够的强度、刚度、抗裂度以及局部和整体的稳定性,应满足安全性、适用性和耐久性的要求。但是由于设计或施工不当、缺乏管理、不合理的使用以及使用要求或功能的改变、遭受各种灾害或事故等原因,导致结构可靠性不满足要求,这时必须对结构构件进行加固。

结构构件承载力不足时一般采用以下方法处理。

(1)当结构构件承载力相差太多或构件损伤过于严重而难以加固时,可对这些结构构件进行更换,如更换钢吊车梁、更换屋面板。这种方法的优点是新设计结构构件可以彻底解决可靠性不足的问题,效果最好,但缺点是拆除工作量大,原有结构构件未被利用,费用较高,影响使用。

(2)不改变原有结构构件的受力模式,对结构构件进行局部加固,使其达到必需的强度、刚度,如加大梁截面、增大受拉区钢筋面积等。这种方法的优点是加固工作量较小,加固形式较为简单,可以利用原有结构构件的承载力;缺点是施工麻烦,程序较多,加固效果与施工单位的素质、经验关系较大。属于这一类的加固方法有:增大截面法、外包钢加固、粘贴钢板法、粘贴碳纤维法、预应力加固法、灌浆法等。

(3)改变结构的传力途径,改善结构的受力情况,如在梁中增设柱,增设剪力墙提高结构的抗侧刚度等。这种加固方法的优点是加固效果较好,可以使结构的工作性能得到很大的改善,缺点是加固工作量大,加固后往往影响使用。这种方法主要有增设支点法,托梁拔柱法,增设墙、梁、柱法等。

(4)减少或限制荷载。这是对结构可靠性不足的一种简单处理方法。其方法是减少结构上的永久荷载,限制活荷载、吊车荷载等可变荷载,限制荷载的组合方式。该方法的缺点是对结构的使用功能有一定的影响,实行起来有一定的难度。

结构构件加固应遵循的一般原则如下。

(1)结构构件加固前应先进行可靠性检测鉴定,彻底查明结构构件存在的问题,根据使用要求对加固前后结构构件的强度、刚度等按现行国家规范、标准进行全面的计算分析。

(2)加固方案应由设计单位、建设单位、使用单位进行充分论证,保证新旧部分协同工作,并对原结构没有或少有负面效应。

(3)加固计算应遵循以下原则:加固计算简图应根据结构上的作用或实际受力状况确

定;结构或构件的计算面积,应采用实际有效截面面积;计算时应考虑结构在加固时的实际
受力程度、加固部分的应变滞后特点以及加固部分与原结构协同工作的程度;进行结构承载
力验算时,应考虑实际荷载偏心、结构变形、温度作用等造成的附加内力;加固后结构质量增
大时,应对被加固的相关结构及建筑物的基础进行验算。

（4）加固应尽量简单、易行、安全可靠、经济合理并尽量照顾外观规整。

（5）尽量不损伤原结构,并保留具有利用价值的原结构和构件,避免不必要的拆除或更
换,尽量减少附加的荷载。

（6）对于高温、腐蚀、冻融、振动、地基不均匀沉降等原因造成的结构损伤,应在加固设
计中提出相应的处理对策后再进行加固。

（7）加固施工前应尽量卸荷,施工尽量采用比较成熟的新工艺、新技术。

（8）加固施工前应对可能出现的问题采取必要的措施或提出预案,施工中若发现其他
重大隐患应立即停止施工,会同设计、建设方采取有效的措施后再继续加固。

一般来讲,用增大截面法加固后,钢结构的后加部分与原结构通过焊接相连,其协同性
比混凝土结构好。混凝土结构加固的关键是确保后加部分确实起到预计的作用,加固工作
的一个重要任务就是保证新老混凝土协同工作,为此在加固设计中必须采取必要的措施。

10.5.2　增大截面法

这是一种用与原结构相同的材料增大构件截面面积,从而提高构件多种性能的加固方
法,如通过外加混凝土加固混凝土梁、板、柱,通过焊缝、螺栓连接增设型钢、钢板加固钢柱、
钢梁、钢桁架、钢屋架,通过增设砖扶壁柱加固砖墙等方法。它们不仅可提高构件的承载能
力,还可增大构件的刚度,改变结构的动力特性,使结构构件的适用性能在某种程度上得到
改善。该方法是一种传统的加固方法,具有材料消耗少、工艺简单、加固效果好、适用面广等
优点,但其施工步骤多、工期较长、减小了建筑物的使用空间、增加了结构自重、施工过程对
建筑物的使用有一定影响。

1. 增大截面法加固钢筋混凝土结构

1）加固形式与计算

增大截面法加固钢筋混凝土构件可采用四周外包、三侧外包（U 形外包）、单侧加厚、双
侧加厚、仅局部增加钢筋等形式,具体构造见图 10-30。

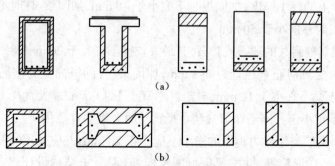

（a）

（b）

图 10-30　增大截面法加固钢筋混凝土构件的形式

（a）梁　（b）柱

（1）轴心受压构件。在轴向压力作用下，轴心受压构件用增大截面法加固后正截面承载力可按式（10-45）计算。当原构件的混凝土达到极限压应变时，可认为加固后的构件达到极限承载力。

这时原构件的混凝土和纵向钢筋的压应力均可达到材料强度值，但新增混凝土的应力和新增纵向钢筋的应力不能完全发挥。这时，轴心受压构件的受压承载力为

$$N_u \leqslant \varphi[f_{c0}A_{c0}+f'_{y0}A'_{s0}+0.8(f_cA_c + f'_yA'_s)] \tag{10-45}$$

式中 N_u——加固后构件轴心受压的极限承载力；

φ——加固后构件的纵向稳定系数，以增大后的截面为准，按现行国家标准《混凝土结构设计规范》（GB 50010—2010）的规定采用；

f_{c0}——原构件混凝土的轴心抗压强度设计值；

A_{c0}——原构件的截面面积；

f'_{y0}——原构件纵向钢筋的抗压强度设计值；

A'_{s0}——原构件纵向钢筋的截面面积；

A_c——新增混凝土的截面面积；

A_s'——新增纵向钢筋的截面面积；

0.8——加固用混凝土和纵向钢筋的强度利用系数。

（2）偏心受压构件。用增大截面法加固钢筋混凝土偏心受压构件，其整体截面以现行国家标准《混凝土结构设计规范》（GB 50010—2010）中的有关公式进行正截面承载力计算，其中受压区新增混凝土和纵向钢筋的抗压强度设计值乘以 0.9 的折减系数，受拉区新增纵向钢筋的抗拉强度设计值亦乘以 0.9 的折减系数，以考虑新增钢筋和混凝土的应力、应变滞后于原构件的应力、应变，对应承载力极限状态时，新增混凝土和纵向受力钢筋不能达到其强度设计值这一因素。

（3）受弯构件。梁、板等受弯构件增大截面加固，可采用受压区和受拉区加固这两种不同的加固形式。当在受压区加固受弯构件时，其承载力、抗裂度、钢筋应力、裂缝宽度及变形计算和验算可按现行国家标准中叠合构件的规定进行，但需对新旧混凝土的结合面进行必要的技术处理。受拉区加固计算按现行规范中受弯构件的公式计算，但新增受拉钢筋的抗拉强度设计值应乘以 0.9 的折减系数，以考虑受拉钢筋强度不能充分发挥。

2）构造规定

（1）新浇混凝土的最小厚度，加固板时不应小于 40 mm，加固梁、柱时不应小于 60 mm，用喷射混凝土施工时不应小于 50 mm。

（2）石子宜用坚硬耐久的卵石或碎石，其最大粒径不宜大于 20 mm。

（3）加固板的受力钢筋直径宜为 6~8 mm，加固梁、柱的纵向受力钢筋宜用带肋钢筋。钢筋最小直径对于梁不宜小于 12 mm，对于柱不宜小于 14 mm，最大直径不宜大于 25 mm；封闭式箍筋直径不宜小于 8 mm，U 形箍筋直径宜与原有箍筋直径相同。

（4）新增受力钢筋与原受力钢筋的净距不应小于 20 mm，并应采用短筋焊接连接；箍筋应采用封闭箍筋或 U 形箍筋，并按照现行国家标准《混凝土结构设计规范》（GB 50010—2010）的构造要求配置。

（5）当新旧受力钢筋采用短筋焊接时,短筋的直径不应小于 20 mm,长度不小于 5d(d 为新、旧受力钢筋直径中的较小值),各短筋的中距不大于 500 mm(图 10-31(a))。

（6）当用混凝土围套对构件进行加固时,应设置封闭箍筋(图 10-31(b))。

（7）当对构件的单侧或双侧进行加固时,应设置 U 形箍筋(图 10-31(c))。U 形箍筋应焊在原箍筋上,单面焊缝长度为 10d,双面焊缝长度为 5d(d 为 U 形箍筋直径),或者焊在增设的锚钉上,也可直接伸入锚孔内锚固,锚钉的直径 d 不应小于 10 mm,距构件边缘不小于 3d,且不小于 40 mm,采用环氧树脂浆或环氧树脂砂浆将锚钉锚固于原梁、柱的钻孔内,钻孔直径应大于锚钉直径 4 mm,锚固深度不小于 10d。

（8）梁的新增纵向受力钢筋的两端应可靠锚固,柱的新增纵向受力钢筋的下端应伸入基础并满足锚固要求,上端应穿过楼板与上柱脚连接或在屋面板处封顶锚固。

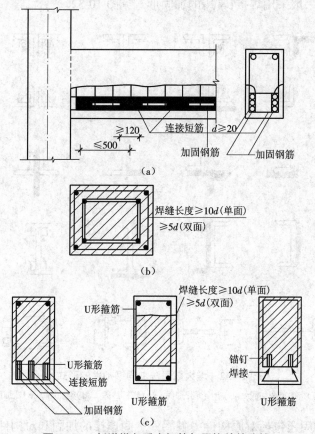

图 10-31　新增纵向受力钢筋与原构件的连接
（a）连接短筋的设置　（b）封闭箍筋的构造　（c）在原箍筋上焊接 U 形箍筋

3)施工要求

加固混凝土结构的施工过程,应遵循下列工序和原则。

（1）对原构件存在缺陷的部位进行清理,直至露出混凝土的密实部分,并将构件表面凿毛或打出沟槽,沟槽深度不宜小于 6 mm,间距不宜大于箍筋间距或 200 mm,被包部分的角部应倒角,除去浮渣、尘土等。

（2）原有混凝土表面应冲洗干净,充分洇水,浇筑混凝土前,结合面应以水泥浆等界面剂进行处理。

（3）对原有和新增受力钢筋应进行除锈,在受力钢筋上施焊前应采取卸荷或支顶措施,并应逐根分区、分段、分层施焊。

（4）模板搭设、钢筋安置以及新增混凝土的浇筑和养护,应符合现行国家标准《混凝土结构工程施工质量验收规范》(GB 50204—2015)的要求。

2. 增大截面法加固钢构件

1）加固形式与计算

在加固钢梁、钢柱、钢桁架等钢构件时,一般通过增设角钢、槽钢、钢板、钢管、圆钢等增大构件的截面面积,从而提高构件的承载力和刚度。新增加固件与原构件的连接包括焊接、螺栓连接、铆接等,一般采用焊接,常用的加固形式见图 10-32。

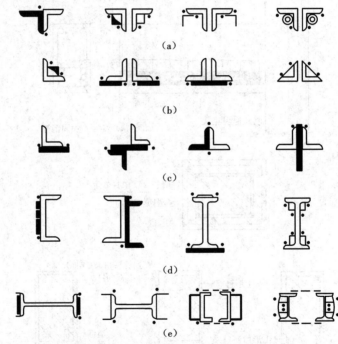

图 10-32　增大截面法加固钢构件的形式

（a)桁架上弦加固　(b)桁架下弦加固　(c)腹杆加固　(d)梁加固　(e)柱加固

对钢构件的加固还包括对原构件中各零件之间连接的加固和对构件节点的加固,可分为焊缝连接、高强度螺栓连接、铆接和普通螺栓连接四种情况。

（1）对焊缝连接的加固:直接延长原焊缝,如存在困难,也可采用附加连接板和增大节点板的方法;增大焊缝有效高度;增设新焊缝。

（2）对高强度螺栓连接的加固:扩孔后更换原高强度螺栓,增补同类型的高强度螺栓,将单剪结合改造为双剪结合,增设焊缝连接。

（3）对铆接和普通螺栓连接的加固:更换或增补新铆钉,全部或局部更换为高强度螺栓连接;增补新螺栓或增设高强度螺栓;增设焊缝连接。

2）基本计算方法

钢结构的加固计算应遵循以下原则。

（1）结构的计算简图应根据实际的支承条件、连接情况和受力状态确定，有条件时，可考虑结构的空间作用。

（2）加固设计的计算应分为加固过程和加固后两个阶段进行。两个阶段结构构件的计算分别采用相应的实际有效截面。

（3）加固过程中的计算，应考虑加固过程中拆卸原有零部件、增设螺栓孔及施焊过程等造成原有结构承载力降低，并且只考虑加固过程中出现的荷载。

（4）加固后的计算，应考虑加固后在预期寿命内的全部荷载。

（5）对于相关构件、连接及基础，应考虑结构加固引起自重及内力变化等不利因素，重新予以计算。加固构件承载力的具体计算可参照我国行业标准《钢结构检测评定及加固技术规程》（YB 9257—1996）中的验算方法。

10.5.3　外包钢加固

外包钢加固是将构件用型钢包裹的一种加固方法，所用型钢一般为角钢、槽钢和钢板。这种加固方法适用于不允许增大混凝土截面尺寸，又要求大幅度提高截面承载力的混凝土结构加固。这种方法的优点是施工速度比增大截面法快，缺点是耗钢量大，加固后维修费用高。

钢筋混凝土梁、柱外包钢加固：当型钢与混凝土之间以乳胶水泥或环氧树脂化学灌浆等方法黏结时，称为湿式外包钢加固；当型钢与混凝土间无任何连接，或虽填塞有水泥砂浆，但仍不能确保结合面剪力有效传递时，称为干式外包钢加固。

外包钢加固：如果构件截面为矩形，通常在构件的四角沿纵向包以角钢，并用横向缀板和斜向缀板连为整体（图 10-33（a）、（b））；如果构件截面为圆形或环形，通常沿纵向外包扁钢，横向用钢板套箍连为整体（图 10-33（c））。

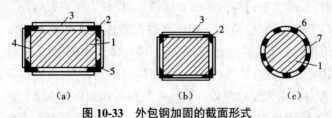

（a）　　　　　　　　（b）　　　　　　　　（c）

图 10-33　外包钢加固的截面形式

1—原柱；2—角钢；3—缀板；4—填充砂浆；5—胶黏材料；6—扁钢；7—套箍

1. 加固验算

1）干式外包钢加固

干式外包钢加固不能确保钢构架与原构件共同工作，在验算加固后构件的承载力时，外力应按刚度分配给钢构架和原构件，分别按现行国家标准《钢结构设计标准》（GB 50017—2017）和《混凝土结构设计规范》（GB 50010—2010）验算各自的承载力，其中钢构架应按格构式柱进行计算，验算内容包括肢杆和缀板的强度、稳定性等。干式外包钢加固柱的总承载力为钢构架承载力与原混凝土柱承载力之和。

在计算原构件的轴向刚度和抗弯刚度时,宜考虑 0.8~1.0 的刚度折减系数。在矩形截面的四角对称外包型钢时,钢构架的抗弯刚度可近似按式(10-46)计算:

$$E_a I \approx 0.5 E_a A_a a^2 \tag{10-46}$$

式中　E_a——外包型钢的弹性模量;

　　　　A_a——在弯矩作用方向构件单侧外包型钢的截面面积;

　　　　a——在弯矩作用方向构件两侧外包型钢的形心距离。

2)湿式外包钢加固

湿式外包钢加固可以保证外包钢构架与原构件共同工作,而且钢构架能够对原结构的核心混凝土起到约束作用,可提高核心混凝土的抗压强度。但相应地,原构件的横向变形也会对型钢产生侧向挤压,使外包型钢处于不利的压(拉)弯状态,导致型钢承载力降低。此外,后加型钢也存在应变滞后现象,影响到型钢作用的充分发挥。在湿式外包钢加固的设计中,一般可不考虑核心混凝土抗压强度的提高,但需要对型钢的设计强度进行折减。

钢筋混凝土梁、柱采用湿式外包钢加固,其正截面的受压、受弯承载力均可按整体截面考虑,按现行国家标准《混凝土结构设计规范》(GB 50010—2010)的规定计算,但除抗震设计外,外包角钢应乘以强度降低系数 0.9。斜截面的抗剪承载力可按同样的规定计算,但其钢缀板或钢筋缀条应乘以强度降低系数 0.7。

2. 构造要求

(1)外包钢中所有角钢厚度不应小于 3 mm,也不宜大于 8 mm,角钢边长不宜小于50 mm(梁)或 75 mm(柱)。对于桁架,角钢边长不应小于 50 mm。

(2)沿梁、柱轴线应用钢缀板或钢筋缀条与角钢焊接。钢缀板的截面尺寸不宜小于25 mm×3 mm,间距不宜大于 20r(r 为单角钢截面的最小回转半径),也不宜大于 500 mm。钢筋缀条的直径不应小于 10 mm,间距不宜大于 300 mm。在节点区,钢缀板或钢筋缀条应适当加密。

(3)外包型钢的两端应有可靠的连接和锚固,以保证力的有效传递,特别是抵抗端部控制截面的内力。对于外包钢柱,角钢下端应视柱根弯矩大小伸到基础顶面或锚固于基础;上、下框架柱均加固时,角钢应穿过楼板;角钢上端应伸至加固层的上层楼板底面或屋面板底面。对于外包框架梁或连系梁,梁的角钢应与柱的角钢焊接,或用扁钢带绕柱外包焊接。对于桁架,角钢应伸过杆件两端的节点,或设置节点板,将角钢焊在节点板上。

(4)当采用环氧树脂化学灌浆外包钢加固时,缀板应紧贴混凝土表面,并与角钢平焊连接。当采用乳胶水泥浆粘贴外包钢加固时,缀板可焊于角钢外面。乳胶的含量不应少于5%,水泥一般采用 32.5 号硅酸盐水泥。

(5)采用外包钢加固混凝土构件时,型钢表面宜抹厚 25 mm 的 1∶3 水泥砂浆保护层,亦可采用其他饰面防腐材料加以保护。

3. 施工要求

当采用环氧树脂化学灌浆湿式外包钢加固时,应先将混凝土表面打磨平整,四角磨出小圆角,并用钢丝刷刷毛,用压缩空气吹净后,刷一薄层环氧树脂浆;然后将已除锈并用二甲苯擦净的型钢骨架贴附梁、柱表面,用卡具卡紧、焊牢,用环氧胶泥将型钢周围封闭,留出排气孔,并在有利灌浆处粘贴灌浆嘴(一般在较低处设置),间距为 2~3 m。待灌浆嘴粘牢后,通气试压,以 0.2~0.4 MPa 的压力将环氧树脂浆从灌浆嘴压入;当排气孔出现浆液后,停止加压,以环氧胶泥堵孔,再以较低的压力维持 10 min 以上,方可停止灌浆。灌浆后不应再对型钢进行锤击、移动和焊接。

当采用乳胶水泥粘贴湿式外包钢加固时,应先将处理好的柱角抹上乳胶水泥,厚约 5 mm,立即将角钢粘贴上,并用夹具在两个方向将柱四角的角钢夹紧,夹具间距不宜大于 500 mm,然后将钢缀板或钢筋缀条与角钢焊接,必须分段交错施焊,整个焊接应在胶浆初凝前完成。

采用干式型钢外包钢加固时,构件表面必须打磨平整,无杂物和尘土,角钢和构件之间宜用 1:2 的水泥砂浆填实。焊接钢板(缀板)时,应用夹具夹紧角钢。用螺栓套箍时,拧紧螺帽后,宜将螺母与垫板焊接。

10.5.4　其他加固方法简介

1. 预应力加固法

预应力加固法是在结构或构件上增设预应力拉杆以加固受弯构件(如屋面板、楼板、框架桁架等)、受拉构件(如桁架中的弦杆、腹杆等),亦可通过增设预应力撑杆来加固柱子。这是一种在构件外部用预应力钢拉杆或型钢撑杆对构件进行加固的方法,可在基本不影响建筑物使用空间的条件下,提高结构构件的承载力,并降低原构件中控制截面的应力水平,部分地消除应变滞后现象。该法加固效果比较好,广泛应用于混凝土构件和钢构件的加固,特别适用于大跨度结构的加固。预应力加固法能够改变构件内力,减小构件挠度,减小混凝土构件的裂缝宽度,甚至使裂缝闭合,但是使用环境中存在腐蚀性介质、高温、明火时,应特别注意防护,在加固钢桁架时还应注意预应力可能造成的杆件内力变号(由拉变压)现象。

2. 粘贴法

粘贴法指用黏结剂将钢板、碳纤维板或碳纤维布粘贴在构件外表面对构件进行加固,以提高构件承载力。粘贴法所用的黏结剂一般由环氧基黏结剂添加各种性能改善剂配制而成,此法可在不改变构件外形和基本不影响建筑物使用空间的条件下提高构件的承载力和使用性能,加固施工速度快、方便。但是粘贴法要求原构件的混凝土强度不能低于 C15(抗弯或抗剪加固)或 C10(外包约束),施工中对粘贴基面的要求也较高,需由专业队伍施工,而且由于黏结剂的原因,要求使用环境的温度不高于 60 ℃,相对湿度不大于 70%,且无腐蚀性介质。更为重要的是,当构件承载力相差太多(大于 30%)时此法不适用。此外,粘贴好的碳纤维脆性很强。

加固实例表明,当轻级、中级工作厂房混凝土吊车梁承载力(受弯、受剪)相差小于 20% 左右时,粘贴碳纤维加固效果最好。由于吊车梁承受动荷载,用其他方法加固使用一段时间后黏结、连接极易松动,不能有效传递荷载,打孔处的混凝土使用一段时间后往往出现局部破坏。

3. 喷射混凝土加固法

喷射混凝土加固法指用专用的空气压缩机、喷浆机,将混凝土拌合料和水(干喷机)或混凝土湿料(湿喷机)以高速喷射到旧结构表面,使其快速凝结,以对原结构进行加固,还可在构件表面布设钢筋。喷射混凝土不需振捣,它借助水泥与骨料之间连续反复的冲击达到密实,也不需支模或只需部分支模,施工方便,速度快,工期短,与原结构黏结较好。该法在隧道、护坡加固施工中使用较多,表面积大的工业与民用建筑也可用此法加固。

4. 灌浆法

化学灌浆和水泥灌浆修补法是用压力设备将化学浆液或水泥浆液灌入构件的裂缝之中从而达到堵漏、补强目的,或将其灌入地基中以提高地基承载力的方法。灌浆法具有操作简便、费用低的优点,但需采用专用设备,化学浆液有一定的腐蚀性或毒性,灌浆时需采取劳动保护措施。

5. 植筋加固法

植筋加固法是近年来兴起的一种新型加固方法,发展非常迅速,但目前尚未列入规范、规程或标准。该方法是在基础、柱、梁的混凝土中打孔,然后向打好的孔中注入高强灌浆料或黏结剂,再插入钢筋,黏结剂完全凝固后能使钢筋应力达到或超过屈服强度而不发生黏结破坏。事实上它不是一种独立的加固方法,而是通过植筋解决了加固或新增梁、柱、板混凝土中的钢筋生根问题,使新增部分能很好地传递内力。目前这种方法主要用于房屋改造中新增梁、柱、板的钢筋生根。此法大大方便了工程改造,但对植筋料及施工人员的素质要求较高,目前如何确保质量还没有统一标准,对植筋的受力机理研究也较少。

【本章小结】

本章介绍了混凝土结构、砌体结构、钢结构的常用现场检测方法;介绍了几种混凝土强度检测技术中的基本检测方法,如回弹法、超声回弹综合法、钻芯法;讲解了混凝土质量与缺陷检测常用的超声法的操作方法和检测内容;阐述了钢筋位置检测常用的电磁感应法的测试方法以及钢筋焊缝质量检测常用的超声检测法的操作过程。

【思考题】

10-1 结构的现场检测方法有哪些? 各有什么特点? 不同的现场检测方法分别适用于哪些条件?

10-2 回弹仪的工作原理是什么? 如何使用回弹仪进行混凝土的强度检测? 如何正确选用回弹仪? 简述回弹仪的标定过程。

10-3 如何使用超声脉冲法检测混凝土的强度、缺陷、裂缝深度?

10-4 用钻芯法检测混凝土强度有哪些特点?

10-5 综合比较几种检测混凝土强度的方法,总结其工作特点和适用场合。

10-6 简述超声回弹综合法检测混凝土强度的工作过程。

10-7 砌体强度的检测方法有哪几种? 简述其工作特点、使用条件和使用时的注意事项。

10-8 钢结构的现场检测内容有哪几种? 使用哪些仪器? 检测方法和注意事项有哪些?

10-9 简述焊缝缺陷检测过程。

第 3 篇　专业方向试验

第 11 章　工程结构模型试验

【本章提要】

本章主要介绍了结构模型试验，需要学生了解并掌握物理现象相似、相似原理的概念，熟悉相似判据的确定方法；了解模型设计过程以及材料性质及其对试验结果的影响等。

11.1　概述

11.1.1　模型试验的特点

结构模型试验与原型试验相比较，具有以下特点。

（1）经济性好。由于结构模型的几何尺寸一般比原型小得多，模型尺寸与原型尺寸的比值多为 1/6~1/2，有时也可取 1/20~1/10，因此模型的制作容易，装拆方便，节省材料、劳动和时间，并且同一个模型可以进行多个不同目的的试验。

（2）针对性强。结构模型试验可以根据试验的目的，突出主要因素，简化次要因素。这对于结构性能的研究、新型结构的设计、结构理论的验证和推动新的计算理论的发展都具有一定的意义。

（3）数据准确。由于试验模型小，一般可在试验环境条件较好的室内进行试验，因此可以严格控制其主要参数，避免许多外界因素的干扰，保证试验结果的准确度。

总之，结构模型试验不仅可确定结构的工作性能和验证有限的结构理论，而且可使人们从结构性能有限的理论知识中解放出来，投入大量实际结构有待探索的领域中去。但模型试验的不足之处在于必须建立在合理的相似条件的基础上，因此，它的发展必须依赖相似理论的不断完善与进步。

11.1.2　模型试验的应用范围

工程结构模型试验归纳起来，主要应用于以下几个方面。

（1）代替大型结构试验或作为大型结构试验的辅助试验。许多受力复杂、体积庞大的构件或结构物（如厂房的空间刚架、高层建筑和大跨度桥梁等），往往很难进行实物试验。这是因为现场试验条件复杂，试验荷载难以实现，室内的足尺试验又受经济能力和室内空间的限制，所以常用模型试验代替。对于某些重要的复杂结构，模型试验则作为实际结构试验的辅助试验。在实际结构试验之前先通过模型试验获得必要的参考数据，以指导实际结构试验工作顺利进行。

（2）作为结构分析计算的辅助手段。当设计较复杂的结构时，由于设计计算存在一定的局限性,往往通过模型试验做结构分析,弥补设计上存在的不足,核算设计计算方法的适用性。

（3）验证和发展结构计算理论。新的设计计算理论和方法的提出,通常需要一定的结构试验来验证,由于模型试验具有较强的针对性,故验证试验一般采用模型试验。

由于模型制作尺寸存在一定的误差,故模型试验常与计算机分析相配合,试验与计算分析结果相互校核。此外,模型试验很难模拟某些起关键作用的结构的局部细节,如结构连接接头、焊缝特性、残余应力、钢筋与混凝土间的握裹力及锚固长度等,故对这种结构进行模型试验之后,还需进行实物试验做最后的校核。

模型试验一般包括模型设计、制作、测试和分析总结等几个方面,中心问题是如何设计模型。

11.2　模型试验理论基础

11.2.1　相似的含义

这里所讲的相似是指模型和真型对应的物理量的相似,它比通常所讲的几何相似概念更广泛些。在进行物理变化的系统中,第一过程和第二过程相应的物理量的比例保持着常数,这些常数间又存在相互制约的关系,这种现象称为相似现象。所谓物理现象相似,是指除了几何相似外,在进行物理过程的整个系统中,在相应的时刻第一过程和第二过程相应的物理量的比例保持常数。

下面简略介绍与结构性能有关的几个主要物理量的相似。

11.2.2　相似量的表达

相似模型的设计必须满足原型和模型之间的相似条件,即它们对应的各物理量的比例保持常数（相似常数）,并且这些常数之间也保持一定的组合关系（即相似条件）。

1. 几何相似

结构模型和原型几何相似,就是要求模型和原型结构所有对应部分的尺寸成比例,它们的比例常数称为长度相似常数,即

$$S_l = \frac{l_m}{l_p} = \frac{b_m}{b_p} = \frac{h_m}{h_p} \tag{11-1}$$

式中,下标 m 与 p 分别表示模型和原型。

根据截面特性与截面尺寸之间的关系,面积相似常数、截面模量相似常数和惯性矩相似常数分别如下:

$$
\begin{aligned}
S_A &= S_l^2 \\
S_W &= S_l^3 \\
S_I &= S_l^4
\end{aligned}
\tag{11-2}
$$

根据变形体系的位移、长度和应变之间的关系,位移相似常数为

$$S_x = \frac{x_m}{x_p} = \frac{\varepsilon_m l_m}{\varepsilon_p l_p} = S_\varepsilon S_l \tag{11-3}$$

2. 质量相似

在结构的动力问题中,要求结构的质量分布相似,即模型与原型结构对应部分的质量成比例。质量相似常数为

$$S_m = \frac{m_{1m}}{m_{1p}} = \frac{m_{2m}}{m_{2p}} = \frac{m_{3m}}{m_{3p}} \tag{11-4}$$

对于具有分布质量的部分,用质量密度(单位体积的质量)ρ 表示,质量密度相似常数为

$$S_\rho = \frac{\rho_m}{\rho_p} = \frac{m_m/V_m}{m_p/V_p} = \frac{S_m}{S_l^3} \tag{11-5}$$

3. 荷载相似

荷载相似要求模型和原型在各对应点所受的荷载方向一致,荷载大小和作用位置成比例。集中荷载相似常数:

$$S_P = \frac{P_m}{P_p} = \frac{A_m \sigma_m}{A_p \sigma_p} = S_l^2 S_\sigma \tag{11-6}$$

线荷载相似常数:

$$S_w = S_l S_\sigma \tag{11-7}$$

面荷载相似常数:

$$S_q = S_\sigma \tag{11-8}$$

弯矩或扭矩相似常数:

$$S_M = S_l^3 S_\sigma \tag{11-9}$$

当需要考虑结构自重的影响时,还需要考虑重量分布的相似:

$$S_{mg} = \frac{m_m g_m}{m_p g_p} = S_m S_g = S_\rho S_l^3 S_g \tag{11-10}$$

式中 S_g——重力加速度相似常数,通常 $S_g=1$,故有

$$S_m S_g = S_l^3 S_\rho \tag{11-11}$$

4. 物理相似

物理相似要求模型与原型的各对应点的应力和应变、刚度和变形间的关系相似。

正应力相似常数:

$$S_\sigma = \frac{\sigma_m}{\sigma_p} = \frac{E_m \varepsilon_m}{E_p \varepsilon_p} = S_E S_\varepsilon \tag{11-12}$$

剪应力相似常数:

$$S_\tau = \frac{\tau_m}{\tau_p} = \frac{G_m \gamma_m}{G_p \gamma_p} = S_G S_\gamma \tag{11-13}$$

泊松比相似常数:

$$S_\mu = \frac{v_m}{v_p} \tag{11-14}$$

式中　　S_E、S_ε、S_G、S_γ——弹性模量、法向应变、剪切模量、剪应变相似常数。

由刚度和变形间的关系可知刚度相似常数为

$$S_k = \frac{S_P}{S_x} = \frac{S_\sigma S_l^2}{S_l} = S_\sigma S_l \tag{11-15}$$

5. 时间相似

在动力问题中,要求结构模型和原型的速度、加速度在对应的时刻成比例,与其相对应的时间也应成比例,故有时间相似常数:

$$S_t = \frac{t_{1m}}{t_{1p}} = \frac{t_{2m}}{t_{2p}} = \frac{t_{3m}}{t_{3p}} \tag{11-16}$$

6. 边界条件相似

边界条件相似要求模型和原型在与外界接触的区域内各种条件保持相似,也即要求支承条件相似、约束情况相似以及边界上的受力情况相似。模型的支承和约束条件可以由与原型结构构造相同的条件来满足与保证。

7. 初始条件相似

对于结构的动力问题,为了保证模型与原型的动力反应相似,要求初始时刻运动的参数相似。运动的初始条件包括初始状态下的几何位置,质点的位移、速度和加速度。

11.2.3　相似原理

结构模型试验的目的是研究结构物的应力和变形状态。为使模型上产生的物理现象与原型相似,模型的几何形状、材料特性、边界条件和外部荷载等必须遵循一定的规律,这种规律就是相似原理。

扫一扫:延伸阅读　相似原理

相似原理是研究自然界中相似现象的性质和鉴别相似现象的基本原理,由三个相似定理组成。这三个相似定理从理论上阐明了相似现象有什么性质,满足什么条件才能实现现象的相似。下面分别介绍。

1. 第一相似定理

第一相似定理即彼此相似的现象单值条件相同,其相似准数的数值也相同。单值条件是决定一个现象的特性并使它从一群现象中区分出来的那些条件。它在一定的试验条件下,只有唯一的试验结果。属于单值条件的因素有:系统的几何特性、介质或系统中对所研究现象有重大影响的物理参数、系统的初始状态、边界条件等。第一相似定理揭示了相似现象的性质,说明了两个相似现象在数量上和空间中的关系。

第一相似定理是牛顿于 1786 年首先发现的,它揭示了相似现象的性质。下面以牛顿第二定律为例说明这些性质。

对于实际的质量运动系统,有

$$F_p = m_p a_p \tag{11-17}$$

对于模拟的质量运动系统,有

$$F_m = m_m a_m \tag{11-18}$$

因为这两个运动系统相似,故它们各个对应的物理量成比例:

$$\left.\begin{array}{l} F_{\mathrm{m}} = S_F F_{\mathrm{p}} \\ m_{\mathrm{m}} = S_m m_{\mathrm{p}} \\ a_{\mathrm{m}} = S_a a_{\mathrm{p}} \end{array}\right\} \qquad (11\text{-}19)$$

式中　S_F、S_m、S_a——两个运动系统中对应的物理量(即力、质量、加速度)的相似常数。

将式(11-19)代入式(11-18)得

$$\frac{S_F}{S_m S_a} F_{\mathrm{p}} = m_{\mathrm{p}} a_{\mathrm{p}} \qquad (11\text{-}20)$$

比较式(11-17)和式(11-20),显然仅当

$$\frac{S_F}{S_m S_a} = 1 \qquad (11\text{-}21)$$

时,式(11-20)才能与式(11-17)一致。式(11-21)表明,相似现象中的相似常数不都是任意选取的,它们之间存在一定的关系,这是由于物理现象中各物理量之间存在一定关系的缘故。我们称 $\frac{S_F}{S_m S_a}$ 为相似指标。

将式(11-19)代入式(11-21),可得到

$$\frac{F_{\mathrm{p}}}{m_{\mathrm{p}} a_{\mathrm{p}}} = \frac{F_{\mathrm{m}}}{m_{\mathrm{m}} a_{\mathrm{m}}} = \pi \qquad (11\text{-}22)$$

式中　π——相似准数,也称 π 数,它是联系相似系统中各物理量的一个无量纲组合。

注意:相似常数和相似准数的概念是不同的。相似常数是指两个相似现象中,两个相对应的物理量始终保持的常数,但在与此两个现象相似的第三个相似现象中,它可具有不同的值。相似准数在所有相似现象中是一个不变量,它表示相似现象中各物理量应保持的关系。

2. 第二相似定理

第二相似定理:某一现象各物理量之间的关系方程式,都可表示为相似准数之间的函数关系。写成相似准数方程式的形式:

$$f(X_1, X_2, X_3, \cdots) = G(\pi_1, \pi_2, \pi_3, \cdots) = 0 \qquad (11\text{-}23)$$

相似准数的记号通常用 π 表示,因此第二相似定理也称 π 定理。π 定理是量纲分析的普遍定理。第二相似定理为模型设计提供了可靠的理论基础。

第二相似定理是指在相似现象中,其相似准数不管用什么方法得到,描述物理现象的方程均可转化为相似准数方程的形式。它告诉人们如何处理模型试验的结果,即应当以相似准数间的关系所给定的形式处理试验数据,并将试验结果推广到其他相似现象中去。

3. 第三相似定理

第三相似定理即现象的单值条件相似,由单值条件导出来的相似准数的数值相等,是现象相似的充分和必要条件。第一、第二相似定理在以现象相似为前提的情况下,确定了相似现象的性质,给出了相似现象的必要条件。第三相似定理补充了前面两个定理,明确了只要满足单值条件相似和由此导出的相似准数相等这两个条件,则现象必然相似。

根据第三相似定理,当考虑一个新现象时,只要它的单值条件与曾经研究过的现象单值条件相同,并且存在相等的相似准数,就可以肯定它们相似,从而可以将研究过的现象的结

果应用到新现象中去。第三相似定理终于使相似原理构成了一套完善的理论,成为组织试验和进行模拟的科学方法。

在模型试验中,为了使模型与原型保持相似,必须按相似原理推导出相似准数方程。模型设计则应在保证这些相似准数方程成立的基础上确定出适当的相似常数。最后将试验所得数据整理成准数间的函数关系来描述所研究的现象。

11.3　相似条件的确定方法

如果模型和原型相似,则它们的相似常数必须满足一定的组合关系,这个组合关系称为相似条件。在进行模型设计时,必须首先根据相似原理确定相似指标或相似条件。

确定相似条件的方法有方程式分析法和量纲分析法两种。方程式分析法用于物理现象的规律已知,并可以用明确的数学物理方程表示的情况。量纲分析法则用于物理现象的规律未知,不能用明确的数学物理方程表示的情况。

11.3.1　方程式分析法

方程式分析法是指研究现象中的各物理量之间的关系可以用方程式表达时,可以用表达这一物理现象的方程式导出相似判据。

1. 代数方程的方程式分析法

设简支梁受静力均布荷载 Q 作用,如图 11-1 所示。假定该梁在弹性范围内工作,不考虑时间因素对材料性能的影响,也不考虑剩余应力或温度应力的影响,而且认为弹性变形对结构几何尺寸的影响可以忽略不计。

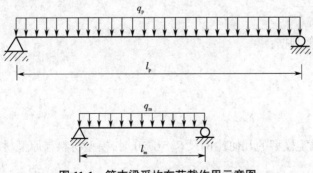

图 11-1　简支梁受均布荷载作用示意图

对于原型结构,在任意截面 x 处的弯矩为

$$M_p = \frac{1}{2} q_p x_p \left(l_p - x_p \right) \tag{11-24}$$

截面上的正应力为

$$\sigma_p = \frac{M_p}{W_p} = \frac{1}{2W_p} q_p x_p \left(l_p - x_p \right) \tag{11-25}$$

截面处的挠度为

$$f_m = -\frac{q_m x_m}{24 E_p I_p}\left(l_p^3 - 2x_p^3 l_p + x_p^3\right) \tag{11-26}$$

当要求模型与原型相似时,各物理量之间的相似常数应满足如下相似关系:

$$\frac{l_m}{l_p} = \frac{h_m}{h_p} = \frac{b_m}{b_p} = S_l, \quad \frac{q_m}{q_p} = S_q, \quad \frac{E_m}{E_p} = S_E$$

$$\frac{\sigma_m}{\sigma_p} = S_\sigma, \quad \frac{f_m}{f_p} = S_f, \quad \frac{x_m}{x_p} = S_l, \quad \frac{W_m}{W_p} = S_l^3, \quad \frac{I_m}{I_p} = S_l^4$$

将表达模型简支梁的应力和挠度的方程式(11-25)及式(11-26)中的各项用原型的相应项与对应的相似常数的乘积代入,并经过整理可得

$$\sigma_p = \frac{S_q}{S_l S_\sigma}\frac{1}{2W_p}q_p x_p\left(l_p - x_p\right) \tag{11-27}$$

$$f_m = \frac{S_q}{S_E S_f}\frac{q_m x_m}{24 E_p I_p}\left(l_p^3 - 2x_p^3 l_p + x_p^3\right) \tag{11-28}$$

比较式(11-25)、式(11-27)与式(11-26)、式(11-28),则要求

$$\left.\begin{array}{l}\dfrac{S_q}{S_l S_\sigma} = 1 \\[3mm] \dfrac{S_q}{S_E S_f} = 1\end{array}\right\} \tag{11-29}$$

式(11-29)还可以表示成

$$\left.\begin{array}{l}\dfrac{q_m}{l_m \sigma_m} = \dfrac{q_p}{l_p \sigma_p} \\[3mm] \dfrac{q_m}{E_m f_m} = \dfrac{q_p}{E_p f_p}\end{array}\right\} \tag{11-30}$$

即求得两个相似判据:

$$\left.\begin{array}{l}\sigma_1 = \dfrac{q}{l\sigma} \\[3mm] \sigma_2 = \dfrac{q}{Ef}\end{array}\right\} \tag{11-31}$$

在本例中,当选定模型的几何比例尺 $S_l = 1/20$ 时,模型材料与原型材料相同,即 $S_E = 1$。当试验要求模型的应力与原型的应力相等,即 $S_\sigma = 1$ 时,根据相似指标 $\dfrac{S_q}{S_l S_\sigma} = 1$ 和 $\dfrac{S_q}{S_E S_f} = 1$

可求得 $S_q = S_l, S_q = \dfrac{1}{20}, S_f = \dfrac{S_q}{S_E} = \dfrac{1}{20}$。说明模型上应加的均布荷载为原型的 1/20,模型上测到的挠度为原型的 1/20。

2. 微分方程的方程式分析法

一个单自由度体系受地震作用发生强迫振动,该体系振动的微分方程为

$$m\frac{d^2 x}{dt^2} + c\frac{dx}{dt} + kx = P(t) \tag{11-32}$$

模型的微分方程为

$$m_m \frac{d^2 x_m}{dt_m^2} + c_m \frac{dx_m}{dt_m} + k_m x_m = P_m(t_m) \tag{11-33}$$

结构动力试验模型要求体系的动力平衡方程与原型的相似。按照前述结构静力试验模型的方法,各物理量的相似关系如下:

$$
\left.
\begin{aligned}
S_m &= \frac{m_m}{m_p} = S_l \\
S_c &= \frac{c_m}{c_p} \\
S_k &= \frac{k_m}{k_p} \\
S_\rho &= \frac{\rho_m}{\rho_p} \\
\frac{\dot{x}_m}{\dot{x}_p} &= \frac{S_x}{S_t} \\
\frac{\ddot{x}_m}{\ddot{x}_p} &= \frac{S_x}{S_t^2} \\
S_t &= \frac{t_m}{t_p}
\end{aligned}
\right\} \tag{11-34}
$$

将式(11-34)代入式(11-33),模型参数用原型参数与相似常数的乘积表示:

$$\frac{S_m S_x}{S_t^2 S_\rho} m \frac{d^2 x}{dt^2} + \frac{S_c S_x}{S_t S_\rho} c \frac{dx}{dt} + \frac{S_k S_x}{S_\rho} kx = P(t) \tag{11-35}$$

比较式(11-32)与式(11-35)得

$$
\left.
\begin{aligned}
\frac{S_m S_x}{S_t^2 S_\rho} &= 1 \\
\frac{S_c S_x}{S_t S_\rho} &= 1 \\
\frac{S_k S_x}{S_\rho} &= 1
\end{aligned}
\right\} \tag{11-36}
$$

由此可得相似判据为

$$
\left.
\begin{aligned}
\pi_1 &= \frac{mx}{t^2 P(t)} \\
\pi_2 &= \frac{cx}{tP(t)} \\
\pi_3 &= \frac{kx}{P(t)}
\end{aligned}
\right\} \tag{11-37}
$$

微分方程求相似判据的步骤:

(1)把微分方程中的所有微分符号去掉;

（2）任取其中一项除方程中的其他各项；

（3）所得的各项即为要求的相似判据。

这说明相似判据的形式变换仅与相似常数有关,微分符号可以不考虑。

【例 11.1】已知模型梁如图 11-2 所示,模型与原型的相似常数如图所示。

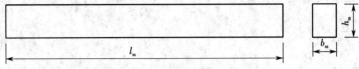

图 11-2　做自由振动的简支梁

几何尺寸相似常数: $S_l = \dfrac{h_m}{h_p} = \dfrac{b_m}{b_p} = \dfrac{l_m}{l_p} = \dfrac{1}{20}$

材料弹性模量相似常数: $S_E = \dfrac{E_m}{E_p} = \dfrac{1}{10}$

材料密度相似常数: $S_\rho = \dfrac{\rho_m}{\rho_p} = \dfrac{1}{2.5}$

假定测得模型梁的一阶自振频率为 50 Hz,求原型梁的自振频率。

解: 等截面梁的振动微分方程为

$$EI \frac{\partial^4 y}{\partial x^4} + A\rho \frac{\partial^2 y}{\partial t^2} = 0$$

其中

$$A = bh$$

$$I = \frac{1}{12} bh^3$$

（1）去掉微分符号得

$$EI \frac{y}{x^4} + A\rho \frac{y}{t^2} = 0$$

（2）取第二项除方程中的其他各项得

$$EI \frac{y}{x^4} \frac{t^2}{A\rho y} + 1 = 0$$

（3）求得相似判据:

$$\rho = \frac{EI t^2}{A\rho x^4}$$

根据相似现象相似判据相等的原理求得相似指标为

$$\frac{S_E S_l^2}{S_l^2 S_\rho} = 1$$

即频率相似常数为

$$S_f^2 = \frac{1}{S_l^2} = \frac{1}{S_l^2} \frac{S_E}{S_\rho}$$

$$S_f = \frac{1}{S_l}\sqrt{\frac{S_E}{S_\rho}} = 20\sqrt{\frac{2.5}{10}} = 10$$

所以原型梁的一阶自振频率为

$$f = \frac{f_m}{S_f} = \frac{50}{10} = 5 \text{ Hz}$$

11.3.2　量纲分析法

用方程式分析法推导相似准数时,要求现象的规律必须能用明确的数学方程式表示,然而在实践中,许多研究问题的规律事先并不很清楚,在模型设计之前一般不能提出明确的数学方程。这时,可以用量纲分析法求得相似条件。量纲分析法不需要建立现象的方程式,只要确定研究问题的影响因素和相应的量纲即可。

被测物理量的种类称为量纲,它实质上是广义的量度单位,同一类型的物理量具有相同的量纲。例如,长度、距离、位移、宽度、高度等具有相同的量纲 [L]。

1. 量纲系统

在实际工作中,常选择少数几个物理量的量纲作为基本量纲,其他物理量的量纲可由基本量纲导出,称为导出量纲。在量纲分析中有两个基本量纲系统:绝对系统和质量系统。绝对系统的基本量纲为长度 [L]、时间 [T] 和力 [F],而质量系统的基本量纲是长度 [L]、时间 [T] 和质量 [M]。对于无量纲的量,用 [1] 表示。土木工程中常用物理量的量纲见表 11-1。

表 11-1　土木工程中常用物理量的量纲

物理量	绝对系统量纲	物理量	绝对系统量纲
长度	[L]	阻尼	$[FL^{-1}T]$
时间	[T]	力矩	[FL]
质量	$[FL^{-1}T^2]$	能量	[FL]
力	[F]	温度	$[\theta]$
位移	[L]	功率	$[FLT^{-1}]$
速度	$[LT^{-1}]$	质量惯性矩	$[FLT^2]$
加速度	$[LT^{-2}]$	惯性矩	$[L^4]$
角度	[1]	相对密度	$[FL^{-3}]$
角速度	$[T^{-1}]$	密度	$[FL^{-4}T^2]$
角加速度	$[T^{-2}]$	应变	[1]
应力、压强	$[FL^{-2}]$	弹性模量	$[FL^{-2}]$
强度	$[FL^{-2}]$	剪切模量	$[FL^{-2}]$
刚度	$[FL^{-1}]$	泊松比	[1]

2. 量纲分析法的过程

量纲分析法建立相似条件的主要过程如下。

(1)确定研究问题的主要影响因素 $x_1, x_2, x_3, \cdots, x_{n-1}, x_n$ 及相应的量纲、基本量纲个数 k。

将这些物理量用函数形式表示:

$$f(x_1,x_2,x_3,\cdots,x_{n-1},x_n)=0 \tag{11-38}$$

（2）根据 π 定理,将 $f(x_1,x_2,x_3,\cdots,x_{n-1},x_n)=0$ 改写成 π 函数方程:

$$g(\pi_1,\pi_2,\pi_3,\cdots,\pi_{n-k})=0 \tag{11-39}$$

式中

$$\pi=x_1^{a_1}x_2^{a_2}x_3^{a_3}\ldots x_n^{a_n} \tag{11-40}$$

（3）写出量纲矩阵:矩阵的列是各物理量的基本量纲的幂次,行是某一基本量纲的各物理量的幂次。

（4）根据量纲和谐原理,写出基本量纲指数关系的联立方程,即量纲矩阵中各个物理量对应于每个基本量纲的幂次之和等于零。

（5）求解基本量纲指数关系的联立方程,用 π 矩阵表示。

（6）π 矩阵的每一行对应一个 π 数,即相似准数。

（7）根据第三相似定理,相似现象对应的 π 数相等,确定各相似条件。

【例 11.2】用量纲分析法确定例 11.1 的相似条件。

解:（1）确定影响因素及量纲系统:根据材料力学知识,受横向荷载作用的梁的正应力 σ 和跨中挠度 f 是截面抗弯模量 W、荷载 P、梁跨度 l、弹性模量 E 和截面惯性矩 I 的函数。用函数形式表示为

$$F(\sigma,f,P,l,E,W,I)=0 \tag{11-41}$$

物理量个数 $n=7$,基本量纲个数 $k=2$,故独立的 π 数为 $n-k=5$。

（2）根据 π 定理,式（11-41）可改写为 π 函数方程:

$$g(\pi_1,\pi_2,\pi_3,\pi_4,\pi_5)=0 \tag{11-42}$$

式中

$$\pi=\sigma^{a_1}f^{a_2}P^{a_3}l^{a_4}E^{a_5}W^{a_6}I^{a_7} \tag{11-43}$$

（3）确定量纲矩阵:

	σ	f	P	l	E	W	I	
[L]	-2	1	0	1	-2	3	4	(11-44)
[F]	1	0	1	0	1	0	0	

（4）根据量纲和谐原理确定 π 数。根据量纲矩阵,可得基本量纲指数关系的联立方程。

对量纲 [L]:

$$-2a_1+a_2+a_4-2a_5+3a_6+4a_7=0 \tag{11-45}$$

对量纲 [F]:

$$a_1+a_3+a_5=0 \tag{11-46}$$

上述方程组共有 7 个未知量,只有 2 个方程,需假定 5 个变量的值,其他 2 个未知量（一般取基本量纲的指数,本例中取 P、l）由下面两式确定。

$$a_4=2a_1-a_2+2a_5-3a_6-4a_7 \tag{11-47}$$

$$a_3=-a_1-a_5 \tag{11-48}$$

上述方程组的解可用 π 矩阵来表示（矩阵中的每一行组成一个无量纲组合）:

	σ	f	E	W	I	P	l
π_1	1	0	0	0	0	-1	2
π_2	0	1	0	0	0	0	-1
π_3	0	0	1	0	0	-1	2
π_4	0	0	0	1	0	1	-3
π_5	0	0	0	0	1	0	-4

$$(11\text{-}49)$$

由上述矩阵（11-49）可得 5 个 π 数：

$$\pi_1 = \frac{\sigma l^2}{P}, \ \pi_2 = \frac{f}{l}, \ \pi_3 = \frac{El^2}{P}, \ \pi_4 = \frac{W}{l^3}, \ \pi_5 = \frac{I}{l^4}$$

（5）由第三相似定理确定相似条件：

$$\frac{S_\sigma S_l^2}{S_P} = 1, \ \frac{S_f}{S_l} = 1, \ \frac{S_E S_l^2}{S_P}, \ \frac{S_W}{S_l^3} = 1, \ \frac{S_I}{S_l^4} = 1$$

事实上，上述确定相似条件的过程可以进一步简化，只需要步骤（1）、步骤（3）、步骤（4）的式（11-49）和步骤（5）即可。根据每行各物理量之积无量纲的原则，可以很方便地确定出式（11-49）最后两列数。这样做既简便，又快捷，并且不易出错。例如：对于式（11-49）的第一行，我们知道，σ 的量纲为 $[FL^{-2}]$，P 的量纲为 $[F]$，l 的量纲为 $[L]$，要保证该行各物理量之积无量纲，则物理量 P、l 的幂指数比必须分别等于 -1 和 2。

【例 11.3】用量纲分析法求质量 - 弹簧 - 阻尼动力系统的相似条件。

解：（1）确定影响因素及量纲系统：根据动力学知识，该问题的主要影响因素有质量 m、弹簧刚度 k、阻尼系数 C、质点的位移 x、速度 v、加速度 a、时间 t 和干扰力 $P(t)$。用函数形式表示为

$$F(m,k,C,x,v,a,t,P) = 0 \tag{11-50}$$

在式（11-50）中，物理量个数 $n=8$，基本量纲个数 $k=3$，故独立的 π 数为 $n-k=5$。

（2）确定量纲矩阵：由每个物理量的基本量纲的幂指数组成。

	m	k	C	x	v	a	t	P
[L]	-1	-1	-1	1	1	1	0	1
[F]	1	1	1	0	0	0	0	1
[T]	2	0	1	0	-1	-2	1	0

（3）确定 π 矩阵：将基本量纲对应的物理量排在最后（虚线之后），其他物理量放在前（虚线之前），并假定由其他物理量组成的矩阵为单位矩阵，则可得基本量纲物理量的矩阵。

	m	k	C	v	a	x	P	t
π_1	1	0	0	0	0	1	-1	-2
π_2	0	1	0	0	0	1	-1	0
π_3	0	0	1	0	0	1	-1	-1
π_4	0	0	0	1	0	-1	0	1
π_5	0	0	0	0	1	-1	0	2

由上述矩阵可得 5 个 π 数：

$$\pi_1 = \frac{mx}{Pt^2}, \; \pi_2 = \frac{kx}{P}, \; \pi_3 = \frac{Cx}{Pt}, \; \pi_4 = \frac{vt}{x}, \; \pi_5 = \frac{at^2}{x}$$

（4）由第三相似定理确定相似条件：

$$\frac{S_m S_l}{S_P S_t^2} = 1, \; \frac{S_k S_l}{S_P} = 1, \; \frac{S_C S_l}{S_P S_t} = 1, \; \frac{S_v S_t}{S_l} = 1, \; \frac{S_a S_t^2}{S_l} = 1$$

11.4　模型设计

模型设计是模型试验的关键。因此模型设计不仅要确定模型的相似准数，而且应综合考虑各种因素，如模型类别、模型制作材料、试验条件以及模型制作条件，确定出适当的物理量的相似常数。

模型设计一般按照下列程序进行：

（1）根据任务明确试验的具体目的和要求，选择适当的模型制作材料；

（2）针对任务所研究的对象，用模型试验理论的方法确定相似准数；

（3）根据现有试验条件确定模型的几何尺寸，即几何相似常数；

（4）根据由相似准数导出的相似条件确定其他相似常数；

（5）绘出模型施工图。

结构模型几何尺寸的变动范围较大，缩尺比例可以从几分之一到几百分之一，设计时应综合考虑模型类型、模型制作条件及试验条件来确定一个最优的几何尺寸。小模型所需荷载小，但制作较困难，加工精度要求高，对测量仪表要求亦高；大模型所需荷载大，但制作方便，对测量仪表无特殊要求；一般来说，弹性模型的缩尺比例较小，因为模型的截面最小厚度、钢筋间距、保护层厚度等都受到制作可能性的限制，不可能取得太小。目前最小的钢丝水泥砂浆板壳模型厚度可做到 3 mm，最小的梁柱截面边长可做到 6 mm。几种模型结构常用的缩尺比例见表 11-2。

表 11-2　模型结构的缩尺比例

结构类型	弹性模型	强度模型	结构类型	弹性模型	强度模型
壳体	1/200~1/50	1/30~1/10	板结构	1/25	1/10~1/4
铁路桥	1/25	1/20~1/4	坝	1/40	1/75
反应堆容器	1/100~1/50	1/20~1/4	风载作用结构	1/50	一般不用强度模型

模型尺寸不准确是引起模型误差的主要原因之一。模型尺寸的允许误差范围和原结构尺寸的允许误差范围一样，为 5%，但由于模型的几何尺寸小，允许制作偏差的绝对值就较小，在制作模型时对其尺寸应加倍注意。模板对模型尺寸有重要的影响，制作模板的材料应体积稳定，不随温、湿度而变化。有机玻璃是较好的模板材料，为了降低费用，也可用表面覆有塑料的木材做模型，型铝也是常用的模板材料，它和有机玻璃配合使用相当方便。

对于钢筋混凝土结构模型，模型钢筋一般很细柔，其位置易在浇捣混凝土时受机械振动的影响，从而直接影响结构的承载能力。直线形构件常在两个端模板上的钢筋位置处钻孔，并将钢筋稍微张紧,以确保其位置。

对于某些结构,如薄壁结构,由于原型结构腹板较薄,若为了满足几何相似条件按三维几何比例缩小制作模型就会产生模型制作工艺上的困难。这样就无法用几何相似设计模型,而需考虑采用非完全几何相似的方法设计模型,即所谓的变态模型设计。关于变态模型设计可参考有关的专著。

下面介绍结构模型设计中常遇到的几个现象问题。

1. 静力相似

静力相似是指模型与原型不但几何相似,而且所有的作用也相似。对一般的静力弹性模型,若以长度及弹性模量的相似常数 S_l、S_E 为设计时首先确定的条件,所得其他量的相似常数都是 S_l 和 S_E 的函数或等于 1。表 11-3 列出了一般静力弹性模型的相似常数要求。

表 11-3　结构静力弹性模型的相似常数和相似关系

类型	物理量	量纲(绝对系统)	相似关系	类型	物理量	量纲(绝对系统)	相似关系
材料特性	应力 σ	$[FL^{-2}]$	$S_\sigma = S_E$	几何特性	面积 A	$[L^2]$	$S_A = S_l^2$
	应变 ε	—	$S_\varepsilon = 1$		截面抵抗矩 W	$[L^3]$	$S_W = S_l^3$
	弹性模量 E	$[FL^{-2}]$	S_E		惯性矩 I	$[L^4]$	$S_I = S_l^4$
	泊松比 μ	—	$S_\mu = 1$	荷载	集中荷载 P	$[F]$	$S_P = S_E S_l^2$
	质量密度 ρ	$[FT^2 L^{-4}]$	$S_\rho = \dfrac{S_E}{S_l}$		线荷载 w	$[FL^{-1}]$	$S_w = S_E S_l$
几何特性	长度 l	$[L]$	S_l		面荷载 q	$[FL^{-2}]$	$S_q = S_E$
	线位移 x	$[L]$	$S_x = S_l$		力矩 M	$[FL]$	$S_M = S_E S_l^3$
	角位移 θ	—	$S_\theta = 1$				

2. 动力相似

在进行动力模型设计时,除作用有结构变形产生的弹性力以外,还有重力、惯性力 ma 以及结构运动的阻尼力 Cv 等。因此,动力相似问题中的物理量除静力相似问题中的各项,还包括时间 t、加速度 a、速度 v、阻尼 C 以及重力加速度 g 等。

在进行动力模型设计时,除了将长度 [L] 和力 [F] 作为基本物理量以外,还要考虑时间 [T] 的因素。表 11-4 为结构动力模型的相似常数和相似关系。

表 11-4　结构动力模型的相似常数和相似关系

类型	物理量	量纲 (绝对系统)	相似关系	
			(a)一般模型	(b)忽略重力影响模型
材料特性	应力 σ	$[FL^{-2}]$	$S_\sigma = S_E$	$S_\sigma = S_E$
	应变 ε	—	$S_\varepsilon = 1$	$S_\varepsilon = 1$
	弹性模量 E	$[FL^{-2}]$	S_E	S_E
	泊松比 μ	—	$S_\mu = 1$	$S_\mu = 1$
	质量密度 ρ	$[FT^2 L^{-4}]$	$S_\rho = S_E/S_l$	S_ρ

类型	物理量	量纲（绝对系统）	相似关系	
			（a）一般模型	（b）忽略重力影响模型
几何特性	长度 l	[L]	S_l	S_l
	线位移 x	[L]	$S_x=S_l$	$S_x=S_l$
	角位移 θ	—	$S_\theta=1$	$S_\theta=1$
	面积 A	[L²]	$S_A=S_l^2$	$S_A=S_l^2$
荷载	集中荷载 P	[F]	$S_P=S_E S_l^2$	$S_P=S_E S_l^2$
	线荷载 w	[FL⁻¹]	$S_w=S_E S_l$	$S_w=S_E S_L$
	面荷载 q	[FL⁻²]	$S_q=S_E$	$S_q=S_E$
	力矩 M	[FL]	$S_M=S_E S_l^3$	$S_M=S_E S_l^3$
动力特性	质量 m	[FL⁻¹T⁻²]	$S_m=S_\rho S_l^3=S_E S_l^2$	$S_m=S_\rho S_l^3$
	刚度 k	[FL⁻¹]	$S_k=S_E S_l$	$S_k=S_E S_l$
	阻尼 c	[FL⁻¹T]	$S_c=\dfrac{S_m}{S_t}=S_E S_l^{\frac{3}{2}}$	$S_c=\dfrac{S_m}{S_t}=S_l^2(S_\rho S_E)^{\frac{1}{2}}$
	时间 t、固有周期 T	[T]	$S_t=S_T=\left(\dfrac{S_m}{S_k}\right)^{\frac{1}{2}}=S_l^{\frac{1}{2}}$	$S_t=S_T=\left(\dfrac{S_m}{S_k}\right)^{\frac{1}{2}}=S_l\left(\dfrac{S_\rho}{S_E}\right)^{\frac{1}{2}}$
	频率 f	[T⁻¹]	$S_f=\dfrac{1}{S_T}=S_l^{-\frac{1}{2}}$	$S_f=\dfrac{1}{S_T}=S_l^{-1}\left(\dfrac{S_E}{S_\rho}\right)^{\frac{1}{2}}$
	速度 ẋ	[LT⁻¹]	$S_{\dot x}=\dfrac{S_x}{S_t}=S_l^{\frac{1}{2}}$	$S_{\dot x}=\dfrac{S_x}{S_t}=\left(\dfrac{S_E}{S_\rho}\right)^{\frac{1}{2}}$
	加速度 ẍ	[LT⁻²]	$S_{\ddot x}=\dfrac{S_x}{S_t^2}=1$	$S_{\ddot x}=\dfrac{S_x}{S_t^2}=\dfrac{S_E}{S_t S_\rho}$
	重力加速度 g	[LT⁻¹]	$S_k=1$	忽略

在结构抗震试验中,惯性力是作用在结构上的主要荷载,但结构动力模型和原型是在同样的重力加速度下进行试验的。所以,在动力试验时要模拟惯性力、恢复力和重力等就很困难。

进行模型试验时,材料的弹性模量、密度、几何尺寸和重力加速度等物理量之间的相似关系为

$$\frac{S_E}{S_g S_\rho}=S_l \tag{11-51}$$

由于 $S_g=1$,则 $S_E/S_\rho=S_l$。当 $S_l<1$ 时,要求材料的弹性模量 $E_m<E_p$,而密度 $\rho_m>\rho_p$,这在模型设计选择材料时很难满足。如果模型采用与原型相同的材料,$S_E=S_\rho=1$,这时要满足 $S_g=1/S_l$,则要求 $G_m \leqslant G_p$,即 $S_g>1$,对模型施加非常大的重力加速度,这在结构动力试验中存在困难。为满足 $S_E/S_l=S_l$ 的相似关系,实际上与静力模型试验一样,就是在模型上附加适当的分布质量,即采用高密度材料来增大结构上有效的模型材料的密度。

以上模型设计实例证明,研究对象各物理量的相似常数必定满足一定的组合关系。当

这些相似常数的组合关系等于 1 时,模型和原型相似,因此等于 1 的相似常数关系式即为模型的相似条件。人们可以由模型试验的结果,按照相似条件得到原型结构需要的数据和结果,这样,求得模型结构的相似关系就成为模型设计的关键。

3. 静力弹塑性相似

在钢筋(或型钢)混凝土结构中,一般模型的混凝土和钢筋(或型钢)应与原型的混凝土和钢筋(或型钢)具有相似的 σ-ε 曲线,并且在极限强度下的变形 ε_c 和 ε_s 应相等(图 11-3),亦即 $S_{\varepsilon_s} = S_{\varepsilon_c} = S_\varepsilon = 1$。当模型材料满足这些要求时,由量纲分析得出的钢筋(或型钢)混凝土强度模型的相似条件如表 11-4 中(a)列所示。注意这时 $S_{\varepsilon_c} = S_{\varepsilon_s} = S_{\sigma_c} = S_\sigma$,亦即要求模型钢筋(或型钢)的弹性模量相似常数等于模型混凝土的弹性模量相似常数和应力相似常数。由于钢材是目前能够找到的唯一适用于模型的加筋材料,因此这一条件很难满足,除非 $S_{\varepsilon_s} = S_{\varepsilon_c} = S_{\sigma_c} = S_\sigma = 1$,也就是模型结构采用与原型结构相同的混凝土和钢筋(或型钢),在此条件下对于其余各量的相似常数的要求列于表 11-4 中(b)列。其中模型混凝土密度相似常数为 $1/S_l$,要求模型结构混凝土密度为原型结构混凝土密度的 S_l 倍。当需考虑结构本身的质量和重量对结构性能的影响时,为满足密度相似的要求,常需在模型结构上加附加质量,附加质量的大小必须以不改变结构的强度和刚度特性为原则。

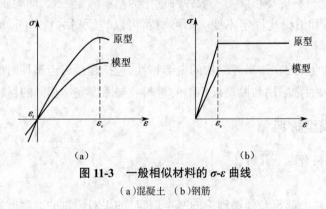

图 11-3　一般相似材料的 σ-ε 曲线

(a)混凝土　(b)钢筋

混凝土的弹性模量和 σ-ε 曲线直接受骨料及其级配情况的影响,模型混凝土的骨料多为中、粗砂,其级配情况亦与原型结构不同,因此在实际情况下 $S_{\varepsilon_c} \neq 1$,S_{σ_c} 和 S_{ε_c} 亦不等于 1。在 $S_{\varepsilon_c} = 1$ 的情况下,为满足 $S_{\sigma_s} = S_{\sigma_c} = S_\sigma$ 及 $S_{\varepsilon_s} = S_{\varepsilon_c} = S_\varepsilon$,需调整模型钢筋(或型钢)的面积。严格地讲,这是不完全相似的,对非线性阶段的试验结果会有一定的影响。

对于砌体结构,由于其由块材(砖、砌体)和砂浆两种材料复合组成,除了要在几何比例上缩小、对块材进行专门的加工从而给砌筑带来一定的困难外,同样要求模型与原型有相似的 σ-ε 曲线,在实际中就采用与原型结构相同的材料。

11.5　模型材料的选择

可以用来制作模型的材料很多,但是没有绝对理想的材料。因此,准确地了解材料的性质及其对试验结果的影响,对于顺利完成模型试验往往有决定性意义。

11.5.1　模型材料的要求

模型材料主要应满足以下要求。

（1）保证模拟要求，既能满足模型设计中的相似准则，也可以将在模型结构上测得的物理量换算成原型结构上相应的物理量。

（2）保证测量要求，即能够产生足够的变形，使测量仪表有足够的读数，因此弹性模量应低一些，但也不能过低，以致因安装应变片或其他测量仪器本身的刚度影响试验结果。

（3）保证材料性能要求，即材料性能稳定，不因温、湿度变化而变化。由于模型结构的尺寸较小，周围环境的温、湿度变化对它的影响远远大于对原型结构的影响，模型材料对环境稳定性的要求高于原型材料。

（4）保证材料徐变小。一切用合成方法制成的材料都有徐变，即在荷载不变的情况下，变形随着时间的延长而增长，真正的弹性变形不应该包括徐变。徐变的影响虽然可以通过一些方法来补偿，但选用徐变小的材料，对于试验和测量总是有利的。

（5）保证制作方便，即易于加工，价格便宜。

要根据模型试验的目的来正确选择模型材料。如果模型试验的目的在于研究弹性阶段的应力状态，则模型材料应尽可能与一般弹性理论的基本假定一致，即均质、各向同性、应力与应变呈线性关系和泊松比固定不变。模型材料可以与原型材料不同，常用的有金属、塑料、有机玻璃、石膏等。

如果模型试验的目的在于研究结构的全部特性，包括超载以至破坏时的特征，对模型材料的要求更加严格，通常采用与原型极相似的材料或与原型完全相同的材料来制作模型。

11.5.2　常用的模型材料

常用的模型材料有以下几种。

1. 金属

金属的力学特性大都符合弹性理论的基本假定，如果对测量的准确度有严格的要求，则它是最合适的材料。在金属中，常用的有钢和铝合金，铝合金占有特别重要的地位，它允许有大的应变量，有良好的热导性能和较低的弹性模量。钢和铝合金的泊松比为0.30，比塑料更接近混凝土的泊松比。

金属的弹性模量较塑料和石膏的都高，它要求用大的荷载进行模型试验，也要求有足够强度和刚度的支承系统。此外，金属模型的最大缺点是加工困难，因此用金属来做模型的并不多。

金属有时用于制作钢结构的模型，也用于分析简单的平板问题，金属平板易于制作，有各种厚度的商品出售，可以选用较薄的板来制作模型，使模型的支承结构和荷载装置、测量装置都得到简化。

2. 塑料

塑料作为模型材料的最大优点是，强度高而弹性模量低（约为金属弹性模量的0.1~0.02），便于加工；缺点是力学性能受应变速率的影响较大，弹性模量受温度、时间变化的影响亦较大,徐变大,泊松比高(0.35~0.50),导热性差。但只要采取一定的措施,如放慢加载速度,严格控制试验环境温度,在试件设计时将材料的工作应力限制在 1/3 的极限强度范围内,等等,这些缺点是可以克服的。

塑料大量用来制作板、壳、框架以及其他形状复杂结构的模型,其中以有机玻璃用得最多。有机玻璃是一种各向同性的匀质材料,弹性模量为(2.3~2.6)×10³ MPa;泊松比为0.33~0.38;抗拉比例极限高于 30 MPa。这时的应力已能产生 2 000$\mu\varepsilon$ 以上的应变,对于一般的应变计已能保证足够的测量精度。有机玻璃可以用一般的工具进行加工,可以用黏合剂黏合成整体。由于材料透明,连接的任何缺陷都可以立即被查出来。如果模型具有曲面,可以将有机玻璃加热到 110 ℃软化,然后在模子上热压成型。商品有机玻璃有各种规格的板材、管材和棒材,给模型制作提供了方便。

除了有机玻璃外,一般的光弹性材料也是很好的模型材料,如环氧树脂塑料等,它可在半流体状态下浇筑成型,然后固化。

将填充料混合到聚酯树脂或环氧树脂中,可以改善塑料的力学性能而保持良好的可加工性。

3. 石膏

用石膏制作模型,优点是易于加工,成本较低,泊松比与混凝土的十分接近,弹性模量可以改变;缺点是抗拉强度低,且要获得均匀和准确的弹性模量比较困难。

纯粹石膏的弹性模量较高,而且很脆,凝结也快,故用作模型材料时应掺入一些掺合料(如硅藻土、塑料或其他有机物)和缓凝剂来改善性能。例如,石膏与硅藻土的比例为 2︰1;水与石膏的比例为 0.8~3.0 时,材料的弹性模量可以在 400~4 000 MPa 之间任意调整,加入掺合料后,石膏在应力较低时呈现出弹性,应力达到一定程度便出现塑性。

石膏被广泛地用来制作弹性模型,它也可以大致地模拟混凝土的塑性工作。配筋的石膏模型常用来模拟钢筋混凝土板壳的破坏形态(塑性铰的位置等)。

石膏模型的制作,首先按原型结构的缩尺比例制作好浇筑石膏的模子;在浇筑石膏之前应仔细校核模子的尺寸,然后把调好的石膏浆注入尺寸准确的模子。为了避免形成气泡,在搅拌石膏前先将硅藻土和水调好,待混合数小时后再加入石膏。石膏的养护一般在 35℃、相对湿度为 40% 的空调室内进行,时间至少一个月。由于浇筑模型表面的弹性性能与内部不同,因此制作模型时先将石膏按模子浇筑成整体,然后进行机械加工(割削和铣)形成模型。

4. 水泥砂浆

水泥砂浆被广泛地用来制作钢筋混凝土板壳等薄壁结构的模型,这时所用的钢筋是小直径的钢筋或各种铁丝。

水泥砂浆的性能无疑与大骨料的混凝土不同,但相对于上述几种材料来说,它还是比较接近混凝土的。

5. 细石混凝土

小尺寸的混凝土与实际尺寸的混凝土是有区别的,例如收缩的影响,骨料不同对混凝土的影响等,目前制作这类模型细石混凝土是较理想的材料。由于非弹性工作时的相似条件不易满足,而小尺寸混凝土力学性能的离散性大,因此,混凝土结构的模型比例不宜用得太小,一般在 1/25~1/2 之间。目前模型的最小尺寸(如板的厚度)可做到 3~5 mm,而骨料的最小尺寸不应超过这个尺寸的 1/3,这些条件都是选择材料和确定模型比例时应该考虑的。

【本章小结】

本章介绍了结构模型试验;阐述了物理现象相似、相似原理的相关概念;介绍了相似判据的确定方法;阐述了模型设计过程以及材料性质及其对试验结果的影响等。

【思考题】

11-1 模型试验有何特点? 适用于哪些范围?

11-2 与结构性能有关的物理量主要有哪些?

11-3 相似原理的三个定理是什么?

11-4 什么是量纲分析? 相似常数、相似准数有何联系与区别?

11-5 简述模型设计的一般程序。

第12章　桥梁现场荷载试验

【本章提要】

本章主要介绍桥梁现场试验的目的、意义、依据和基本方法,即如何进行一座桥梁的静、动载试验,动力特性试验的方案设计,核心内容的计算和依据,各类仪器设备的主要功能及测试原理,试验结果的整理、分析与评定,荷载试验中应注意的事项等,最后给出典型的实桥静、动载试验的实例。

12.1　概述

桥梁现场试验是对桥梁结构的工作状态进行直接测试的一种检测手段。静、动载试验是其中主要的测试方法,试验的目的、任务和内容通常由实际的生产需要或科研需要确定,一般分为桥梁主要结构构件的现场单梁(或节段足尺模型)试验和实桥试验,可能是破坏性试验或者非破坏性试验。

12.1.1　一般桥梁检测和现场试验的主要目的

1. 检验桥梁设计与施工的质量

对于一些新建的大中型桥梁或者具有特殊设计的桥梁,在设计施工中一定会遇到许多新问题,为保证桥梁建设质量,施工中一般要求做施工监控和监测。在成桥后一般还要求进行现场荷载试验,把试验结果作为交工和竣工验收中评定桥梁工程质量的主要技术资料和依据。

2. 直接了解桥梁结构的承载情况,借以判断桥梁结构的实际承载能力

早期建造的一些桥梁,荷载设计标准等级均比现在的荷载设计标准等级低,但为了适应日益增加的交通量和满足载重车的需要,必须在加固和改建旧桥前后,通过试验判定桥梁实际能否承受预计的荷载。有时因特殊原因(超重型车过桥或结构遭意外损伤等)也要用试验方法确定桥梁的承载能力,确保重要设备和桥梁的安全。

3. 验证桥梁结构设计理论和方法

新桥型和桥梁中新结构、新材料、新工艺的创新发展,对于一些理论问题的深入研究,对某种新方法、新材料的应用实践,基本上都需要现场试验的实测数据。

4. 桥梁结构的自振特性及结构受动力荷载作用产生的动态反应的测试研究

对于一些桥梁在动力荷载作用下的动态响应、行人舒适性问题、大跨轻柔结构的抗风稳定性以及地震区桥梁结构的抗震性能等,均要求通过实测了解桥梁结构的自振特性和动态反应。

　5. 桥梁结构构件的鉴定抽检试验

　　对于一些由基本构件(梁、板)经体系转换才能建成的桥梁结构,有必要在架设前对基本构件试行单件等效加载试验,以免整体结构试验满足不了要求时再全部撤掉重建,那将造成巨大的损失。

　6. 积累科学技术资料,充实和发展桥梁计算理论和施工技术

　　随着我国桥梁建筑事业的不断发展,新桥梁形式的不断出现,实际中出现了许多理论、设计、施工问题,这些问题成为桥梁结构试验的新课题,而桥梁结构试验的结果又进一步验证、发展和解决了桥梁设计理论、施工工艺和其他实际问题,因此桥梁结构试验随着桥梁科学研究和生产实践的发展,日益显得重要。

　　大量的实桥试验证明,要做好一次桥梁结构的静载试验,保证为设计、施工和理论研究提供可靠和完整的资料和依据,必须把握以下两个方面:

　　(1)明确试验目的,主攻目标要集中;

　　(2)做好充分的准备工作和具体的组织工作。

12.1.2　静载试验的一般程序

　　桥梁结构的静载试验大体上分为三个阶段:桥梁结构考察和试验方案设计阶段;加载与观测阶段;测试结果的分析阶段等。

　1. 桥梁结构考察和试验方案设计

　　桥梁结构考察和试验方案设计是桥梁试验顺利进行的必要条件。桥梁结构试验与桥梁结构的设计、施工、施工控制和理论计算的关系十分密切,现代桥梁的发展对结构试验技术、试验组织与准备工作提出了更高的要求。准备工作包括技术资料的收集、桥梁现状检查、理论计算、试验方案制定、现场准备等一系列工作。实践证明,试验工作顺利与否在很大程度上取决于试验前的准备工作,桥梁试验前的考察和准备工作的具体内容如下。

　　(1)技术资料的收集。桥梁技术资料包括桥梁设计文件、施工文件、施工控制文件、监理记录、原始试验资料、养护与维修记录,现有车流量和载重车辆情况等,掌握了这些资料就会对试验桥梁的技术状况有一个初步认识。

　　(2)桥梁外观检查。桥梁外观检查包括上、下部结构和支座的外观检查。对于承重混凝土结构,务必查看表面裂缝以及露筋情况,支座是否老化;对于钢结构,主要检查锈蚀以及使用扭力扳手抽查螺栓松紧度等。这一项重要的工作能使我们对试验桥梁的现状有一个宏观的认识和判断。

　　(3)理论计算与分析。理论计算包含设计内力计算和试验荷载效应计算两个方面,设计内力计算是按照试验桥梁的设计图纸、设计荷载和相应的设计规范,采用通用的或专用的桥梁计算软件,计算出结构的设计内力;试验荷载效应计算是根据实际加载等级、加载位置及加载重量,计算出各级试验荷载作用下桥梁结构各测点的反应,如位移、应变等,以便与实测值进行比较。对于重要大型桥梁结构,计算出标准设计荷载内力后,最好与原设计单位的理论计算成果进行对比,尽量达到一致。

　　(4)试验实施细则的制定。试验实施细则包括试验方案的制定,即测试内容确定、加载

方案设计、观测方案设计、仪器仪表选用、人员分组等方面,必要时还应请专家进行咨询或评审,经修改和补充的实施细则是试验中的一份全面可行、操作性较强的纲领性文件。

（5）现场试验准备。现场准备工作包括接通电源到试验仪器操作处,保证通信、照明,搭设工作脚手架或挂篮等临时结构,准备安全工具,安装仪表用的表架,封闭交通,桥面车位标识及人员到位。另外,加载用的车辆型号和数量统计,载重物和车辆轮载过磅,轴距和轮距测定等现场准备工作量大,需要协调的关系多,务必提前落实。充分的现场试验准备是整个试验工作成功的基础和关键。

2. 加载与观测

加载与观测阶段是整个试验工作的中心环节。这一阶段的工作是在各项准备工作就绪的基础上,按照预定的试验方案与试验程序,利用适宜的加载设备进行加载,运用各种测试仪器观测试验结构受力后的各项性能指标(如挠度、应变、裂缝宽度),并采用人工或仪器自动记录手段记录各种观测数据和资料。对于一些重要工况,可先进行预压或试探性试验,消除温度等非弹性因素对测试结果的影响,以便更圆满地达成原定的试验目标。一般来讲,应同步测得结构和环境温度场,修正理论计算值或滤掉温度对实测值的影响后,比较理论计算值和实测值之间的差值,并以此作为继续或终止加载的判断条件,实现试验结构受力行为正常、仪器和试验人员以及加载车辆安全,这对于旧桥或存在病害的服役桥梁尤为必要。

3. 资料分析与处理

资料分析与处理是对原始测试资料进行综合分析的过程。原始数据一般缺乏条理性与规律性,不能深刻揭示试验结构的内在行为。因此,应对其进行科学的分析处理,去伪存真、去粗取精,进行综合分析比较,从中提取有价值的资料。对于一些数据或信号,有时还要按照数理统计的方法进行分析,或依靠专门的分析仪器和分析软件进行分析解码处理,过滤温度的影响,或按照有关规程的方法进行计算。这一阶段的工作直接反映了整个检测工作的质量。测试数据经分析处理后,按照相关规范或规程以及试验的目的、要求,对试验对象做出科学的判断与评价。

桥梁静载试验报告就是综合上述三个阶段的内容、相关试验技术标准以及交通运输部发布的《公路工程质量检验评定标准》等形成的。

12.2　桥梁试验的基本工作

根据试验的目的和特殊要求,并充分考察和研究试验对象,综合分析和掌握各种影响桥梁试验的因素,进行详尽的理论分析和计算,再对试验的方式、方法、规模等做出统筹的规划,最后进行桥梁试验方案的设计和荷载试验实施细则的编制。其内容包括试验对象的选择,试验的依据和原则、理论分析计算与测试内容的确定,加载方案设计,测点设置,测试仪器设备与测试元件的配置等。

12.2.1　试验对象的选择

一般来说,对于一座具体的试验桥梁而言,除试验技术外,还要兼顾试验时间和经费。

对于结构形式与跨度相同的多孔桥跨结构,可选择具有代表性的一孔或几孔进行加载试验;对于结构形式不同的多孔桥跨结构,应按不同的结构形式分别选取具有代表性的一孔或几孔进行试验;对于结构形式相同但跨度不同的多孔桥跨结构,应选取跨度最大的一孔或几孔进行试验;对于预制梁,应根据跨度及制梁工艺,按照一定的比例进行随机抽查试验。除了这几点外,试验对象的选取还应考虑到:试验孔或试验墩台的计算受力状态最为不利,破损或缺陷比较严重,便于搭设脚手支架、布置测点及加载等。

12.2.2　试验依据和基本原则

荷载试验依据主要是桥梁设计规范和试验规程以及相关的质量评定标准。

试验的基本原则:对于新建桥梁而言,要求主要承重结构的混凝土龄期达到设计强度后才可进行;以正常使用荷载作为计算荷载依据,采用各控制截面内力、各控制点变形等效的原则,计算各试验工况下的实际加载车辆的数量和布载位置;试验效率系数 η 不宜过小,否则不能反映出桥梁在设计荷载下的工作性能,同时不宜过大,以防止结构局部损坏。进行实际荷载试验时,桥梁静载试验效率系数通常定义为式(12-1),试验效率系数 η 控制在 0.8~1.05。

$$\eta = \frac{S_t}{S_d(1+\mu)} \tag{12-1}$$

式中　　S_t——在试验荷载作用下,检测部位的内力或变形计算值;

　　　　S_d——在设计标准车队荷载作用下,检测部位的内力或变形计算值;

　　　　μ——设计中取用的冲击系数。

不同的桥型、不同用途的桥梁以及不同服役年限的桥梁(含旧桥和危桥)有不同的取值原则。但要注意相应的其他响应值不要超此限值。

12.2.3　理论计算与测试内容的确定

试验对象和试验的基本原则确定后,就要进行试验桥跨的理论分析计算。首先应对试验桥梁建立合理的力学计算分析模型,以便进行理论仿真计算,虽然不同的软件采用的理论模型不相同,但是均要求计算结果可靠。一般来讲,理论分析计算分两大部分,即试验桥跨的设计内力计算和试验荷载效应计算。

1. 设计内力计算

设计内力计算就是按照试验桥梁的设计图纸、设计荷载和设计规范,在结构分析计算用的离算图上,应用专用的桥梁计算软件或通用分析软件,计算出桥梁结构的设计内力。在大多数情况下,设计内力计算只考虑活载内力的最不利情况,一般分横桥向对称加载与偏向加载两大工况,每一工况下的计算又细分为汽车、挂车、人群荷载等产生的各控制截面的最不利活载内力及其最不利组合;控制截面的数量是根据桥型确定的,一般依据内力包络图确定;控制截面的最不利活载内力是依据控制截面的内力影响线和活载的动态规划法加载以及车道折减系数、冲击系数等综合计算出来的。

对于旧桥和危桥的计算,仅算出活载的内力增量是不够的,还务必全面计算出截面的恒载以及其他永久荷载产生的截面内力,再按照规范中的办法验算结构控制截面的强度,确保试验荷载分级达到活载内力的桥梁结构安全。

需注意的是,活载内力或变形增量最不利截面有时可能与使用荷载(包括恒载)最不利组合的控制截面有些差异,这是正常的,如遇到这种情况,一般以活载增量最大值为准,兼顾组合值最大值截面。

2. 试验荷载效应计算

试验荷载效应计算是在设计内力结果的基础上,确定控制截面的位置、加载等级以及试验荷载作用下结构的静力反应的过程,试验荷载的反应程度通常是通过静载效率系数控制的,根据目前《大跨径混凝土桥梁的试验方法》的要求,具体来说就是:先根据控制截面的内力值和实际加载车辆的种类,在截面内力影响线上反复比较试验荷载位置和静力反应值,直到既可使控制截面达到内力或变形等项目的加载效率,又使其他截面在试验荷载作用下不超过其设计内力。最终,要根据最后确定的加载等级、位置和称重计算出试验桥梁在各级荷载工况下的结构静力行为,如截面应力、应变,挠度,水平位移,扭转角度,为下一步编制试验实施细则打下技术基础。

12.2.4　试验荷载工况的确定

为了达到试验的目的和要求,试验荷载工况的选择主要应反映桥梁结构的最不利受力状态,简单结构的桥梁选 2~3 个工况,复杂结构可适当多选几个工况,但不宜过多;一般分为对桥面中线对称加载和偏向加载,有时还需增加扭转试验工况,下面仅列出各类桥型的正载(横桥向对称)工况。

1. 梁式桥试验

(1)主要工况:跨中最大正弯矩;支点最大负弯矩;墩身控制截面弯矩。

(2)附加工况:$L/4$ 截面最大正弯矩;支点处最大剪力;桥墩最大竖向反力;牛腿最不利受力。

2. 无铰拱桥试验

(1)主要工况:拱顶最大正弯矩;拱脚最大负弯矩;吊索最大受力加载(中下承式拱桥);系杆最大受力加载(系杆拱桥)。

(2)附加工况:拱脚最大水平推力;$L/4$ 截面最大正弯矩和最大负弯矩;$L/4$ 截面正负挠度绝对值之和最大;横梁最不利受力加载;排架最不利受力加载。

3. 斜拉桥试验

(1)主要工况:主梁中孔跨中最大正弯矩;主梁墩顶支点截面最大负弯矩;主塔塔顶纵桥向最大水平变位;主塔控制截面最大弯矩。

(2)附加工况:边跨或次边跨跨中最大正弯矩;主梁最大水平漂移(主梁纵向漂浮体系);尾索区斜拉索最大拉力;主梁最大挠度;辅助墩最大竖向反力;横梁最不利受力;锚箱最不利受力(钢斜拉桥);塔、梁和索温度场的同步测定。

4. 悬索桥试验

(1)主要工况:加劲梁跨中截面最大正弯矩;加劲梁 $L/8$ 截面最大正弯矩;主塔塔顶纵

桥向最大水平变位与塔脚截面最大弯矩;

（2）附加工况:加劲梁最大竖向挠度;主缆锚跨索股最大张力;加劲梁梁端最大纵向漂移;吊杆(索)荷载张力最大增量;主缆截面温度和索塔截面温度同步测试。

5. 其他体系组合桥试验

（1）荷载工况的确定原则:根据组合体系桥梁的整体静力恒荷载和活荷载及其组合受力特点综合确定;温度场的同步测试。

（2）特殊情况下的专门受力工况:设计和施工中的薄弱截面或施工缺陷修补后的截面;旧桥结构损坏部位、相对薄弱的截面。

12.2.5　加载方案

加载方案设计是荷载试验实施细则的重要内容,它主要包括加载方式及设备的选用,加载、卸载程序的确定以及加载持续时间的确定。

1. 加载方式的确定

为了方便和实用,桥梁中单个结构的试验一般采用足尺模型试验。例如单梁、节段主梁和索塔采用足尺模型试验,加载常用反力架配千斤顶或直接堆重的方式。现场的桥梁荷载试验,一般选用三轴或两轴的载重车辆;加载方案需要根据相应的规范确定车辆编号、类型、数量和重量(包括前轴、后轴、中后轴),现行的公路桥梁规范主要有《城市桥梁设计规范》(CJJ 11—2011)和《公路桥涵设计通用规范》(JTG D60—2015)。

1)《城市桥梁设计规范》(CJJ 11—2011)

城市桥梁荷载分为车辆荷载和车道荷载。桥梁的主梁、主拱等的计算应采用车道荷载。车道荷载分为城 -A 级车道荷载和城 -B 级车道荷载。两种车道荷载按均布荷载加一个集中荷载计算。均布荷载和集中荷载的标准值应根据桥梁的跨径确定。例如桥梁的跨径大于 20 m 且小于或等于 150 m 时,按下述方法取值。

城 -A 级:计算弯矩时,车道荷载的均布荷载标准值 q_M 采用 10.0 kN/m;计算剪力时,均布荷载标准值 q_Q 采用 15.0 kN/m,所加集中荷载 P 采用 300 kN(图 12-1)。当车道数等于或多于 4 条时,计算弯矩不乘增长系数,计算剪力应乘增长系数 1.25。

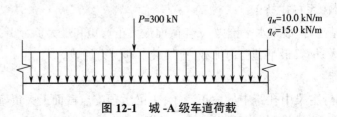

P=300 kN　　　q_M=10.0 kN/m
　　　　　　　　　q_Q=15.0 kN/m

图 12-1　城 -A 级车道荷载

城 -B 级:计算弯矩时,车道荷载的均布荷载标准值 q_M 采用 9.5 kN/m;计算剪力时,均布荷载标准值 q_Q 采用 11.0 kN/m,所加集中荷载 P 采用 160 kN(图 12-2)。当车道数等于或多于 4 条时,计算弯矩不乘增长系数,计算剪力应乘增长系数 1.30。

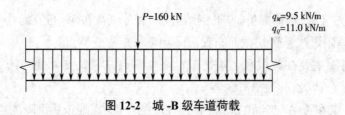

图 12-2　城 -B 级车道荷载

2)《公路桥涵设计通用规范》(JTG D60—2015)

规范中汽车荷载由车道荷载和车辆荷载组成。桥梁结构的整体计算采用车道荷载;桥梁结构的局部加载、涵洞、桥台和挡土墙土压力等的计算采用车辆荷载。车辆荷载与车道荷载的作用不得叠加。车道荷载由均布荷载和集中荷载组成。车道荷载的计算图见图 12-3。

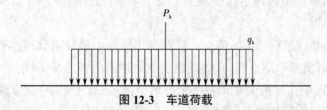

图 12-3　车道荷载

公路 - Ⅰ级车道荷载的均布荷载标准值 q_k=10.5 kN/m。集中荷载标准值按以下规定选取:桥梁计算跨径小于或等于 5 m 时, P_k=180 kN;桥梁计算跨径大于或等于 50 m 时, P_k=360 kN;桥梁计算跨径为 5~50 m 时, P_k 值采用直线内插法求得。计算剪力效应时,上述集中荷载标准值 P_k 应乘以 1.2 的系数。

公路 - Ⅱ级车道荷载的均布荷载标准值 q_k 和集中荷载标准值 P_k 按公路 - Ⅰ级车道荷载的 0.75 倍采用。车道荷载的均布荷载标准值应满布于使结构产生最不利效应的同号影响线上;集中荷载标准值只作用于相应的影响线中最大影响线峰值处。

2. 加载和卸载的分级原则和持续时间

为了加载时结构的安全和了解结构应变、变位随试验荷载增加的变化,桥梁荷载试验各主要工况的加载应分级进行,一般分为 3~5 级;车辆(荷载)应逐辆缓缓驶入预定位置,中间级别荷载工况对最大值实时跟踪监测,以确保试验安全。卸载分级尽量与加载分级对应,以便校对,但是为了减小温度变化对试验的影响,卸载一般分为 3~4 级,每级持续时间不能太长,加、卸载周期比较长的工况安排在阴天或晚上进行,此外同步测定温度场是非常必要的。

12.2.6　测点设置

1. 主要测点的布设

布设的测点不宜过多,但要保证质量。有条件时,同一测点可用不同的测试仪器和元件进行对比测试。主要测点布设的基本原则是能控制结构的最大应力(应变)和最

扫一扫:图片　常见桥梁
主要截面应变测
点布置示意图

大挠度(或位移)。另外,桥面加载车位线也要标记好。常用桥梁体系的主要测点布设原则如下。

梁式桥(简支梁桥、悬臂梁桥(T形钢结构桥)和连续梁桥)一般在跨中布置挠度和正弯矩应变测点,支座附近或悬臂端截面布置沉降和负弯矩应变测点。

拱桥的主拱圈主要在跨中和 $L/4$ 处布置挠度测点,拱脚、$L/4$ 处和跨中截面布置应变测点。

斜拉桥的主梁在跨中、$L/4$ 和 $L/8$ 处布置挠度测点,支座处布置沉降测点,跨中和控制截面布置应变测点;塔顶布置变位测点,塔身控制截面布置应变测点;钢箱梁桥的斜拉索锚箱布置应变测点,控制索布置索力测点。

悬索桥的加劲梁在跨中、$L/8$ 和 $3L/8$ 处布置挠度测点,支点处布置沉降测点;跨中、$L/8$ 和 $3L/8$ 处截面布置应变测点;塔顶纵桥向布置最大水平位移测点,塔脚截面布置应变测点。

组合体系桥应根据组合体系所呈现的主要力学特性,综合上述各类桥梁的主要测点布设原则确定测点位置。

对于整体式梁桥,挠度(变位)测点一般对称于桥面中轴线布设;截面仅设单测点时,布置在桥面中轴线;截面设双测点时,布置在梁底或梁顶面两侧,横向间距尽可能大一些。

对于多梁式桥,可在每根梁底布置一个或两个测点;对于索塔,变位测点一般布置在索塔纵桥向对称面相对应的位置。

截面抗弯应变测点应设置在截面横桥向应力分布可能较大的部位,沿截面上、下缘布设,横桥向测点不少于 3 处,以控制最大应力分布。

当采用测定混凝土表面应变的方法来确定钢筋混凝土结构中钢筋承受的拉力时,考虑到混凝土表面可能产生的裂缝对观测的影响,测点的位置应合理选择。如凿开混凝土保护层直接在钢筋上设置拉应力测点,在试验完成后必须修复保护层。

测定钢桥表面的应变,也应在试验完成后及时补喷好防护层(主要是锈蚀防护漆等)。

2. 其他测点的布设

根据桥梁调查和检算工作的深度,综合考虑结构特点和桥梁目前状况等,可适当加设以下测点:

(1)挠度,沿桥长或沿控制截面桥宽方向分布;

(2)应变,沿控制截面桥宽和高度方向分布;

(3)组合结构件的结合面上、下缘应变;

(4)墩台的沉降、水平位移与转角,连拱桥多个墩台的水平位移;

(5)剪切应变;

(6)其他结构薄弱部位的应变;

(7)裂缝的观测。

一般应实测控制截面的横向应力增大系数。当结构横向连系构件质量较差,连接较弱时,则必须测定控制截面的横向应力增大系数。简支梁跨中截面横向应力增大系数的测定,既可采用观测跨中沿桥宽方向应变变化的方法,也可采用观测跨中沿桥宽方向挠度变化的方法,或用两种方法互校。

对于剪应变,一般采取设置应变花的方法进行观测。为了方便,对于桥梁的剪应力,也可在截面中性轴处主拉应力方向设置单一应变测点来进行观测。梁桥的实际最大剪应力截面应设置在支座附近而不是支座上,即设在自梁底支承线与水平成 45° 方向斜线并与截面中性轴的交点上。

3. 温度测点的布设

选择与大多数测点较接近的部位设置 1~2 处温度测点。此外,可根据需要在桥梁主要测点部位设置一些构件表面温度测点,尤其是对于温度敏感的大跨径索支承体系桥梁,缆索中温度和结构截面内部温度的测定需要预埋温度片或温度传感器。

12.2.7　测试仪器设备和专用仪器介绍

1. 测试仪器设备

桥梁静载试验时需观测结构的反力、应变、位移、倾角、裂缝等物理量,应选择适当的仪器进行测量。常用的仪器有百分表、千分表、位移计、应变计(应变片)、振弦应变计、精密水准仪、经纬仪、倾角仪、全站仪、刻度放大镜、温度计等。

这些测试仪器按工作原理可分为机械测试仪器、电测仪器、光测仪器、全站仪等。机械测试仪器具有安装与使用方便、迅速和读数可靠的优点,但需要搭设观测脚手架,而且需用试验人员较多,观测读数费时,不便于自动记录;电测仪器安装调试比较麻烦,影响测试精度的因素也较多,但测试和记录均较方便,便于数据的自动采集记录。

荷载试验应根据测试内容和测量值的大小选择仪器,试验前应对测试值进行理论分析估计,以便选择仪器的精度和测量范围。

静载试验中对于类索结构的索力测试采用三种方法:

(1)直接用张拉千斤顶油表读数换算得到索力;

(2)通过安装在锚头与锚垫板间的测力传感器测出索力;

(3)应用弦振原理,测出拉索横向振动频率,再计算出索力。

第一种方法有其局限性,测量精度较低,一般在施工过程中使用较多;第二种方法在整索结构的施工中起校核或标定索力的作用,成本较高,对于分束张拉合成的拉索(钢绞线)而言,在施工中目前还只能用穿心式小吨位的压力传感器测定其索力;最后一种方法是利用弦周期振动的理论,用测拉索频率的方法确定索力,不论在施工中还是成桥后都比前两种方法快速、方便,特别适合现场大批拉索的索力测试,大多数索承桥梁的成桥试验也主要采用这种方法,下面对其基本原理和测试过程做简要介绍。

2. 索力频谱测试原理与应用简介

1)索力测试的基本原理

根据弦振动理论,张紧的斜拉索,考虑斜拉索抗弯刚度的影响和斜拉索抗弯刚度的影响可以忽略时,其动力平衡微分方程分别为

$$m \cdot \frac{\partial^2 y}{\partial^2 t} - EI \cdot \frac{\partial^4 y}{\partial^4 x} - T \cdot \frac{\partial^2 y}{\partial^2 x} = 0 \tag{12-2}$$

$$m \cdot \frac{\partial^2 y}{\partial^2 t} - T \cdot \frac{\partial^2 y}{\partial^2 x} = 0 \tag{12-3}$$

式中　m——单位长度的质量;

y——垂直于索的长度方向的横坐标;

t——时间;

x——索(弦)的长度方向的纵坐标;

T——索的张力;

EI——索的抗弯刚度。

当假定斜拉索两端铰支时,求解方程式(12-2)和式(12-3)可分别得到式(12-4)和式(12-5):

$$T = \frac{4ml^2 f_n^2}{n^2} - \frac{n^2 EI\pi^2}{l^2} \qquad (12-4)$$

$$T = \frac{4ml^2 f_n^2}{n^2} \qquad (12-5)$$

式中　f_n——索的第 n 阶频率;

l——有效索长;

n——振动阶数。

如果索两端的边界条件具有其他的形式(如两端固定或一端固定一端铰支等),则方程式(12-2)和式(12-3)的解都不能用索力 T 的显式表示,要通过迭代才能求得索力 T。

计算和工程实践校核工作表明:对于细长比较小的一般拉索,在安装减振器前,可以用式(12-5)进行索力计算。具体到某一单根斜拉索,只要能精确测出它的 f_n,就可直接求出索力 T;但是对于特殊(较粗、较短、较细)的索,不能简单地用式(12-5)计算,要采取修正或别的办法求得。最为简单的办法就是通过有限元计算求斜拉索的索力,或者直接用传感器或张拉千斤顶油表读数现场抽样标定。

2)值得注意的两个问题

(1)拉索垂度的存在增加了拉索在竖直平面内的弯曲刚度,使拉索的频率提高,因此不考虑垂度的影响将会使算得的索力大于实际的索力。

(2)为了抑制拉索的振动,现一般都在靠近梁端处安装不同类型的减振器,常用的减振器有橡胶减振器、液压减振器、高分子减振器(如 HCA 等)和磁流变(MR)减振器。减振器的存在对拉索有约束作用,使得拉索的自由长度减小,提高了拉索的自振频率。用分析的办法确定这种影响比较困难。一种办法是:对于某根斜拉索,测出其安装减振器前后的振动基频 f_1 和 f_2,用 L_1 和 L_2 分别表示安装减振器前后的实际索长和换算索长,则换算索长近似表示为式(12-6):

$$L_2 = f_1 L_1 / f_2 \qquad (12-6)$$

求得安装了减振器的斜拉索的换算索长 L_2 后,可根据测得的实际频率(基频)求得索力。

12.3 桥梁现场试验方法

12.3.1 静载试验

静载试验应在现场统一指挥下按计划有序进行。首先检查不同分工的测试人员是否各司其职,交通管理、加载(或驾驶)和联络人员是否到位,加载设备、通信设备和

扫一扫:视频 桥梁静载试验

电源(包括备用电源)是否准备妥当,加载位置、测点放样和测试仪器安装是否正确;然后调试仪器(自动记录时对测试仪表数据和记录设备进行联络),利用过往车辆(或初试荷载)检查各测点观测值的规律性,使整个测试系统进入正常工作状态。记录天气状况和初始温度场以及开始时间,进行正式试验,图 12-4 是静载试验过程示意图。

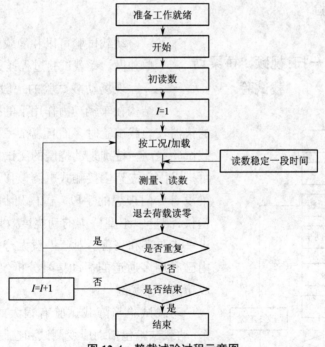

图 12-4 静载试验过程示意图

1. 初读数

试验初读数是静载试验正式开始的零荷载读数,不是准备阶段调试仪器的读数。对于新建桥梁,在初读数之前往往要进行几次预压。从初读数开始整个测试系统就开始运作,测量、测试、读数记录人员各司其职。

2. 分级

按桥上标记的停车线布置荷载,并安排专人在现场指挥车辆停靠和进出场及行驶。

3. 稳定

加载后结构的变形和内力需要一个稳定的过程。对于不同的结构,这一过程的长短不一样,一般以控制点应变值或挠度值稳定为准,只要读数波动值在测试仪器的精度范围以内,就认为结构已处于相对稳定状态,可以测量读数,温度测试同步进行,如果在白天,每隔半小时就要记录一次温度。

4. 卸载

在一个工况下分级加载完成后,荷载分级退场。各测点读数稳定后跟踪测试并记录,全部荷载退场读数稳定后,全部测试内容应统测一次。

在静载试验过程中,主要工况至少重复一次,试验中实时跟踪监控几个控制数据的情况,发现问题(即数据本身规律性差或实测值超过理论计算值以及仪器故障或其他突发事件等)要终止加载,等问题处理完成后,再重新加载测试或者完全终止本次加载试验。这种现场对控制点数据进行校核的做法,可以避免实测数据出现大的差错或者避免结构产生危险的加载,是非常必要的。

12.3.2 动载试验

扫一扫:视频　桥梁动载试验

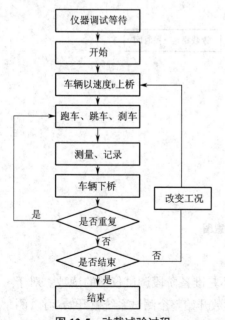

图 12-5　动载试验过程

动载试验可以和静载试验一起做,也可单独做。动载试验过程详见图 12-5。

现场动载试验的一般内容是测定桥梁结构在车辆动力作用下的挠度和应变,所用的仪器较静载试验时多而且复杂一些,测试要求比静载试验要高。特别是动挠度的测试,除了中小型桥梁可搭设固定支架用接触式电测位移外,对大中型桥梁没有专门理想的手段。国内研制的光电型挠度测量仪,测量中小型桥梁的动挠度效果不错,但还有待进一步改进和完善。对于一般大跨桥梁的动挠度,国内已有用多通道的振动信号分析仪和专用的传感器成功测出的实例。

动载试验与静载试验有很大的不同,但也有联系,动载试验包括动应变测试和控制截面的动位移测试两部分内容。

其中,动应变片与静载试验用的电阻应变片可共用,其差别主要表现在以下几个方面。

1. 仪器调试

对于动态电阻应变仪,必须根据估计应变的大小确定增益、标定范围,调整记录速度和记录幅值等。如采用计算机动态数据采集系统直接采样、记录,其增益、标定值等条件的设置与第 7 章介绍的方法大同小异,如国产的 DY-3 型等动态应变系统,日本产的 Dra-110C 数字动态应变仪都是目前国内用得比较多的动态应变仪器。

2.车辆控制的主要目的

跑车试验分为无障碍和有障碍两种条件下的载重车(大多数是三轴车)行车,跑车试验的目的是判别不同的行车速度下桥梁结构控制截面的动态响应,即动位移或动应力的动态增量,进而分析出动态响应和车速之间的关系;跳车试验是有障碍行车试验,通常要求用两轴载重车(单后轴车),目的是模拟不平整的路面状况的效应,测出结构的动态增量;刹车试验要求用三轴重车,测出紧急刹车的水平制动力等对桥面的效应。动态增量和规范中所讲的冲击系数是两个不同的概念,容易引起混淆。

驾驶员要控制好行车速度,注意上桥时的上、下行车路线和匀速行驶的要求;对于一些大跨度桥梁,还要确定车辆行驶到各断面时的位置信息,因此由专人负责车辆调度和指挥等工作是非常必要的。

3.测试记录

跑车时,给定车辆各挡速度,要求车辆在桥上保持匀速行驶,记录动态响应的全过程。如果跑车速度相当慢,动测仪器记录的过程曲线就是对应测点位置的内力影响线或挠度影响线。

刹车就是车辆以不同的速度匀速行驶,到规定位置突然紧急刹车,记录刹车时的动态增量。

跳车就是在桥面控制截面位置设置一定高度的障碍物(三角形木块),记录结构的动态响应。

上述三种不同的行车工况,可以是单辆车在不同的车道上正向和逆向行驶,也可以是多辆车并行。

4.注意事项

在动载试验中,千万注意安全第一;注意在各种工况下侧重点不同。如果要求记录结构动态响应的完整过程,重点应该是记录信号的完整性;而确定动态增量时,则要求能记录下响应信号的峰值及其附近的部分信号。

12.3.3　振动试验

1.概述

对于桥梁结构而言,不仅要研究移动车辆荷载引起的振动,还要研究桥梁结构本身的抗震、抗风性能,振动试验可以使这些研究更加深入。桥梁振动试验可以求解的基本问题共分三种:桥梁振源、桥梁自振特性和结构动力反应。

桥梁振源的测定一般包括对能引起桥梁振动的风、地震和车辆等振动荷载的测定。

桥梁自振特性是桥梁结构的固有特性,也是桥梁振动试验中最基本的测试内容。

在车辆、风和地震等外荷载作用下,桥梁结构动力反应的测定是评价桥梁结构动力性能的基本内容之一。

随着计算分析理论和试验技术的发展,测试技术和手段已从自由振动、稳态振动发展到随机振动、模态分析等。

下面简要介绍现场桥梁结构自振特性的测定方法。

2. 桥梁自振特性参数测试技术

1）桥梁自振特性参数测定方法

桥梁自振特性参数测定方法主要有自由振动衰减法、强迫振动法和环境随机振动法。前两种方法是早期桥梁振动试验中用得较多的方法，而环境随机振动法是一种建立在概率统计方法上的技术，它正以其现场测试高效率和数据处理计算机化的优势进入桥梁振动测试领域。

2）环境随机振动法测定自振特性的条件

根据随机振动理论，桥梁结构的振动试验能应用环境随机振动法基于以下几条基本假定。

（1）桥梁结构的振动系统属多输入系统，系统的输入和响应是各态历经过程，即结构的自振特性与时间的起点无关，而且当样本足够多时，单个样本的特性能反映所有样本的特征。在比较平稳的地脉动和风荷载情况下，这个假定是成立的。

（2）假设环境随机激励信号是白噪声信号。这个假定一般不容易满足，但是在数据分析中主要利用半功率带宽内的数据，所以只要激励谱比较平坦，并且在桥梁谐振半功率带宽及其附近的一定范围内激励信号为白谱就行了，这样的假定是比较容易满足的。

（3）假定各阶阻尼很小，各级频率分开，即各模态之间的耦合很小，可以忽略。

满足以上条件，就可利用响应谱峰值确定频率和振型，可以用半功率带宽求阻尼比。桥梁（特别是大型桥梁）结构基本上能满足上述条件。

桥梁结构在自然环境（如地脉动、风、水流等）中的振源影响下，会发生随机振动，这种振动有时比较明显，有时却很弱（通过信号放大器系数调整示波和记录）。利用测振仪器测得桥上的这种随机响应信号，通过随机振动数据处理和分析技术可以求得结构的自振特性参数。

3）随机振动法在实桥上的实现

一般分两大部分，第一部分是在现场采集数据并实时监控，如有不合要求的信号夹在其中，一定要重新采集某点的随机振动信号，直到满意为止，其主要步骤是：拟定测试工况；选择合适的参考点；把拾振器集中放置在参考点上做系统标定；将拾振器依次放在测点上，通过滤波、放大、调试信号并实时监控分析，采集理想的信号并记录存盘。采样频率和记录时长是采集信号中的关键技术。第二部分是随机振动数据处理技术，该部分涉及的基础知识较多，可以参考相关的专业文献。

12.4 试验数据整理、分析与评定

12.4.1 静载试验数据整理、分析

通过静载试验得到的原始数据、文字和图像是荷载试验最重要的原始的第一手资料。虽然它们整体上是可靠的，但这些原始资料数量庞大、不直观，不能直接用于对桥梁结构的

技术评价。因此,在实测资料整理过程中,一方面要进行去粗取精、去伪存真的加工,包括实测温度的过滤处理和修正等,这样得到的综合资料能比原始记录更为清楚地表达试验的主要成果;另一方面要重视和尊重原始资料和原始记录甚至点滴信号,保持原始记录的完整性与严肃性。

从试验总体上看,这一工作是试验中不可缺少的一个环节,必须高度重视,即必须对原始数据进行技术处理,才能得出直接进行桥梁结构承载能力评定的指标,以满足桥梁承载能力评定的要求。

1. 实测资料和数据整理

1)车辆荷载整理

经过严格的车辆轴重过磅和测量,实际车辆轴距和轮距以及荷载的载重,加载工况和位置等可能与试验实施细则中的不一致,可制作实际车辆特性明细表(表 12-1)供结构计算校核用,当出入较大时,试验理论成果必须重新计算分析整理。

表 12-1　实测自卸车技术指标

车型	轴距(mm)		轮距(mm)	
	L_1	L_2	前轮	后轮
东风	3 500	1 400	2 100	1 900
3350	3 600	—	2 850	2 400
重庆铁马	3 000	1 400	1 800	1 800

2)试验数据整理

在一般情况下,对于处在弹性工作阶段的结构而言,测值等于加载读数减去初读数。在现场试验测试完成后,就可依据试验观测项目和相应的记录表格或记录数据文件,整理出各级荷载作用下的实测值,得到各工况各级荷载下具有代表性的数据。对环境影响敏感的索承结构桥梁和仪表,应注意相应测值的温度和系统修正。

测值修正是根据各类仪表的标定值进行的测试数据修正工作,这一步工作大多在试验前完成,当影响因素对测试精度的影响大于 1% 时就要修正;温度影响修正是对结构在不同温度下的初值变化值,根据试验前温度和物理量(挠度、应变等)的 24 h 变化关系来修正。

(1)测点应力应变换算、挠度计算与误差处理以及支点沉降影响的修正方法与本书第 6 章所讲的方法相同;对于振弦应变计,可直接读出其结果,温度修正根据标定值进行。

（2）荷载横向分布系数的计算。对于由多片主梁组成的桥梁结构（如简支 T 梁和连续 T 梁桥），荷载横向分布的测量值与计算值都是桥梁试验的主要内容。通过对桥梁结构跨中截面各主梁挠度或应力的测定，绘制出跨中截面的横向挠度或应力曲线，然后按照荷载横向分布的概念，运用变位互等原理，即可计算出任一主梁的荷载横向分布系数。当各梁截面尺寸相同时，按照荷载横向分布系数的定义计算：

$$\eta_i = w_i / w_i' \tag{12-7}$$

$$\eta_i = \sigma_i / \sigma_i' \tag{12-8}$$

式中　w_i、σ_i——荷载引起的 i 号主梁的挠度和应力；

　　　w_i'、σ_i'——荷载均匀分布于全桥宽时所产生的挠度和应力。

用这两种方法测得的荷载横向分布系数可能不一样，这是正常的，一般以挠度指标来衡量的较多。

（3）裂缝。对于新建混凝土桥梁，在试验荷载作用下全预应力混凝土结构不应出现裂缝，钢筋混凝土结构不应超过《公路钢筋混凝土及预应力混凝土桥涵设计规范》（JTG 3362—2018）的容许值，旧桥也不能大于《旧桥承载力评定方法》等规定中的相应值。

3）整理出理论值与实测值分级对比图表

按照试验要求，针对各种变形（如挠度、转角、应变、塔（墩）顶变位等）绘制荷载 - 变形（P-Δ）曲线，以表达荷载与变形之间的关系，如曲线的陡缓可表明试验结构刚度的大小。同样可绘出荷载 - 应变（P-ε）曲线，最不利荷载工况作用下位移沿结构纵向、横向分布曲线和控制截面应变沿高度分布图以及有关结构的裂缝分布图。

通过一些常用软件画出理论值与实测值的分级对比图表，有时还要将实测值的曲线拟合图与理论值图对比，以此来检验设计理论计算的正确性与合理性。

2. 试验结果的极限容许值与评定方法

桥梁结构静载试验的评价指标有两个方面：其一是将控制测点的实测值与相应的理论值进行比较，来说明结构的工作性能和安全储备；其二是将控制测点的实测值与规范规定的允许值进行比较，从而说明结构所处的工作状况。

1）校验系数

所谓校验系数，是指某一测点的实测值与相应的理论值的比值，实测值可以是挠度、位移、应变或应力，校验系数表达式为

$$\lambda = \frac{测点的实测值}{测点的理论值} \tag{12-9}$$

当 $\lambda=1$ 时，说明理论值与实测值完全相符；当 $\lambda<1$ 时，说明结构的工作性能较好，承载能力有一定的富余，有安全储备；当 $\lambda>1$ 时，说明结构的工作性能较差，设计强度不足，不够安全。

通常，桥梁结构的校验系数如表 12-2 所示。

在大多数情况下，设计理论总是偏于安全的，往往只考虑了主要因素，故桥梁结构的校验系数小于 1。然而，安全和经济的重要性是相对的，过度的安全储备没有必要，设计时两者应尽可能兼顾。《大跨径混凝土桥梁的试验方法》规定，在最大试验荷载作用下，实测挠

度、实测应变应满足下式的要求：

$$\beta < \frac{w_t}{w_d} \leq \alpha \qquad (12\text{-}10)$$

式中 $\alpha=1.05, \beta=0.70$；

w_t——实测值；

w_d——相应的理论值。

表 12-2 桥梁结构校验系数

类别	项目	校验系数 λ
钢桥	应力	0.75~0.95
	挠度	0.75~0.95
预应力混凝土桥	应力	0.60~0.90
	挠度	0.70~1.00
钢筋混凝土梁桥	应力	0.40~0.80
	挠度	0.50~0.90
钢筋混凝土板桥	应力	0.20~0.40
	挠度	0.20~0.50
圬拱拱桥	应力	0.70~1.00
	挠度	0.80~1.00

同时，对于残余变形，《大跨径混凝土桥梁的试验方法》规定，卸载后最大残余变形与该点的最大实测值的比值应满足下式的要求：

$$\frac{w_p}{w_{max}} \leq \gamma \qquad (12\text{-}11)$$

式中 $\gamma=0.2$；

w_p——卸载后最大残余变形的实测值；

w_{max}——该点在试验过程中的最大实测值。

测点在控制荷载工况作用下的相对残余变位（或应变）w_p / w_{max} 越小，说明结构越接近弹性工作状况；当它大于 20% 时，应查明原因，如确系桥梁强度不足，应在结构评定时酌情降低桥梁的承载能力。

2）规范允许刚度和裂缝宽度极值

在公路桥梁设计规范中，从保证正常使用条件出发，对不同结构形式的桥梁分别规定了挠度极值（即刚度的要求）、裂缝宽度极值。在桥梁静载试验中，可以测出桥梁结构在设计荷载作用下控制截面的最大挠度或最大裂缝宽度，二者比较，即可做出对试验桥梁工作性能与承载能力的评价。挠度评价指标是

$$\frac{f'}{l} \leq \left[\frac{f}{l} \right] \qquad (12\text{-}12)$$

式中　$\left[\dfrac{f}{l}\right]$——规范规定的允许挠度限值,对于梁式桥主梁跨中为 1/600,对于拱桥、桁架

桥为 1/800,对于梁式桥主梁悬臂端为 1/300,斜拉桥主梁在汽车荷载(不计
冲击力)作用下混凝土主梁为 1/500,钢桥为 1/400;

f'——消除支座沉降等影响的跨中截面最大实测挠度;

l——桥梁计算跨度或悬臂长度。

对于钢筋混凝土桥梁,裂缝宽度应满足一定的限制,即在正常大气条件下

$$\delta_{fmax} < 0.2\ mm \tag{12-13}$$

有侵蚀气体或在海洋大气条件下

$$\delta_{fmax} < 0.1\ mm \tag{12-14}$$

对于部分预应力 B 类构件,裂缝宽度采用名义拉应力进行限制,即

$$\sigma_{hl} \leqslant [\sigma] \tag{12-15}$$

式中　σ_{hl}——假设截面不开裂的弹性应力计算值,可按照材料力学方法计算;

$[\sigma]$——混凝土名义拉应力限值。

12.4.2　动载试验数据分析与评定

1. 动载试验数据整理

动载试验数据整理的主要对象是动应变和动挠度。通过动应变数据(曲线)可整理出对应结构构件的最大(正)应变和最小(负)应变以及动态增量;通过动挠度数据(曲线)可得到结构的最大动挠度和结构的动态增量。动应变和动挠度的测试度量方法与本书第 4 章所讲的相同。

1)动态增量

动态增量既可定义为最大动应力与最大静应力之比,也可定义为最大动位移和最大静位移之比。可按下式确定动态增量。

应力动态增量:

$$\mu = \frac{\varepsilon_{max} - \varepsilon_0}{\varepsilon_0} \tag{12-16}$$

挠度动态增量:

$$\mu = \frac{y_{max} - y_0}{y_0} \tag{12-17}$$

式中　ε_0、y_0——最大静应变和最大静挠度;

ε_{max}、y_{max}——最大动应变和最大动位移。

2)桥梁冲击系数

桥梁在车辆荷载作用下的动态增量与公路桥梁设计规范中的冲击系数是两个不同的概念。

桥梁冲击系数是指设计汽车车列荷载产生的截面最大内力因动力作用而加大的系数。在包含我国在内的多个国家目前的公路桥梁设计规范里,不同桥型的桥梁冲击系数仅是跨

长的递减函数,也就是说在标准车列作用下桥梁冲击系数只取决于跨长。大量试验表明,在车辆移动荷载作用下桥梁冲击系数还取决于桥梁的基本频率,不仅取决于跨长。

动态增量是在某特定的车辆(一辆或几辆)移动荷载作用下,桥梁动态响应幅值的度量。只有在特定的条件下,动态增量与桥梁冲击系数才是同一个值或存在一定的关系。目前通过试验的方法可测出某特定车辆的应力或挠度动态增量,有利于如实了解桥梁结构在移动车辆荷载作用下的动态响应。

2. 动载试验分析与评价

目前,国内外规范对桥梁结构的动力响应尚无统一的评价尺度,一般有以下几种。

(1)桥面平整度的影响。实测的动态增量大,说明桥梁结构的行车性能差,桥面平整度不良;反之亦然。

(2)行车速度的影响。动态增量与不同车道行车速度的关系,对不同的桥梁结构有不同的结果,如某些桥梁结构的动态增量随车速的提高而增大,但某些桥梁结构恰好是相反的结果,有的大跨桥梁这种关系不明显。

(3)桥上车辆数的影响。在大多数情况下,单辆车的动态增量都大于多辆车的。

12.4.3　动力特性试验数据分析与评定

桥梁结构的动力特性主要有结构固有振动频率、振型和阻尼系数等。实测时传感器的布设位置(含参考点)尽量避开振动位移零点(或称节点)。因此,首先整理出理论计算结果,包括主要的振型频率和振动频率,计算时一般假定一个平均阻尼比系数。

在动力特性试验中,可获取大量的桥梁结构振动信号,如加速度或速度以及位移时程曲线,直接根据这些信号或数据来分析判断结构振动的性质和规律是非常困难的,一般需对实测振动波形进行分析与处理,目前常用的处理方法有时域分析和频谱分析两种。

通过专用动力信号分析软件的时域分析功能得到振幅、阻尼比和振型;通过频域分析功能得到结构的频率成分和频率分布特性。

最后根据桥梁结构的这些振动参量,进行理论值与实测值的对比,往往振型频率容易核对和吻合,一般振型的吻合程度相对差一点。实测的阻尼比与分析的理论基础有较大的关系。

一般认为桥梁结构的动力特性反映了结构的整体刚度和耗散外部振动能量的输入能力,目前评价的原则如下。

(1)比较桥梁结构频率的理论值和实测值,如果实测值大于理论值,说明桥梁结构的刚度较大,反之则说明桥梁结构的刚度偏小,可能存在开裂或其他不正常现象。一般来说,理论计算中的一些假定忽略了一些次要因素,理论值大于实测值是正常的。

(2)根据实测加速度以及主要频率范围,得出易引起行人不适的人桥共振频率等,如对于纵向漂浮的索承桥梁,一般认为主梁在长于 5 s 的长周期下才有较好的抗地震能力。

(3)实测阻尼反映了桥梁结构耗散外部能量的输入能力,阻尼比大,说明桥梁振动衰减快;阻尼比小,说明桥梁振动衰减慢。但是阻尼比过大则说明桥梁结构可能存在开裂或支座工作状况不正常等现象。

【本章小结】

通过本章的学习,我们已经了解何种参数用何种仪器去测定,但这里要解决的主要问题是:如何着手拟定桥梁及构件的现场荷载试验方案,对试验对象进行试验的目的和要得出的结果是什么,试验核心内容和难点在何处,最终如何利用实测的参数来评价桥梁结构和构件的实际承载能力。

要求了解或掌握如下主要内容。①试验方案设计和荷载试验实施细则的设计及编制。根据试验目的,依据相关规程,利用所学习的桥梁专业知识、计算技术和测试技术,学习编写各类桥梁的试验方案设计和试验实施细则是本章的基本内容。②静、动载和动力特性专用试验的基本方法。重点在于掌握最成熟的传统方法——静载试验方法。它是通过测试桥梁结构在试验荷载作用下的控制截面的应变、位移或裂缝来分析判定桥梁的承载能力。静载试验工作量大,费用高;动载试验也要了解和熟悉,动载试验一般和静载试验结合使用,费用相对较低,但对试验人员专业知识和设备的要求较高。动力特性试验的原理和基本方法了解即可。③结构动力特性试验是桥梁振动试验中最为基本和重要的内容。在了解自振频率、振型和阻尼比的物理意义后,要知道实桥环境随机振动法和模态试验分析是日趋成熟的方法,它是桥梁健康监测的基本手段之一。④在动载试验中动态增量和冲击系数是两个不同的概念,一定引起高度重视。⑤承载能力的评定。试验报告中得出的主要结论必须基于理论和试验数据的图表及相关规范,这部分也应重点掌握。

【思考题】

12-1 简述桥梁结构荷载试验的目的及静载、动载试验的主要测试内容。

12-2 桥梁静载试验常采用哪些加载设备?

12-3 桥梁静载试验的基本观测内容有哪些?

12-4 进行桥梁静载试验时,如何进行荷载分级和安排加载程序? 如何控制加载稳定时间和确定终止加载条件?

12-5 简述桥梁静载试验数据修正。

12-6 简述桥梁动载试验测量内容。

第13章 地下工程试验——桩基现场试验

【本章提要】

随着我国工程建设事业的蓬勃发展,桩基础大量应用在高层建筑、重型厂房、桥梁、港口码头、海上采油平台以至核电站工程中。检测桩的承载力及桩身质量,是保证桩基合理、经济、安全使用的重要手段。本章主要介绍桩基现场试验的主要方法,包括静载试验和动测试验,动测试验分为高应变检测和低应变检测。桩的静载试验可以确定桩的承载力,准确而可靠,但由于其费用高、时间长,难以大量进行。目前国际上普遍采用高应变法测量桩的极限承载力,而用低应变法检测桩的质量和完整性。

13.1 概述

桩基是建筑物的重要基础形式。桩能将上部结构的荷载传到深层稳定的土层上,从而大大减小基础的沉降和建筑物的不均匀沉降。所以,桩基础在地震区、湿陷性黄土地区、软土地区、膨胀土地区以及冻土地区等得到广泛采用,而且实践证明它是一种有效的、安全可靠的基础形式。

据不完全统计,目前我国每年的用桩量近 100 万根,而桩基的造价较高,通常占工程总造价的 1/4 以上,因此,合理地确定桩的承载力,充分发挥桩基的经济效益,是具有重要意义的。长期以来,国内外学者、研究人员和工程技术人员从事这一课题的研究,从不同的途径进行探索和实践,取得了很多成果,这些确定桩的承载力和桩身质量的方法都在不同程度上和一定范围内得到应用。桩基现场试验可分为静载试验和动测试验,根据试验目的、试桩设备能力、时间要求以及技术水平等条件,可采取不同的试验方法,得到桩的承载力、桩身质量和完整性。

桩的静载试验是确定单桩轴向和横向承载力最为可靠的方法,也是桩基质量检测中很重要的一项。其试验结果反映了桩在静荷载作用下的性状。动测技术的应用和推广也与对桩静载试验结果的分析有关,单桩承载力是桩基设计的关键依据之一,只有通过现场试验才能确定。通过试验,可以确定单桩的极限承载力、设计承载力和抗拔力;确定桩的端承力和桩侧摩阻力;了解单桩在荷载作用下的变形和桩的荷载传递规律。单桩静载试验接近于桩的实际工作条件,是一种极为准确的试验方法。

由于桩基静载试验需要大吨位反力装置,是历时长、费用高的一种测试方法,而且对大直径的灌注桩(其承载力可达数千吨),很难用静载试验的方法确定承载力。因此,国内外在采用动测方法测试桩的承载力方面进行了大量的试验研究。相对而言,桩基动测是一种既省时又经济的方法。

　　桩的动测方法虽然已有 100 多年的历史,但是近代的动测技术则是随着现代电子技术等的发展而在三四十年前诞生的,可以说,它是岩土工程及土动力学方面发展最快的分支之一,并受到越来越多的重视,无论在国外还是国内都得到了迅速的推广和应用。桩基的动测试验方法可分为高应变和低应变两大类。高应变法由 20 世纪 70 年代的锤击法发展到 80 年代引进的 PDA 和 PID 法,近几年我国又自行研制出各种试桩分析仪,软件和硬件的功能都有很大提高。低应变法在我国应用广泛,约有 90% 的检测单位采用低应变法。由于其具有软、硬件价格便宜,设备轻巧,过程简单等优点,在目前高应变设备还比较少的情况下,低应变法作为评价桩的承载力的一种补充手段,仍可继续加以利用。

13.2　地基承载力检测

13.2.1　地基土的荷载试验

　　地基土的荷载试验是确定岩土承载能力的主要方法,荷载试验主要包括浅层平板荷载试验和深层平板荷载试验。浅层平板荷载试验用于确定浅层地基土层在承压板下应力主要影响范围内的承载力。深层平板荷载试验用于确定深层地基土层及大直径桩桩端土层在承压板下应力主要影响范围内的承载力。静载试验实际上是一种与建筑物基础工作条件相似,而且直接对天然埋藏条件下的土体进行的现场模拟试验。

　　1. 加载装置与测量仪器

　　图 13-1(a)所示的装置用油压千斤顶加载,是目前常用的静载试验设备。油压千斤顶的反力由堆放在钢梁上的重物来承担。一次性堆足重物,再用千斤顶逐级加载。图 13-1(b)中油压千斤顶的反力由旋入土中的地锚来承担。千斤顶的加载通过钢梁、桁架或拉杆传给地锚。地锚的数量根据每根地锚的锚固力来确定。

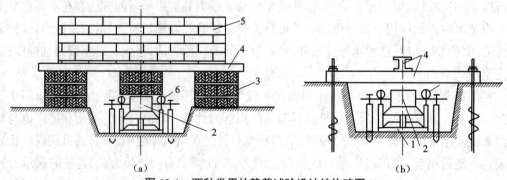

（a）　　　　　　　　　　　　　　　　　（b）

图 13-1　两种常用的静载试验设计结构略图

1—承压板;2—千斤顶;3—木垛;4—钢梁;5—钢锭;6—百分表

　　荷载试验的承压板一般用刚性的方形板或圆形板,其面积为 0.25 m² 或 0.5 m²,目前工程中常用的是 0.707 m×0.707 m 和 0.5 m×0.5 m 的。对于均质、密实的土,如 Q_3 老黏性土,也可用面积为 0.1 m² 的承压板。对于饱和软土层,考虑到在承压板边缘的塑性变形影响,承压板的面积不应小于 0.5 m²。试验标高处的坑底宽度不应小于承压板直径(或宽度)的 3

倍,尽可能减小坑底开挖和整平对土层的扰动,缩短开挖与试验的间隔时间。在试验开始前应保持土层的天然湿度和原状结构。当被试土层为软黏土或饱和松散砂土时,承压板周围应预留 200~300 mm 厚的原状土作为保护层。当试验标高低于地下水位时,应先将地下水位降低至试验标高以下,并在试坑底部铺设 50 mm 厚的砂垫层,待水位恢复后进行试验。

在承压板与土层接触处,一般应铺设厚度不超过 20 mm 的中砂或粗砂层,以保证底板水平,并与土层均匀接触。深层平板荷载试验的承压板应采用直径为 0.8 m 的刚性板,紧靠承压板外侧的土层高度应不小于 80 cm。

2. 现场试验

试验加载方法应采用分级维持荷载沉降相对稳定法(慢速法)。

浅层平板荷载试验加载分级不应少于 8 级,最大加载量不应小于设计要求的 2 倍。深层平板荷载试验加载可按预估极限承载力的 1/15~1/10 分级施加。每级加载后,在

扫一扫:视频 地基土浅层平板荷载试验

第一小时内分别按间隔 10 min、10 min、10 min、15 min、15 min 测读沉降,以后每隔 30 min 测读一次沉降。当在连续 2 h 内,每小时的沉降量小于 0.1 mm 时,则认为已趋于稳定,可加下一级荷载。

试验点附近应有取土孔提供土工试验指标或其他原位测试资料,试验后,应在承压板中心向下开挖取土,并描述 2 倍承压板直径(或宽度)范围内土层的结构变化。

(1)浅层平板荷载试验在试验过程中出现下列现象之一时,即可认为土体已达到极限状态,应终止试验:承压板周围的土体有明显的侧向挤出,周边岩土明显的隆起或径向裂缝持续发展,本级荷载的沉降量大于前级荷载沉降量的 5 倍,荷载 - 沉降曲线出现明显陡降;在某级荷载下, 24 h 沉降速率不能达到相对稳定标准;总沉降量与承压板直径(或宽度)之比超过 0.06。

(2)深层平板荷载试验在试验过程中出现下列现象之一时,即可认为土体已达到极限状态,应终止试验:沉降量 s 急剧增大,荷载 - 沉降曲线上有可判定极限承载力的陡降段,且沉降量超过 0.04d(d 为承压板直径),本级荷载的沉降量大于前级荷载沉降量的 5 倍;在某级荷载下, 24 h 沉降速率不能达到相对稳定标准;当持力层土层坚硬,沉降量很小时,最大加载量不小于设计要求的 2 倍。

3. 数据分析

静载试验的主要成果是 P-s 曲线及在一定压力下的 s-t(沉降 - 时间)曲线。

1)确定地基土的承载力

根据静载试验资料确定地基土的承载力,应根据 P-s 曲线(或同时应用 s-t 曲线)的全部特征,按下列方法综合考虑。

(1)拐点法。当 P-s 曲线有较明显的直线段时,一般就用直线段的拐点所对应的压力 P_0(即临塑压力或比例界限压力)值作为地基土的承载力特征值(图 13-2)。

在饱和软土地基中, P-s 曲线拐点往往不明显(图 13-3),此时,可利用 lg P-lg s 曲线(图 13-4)和 P-Δs/ΔP 曲线(图 13-5)确定拐点,特别是在双对数纸上, lg P-lg s 的线性关系很好,

拐点很容易确定。

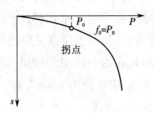

图 13-2　P-s 曲线拐点法

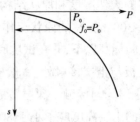

图 13-3　缓变型 P-s 曲线

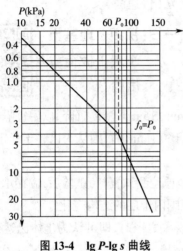

图 13-4　lg P-lg s 曲线

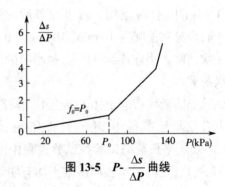

图 13-5　P-$\frac{\Delta s}{\Delta P}$ 曲线

（2）相对沉降法。当 P-s 曲线无明显的拐点时，还可以用相对沉降 s/b（b 为承压板边长或直径）来确定地基土的承载力特征值。《建筑地基基础设计规范》（GB 50007—2002）规定，当承压板面积为 0.25~0.5 m² 时，可取 s/b=0.010~0.015 所对应的荷载作为地基土的承载力特征值，但其值不应大于最大加载量的一半。

（3）极限荷载法。当 P-s 曲线上出现第一拐点力 P_0 后，土体很快达到破坏状态，即力 P_0 与极限荷载 P_u 接近时，可用 P_u 除以安全系数 K 作为地基土的承载力特征值；也可取相对沉降 s/b=0.06 所对应的荷载作为极限荷载 P_u。安全系数 K 一般取 2。

在某些情况下，试验加载至土体呈破坏状态，P-s 曲线上既有 P_0，又有 P_u 时，地基土的承载力特征值还可以按下式确定：

$$f_{ak} \leqslant P_0 + \frac{P_u - P_0}{F} \tag{13-1}$$

式中　f_{ak}——地基土的承载力特征值，kPa；

　　　F——经验系数，一般选用 3~5。

2）确定地基土的变形模量 E_0

一般取 P-s 曲线的直线段，用下式计算 E_0 值：

$$E_0 = (1 - \mu^2)\frac{\pi b}{4} \times \frac{\Delta P}{\Delta s} \tag{13-2}$$

式中　b——承压板直径,m,当为方形板时 $b=2\sqrt{A/\pi}$,A 为方形板面积;

$\Delta P/\Delta s$——曲线直线段的斜率,kPa/m;

μ——地基土的泊松比,对于砂土和粉土,$\mu=0.33$,对于可塑 - 硬塑黏性土,$\mu=0.38$,对于软塑 - 流塑黏性土和淤泥质黏性土,$\mu=0.41$。

当 $P\text{-}s$ 曲线的直线段不明显时,可用前面介绍的确定地基土承载力的方法来确定地基承载力的基本值与相应的沉降量,并代入式(13-2)计算 E_0,但此时应与其他原位测试资料比较,综合考虑确定 E_0 值。

在应用静载试验资料确定地基土的承载力和变形模量时,必须注意:静载试验的受载面积比较小,加载后受影响的深度不会超过 2 倍承压板边长或直径,加载时间也比较短,不能通过静载试验提供建筑物的长期沉降资料;在沿海软黏土分布地区,地表往往有一个"硬壳层",当用小尺寸的承压板时,受压范围常常在地表的"硬壳层"内,其下的软弱土层还未受到承压板的影响,对于实际建筑物的大尺寸基础,下部软弱土层对建筑物沉降产生主要影响(图 13-6)。因此,当地基压缩层范围内土层单一而且均匀时,可以直接在基础埋置标高处进行静载试验;如果地基压缩层范围内土层是成层变化的或者是不均匀的,则要进行不同尺寸承压板或不同深度的静载试验。

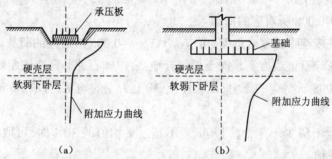

图 13-6　承压板与基础尺寸的差异对建筑物沉降的影响

13.2.2　复合地基静载试验

1. 加载装置

(1)单桩复合地基荷载试验的承压板可用圆形或方形,其面积为一根桩承担的处理面积;多桩复合地基荷载试验的承压板可用方形或矩形,其尺寸按实际桩数所承担的处理面积确定,桩的中心(或形心)应与承压板中心保持一致,并与荷载作用点重合。

(2)承压板底高程应与基础底面设计高程相同,承压板下宜设中粗砂找平层,垫层厚度取 50~150 mm。试验标高处的试坑长度和宽度应不小于承压板尺寸的 3 倍,基准梁的支点应设在坑外。

2. 现场试验

(1)加载等级可分为 8~12 级,总加载量不宜少于设计要求值的 2 倍。

(2)每加一级荷载,在加载前后应各读记承压板沉降一次,以后每隔 0.5 h 读记一次。当 1 h 内沉降增量小于 0.1 mm 时即可加下一级荷载。对饱和黏性土地基中的振冲桩或砂石桩,当 1 h 内沉降增量小于 0.25 mm 时即可加下一级荷载。

（3）终止加载条件。当出现下列现象时,可终止试验:沉降急剧增大、土被挤出或承压板周围出现明显的裂缝;累计沉降量大于承压板宽度或直径的 10%;总加载量为设计要求值的 2 倍以上。

（4）卸载级数可为加载级数的一半,等量进行,每卸一级,间隔 0.5 h 读记回弹量,待卸完全部荷载后间隔 3 h 读记总回弹量。

3. 数据分析

复合地基承载力特征值按下述要求确定。

（1）当曲线上有明显的比例极限时,可取该比例极限所对应的荷载。

（2）当比例极限能确定,而其值又小于对应比例极限荷载的 1.5 倍时,可取极限荷载的一半。

（3）按相对变形值确定。

①振冲桩和砂石桩复合地基:以黏性土为主的地基,可取 s/b 或 $s/d=0.015$（s 为荷载试验承压板的沉降量,b 和 d 分别为承压板的宽度和直径,当其值大于 2 m 时,按 2 m 计算）所对应的压力;以粉土或砂土为主的地基,可取 s/b 或 $s/d=0.012$ 所对应的荷载。

②土挤密桩复合地基,可取 s/b 或 $s/d=0.010\sim0.015$ 所对应的荷载;灰土挤密桩复合地基,可取 s/b 或 $s/d=0.008$ 所对应的荷载。

③深层搅拌桩或旋喷桩复合地基,可取 s/b 或 $s/d=0.006$ 所对应的荷载。

④水泥粉煤灰碎石桩或夯实水泥土桩复合地基:以卵石、圆砾、密实粗中砂为主的地基,可取 s/b 或 $s/d=0.008$ 所对应的压力;以黏性土、粉土为主的地基,可取 s/b 或 $s/d=0.010$ 所对应的压力。

试验点的数量不应少于 3 个,当其极差不超过平均值的 30% 时,可取其平均值作为复合地基承载力特征值。

13.3　桩基静载试验

桩基静载试验的主要目的是确定桩的承载力,即确定桩的允许荷载和极限荷载,查明桩基础强度的安全储备。桩基静载试验分为竖向荷载试验与水平荷载试验。竖向荷载试验又分为静压试验和静拔试验。

1. 加载装置与测量仪器

一般采用油压千斤顶加载,试验前应对千斤顶进行标定。千斤顶的反力装置可根据现场条件选用。单桩静压试验的加载方法主要有锚桩法和压重法。

扫一扫:视频　锚桩法

锚桩法的反力装置主要由锚梁、横梁和油压千斤顶等组成（图 13-7）。用千斤顶逐级施加荷载,反力通过横梁、锚梁传递给施工完毕的桩基,用油压表或压力传感器测量荷载的大小,用百分表或位移计测量试桩的下沉量,以便进一步分析。锚桩一般采用 4 根,如入土较浅或土质较松散可增加至 6 根。锚桩与试桩的中心间距,当试桩直径(或边长)小于或等于 800 mm 时,可为试桩直径(或边长)的 5 倍;当试桩直径(或边长)大于 800 mm 时,不得小于 4 m。锚桩承载梁反力装置能提供的反力,应不小于预估最大荷载的 1.3~1.5 倍。

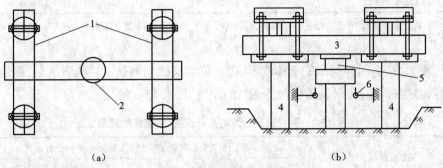

(a)　　　　　　　　　　　　(b)

图 13-7　锚桩法反力装置

(a)俯视图　(b)侧面图

1—锚梁;2—试桩;3—横梁;4—锚桩;5—千斤顶;6—百分表

压重法,也称为堆载法,是在试桩的两侧设置枕木垛,上面放置型钢或钢轨,将足够重量的钢锭或铅块堆放其上作为压重,在型钢下面安放主梁,千斤顶则放在主梁和桩顶之间,通过千斤顶对试桩逐级施加荷载,同时用百分表或位移计测量试桩的下沉量(图

扫一扫:视频　单桩竖向抗压静载试验压重法

13-8)。这种加载方法由于临时工程量较大,多用于承载力较小的桩基静载试验。压重不得小于预估最大试验荷载的 1.2 倍,压重应在试验开始前一次性加上。

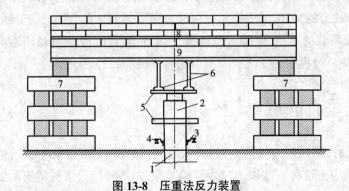

图 13-8　压重法反力装置

1—试桩;2—千斤顶;3—百分表;4—基准桩;5—钢板;6—主梁;7—木垛;8—堆放荷载;9—次梁

测量仪表一般使用百分表、水平仪等。支承仪表的基准梁应有足够的刚度和稳定性。基准梁的一端可以在其支承桩上自由移动而不受温度影响引起上拱或下挠。基准桩应埋入地基表面以下一定深度,不受气候条件等影响,符合表 13-1 的规定。

表 13-1　基准桩中心至试桩、锚桩中心(或压重平台支承边缘)的距离

反力装置	基准桩与试桩	基准桩与锚桩(或压重平台支承边缘)
锚桩法反力装置	≥ 4d	≥ 4d
压重法反力装置	≥ 2.0 m	≥ 2.0 m

注:当试桩直径 d(或边长)小于或等于 800 mm 时,可为试桩直径(或边长)的 5 倍;当试桩直径(或边长)大于 800 mm 时,不得小于 4 m。

试桩受力后,会引起周围的土体变形,为了能够准确地测量试桩的下沉量,测量装置的固定点,如基准桩,应与试桩、锚桩保持适当的距离,见表 13-2。

表 13-2　测量装置的固定点与试桩、锚桩间的距离

锚桩数目	测量装置的固定点与试桩、锚桩间的最小距离(m)	
	测量装置与试桩	测量装置与锚桩
4	2.4	1.6
6	1.7	1.0

2. 现场试验

(1)试桩试验时间要求:对于砂性土地基的打入式预制桩,沉桩后距静载试验的时间间隔不得短于 7 d;对于黏性土地基的打入式预制桩,沉桩后距静载试验的时间间隔不得短于 14 d;对于钻孔灌注桩,要满足桩身混凝土养护时间,在一般情况下不短于 28 d。此外,试桩的桩顶应完好无损,桩顶露出地面的长度应满足试桩仪器设备安装的需要,一般不小于 600 mm。

(2)试桩的加载、卸载方法。加载应分级进行,逐级等量加载。分级荷载宜为最大加载量或预估极限承载力的 1/10,其中第 1 级可取分级荷载的 2 倍。卸载应分级进行,每级卸载量取加载时分级荷载的 2 倍,逐级等量卸载。加载、卸载时应使荷载传递均匀、连续、无冲击,每级荷载在持荷过程中的变化幅度不得超过分级荷载的 ±10%。

13.4　单桩垂直静载试验

在桩基检测时,常通过桩的静载试验,由所测试的荷载与沉降的关系,确定单桩的竖向(抗压)极限承载力。这种方法以单桩为试验对象,是一种接近于桩的实际工作条件的模拟试验方法,又称为单桩垂直静载试验。

13.4.1　试验的目的和意义

单桩垂直静载试验的目的是确定桩与土面的相互作用,进而确定桩的垂直承载力。进行单桩垂直静载试验有以下几方面的意义。

(1)为设计提供合理的单桩承载能力(检验试验)。作为桩基础,其材料要达到规定的材质强度,其承载力以及变形特性要满足设计要求。本节讨论的垂直承载力,不是由桩材料的强度与土的强度决定的,而是由桩与土的相互作用决定的。就现在理论和研究的范围而

言,群桩的承载力是以单桩承载能力为基础而确定的。所以正确地确定单桩承载能力是关系到设计安全与经济的重要问题。为了确保设计给定的单桩容许承载力的安全性,《建筑桩基技术规范》(JGJ 94—2018)中规定,采用现场静载试验确定单桩竖向极限承载力标准值时,在同一条件下试桩数量不宜小于总桩数的 1%,且不少于 3 根。

(2)揭示或探讨单桩垂直承载力的某个理论问题。例如,为研究桩的荷载传递机理,在桩身与桩底埋设若干实测元件,用来测定桩侧摩阻力和桩端阻力。在这种情况下,垂直静载试验较上述第一种情况充分,往往可以求得极限荷载。进行这类试验,对桩理论的研究和发展很有意义。

(3)为桩基新工法、新工艺和新桩型的使用提供有充分说服力的数据。

(4)为动力试桩法提供对比的依据。单桩垂直承载能力还可以通过动力试桩法等途径来确定,而上述所有方法的成果都要在与桩静载试验结果大量对比的基础上,找出对比系数才能推广应用。

13.4.2　试验加载装置

在单桩垂直静载试验中,液压千斤顶加载装置是较为常用的加载装置,它包括加载与稳压系统、测量系统及反力系统。在实际工程中,可根据具体情况选用下列加载装置。

1. 压重平台反力装置

压重平台反力装置中的压重量不得小于预估试桩破坏荷载的 1.2 倍;压重应在试验开始前一次性加上,并均匀、稳固地放置于平台上(图 13-9)。

2. 锚桩横梁反力装置

锚桩横梁反力装置能够提供的反力应不小于预估最大试验荷载的 1.2~1.5 倍,采用工程桩作为锚桩时,锚桩数量不得少于 4 根,并应对试验过程中的锚桩上拔量进行监测(图 13-10)。

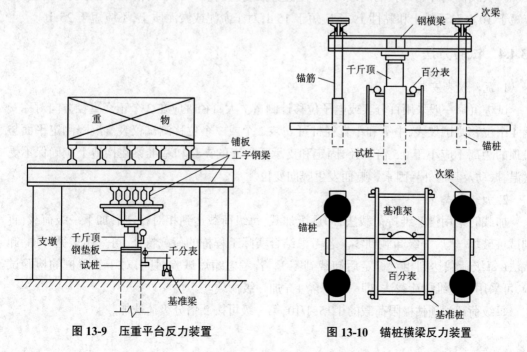

图 13-9　压重平台反力装置　　　图 13-10　锚桩横梁反力装置

3. 锚桩压重联合反力装置

当试桩最大加载量超过锚桩抗拔能力时,可在横梁上放置或悬挂一定的重物,由锚桩和重物共同承受千斤顶加载的反力。千斤顶平放于试桩中心,当采用 2 个以上千斤顶加载时,应将千斤顶并联同步工作,并使千斤顶的合力通过试桩中心。

13.4.3　试验条件

(1)试桩制作:试桩顶部一般应予加强,可在桩顶配置加密钢筋网 2~3 层,或以薄钢板圆筒做成加劲箍与桩顶混凝土浇成一体,用高标号砂浆将桩顶抹平。对于预制桩,若桩顶未破损可不另做处理。

(2)试桩、锚桩(或压重平台支墩)和基准桩之间的中心距离应符合表 13-3 的规定。

表 13-3　试桩、锚桩和基准桩之间的中心距离

反力装置	试桩与锚桩 (或压重平台支墩边)	试桩与基准桩	基准桩与锚桩 (或压重平台支墩边)
锚桩横梁反力装置	≥4d	≥4d	≥4d
压重平台反力装置	≥2.0 m	≥2.0 m	≤2.0 m

注:d 为试桩或锚桩的设计直径,取其较大者(如试桩或锚桩为扩底桩,试桩与锚桩的中心距离不应小于 2 倍扩大端直径)。

①为安置沉降点和仪表,试桩顶部露出试坑地面的高度不宜小于 600 mm,试坑地面宜与桩承台底设计标高一致。

②试桩的成桩工艺和质量控制标准应与工程桩一致。为缩短试桩养护时间,混凝土强度等级可适当提高,或掺入早强剂。

③从成桩到开始试验的间歇时间:在桩身强度达到设计要求的前提下,对于砂类土,不应短于 10 d;对于粉土和黏性土,不应短于 15 d;对于淤泥或淤泥质土,不应短于 25 d。

13.4.4　试验方法

1. 沉降仪表安装

试桩沉降一般采用百分表或电子位移计测量。大直径桩应在 2 个正交直径方向对称安置 4 个位移测试仪表,中等和小直径桩可安装 2 个或 3 个位移测试仪表。沉降测定平面与桩顶的距离不应小于 0.5 倍桩径,固定和支承百分表的夹具和基准梁在构造上应确保不受气温、振动及其他外界因素影响而发生竖向变位。

2. 加载方式

加载时采用慢速维持荷载法,即逐级加载,每级荷载达到相对稳定后加下一级荷载,直到试桩破坏,然后分级卸载到零。若考虑结合实际工程桩的荷载特征,可采用多循环加、卸载法(每级荷载达到相对稳定后卸载到零)。若考虑缩短试验时间,对于工程桩的检验试验,可采用快速维持荷载法,即一般每隔 1 h 加一级荷载。

每级荷载为预估极限荷载的 1/15~1/10,第一级可按 2 倍分级荷载加载。

3. 沉降量观测

每级加载后间隔 5 min、10 min、15 min 各测读一次,以后每隔 15 min 测读一次,累计 1 h 后每隔 30 min 测读一次。每次测读值记入试验记录表。

沉降相对稳定标准:每一小时的沉降量不超过 0.1 mm,并连续出现两次(由 1.5 h 内连续三次的观测值计算),认为已达到相对稳定,可加下一级荷载。

当出现下列情况之一时,可终止加载:

(1)在某级荷载作用下,桩的沉降量为前一级荷载作用下沉降量的 5 倍;

(2)在某级荷载作用下,桩的沉降量大于前一级荷载作用下沉降量的 2 倍,且经 24 h 尚未达到相对稳定;

(3)已达到锚桩的最大抗拔力或压重平台的最大重量。

4. 卸载与沉降量观测

每级卸载值为每级加载值的 2 倍。每级卸载后隔 15 min 测读一次残余沉降量,读两次后隔 30 min 再读一次,即可卸下一级荷载,全部卸载后,隔 3~4 h 再读一次。

13.4.5　试桩的承载力

确定单桩竖向极限承载力,一般应绘 $Q\text{-}s$、$s\text{-}\lg t$ 曲线及其他辅助分析所需曲线。

1. $Q\text{-}s$ 曲线

$Q\text{-}s$ 曲线为荷载 - 沉降曲线(图 13-11),第一个拐点的荷载 Q_0 称为比例极限,此时土体由压密阶段进入剪切阶段,由弹性变形转变成塑性变形;第二个拐点的荷载 Q_u 为极限荷载,此时土体由剪切阶段进入破坏阶段。

2. $s\text{-}\lg t$ 曲线

$s\text{-}\lg t$ 曲线为沉降 - 时间曲线(图 13-12),在试桩达到极限荷载之前,图中曲线无明显的向下转折,曲线的斜率与桩的沉降速率有关。当试桩达到极限荷载时,曲线明显向下转折,斜率增大,可将曲线尾部出现明显弯曲的前一级荷载值取为试桩的极限荷载。

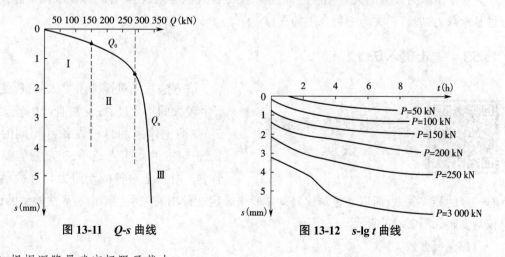

图 13-11　$Q\text{-}s$ 曲线　　　　　　　　　　图 13-12　$s\text{-}\lg t$ 曲线

3. 根据沉降量确定极限承载力

对于缓变型 $Q\text{-}s$ 曲线,一般可取 s=40~60 mm 对应的荷载;对于大直径桩,可取 s=

（0.03~0.06）d（d 为桩端直径，大桩径取低值、小桩径取高值）对应的荷载；对于细长桩
（$l/d>80$），可取 $s=60~80$ mm 对应的荷载。

4. 单桩竖向极限承载力标准值

单桩竖向极限承载力标准值应根据试桩位置、实际地质条件、施工情况等综合确定。当
各试桩条件基本相同时，可按下列步骤与方法确定。

（1）按上述方法确定 n 根正常条件试桩的极限承载力实测值 Q_{ui}。

（2）按下式计算 n 根试桩的实测极限承载力平均值 Q_{um}：

$$Q_{um} = \frac{1}{n}\sum_{i=1}^{n} Q_{ui} \tag{13-3}$$

（3）按下式计算每根试桩的极限承载力实测值与平均值之比 α_i：

$$\alpha_i = \frac{Q_{ui}}{Q_{um}} \tag{13-4}$$

下标 i 根据 Q_{ui} 值由小到大的顺序确定。

（4）按下式计算 α_i 的标准差 s_n：

$$s_n = \sqrt{\frac{\sum_{i=1}^{n}(\alpha_i - 1)^2}{n-1}} \tag{13-5}$$

（5）确定单桩竖向极限承载力标准值 Q_{uk}：

当 $s_n \leqslant 0.15$ 时，$Q_{uk}=Q_{um}$；当 $s_n>0.15$ 时，$Q_{uk}=\lambda Q_{um}$。

λ 为单桩竖向极限承载力标准值折减系数，取值参见《建筑桩基技术规范》（JGJ 94—
2018）附录 C 中 C.0.11.3 条。

13.5　高应变动力检测方法

对于承载力较大的大直径灌注桩，难以实施常规的静载试验，此时以动载代替静载进行
桩基承载力试验，不失为一种合理的选择。

13.5.1　锤击贯入法

扫一扫：视频　高应变
法

该方法采用重锤锤击贯入激振，使桩顶
产生较大的贯入度，或使桩身产生较大的应
变，在桩土体系和打桩设备都相同的情况
下，土对桩的动阻力愈小，桩就愈容易打入
土中。由于土对桩的动阻力与静载承载力
有一定的相关关系，所以通过对比静动试验来确定这种相关关系。锤击贯入法检测的设备、
仪器安装如图 13-13 所示。

1. 测试方法

（1）对于灌注桩，需按一定的要求对试桩桩头进行整平和加固，加固桩头可用较桩身混

凝土强度等级高的早强快干混凝土或环氧树脂水泥砂浆,待其强度达到预定的要求时,方可进行锤贯试验。

（2）分级向桩顶施加锤击荷载,锤的落距按等级差级数递增。总锤击数控制在 10 次左右,每次锤击的时间间隔要大致相等,中间不要停顿太久。

（3）记录每次锤击力及由其引起的桩顶贯入度。

（4）出现下列情况之一时,要停止锤击:

①锤击力增大很少,而贯入度却继续增大或突然急剧增大时;

②最大锤击力不小于设计要求的单桩承载力的 3 倍时;

③每项贯入使贯入度 $e>2$ mm,且累计贯入使 $\sum e>20$ mm 时;

④桩头严重破损时。

2. 试验结果

以静荷载 P 或传递到桩顶的锤击力 P' 为横坐标,桩顶总沉降量或累计贯入度 $\sum e$ 为纵坐标,将 P-s 曲线和 P'-$\sum e$ 曲线绘制在同一图中(图 13-14)。从图中看出,两条曲线的线形相似,都可划分为直线段、过渡段和陡降段三个阶段。第二个拐点对应的荷载分别为静载极限承载力 P_u 和动载极限承载力 P'_u。同类型的桩在地质条件相近的条件下,试桩的动极限承载力 P'_u 与试桩的静极限承载力 P_u 具有线性关系,利用这种关系可以以"动"求"静"。

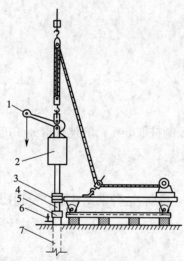

图 13-13 锤击贯入法检测示意图

1—脱钩装置;2—落锤;3—垫层;4—测力计;

5—桩帽;6—百分表;7—试桩

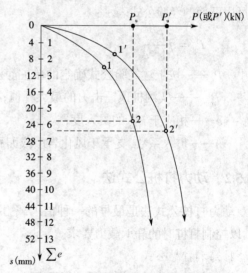

图 13-14 试桩动静对比试验典型结果

1）桩的静极限承载力

根据 P'-$\sum e$ 曲线求得试桩的动极限承载力 P'_u 值以后,可按下式确定桩的静极限承载力 P_u:

$$P_u = \frac{P'_u}{M_c C_u} \tag{13-6}$$

式中 M_c——安全保证系数(参照表 13-4);

C_u——动静极限承载力之比(参照表 13-4)。

表 13-4　锤击贯入法试桩及取值参考表

试桩类型	试桩规格			地质条件			C_u	M_c
	截面尺寸	入土深度(mm)	扩大头直径(mm)	桩周土类	桩尖土类	虚土厚度(mm)		
预制桩	250 mm × 250 mm 300 mm × 300 mm	8.0~8.5 8.5~9.0	—	亚黏土 轻亚黏土	中砂	—	1.25	1.15
钻孔灌注桩	ϕ 400 mm	6.0~10.0	—	黏性土、粉细砂	粉细砂、中粗砂	$H \geqslant 30$	1.30	1.20
	ϕ 300 mm ϕ 300 mm ϕ 400 mm	3.6 6.8 3.6~8.5		中轻砂黏土、 亚黏土、 粉砂	砂黏土、 黏砂土、 粉细砂	$H<30$	2.00	1.00
扩底桩	ϕ 300 mm ϕ 400 mm	3.0~3.5 3.5~5.5	ϕ 1 000	中细砂黏土、 砂黏土	轻重砂黏土、 黏砂土	$H<30$	1.35	1.20

2)经验公式法

经验公式法假定桩的贯入度 e 是在锤击荷载 P' 作用下产生的,大量的打桩实践及桩的动静对比试验结果表明:P' 大而 e 值小时,则桩的承载能力高。P'_{max}、e 与桩的承载能力的关系可用下面的经验公式表示:

$$P_{uf} = \eta \frac{P'_{max}}{1+e} \tag{13-7}$$

式中　P_{uf}——按上述经验公式确定的单桩静极限承载力;

　　　P'_{max}——实测桩顶锤击力的最大峰值;

　　　e——相应于 P'_{max} 的贯入度;

　　　η——贯入系数,支承于风化岩层或卵石上的预制桩取 $\eta=1.1$,其他桩取 $\eta=1.0$。

13.5.2　动力打桩公式法

动力打桩公式法是最早的一种桩承载力动测法。目前,这种动测法仍广泛地用于施工中,以控制打桩时的静承载力要求。

1. 海利打桩公式

海利打桩公式是根据能量守恒原理推导出来的,当一个自由落锤打桩时,锤击过程可分为四个阶段:撞击前阶段、撞击后的压缩阶段、锤与桩脱离前的弹性恢复阶段、锤与桩脱离后的回弹阶段。

锤的速度由零增大到撞击前的 v_{r-i},而桩的速度 $v_{pi}=0$,故撞击时锤的动能应等于锤静止时的势能,即

$$\frac{W_r}{2g} v_{r-i}^2 = W_r h \tag{13-8}$$

由于打桩时锤通常在导架中下滑或有绳索牵引,故有能量损耗而不是理想的自由落锤。因此,引入折减系数 $\xi(\xi \leqslant 1)$,上式改写为

$$\frac{W_r}{2g}v_{r\text{-}i}^2 = \xi W_r h \qquad\qquad (13\text{-}9)$$

式中　W_r——锤重；

　　　　g——重力加速度；

　　　　h——锤的落距；

　　　　ξ——折减系数，有钢索的吊锤，$\xi=0.8$，有导架的单动汽锤，$\xi=0.9$，自由落锤，$\xi=1$。

锤与桩撞击后都将产生弹性压缩，而且两者具有相同的速度 v_c，故锤与桩的撞击冲量（也称压缩冲量）为

$$I = \frac{W_r}{g}(v_{r\text{-}i} - v_c) = \frac{W_p}{g}(v_c - v_{pi}) \qquad\qquad (13\text{-}10)$$

故

$$v_c = \frac{W_r}{W_r + W_p}v_{r\text{-}i} \qquad\qquad (13\text{-}11)$$

式中　W_p——桩重。

在此阶段，锤与桩的弹性压缩变形能又转化为动能，使两者在弹性恢复阶段结束时分别具有速度 v_r 和 v_p。

此时，锤与桩的冲量（称为恢复冲量）为

$$I' = \frac{W_r}{g}(v_c - v_r) = \frac{W_p}{g}(v_p - v_c) \qquad\qquad (13\text{-}12)$$

根据试验得知

$$I' = nI \qquad\qquad (13\text{-}13)$$

式中　n——撞击时的恢复系数，弹性撞击时，$n=1$；非弹性撞击时，$n<1$。

将式（13-8）和式（13-10）代入式（13-11）后，对桩有

$$v_p - v_c = nv_c \qquad\qquad (13\text{-}14)$$

或

$$v_p = (1+n)\,v_c \qquad\qquad (13\text{-}15)$$

对锤有

$$v_c - v_r = n(v_{r-i} - v_c) \qquad\qquad (13\text{-}16)$$

或

$$v_r + nv_{r\text{-}i} = (1+n)\,v_c = v_p \qquad\qquad (13\text{-}17)$$

再根据动量守恒定理，得

$$\frac{W_r}{g}v_{r\text{-}i} = \frac{W_r}{g}v_r + \frac{W_p}{g}v_p \qquad\qquad (13\text{-}18)$$

将式（13-17）代入式（13-18），可得

$$W_r v_{r\text{-}i} = W_r v_r + W_p(v_r + nv_{r\text{-}i}) \qquad\qquad (13\text{-}19)$$

或

$$v_r = \frac{(W_r - W_p n)}{W_p + W_r} v_{r-i} \qquad (13\text{-}20)$$

再将式（13-17）代入式（13-18），还可得

$$W_r v_{r-i} = W_r(v_p - n v_{r-i}) + W_p v_p \qquad (13\text{-}21)$$

或

$$v_p = \frac{(W_p + n W_r)}{W_p + W_r} v_{r-i} \qquad (13\text{-}22)$$

在弹性恢复阶段结束，进入回弹阶段，锤与桩分离的瞬间，锤和桩体系中的总能量为锤与桩的动能之和，即

$$\frac{W_r}{2g} v_r^2 + \frac{W_p}{2g} v_p^2 \qquad (13\text{-}23)$$

将式（13-20）和式（13-22）代入上式，经整理可得

$$\frac{W_r}{2g} v_r^2 + \frac{W_p}{2g} v_p^2 = \frac{W_r}{2g} v_{r-i}^2 \cdot \frac{W_r^2 + n^2 W_p^2 + W_p W_r + n^2 W_p W_r}{(W_r + W_p)^2}$$

$$= \frac{W_r}{2g} v_{r-i}^2 \frac{W_r + n^2 W_p}{W_r + W_p} = \frac{W_r}{2g} v_{r-i}^2 \eta \qquad (13\text{-}24)$$

式中　η——锤击效应系数，一般 $\eta<1$，即说明锤击前锤的动能 $\dfrac{W_r}{2g} v_{r-i}^2$，不能全部转化为锤击后锤和桩的动能，存在着能量损耗，根据能量守恒定理，应有

$$\frac{W_r}{2g} v_{r-i}^2 \eta = \xi W_r h \eta \qquad (13\text{-}25)$$

如果这些能量全部用于克服土对桩的贯入阻力，则应有

$$\xi W_r h \eta = P_u e \qquad (13\text{-}26)$$

但实际上，部分能量要转化为桩帽、桩垫、锤垫以及桩本身和土的弹性变形能。如以 C 表示桩土体系总的弹性变形，则有

$$\xi W_r h \eta = P_u \left(e + \frac{C}{2} \right) \qquad (13\text{-}27)$$

或

$$P_u = \frac{\xi W_r h \eta}{e + \dfrac{C}{2}} \qquad (13\text{-}28)$$

2. 改进的动力打桩公式

式（13-28）中的分子，实际上就是真正作用于桩顶的冲击能 E_{max}。改进的动力打桩公式通过实测 E_{max}，提高原打桩的精度，避免公式中采用锤击效应系数，桩帽、桩垫和锤垫的弹性变形值以及撞击的恢复系数等一系列难以确定的参数，而全部通过在现场实测获得。

这样，式（13-28）可以改写为

$$P_u = \frac{E_{max}}{e + \dfrac{C}{2}} \qquad (13\text{-}29)$$

式中,E_{max} 可通过设置在桩顶的力和加速度传感器测得,桩顶力和速度随时间的变化曲线即

$$E_{max} = \int_0^{t_a} P_i(t) v(t) \mathrm{d}t \qquad (13\text{-}30)$$

式中　$P_i(t)$——由力传感器测得的初始应力波所得的轴向力;

　　　$v(t)$——由加速度传感器测得的桩顶速度;

　　　t_a——桩顶速度为 0 时的时间。

13.5.3　静动法

静动法是最近发展起来的一种大应变动测桩承载力的方法。该方法由于比较可靠,适用范围广,目前已在许多国家得到承认和应用,最大的极限承载力可以测到 70 000 kN。

1. 静动法的试验装置

静动法的试验装置如图 13-15 所示。它由汽缸、活塞、平台、消音器及砂砾填料容器等组成。测试时,通过在汽缸中点燃固体燃料产生高压气体,将桩顶上的堆载平台举起。

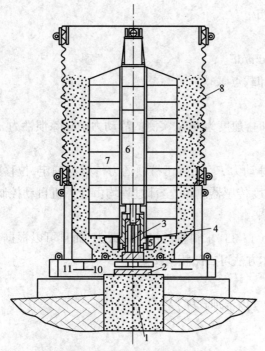

图 13-15　静动法试验装置

1—桩;2—力传感器;3—汽缸;4—活塞;5—平台;6—消音器;7—堆载;
8—砂砾填料容器;9—砂砾填料;10—激光传感器;11—支架

如果堆载的质量为 m,举起的加速度为 a,则上举力为 $F=ma$,与此同时,施加在桩顶的反作用力为 $-ma$。由于静动法所产生的加速度 $a=(10\sim20)g$,所以平台上的堆载只需要静载试验的 5%~10%,从而大大节省了人力和物力。

2. 试验过程

静动法的试验过程比较简单,当试验装置安装完毕后,用电阻丝点燃汽缸中的固体燃料,此时所产生的高压气体推动活塞和连接的平台,使平台上的堆载脱离桩顶,堆载重块四

周的砂砾填料随即填充堆载与桩顶之间的空间。当堆载重新回落时,桩顶已有由砂砾填料形成的缓冲层,重块就不会撞击和破坏桩顶。

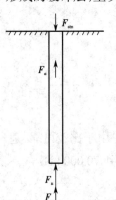

图 13-16　静动态的动力平衡

3. 测定桩承载力的方法

根据实测的静动力 F_{stn}、位移 u、速度 v 和加速度 a,可按下面的动平衡方程求得桩的极限承载力 P_u,也即土的静阻力 F_u(图 13-16):

$$F_{stn}=F_u+F_v+F_a \tag{13-31}$$

式中　F_{stn}——实测的静动力;

　　　F_u——土的静阻力,是位移的函数;

　　　F_v——土的阻尼力,是速度的函数;

　　　F_a——桩的惯性力,是加速度的函数。

由上式可求得桩的承载力为

$$P_u=F_u=F_{stn}-Cv-ma \tag{13-32}$$

式中　C——阻尼系数;

v——速度,$v=du/dt$;

m——桩身质量;

a——加速度,$a=d^2u/dt^2$。

当 $u=u_{max}$ 时,$v=0$(卸载点),得

$$P_u=F_u=F_{stn}-ma \tag{13-33}$$

所以位移达到最大时,速度为 0,从实测的静动力中扣除惯性力 ma,即可求得桩的极限荷载。

在静动法试验中,静动力 F_{stn} 用置于桩顶的力传感器确定,位移则用激光传感器记录,速度和加速度则由加速度传感器测得,全部过程均由计算机自动控制,点火燃烧完毕后,上述曲线均可自动打印出来。

静动法不仅可按式(13-33)求得桩的极限承载力,而且可以根据其试验结果 F_{stn}-u 曲线得出静载试验曲线,具体方法可查阅相关文献。

13.6　低应变动力检测方法

13.6.1　反射波法

扫一扫:视频　低应变法

反射波法适用于检测桩身混凝土的完整性,推定缺陷类型及缺陷在桩身中的位置;同时也可对桩长进行核对,对桩身混凝土的强度等级做出估计。该方法通过对桩进行瞬态激振,研究桩顶速度随时间的变化曲线,从而判断桩的质量。这种方法比较简便,成本低,在工程中得到广泛应用。

1. 测试仪器

反射波法所用仪器比较简单,其现场的布置框图如图 13-17 所示。所用仪器设备主要有激振设备、传感器、放大器和多通道信号采集分析仪。

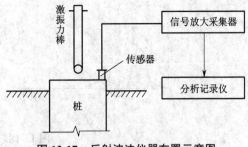

图 13-17　反射波法仪器布置示意图

瞬态激振最简便的方法就是用手锤或力棒敲击桩顶,同时通过安装在桩顶的速度(加速度)传感器和记录仪获得桩顶速度随时间的变化曲线。

2. 测试方法

(1)桩头处理:应去掉浮浆和疏松的混凝土部分至坚实的混凝土面,当桩径较大时,至少应保证激振部位和安置传感器的地方能整平。

(2)传感器安装:传感器应稳固地安置在桩头上,对于桩径大于 350 mm 的桩可安置两个或多个传感器,目前有预埋螺丝或通过黄油、橡胶、石膏粘贴等。

(3)激振:激振点应选择在桩头中心部位,应根据实际情况选择激振能量和锤头材质,并不是能量越大越好。

(4)测试次数:在正式试验前先进行试测,如发现问题,及时调整,以确定最佳的激振方式、仪器参数和测试条件;每根桩均应进行两次以上的重复测试,若出现异常波形应在现场及时研究,排除影响测试的不良因素后再重复测试;重复测试的波形与原波形应具有相似性。

3. 试验数据处理与判定

桩身混凝土的波速 v_p、桩身缺陷的深度 L 可按下列公式计算:

$$v_p = \frac{2L}{t_r} \tag{13-34}$$

式中　L——桩身全长;

　　　t_r——桩底反射波的到达时间;

　　　t_r'——桩身缺陷部位反射波的到达时间;

　　　$v_{p\text{-}m}$——同一工地内多根已测合格桩桩身纵波速度的平均值。

根据实测波形来判断桩的完整性、缺陷部位等。由图 13-18(a)可见,在 $2L/v_{p\text{-}m}$ 时间内,完好桩无反射波;但由图 13-18(b)可见,在 $2L/v_{p\text{-}m}$ 时间内,缺陷桩存在反射波现象,完好桩与缺陷桩的波形有着明显的区别。同时,可根据反射波情况判断缺陷部位,依据波速来判定桩混凝土的质量。

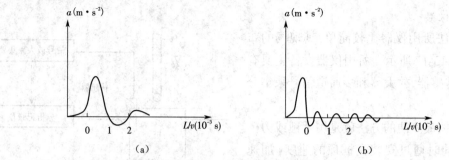

图 13-18　桩的反射波曲线

（a）完好桩　（b）缺陷桩

13.6.2　机械阻抗法

与电学中的欧姆定律相似,把一个结构(或桩)的机械阻抗定义为作用力与由此而产生的结构(或桩)响应之比(如图 13-19 所示):

$$Z=F/v \hspace{5cm} (13-35)$$

式中　F——对结构(或桩)施加的作用力;

　　　v——结构(或桩)的速度(也可以是其他性质的响应,如位移、加速度)。

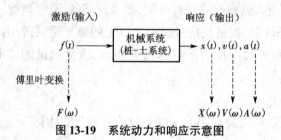

图 13-19　系统动力和响应示意图

机械阻抗的倒数即为机械导纳。系统在动态力作用下的阻抗(或导纳)是以动态力圆频率为自变量的复函数 $Z(j\omega)$ 或 $Y(j\omega)$。对不同的 ω 值,阻抗(或导纳)的幅值和幅角都不同。这样,通过测定施加给桩的激励(输入)函数和桩的动态响应函数来识别桩的动态特性。对桩的动态特性进行分析计算,即可判定桩身混凝土的浇筑质量、缺陷的类型及缺陷在桩身中的位置,同时还可以估计桩的承载力。

1.测试仪器设备

在试验中,对系统施加的扰力(动态激振)主要有两种类型,即稳态激振和瞬态激振(冲击),不同激振方法的测试和分析仪器有明显的差别,但测得的桩的动态特性是一致的。

1)稳态激振

稳态激振是结构动力学试验的传统方法。它的优点是能量集中,试验精度高,可以在现场试验的过程中直接得到桩的导纳特性曲线;缺点是设备较为笨重,携带不方便。早期桩的稳态试验系统如图 13-20 所示。

2)瞬态激振

瞬态试验与稳态试验的原理是完全相同的,它也是测量桩的机械导纳,描绘出随频率变化的导纳曲线,通过对曲线的识别和分析来估计桩的完整性和承载能力。瞬态激振由于设备较平常(图 13-21),故应用较广泛。

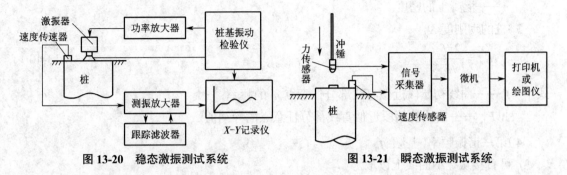

图 13-20　稳态激振测试系统　　　　　　　图 13-21　瞬态激振测试系统

2. 试验方法

(1)试验前应进行桩头的清理,去除桩头上的浮浆,露出密实的桩顶。将桩头顶面大致修凿平整,并尽可能与周围地面保持齐平。

(2)桩径小于 60 cm 时,可布置 1 个测点;桩径为 0.6~1.5 m 时,应布置 2~3 个测点;桩径大于 1.5 m 时,应在相互垂直的两个径向布置 4 个测点。

(3)激振力应作用于桩头顶面正中。采用半刚性悬挂时,则粘贴在桩头顶面中心的钢板必须保持水平。

(4)在瞬态激振试验中,重复试验的次数应多于 4 次。

(5)在测试过程中应观察各设备的工作状态,当全部设备均处于正常状态时,则该测试有效。

3. 试验数据的处理与推定

对桩进行机械阻抗试验,即在记录仪上自动绘出桩的导纳随频率的变化曲线,并对其进行计算和分析(图 13-22)。

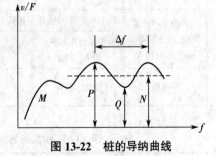

图 13-22　桩的导纳曲线

1)桩的波长和桩的测量长度

当已知桩长时,可根据导纳曲线量得的频率差 Δf 判断桩的波速为

$$v_p = 2L\Delta f \qquad (13\text{-}36)$$

若已知波速或假定波速,则可以判断实际桩长为

$$L_0 = \frac{v}{2\Delta f} \qquad (13\text{-}37)$$

2)计算导纳 N_C 和实测导纳 N_0

$$N_C = \frac{1}{\rho CA} \qquad (13\text{-}38)$$

$$N_0 = \sqrt{PQ} \qquad (13\text{-}39)$$

式中　v——整个工地上完好桩(桩长已知)波速的平均值;

　　　P——导纳曲线的极大值(峰值);

Q——导纳曲线的极小值（谷值）；

A——桩的横截面面积；

ρ——混凝土的密度。

3）桩的动刚度 K_d

$$K_d = \frac{2\pi f_m}{|v/F|_m} \tag{13-40}$$

式中 f_m——曲线初始段近似直线部分任意点 m 的频率；

$|v/F|_m$——曲线初始段近似直线部分任意点的导纳值。

4）第一谐振频率（基频）f_0

f_0 可直接从导纳曲线上读取。

有了上述参数后，就可判断桩身结构的完整性。表 13-5 和表 13-6 给出了机械阻抗法判断桩身结构完整性的参考依据。

表 13-5　按机械导纳曲线推定桩身结构完整性

机械导纳曲线形态	实测导纳值 N_0		实测动刚度 K_d		测量桩长 L_0	实测桩身波速平均值 $v_{p\text{-}m}$（m/s）	结论
与典型导纳曲线接近	与理论值 N 接近		高于	工地平均动刚度值 K_{dm}	与施工长度接近	3 500~4 500	嵌固良好的完整桩
			接近				表面规则的完整桩
			低于				桩底可能有软层
呈调制状波形	高于	导纳实测几何平均值 N_{0m}	低于	工地平均动刚度值 K_{dm}		3 500~4 500	桩身局部离析，其位置可按主波的 Δf 判定
	低于		高于			3 500~4 500	桩身断面局部扩大，其位置可按主波的 Δf 判定
与典型导纳曲线类似，但共振峰频率增量 Δf 偏大	高于理论值 N 很多		远低于	工地平均动刚度值 K_{dm}	小于施工长度	—	桩身断裂，有夹层
	低于工地几何平均值 N_{0m} 很多		远高于			—	桩身有较大鼓肚
不规则	变化或较高		低于工地平均动刚度值 K_{dm}		无法通过计算确定桩长	—	桩身不规则，有局部断裂或贫混凝土

表 13-6　按机械导纳曲线异常程度进一步推定桩身结构完整性

初步辨别有异常	可能的异常位置	异常性质的判断	异常程度的判断	
$v_p = 2\Delta f L =$ 正常波速，只有桩底反射效应，桩身无异常	—	$N_0 \approx N$，优质桩	波峰间隔均匀，整齐	全桩完整，混凝土质量优而均匀
			波峰间隔均匀，但不整齐	全桩基本完整，外表面不规则
		$N_0 \approx N$，$K_d \approx K_d'$，混凝土质量稍有不均匀	波峰间隔均匀，整齐	全桩完整，混凝土质量基本完好
			波峰间隔不太均匀，欠整齐	全桩基本完整，局部混凝土质量不太均匀

续表

初步辨别有异常	可能的异常位置	异常性质的判断	异常程度的判断	
$\Delta f_1<\Delta f_2$ $v_{p1}=2\Delta f_1 L=$ 正常波速,有桩底反射效应,同时 $v_{p2}=2\Delta f_2 L=$ 正常波速,$L'=\dfrac{v_p}{2\Delta f_2}<L$,表明有异常反射效应	$L'=\dfrac{v_p}{2\Delta f_2}$	$N_0<N,K_d<K_d'$	波峰圆滑,N_p 值小	有中度扩径
			波峰圆滑,N_p 值大	有轻度扩径
		$N_0>N$ $K_d<K_d'$ 缩径或混凝土局部质量不均匀	波峰尖峭,N_p 值大	有中度裂缝或缩径
$v_p=2\Delta fL>$ 正常波速,$L'=\dfrac{v_p}{2\Delta f}<L$,表明无桩底反射效应,只有其他部位的异常反射效应	$L'=\dfrac{v_p}{2\Delta f_2}$	$N_0>N,K_d<K_d'$ 缩径或断裂	波峰尖峭,N_p 值小	有严重缩径
			波峰间隔均匀,尖峭,N_p 值大	严重断裂,混凝不连续
		$N_0<N,K_d>K_d'$ 扩径	波峰圆滑,N_p 值小	有较严重扩径
			波峰间隔均匀,圆滑,N_p 值小	有严重扩径

注:Δf_1—缺陷桩导纳曲线上小峰之间的频率差;
　　K_d'—预期动刚度;
　　Δf_2—缺陷桩导纳曲线上大峰之间的频率差;
　　N_p—导纳最大峰幅值。

13.6.3　动力参数法

动力参数法是利用敲击对桩头施加瞬时冲击荷载,测定桩的基本频率(称为频率法),或同时测定桩的频率和初速度(称为频率-初速法),用以换算桩基的各种参数。频率法的适用范围限于摩擦桩,并应有准确的地质勘探及土工试验资料作为计算依据。当有可靠的同条件动静试验对比资料时,频率-初速法可用于推算不同工艺成桩的摩擦桩和端承桩的竖向承载力,这里仅介绍频率-初速法。

1. 试验仪器设备

频率-初速法的试验装置见图 13-23。激振设备宜采用带导杆的穿心锤,穿心锤底面应加工成球面,穿心孔直径比导杆直径大 3 mm 左右,穿心锤的质量应由 2.5~100 kg 形成系列,落距宜在 180~500 mm,分为 2~3 挡。

传感器可采用竖、横两向兼用的速度型传感器,试验时将传感器竖向安装在冲击点与桩身钢筋之

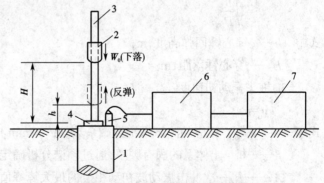

图 13-23　频率-初速法试验装置

1—桩;2—穿心锤;3—导杆;4—垫板;5—传感器;
6—滤波及放大器;7—采集、记录及处理器

间,尽可能远离冲击点及桩头悬出的钢筋,以减小杂波干扰。

2. 试验方法

(1)清除桩身上段的浮浆及破碎部分。

（2）凿平桩顶中心部分,并用黏结剂(如环氧树脂)粘贴一块钢垫板,待其固化后方可施测。对承载力标准值小于 2 000 kN 的桩,钢垫板尺寸约为 100 mm × 100 mm,厚 10 mm。钢垫板中心应钻一个盲孔,深 8 mm,孔径为 12 mm。对承载力标准值大于或等于 2 000 kN 的桩,钢垫板的面积及厚度加大 20%。

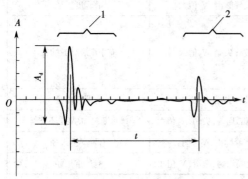

图 13-24　波形记录示例

1—第一次冲击的振动波形;
2—回弹后第二次冲击的振动波形

（3）将导杆插入钢垫板的盲孔中,按选定的穿心锤质量(W_0)及落距(H)提起穿心锤,任其自由下落,并在撞击垫板后自由回弹再自由下落,则完成一次测试,并加以记录。一般重复测试三次,以资比较。

（4）每次激振后,应通过屏幕观察波形是否正常,要求出现清晰而完整的第一次及第二次冲击振动波形,并要求第一次冲击振动波形的振幅值符合规定的范围要求,否则应改变冲击能量,确认波形合格后方可进行记录,典型波形如图 13-24 所示。

3. 试验数据计算

（1）穿心锤回弹高度:

$$h = \frac{1}{2} g \left(\frac{t}{2} \right)^2 \qquad (13\text{-}41)$$

式中　g——重力加速度,m/s^2;

　　　t——第一次冲击与回弹后第二次冲击的时间间隔,s。

（2）碰撞系数:

$$\varepsilon = \sqrt{\frac{h}{H}} \qquad (13\text{-}42)$$

式中　h——穿心锤回弹高度,m;

　　　H——穿心锤落距,m。

（3）桩头振动初速度:

$$v_0 = \alpha A_d \qquad (13\text{-}43)$$

式中　α——与 f_0 相应的测试系统灵敏系数,m/(s·mm);

　　　f_0——桩-土体系的固有频率,通过频谱分析确定;

　　　A_d——第一次冲击振动波初动相位的最大峰峰值,mm。

（4）单桩竖向承载力推算值:

$$R = \frac{f_0^2 (1 + \varepsilon)\ W_0 \sqrt{H}}{K v_0} \beta_v \qquad (13\text{-}44)$$

式中　W_0——穿心锤质量,t;

　　　K——安全系数,取 2;

　　　β_v——频率-初速法的调整系数。

调整系数 β_v 与仪器性能、冲击能量、桩长、桩底支承条件及成桩方式等有关,应预先积累动、静对比资料经统计分析加以确定。表 13-7 给出了钻(挖)孔灌注桩动、静比较测得的 β_v 随入土深度 h(h=10~30 m)的变化范围,仅供参考。

表 13-7　钻(挖)孔灌注桩 β_v 随 h 变化示例

桩入土深度 h(m)	10~15	15~30
调整系数 β_v	0.038~0.070	0.070~0.197

注:1. β_v 与 h 不呈比例关系,不得应用内插法;

2. h<10 m 的端承桩, β_v 随 h 减小而增大;

3. 打入桩及桩身强度有保证的锤击(或振动)沉管桩的 β_v 大于钻(挖)孔桩的 β_v。

【本章小结】

桩基现场试验是桩基础施工后进行的必要检测方法。目前检测桩基的试验方法很多,具体采用哪种方法根据试验目的、仪器设备、试验时间、经济情况等综合考虑。在学习本章内容时,应注意以下几点。①单桩静载试验是桩基检测的一项重要内容,是确定桩承载力的一种极为准确的方法。根据试验得出的荷载-沉降曲线、沉降-时间曲线或沉降量确定桩的极限承载力,也可由相关参数计算单桩竖向极限承载力标准值。②高应变动力检测方法中有锤击贯入法、动力打桩公式法和静动法等,其原理是在桩头进行锤击或用高压气体顶起桩顶上的堆载平台,得到桩的贯入度、弹性变形、位移、速度、加速度和力等参数,通过分析和计算,可分别得到桩的垂直极限承载力和水平极限承载力。在难以实施静载试验时,可以代替桩基静载试验。③低应变动力检测方法在工程中得到广泛应用,本章中主要介绍了反射波法、机械阻抗法和动力参数法,其原理是在桩顶产生激振或强迫振动,测得桩的振动频率、振动波形、时域速度波形、机械导纳幅频谱等参数,分别得到桩的临界荷载、桩身质量和缺陷位置等,低应变动力检测方法是一种快速、经济的方法,在国内外得到愈来愈广泛的应用。

【思考题】

13-1 简述桩基现场检测的目的和意义。

13-2 单桩垂直静载试验的目的和意义是什么?

13-3 高应变动力检测有哪几种主要方法?

13-4 低应变动力检测有哪几种主要方法?

13-5 简述高应变动力检测和低应变动力检测的异同。

参考文献

[1] 刘杰,闫西康.建筑结构试验 [M].北京:机械工业出版社,2012.

[2] 张伟丽,周云艳.建筑结构实验指导书 [M].武汉:中国地质大学出版社,2018.

[3] 吴庆雄,程浩德,黄宛昆,等.高等建筑结构试验 [M].北京:中国建筑工业出版社,2019.

[4] 易伟建,张望喜.建筑结构试验 [M].北京:中国建筑工业出版社,2020.

[5] 吴晓枫.建筑结构试验与检测 [M].北京:化学工业出版社,2020.

[6] 叶成杰.土木工程结构试验 [M].北京:北京大学出版社,2012.

[7] 刘明.土木工程结构试验与检测 [M].北京:高等教育出版社,2021.

[8] 张彤,闫明祥.土木工程结构试验与检测实验指导书 [M].北京:冶金工业出版社,2020.

[9] 胡铁明.建筑结构试验 [M].北京:中国质检出版社,2017.

[10] 陈志鹏,张天申,邱法维,等.结构试验与工程检测 [M].北京:中国水利水电出版社,2005.

[11] 朱霞.公路工程试验检测技术 [M].北京:高等教育出版社,2004.

[12] 江见鲸,王元清,龚晓南,等.建筑工程事故分析与处理 [M].北京:中国建筑工业出版社,2006.

[13] 卫龙武,吕志涛,郭彤.建筑物评估、加固与改造 [M].南京:江苏科学技术出版社,2008.

[14] 王济川.建筑结构试验指导 [M].北京:中国建筑工业出版社,1985.

[15] 傅恒菁.建筑结构试验 [M].北京:冶金工业出版社,1992.

[16] 湖南大学,太原工业大学,福州大学.建筑结构试验 [M].北京:中国建筑工业出版社,1991.

[17] 于俊英.建筑结构试验 [M].天津:天津大学出版社,2003.

[18] 王娴明.建筑结构试验 [M].北京:清华大学出版社,1988.

[19] 宋寇,李丽娟,张贵文.建筑结构试验 [M].重庆:重庆大学出版社,2001.

[20] 姚谦峰,陈平.土木工程结构试验 [M].北京:中国建筑工业出版社,2001.

[21] 中华人民共和国住房和城乡建设部.建筑结构检测技术标准:GB/T 50344—2019 [S].北京:中国建筑工业出版社,2019.

[22] 中华人民共和国交通运输部.公路路基路面现场测试规程:JTG 3450—2019 [S].北京:人民交通出版社,2019.

[23] 徐培华.路基路面试验检测技术 [M].北京:人民交通出版社,2003.

[24] 罗骐先.基桩工程检测手册 [M].北京:人民交通出版社,2003.

[25] 胡大琳.桥涵工程试验检测技术 [M].北京:人民交通出版社,2000.

[26] 王雪峰,吴世明.基桩动测技术 [M].北京:科学出版社,2001.

[27] 章关永.桥梁结构试验 [M].北京:人民交通出版社,2002.

[28] 中华人民共和国住房和城乡建设部. 建筑基桩检测技术规范: JGJ 106—2014 [S]. 北京: 中国建筑工业出版社, 2014.

[29] 中华人民共和国住房和城乡建设部. 回弹法检测混凝土抗压强度技术规程: JGJ/T 23—2011 [S]. 北京: 中国建筑工业出版社, 2011.

[30] 赵顺波, 靳彩, 赵瑜, 等. 工程结构试验 [M]. 郑州: 黄河水利出版社, 2001.

[31] 唐益群, 叶为明. 土木工程测试技术手册 [M]. 上海: 同济大学出版社, 1999.

[32] 中国工程建设标准化协会. 超声回弹综合法检测混凝土抗压强度技术规程: T/CECS 02—2020 [S]. 北京: 中国计划出版社, 2020.

[33] 中国工程建设标准化协会. 拔出法检测混凝土强度技术规程: CECS 69—2011[S]. 北京: 中国建筑工业出版社, 2011.

[34] 中国工程建设标准化协会. 超声法检测混凝土缺陷技术规程: CECS 21—2000 [S]. 北京: 中国建筑工业出版社, 2001.

[35] 中华人民共和国住房和城乡建设部. 砌体工程现场检测技术标准: GB/T 50315—2011 [S]. 北京: 中国建筑工业出版社, 2012.

[36] 中华人民共和国住房和城乡建设部. 民用建筑可靠性鉴定标准: GB 50292—2015 [S]. 北京: 中国建筑工业出版社, 2016.

[37] 中华人民共和国住房和城乡建设部. 工业建筑可靠性鉴定标准: GB 50144—2019 [S]. 北京: 中国建筑工业出版社, 2019.

[38] 庄楚强, 吴亚森. 应用数理统计基础 [M]. 广州: 华南理工大学出版社, 2003.

[39] 张亚非. 建筑结构检测 [M]. 武汉: 武汉工业大学出版社, 1995.

[40] 李忠献. 工程结构试验理论与技术 [M]. 天津: 天津大学出版社, 2004.

[41] 朱伯龙. 结构抗震试验 [M]. 北京: 地震出版社, 1989.

[42] 邱法维, 钱稼茹, 陈志鹏. 结构抗震试验方法 [M]. 北京: 科学出版社, 2000.

[43] 王济川, 卜良桃. 建筑物的检测与抗震鉴定 [M]. 长沙: 湖南大学出版社, 2002.

[44] 周详, 刘益虹. 工程结构检测 [M]. 北京: 北京大学出版社, 2007.

[45] 袁海军, 姜红. 建筑结构检测鉴定与加固手册 [M]. 北京: 中国建筑工业出版社, 2003.

[46] 张立人. 建筑结构检测、鉴定与加固 [M]. 武汉: 武汉理工大学出版社, 2003.

[47] 周明华. 土木工程结构试验与检测 [M]. 南京: 东南大学出版社, 2017.

[48] 张建仁, 田仲初. 土木工程试验 [M]. 北京: 人民交通出版社, 2012.

[49] 王柏生. 结构试验与检测 [M]. 杭州: 浙江大学出版社, 2007.

[50] 宋彧. 建筑结构试验与检测 [M]. 北京: 人民交通出版社, 2014.

[51] 宋彧, 廖欢, 徐培蓁. 建筑结构试验与检测 [M]. 北京: 人民交通出版社, 2014.

[52] 宋彧. 建筑结构试验 [M]. 重庆: 重庆大学出版社, 2012.

[53] 林维正. 土木工程质量无损检测技术 [M]. 北京: 中国电力出版社, 2008.

[54] 马永欣, 郑山锁. 结构试验 [M]. 北京: 科学出版社, 2015.

[55] 张望喜. 结构试验 [M]. 武汉: 武汉大学出版社, 2016.

[56] 朱尔玉. 工程结构试验 [M]. 北京: 北京交通大学出版社, 2016.

[57] 熊仲明,王社良. 土木工程结构试验 [M]. 北京:中国建筑工业出版社,2015.

[58] 徐奋强. 建筑工程结构试验与检测 [M]. 北京:中国建筑工业出版社,2017.

[59] 姚振纲. 建筑结构试验 [M]. 上海:同济大学出版社,2010.

[60] 张曙光,建筑结构试验 [M]. 北京:中国电力出版社,2005.

[61] 蔡中民,等. 混凝土结构试验与检测技术 [M]. 北京:机械工业出版社,2005.

[62] 王立峰,卢成江. 土木工程结构试验与检测技术 [M]. 北京:科学出版社,2010.

[63] 杨英武. 结构试验检测与鉴定 [M]. 杭州:浙江大学出版社,2013.

[64] 王天稳. 土木工程结构试验 [M]. 武汉:武汉大学出版社,2014.

[65] 张曙光. 土木工程结构试验 [M]. 武汉:武汉理工大学出版社,2014.

[66] 赵菊梅,李国庆. 土木工程结构试验与检测 [M]. 成都:西南交通大学出版社,2015.

[67] 周安,扈惠敏. 土木工程结构试验与检测 [M]. 武汉:武汉大学出版社,2013.

[68] 胡忠君,贾贞. 建筑结构试验与检测加固 [M]. 武汉:武汉理工大学出版社,2017.

[69] 杨德建,马芹永. 建筑结构试验 [M]. 武汉:武汉理工大学出版社,2010.

[70] 杨艳敏. 土木工程结构试验 [M]. 武汉:武汉大学出版社,2014.